技术丛书

Distributed Real-time Processing System

Principle, Architecture and Implementation

分布式实时处理系统

原理、架构与实现

卢誉声◎著

图书在版编目（CIP）数据

分布式实时处理系统：原理、架构与实现 / 卢誉声著．—北京：机械工业出版社，2016.6（2017.1 重印）
（大数据技术丛书）

ISBN 978-7-111-53996-4

I. 分… II. 卢… III. 分布式处理系统 IV. TP338

中国版本图书馆 CIP 数据核字（2016）第 128764 号

分布式实时处理系统：原理、架构与实现

出版发行：机械工业出版社（北京市西城区百万庄大街 22 号 邮政编码：100037）

责任编辑：高婧雅　　责任校对：殷　虹

印　刷：北京市荣盛彩色印刷有限公司　　版　次：2017 年 1 月第 1 版第 2 次印刷

开　本：186mm×240mm 1/16　　印　张：31.5

书　号：ISBN 978-7-111-53996-4　　定　价：99.00 元

凡购本书，如有缺页、倒页、脱页，由本社发行部调换

客服热线：（010）88379426 88361066　　投稿热线：（010）88379604

购书热线：（010）68326294 88379649 68995259　　读者信箱：hzit@hzbook.com

Praise 本书赞誉

本书不但讲解高性能分布式实时处理系统编程的原理，特别对内存资源管理、编码解决方案、并发与异步处理、线程模型、批处理与实时处理的区别、消息队列、动态装载等作了详细介绍，还深入分析了实时处理系统的架构以及内部实现，最后详细分析了怎样实现一套分布式实时处理系统 Hurricane。本书非常适合大数据开发人员和架构师阅读，同时可以解决性能优化的很多问题。

——卢亿雷，AdMaster 技术副总裁兼总架构师

分布式系统可以追溯到 20 世纪 60 年代的 ARPANET。随着物联网、边缘计算和其他相关领域的蓬勃发展，对高性能分布式实时处理系统的需求日益增多。这本技术专著着眼于实际分布式框架的编程应用，将助力有志于该领域的软件开发人员。

——安宁，Oracle 空间数据部门首席工程师、IEEE 高级会员和 ACM 终身会员

本书不仅仅是一部讲授代码编写的书籍，还是一个开源社区的星星火种，我特别推荐所有对实时大数据分析感兴趣的同业中人阅读此书，并以此作为迈入下一个开源大时代的第一步。

——徐立冰，思科系统高级客户经理

通常来说，在互联网 +、大数据时代盛行拿来主义；有开源的 Spark、Strom，绝对不会动自己构建分布式系统的心思。但是作者不然，深厚的 C++ 功底以及对分布式计算框架的深度理解，构建了高性能分布式、实时处理系统 Hurricane，进入了更高层次的追求。

静下心来，这本书将对自己的 C++ 编程、分布式存储系统、分布式计算框架、分布式通信等知识进行了洗礼，不知不觉间就提升了自己的层次，期待阅读本书之后，也可以构建一个全新的分布式实时处理系统，变成分布式实时计算领域的贡献者。

路已铺好，如何贡献，那是追求。

——于俊，科大讯飞大数据专家

“天下武功，无坚不摧，唯快不破”，如果说以 MapReduce、Spark 等为代表的批处理方式，是数据处理的“坚”，则 Storm、Hurricane 等流处理系统，充分体现了数据处理的“快”。本书由浅到深，从基础的分布式系统的概念、网络通信和 C++ 11 高性能编程，到流处理中的消息、消息源、处理单元、收集器、计算拓扑等重要抽象的实现，到日志处理、频繁组合等典型应用，深入研究了一个典型分布式流处理系统的各个重要方面，推荐。

——蔡斌，腾讯科技高级工程师

分布式实时处理系统，难就难在把分布式和实时处理结合起来。本文从拆解留言板系统开始节节升级，直至推出 Hurricane 实时处理系统，旁征博引，纲举目张。充分体现了分布式构建和实时处理的细节考虑。

——彭敏，思科系统（中国）研发有限公司服务器与平台架构部门研发经理

作者以他参与 Cisco 和 Autodesk 诸多大型系统开发时所积累的经验以及对开源技术多年的钻研铸就本书。本书由理论到应用，由实现到优化，由浅入深，抽丝剥茧地把这么浩繁的概念在本书中讲得十分清晰。

——张洋，Autodesk（中国）研发中心平台架构研发部门经理

正如“如何阅读本书”中说的一样，“本书从最基本概念作为引子，逐步引入高性能分布式实时处理系统编程所需要的方方面面，抽丝剥茧把实时处理系统的架构以及实现娓娓道来”，有概念、有理论，有本身知识体系的交代，也有周边必要知识内容的说明，有实战、有案例，不空谈，能落地，是一本不可多得的学习分布式实时架构的好书。

——贾锋，知名大数据布道者和践行者

Preface 序一

Hurricane, One of Critical Pieces in SDN

It is a great honor for me to write this preface for Yusheng. I knew Yusheng from his first version of this book in Auguest, 2016. One of our common friends Libing recommended his book to me. After reading through his book, I felt I could adapt his codes in one of my projects. I called Libing immediately for getting us connected. Luckily, Yusheng was in Beijing at that time. We met in a Starbucks near CBD in Beijing. He was a young and energetic person. We had a long chat that day. I described the problems I were facing. He explained how it could work with Hurricane. It was a great discussion. In November, 2016, I invited him to give a talk about Hurricane during my visit in Shanghai. Yusheng delivered an excellent presentation to the Cisco team in Shanghai.

In recent 4, 5 years, SDN becomes a really popular buzz word in networking industry. Different people put different expectations on SDN. At high level, most people agrees to disaggregate control plane and data plane. Therefore we could free up control plane, simplify network protocol and add more programmability and intelligence to network management.

This SDN concept becomes more and more important in access network, especially when we are moving to 5G. Currently, Access network are organized by access technology. Mobile backhaul network is used for wireless access, carrier Ethernet is used for wireline, broadband access, and cable access network is specific for cable TV/Internet access. In most service providers, these networks are managed by transport teams and the main focuses are at different access technologies. These networks adapt either L2 centric technology or simple connectivity in L3. But as we move to 5G, bandwidth requirements go significantly high, the latency requirements become more and more strict, and service providers need to have more and more programmability and flexibility for hosting different use cases at a common network framework. Current access network approaches are not suitable for 5G era anymore.

Therefore, one critical task in network industry is to find simple and sustainable solutions for managing 5G networks. SDN/NFVi approaches are one type solutions actively discussed at industry level recently. Some intelligence would be removed from each individual device and get aggregated to a centralized controller. At one hand, each device becomes simple and network complexities are reduced. But on the other, Controller Software could be more smart and flexible to make suitable decisions based on the information collected. But this kind of benefits would not come for free. One major challenge is computing power. The computing requirements could be significantly high based on how much intelligence we want to achieve. The computing latency requirement could also become much strict to avoid obsolete computing results in some use cases.

A good real time distributed computing infrastructure becomes an extremely crucial piece for delivering deployable SDN solutions. I have been looking into this area for some time. I have evaluated couple existing frameworks. For example, AKKA's cluster combines data clustering with computing clustering, which is not suitable as performance sensitive computing framework. Hadoop is a batch handling which brings in high latency in computing. Apache Spark or Apache Storm are attractive, but the supporting efforts would be significantly high for adapting them in a commercial software. Therefore, once Yusheng introduced Hurricane to me. I feel it is a perfect fit. I like hurricane for its following characters.

(1) Horizontal scale on computing powers

Each bolt could be designed as a stateless computing element. The computing power could be increased horizontally based on the system requirements. There is almost no boundary for getting computing power in this infrastructure.

(2) Flexibility in computing contents

Input and output tuple's definitions are quite flexible. Different types of computing contents could be passed to different bolts. This infrastructure could be used not only for computing power extension, but also for IO power extension.

(3) The overall system is quite simple and straight forward

The overall system is written in C++ instead of multiple different language packages. The number of LOC is not high. The system logic is straight forward and cut to the point. Although this infrastructure may not have all the bells and whistles to fit for all use cases, it is definitely a great starting point.

Overall, Hurricane is one of crucial pieces for SDN in network industry. Its real time distributed computing infrastructure would help us to build up more intelligent and deployable solutions for simplifying and automating network management. So we could be fully prepared for 5G era. Let's embrace Hurricane.

Eddie Ruan

Principal Engineer，Cisco System

Preface 序二

2016年春节刚过，此时距离我出版《腾云》已经过去三年，而写作一本技术书籍的艰辛仍然历历在目。我身边有不少大拿级别的牛人，不少都被出版社试探过，但真正动笔的寥寥可数，主要原因是写书实在不是一件吃饭喝酒般轻描淡写的事情。在被本职工作和家庭琐事折腾得死去活来的间隙，强打起精神一砖一瓦地堆砌出几十万字，想想就让人却步，而这个过程往往历时数月，这意味着你要过上小一年的苦行僧式生活。若不是对书中主题保持着异乎寻常的兴趣和坚定不移的信念，一般人不会轻易开始这段苦旅。正是因为这个原因，我相信卢誉声的这本书一定是个干货满满的好东西。

优秀的技术书籍都有一个特点，那就是自下而上的阐述方式，从最底层、最实际的操作层面入手，而不是形而上的口号式概念，而本书则正是这样一本书。读者从第1章就能实际触摸到实操的快感，书中讲解了大量实例，我常说"一百字的定义，不如一句话的实例"，通过这些范例，读者可以快速获得感性认识，进而随着章节的推进把这些认知归纳总结为自己能够掌握的方法论。在游泳中学习游泳，说的就是这种简单、实用的学习思路。而考验一个作者功力的地方，就是他能否针对每个关键概念提出恰当清晰的例子，并阐述清楚。从我读到的篇章来看，卢誉声的这个工作完成得相当不错。这样一本朴实而扎实的技术书籍反映的是作者的态度，作为读者，在阅读过程中我可以感受到字面下作者热切希望跟广大同行分享的激情，那种把自己的认识和盘托出的诚恳是每一个痴迷于技术的工程师都有过的感受，卢誉声体会过，我体会过，这本书未来的大多数读者都体会过。正是这种对技术的诚恳让我相信本书值得一读。

回过头来我想说说对开源的认识。本书由Apache Storm说开，Apache Storm作为一个顶级开源项目在业界的影响力无需多言，为了了解项目的背景，我特意读了Storm项目的孕育者Nathan Marz的长文《History of Apache Storm and lessons learned》。我发现，虽然Nathan充分认识到Storm能够带来的商业潜力（赶在Twitter收购前公开展示Storm的效果)，但他从来没有动摇过将这个项目完全开源的打算，甚至应该反过来说，他从来没想过要将 Storm 作为一个私有计划保持下去。2011 年 7 月，Nathan 所在的 BackType 正式被 Twitter 收购，几乎毫不犹豫的，他旋即开始着手将 Storm 开源，这之后便是大家熟悉的故事，Storm 以令人炫目的速度吸收开发者，并在短短三年后，于 2014 年 9 月 17 日正式成为 Apache 顶级项目。

为什么会有开源运动？这已经是一个无法再吸引注意力的老旧话题，无数人从商业、技术、社会等领域给出了无数严密的解答，但我们真的从心里认可这种行为了吗？特别是在国内的商业环境下，广大工程师每天享受开源项目的成果之余，真的理解开源运动的深意了吗？至少对我来说，花了很长一段时间才得出能够说服自己的解释。

第一个我无法理解的现象就是，开源并没有带来可量化的商业价值。作为开源世界的老大哥，Red Hat 的管理层向股东保证在 2016 财年达到 20 亿美元销售额，此时距离 Red Hat 成立已经超过 20 年。作为对比，2015 财年 Microsoft 的销售额超过 930 亿美元，如果说今日的微软已经包括了游戏机硬件、搜索等与软件不相关的业务，那么另一个传统软件领域的代表 Oracle 在 2015 年营收达到 382 亿美元，而 SAP 也有 200 亿美元。这些被嘲笑成“史前恐龙”的传统软件厂商在不同场合被描述为落后生产力的代表，它们站在开源潮流的对立面，出于狭隘的商业利益，沿着封闭、自我的路线一意孤行。可事实是，软件产业说到底同卖手机、卖汽车一样，仍然是一门生意，遵循用户用脚投票的商业规律，既然开源这么美好，为什么没有像苹果手机一样，通过巨大的商业成功快速颠覆原有模式呢？

另一个一直以来我没想明白的问题是，作为最终用户的工程师为什么要拥抱开源呢？开源固然可以给程序员带来莫大的快感，不管是个人成就还是物质回报，以往依附于大型软件公司的独立程序员现在有机会在社区通过个人贡献树立更大的影响力；可是对于绝大使用这些产品的工程师来说，开源和商业产品的区别就没有那么大了，而使用开源还伴随着学习成本和不稳定的后期支持。即使如此，我们周围抵触开源的声音却越来越小，即使那些最老资历、最忠诚的 Oracle DBA 也开始接触 MySQL，很有意思？

把时间拉回 20 世纪 90 年代，彼时个人电脑还是黑科技代表之一，学校还会开设“电脑课”教授基本操作，这类课程中往往很重要的一个章节就是“五笔打字”法。打字这个技巧放在今天几乎是跟走路、吃饭一样的基本生存技能，90 后一代已经很难回忆起来自己是在哪个时刻“学”会了打字，大多数都是自然而然在日常生活中磨练出来的。20 年前的一门专业技巧现在已经完全融入大众生活，这其中蕴含了一个有意思的规律，即任何一种技能都会随着时间的推移失去门槛，同时在这个过程中经过无数人的实践和磨练，这项技能已经进化出一套最有效率的模式，后来者可以跳过探索、试验的过程，用最短的时间直接掌握这套模式就能实现之前高手级别才能达到的效果。在打字这个例子中，对于中国人来说目前在高效与易学间取得最佳平衡的是具备联想功能的拼音输入法，因此年轻的电脑用户只需听从朋友推荐下载正确的软件，两三天内就能练就足够应付日常交流的打字能力。

如果把视线拉远，欣欣向荣的新型操作系统和数据库正是这种技能门槛不断拉低的现象在软件领域的投射。操作系统、大型数据库这些领域在20世纪90年代是皇冠顶上的宝石，全世界也只有那么一小簇顶尖专家能够弄明白其中的奥妙，而时间过去20年，Microsoft们已经培养出一大群熟悉这些大型系统的专家，人力门槛不复存在，而搭建一个操作系统或数据库的基本方法论现在已经非常成熟，因此开发操作系统不再有那么耀眼的光环，越来越多的政府机构、企业、科研机构甚至个人进入这个领域，并且取得不错的成果。这完全是因为最初的那一批精英已经填平了这条路上的大坑，并将他们提炼出来的最优方法论形成“可复制的经验”，而后来人能够直接利用这些“可复制的经验”，快速经过基础知识积累阶段，直接针对当下的难点攻坚，从而令一些出色的后来者能够进一步推高整个领域的高度。

在没有开源运动的时代，“可复制的经验”的传承是受到严格限制的，要么在企业内部形成专利，只有技术团队的核心成员能够接触到，要么在科研机构的高墙后，少部分有能力进入高墙后的精英得以一窥究竟。开源几乎是以几何倍数放大了“可复制的经验”的传播速度，这种方式在技术领域带来的后果是极大地加快了技术本身的演进，这很好理解，因为参与的人多了，众人拾柴火焰高，自然比小团体的做法有效率。而在商业领域，开源则令资源配置更有效率，开源行为本身会大量产生“可复制的经验”，从而反过来进一步拉低特定技术领域的门槛，加速技术的演进，企业的决策者发现新技术的成熟速度大大加快，因此他们必须更加积极地把资源配置到更前沿的领域以保持竞争力。回到Red Hat的例子，虽然这家公司本身的销售额永远不可能达到Microsoft或Oracle的高度，但Red Hat以远比Microsoft小得多的规模提供了一个同样可靠并更加灵活的操作系统，为整个行业释放出大量优秀工程师资源，这些人才将进入云计算、大数据等新兴行业，在新的山头攻坚。如果没有Red Hat这样的企业以最有效率的方式为行业提供基础设施，新的技术领域很难建立足够的人才队伍，整个行业的发展速度也会缓慢下来。因此，我们不能只看Red Hat的销售额，还应该看看AWS、Salesforce这样的新兴玩家，正是因为有了Red Hat，才有后者的高速发展。对于个人而言，这种大趋势是不可阻挡的，聪明的老专家们自然会即时调整方向，拥抱开源。

开源运动近年来已经逐渐突破计算机软件领域，开始向其他行业扩展，例如开源服务器硬件、开源网络设备，甚至开源的IT管理流程。说白了，开源是一种新时代的知识传承模式，未来的世界将处处开源，竞争的壁垒将体现在高效协调资源的能力，而不是对特定知识的独占。当我知道卢誉声将把书中提到的 Hurricane 完全开源时，我非常赞同他的做法。因为这个动作，本书不仅仅是一部讲授代码编写的书籍，还是一个开源社区的星星火种，我特别推荐所有对实时大数据分析感兴趣的同业中人阅读此书，并以此作为迈入下一个开源大时代的第一步。

徐立冰

思科系统高级客户经理

本书特色

本书是一本由浅入深并详细讲解编写一套全新的基于 C/C++ 的实时处理系统的编程实战书。本书从基础知识开始，到实时数据系统的架构设计，到代码的实际编写，逐步实现一个完整的实时数据处理系统。本书把这套全新的高性能分布式实时处理系统命名为 Hurricane，该单词与 Storm 涵义类似，但略有不同，其中维基百科对 Hurricane 的解释是 "A storm that has very strong fast winds and that moves over water"，即"在水面高速移动的飓风（storm）"。

同时，为了支持高性能的实时处理系统，我们必须提供高性能的网络层，能够支持大量的并发，因此本书设计实现了一套跨平台的网络库 Meshy，并将其作为 Hurricane 实时处理系统的传输层。

为了编写更清晰、易于移植、易于维护的现代化 C++ 代码，我们在书中大量使用了 C++ 11 的特性，从一些小的语法点（如 auto、override）到 C++ 11 中新增加的库（如 thread、chrono、functional）到一些翻天覆地的语法特性（如统一初始化、Lambda 表达式）都有所涉及。每当遇到新的 C++ 11 知识时，我们都会着重向读者介绍。由于目前 C++ 14 还不够普及成熟，因此在本书中暂不考虑 C++ 14 的特性。

为此，本书一开始将会花费大量篇幅介绍分布式计算存储的概念以及网络通信的基础知识。接着阐述和分布式计算存储相关的网络高层抽象知识，为构建分布式网络应用打下坚实基础。接着集中介绍本书需要运用的 C++ 相关知识，包括 C++ 11 的语言特性以及需要了解的底层知识。之后就开始介绍 Hurricane 实时处理系统的设计方案，并引导读者一步步自己实现 Hurricane 实时处理系统。

完成 Hurricane 实时处理系统的主体功能部分后，我们转而介绍 Meshy，阐述如何实现 Meshy 这一跨平台的网络框架，并与 Hurricane 实时处理系统进行对接。为了实现跨平台的高性能网络通信库，我们必须学习使用 epoll、IOCP 等与平台密切相关的技术来保证系统性能。同时，我们也要学会如何编写管理一个需要考虑移植和平台兼容性的系统的技巧与实践方法。最后辅以实战用例讲解如何将该系统应用于实际的生产环境中。

总之，Hurricane 实时处理系统是一个使用 C++ 11 编写的，以高性能为关注点的分布式实时计算框架，使用流模型作为计算模型，同时提供更易于理解的高层接口。

希望读者能够从本书中或多或少学到点新的知识，能够对 C++ 语言以及网络通信有更加深入的认识，了解如何构建一个可应用于生产环境的分布式实时处理系统。

如何阅读本书

本书以最基本的云计算与大数据概念作为引子，逐步引入高性能分布式实时处理系统编程所需要的知识，抽丝剥茧地把有关实时处理系统的架构以及内部实现娓娓道来。

第 1 章 介绍分布式系统的一些基本概念，以及开发实时处理系统所需要具备的一些重要知识点。

第 2 章 介绍分布式系统通信基础，包括 TCP/IP 以及 Socket 方面的基本概念，为后续开发网络库 Meshy 做知识储备。

第 3 章 介绍分布式系统通信所需的高层抽象，包括 RPC 远程过程调用、RESTful、消息队列等常用的通信模型。同时介绍基本的序列化概念与解决方案，并使用 Thrift 开发简单的公告牌服务，为 Hurricane 的开发建立通信抽象与框架上的基础概念。

第 4 章 介绍 C++ 高性能编程所需的基础与进阶知识，包括 C++ 中的内存资源管理、编码解决方案、并发与异步处理以及内存管理技巧，以及 C++ 11 中与内存管理、编码处理、线程模型相关的内容。

第 5 章 介绍分布式处理系统的基本概念，包括批处理与实时处理的区别，Hadoop 与 Storm 的基本介绍及基本模型。最后介绍可靠消息处理的基本思想。

第 6 章 介绍实时处理系统的总体架构与接口设计，包括消息源、消息处理器、数据收集器、元组以及序列化接口。

第 7 章 介绍服务组件的设计与实现，包括 Executor 及其消息队列、动态装载以及 Task 的设计与实现等。

第 8 章 介绍管理服务的设计与实现，其中包括集群管理器 President 以及节点管理器 Manager 的架构设计与编程实现。

第 9 章 介绍实时处理系统中各部分接口的实现，包括消息源、消息处理单元以及数据收集器的实现。

第 10 章 介绍可靠消息处理的概念、接口设计与具体实现，包括简单和高效的实现方案。

第 11 章 介绍底层数据传输层及 Meshy 的设计与实现，包括 I/O 多路复用的概念与实现方法、所需的基础工具，以及跨平台的实现方案。最后辅以实战用例来展示集成与使用 Meshy 的方法。

第 12 章 介绍事务性计算拓扑的概念、实现方案与编程实现，并介绍相关 API，以及如何使用 Cassandra 存储元数据。

第 13 章 介绍在不同的编程语言中实现计算拓扑的方法，并在现有技术基础上增加一些新的技术。

第 14 章 介绍基于 Hurricane 实时处理系统的高级抽象元语、分布式远程过程调用

（DRPC）的设计、实现方案及编程实战。

第 15 章 介绍了基于 Hurricane 实时处理系统开发的日志流处理实例，其中包含日志流处理的整体流程、使用 Hurricane 处理日志的具体实现思路，以及使用 Hurricane 处理日志的具体实现。

第 16 章 介绍了基于 Hurricane 实时处理系统开发的频繁组合查找实例，其中包含频繁项集挖掘概念与方法、频繁二项集挖掘算法原理与实现分布式统计方法。并介绍如何使用 Hurricane 实现自己的频繁二项集挖掘系统。

第 17 章 介绍在 AWS 和阿里云上部署 Hurricane 实时处理系统，首先介绍在 AWS 上创建私有云和 EC2 实例的方法，接着介绍在阿里云上创建私有云和 ECS 实例的方法，最后介绍 Hurricane 的分布式部署原理与方法。

阅读前提

本书采用 Ubuntu 或 Debian 操作系统以及 Windows 操作系统作为基本的开发环境。此外，本书并不准备对基础的编程概念进行理论介绍。我们假定你在阅读本书之前已经达到基本的编程技术水平以及具备一定的 C++ 编程经验和功底。如果不是，笔者建议阅读《C++ 编程思想》作为基础来了解编程的基本概念，并阅读《高级 C/C++ 编译技术》作为提高。

本书版式约定

在本书中，读者会发现针对不同信息类型的文本样式。下面是这些样式的示例和解释。

所有命令行输入和输出如下所示：

```
mkdir Hurricane
cd Hurricane
```

代码清单通常以以下格式展现：

```
1  #include <iostream>
2  #include <cstdlib>
3
4  int main()
5  {
6      std::cout << "Welcome to Hurricane" << std::endl;
7
8      return EXIT_SUCCESS;
9  }
```

在正文中时常会用以下方式拓展所讲解的内容：

提示 这里是相关提示的文字。

读者对象

（1）**大数据系统研发工程师**。本书不但讲解高性能分布式实时处理系统编程所需要的方方面面，抽丝剥茧地呈现出实时处理系统的架构以及内部实现，还带领大家自己编写一套分布式实时处理系统。

（2）**研发人员**。本书是一本深入剖析分布式实时处理系统编号的指南。

（3）**架构师**。本书是一本层次化分布式系统架构设计的实战书。读者可以深入理解分布式实时处理系统的内部构造以及重要组成部分，并自已设计分布式系统的各个层次。

（4）**编程初学者**。学习实战技术，掌握分布式系统开发中惯用的编程技巧。

勘误和支持

虽然笔者在编写本书的过程中经过反复审校，全力确保本书内容的准确性，但疏漏在所难免。书中难免可能会出现一些不妥或不准确的描述，恳请读者批评指正。本书所涉及的所有源代码及工程都可以从华章官网（www.hzbook.com）下载，同时这些项目也都是开源项目。现在我怀着期盼和忐忑的心情，将这本著作呈献给大家，我渴望得到你的认可，更渴望和你成为朋友，如果你有任何问题和建议，请与我联系（电子邮箱：samblg@me.com），期待能够得到你的真挚反馈。

致谢

在创作本书的过程中，我得到了很多人的帮助，这里必须要一一感谢，聊表寸心。感谢鲁昌华教授，在我的成长道路上给予了很大的支持和鼓励。感谢我在 Autodesk 中国研究院（ACRD）的同事和思科系统（中国）研发中心的朋友。特别是我的良师益友彭敏、旷天亮和徐立冰，在我的学习工作中给予了很大帮助。感谢我的好友金柳颀，感谢你在写作本书过程中的通力合作以及技术问题上的共同探讨。还要感谢机械工业出版社的高婧雅编辑对我的信任与支持。

谨以此书献给我最亲爱的家人与朋友，你们是我奋斗路上坚强的后盾。

卢誉声

于上海

Contents 目　录

不相干，这样每个节点可以各自为政。但大多数时候节点之间还是需要互相通信，比如获取对方的计算结果等。一般有两种解决方案：一种是利用消息队列，将节点之间的依赖变成节点之间的消息传递；第二种是利用分布式存储系统，我们可以将节点的执行结果暂时存放在数据库中，其他节点等待或从数据库中获取数据。无论哪种方式只要符合实际需求都是可行的。

1.3 分布式系统特性

G. Coulouris[⊖]曾经对分布式系统下了一个简单的定义：你会知道系统当中的某台电脑崩溃或停止运行了，但是你的软件却永远不会。这句话虽然简单，但是却道出了分布式系统的关键特性。分布式系统的特性包括容错性、高可扩展性、开放性、并发处理能力和透明性，现在我们来看一下这些概念的涵义。

1.3.1 容错性

我们可能永远也制造不出永不出现故障的机器。类似的，我们更加难以制造出永不出错的软件，毕竟软件的运行还在一定程度上依赖于硬件的可靠性。那么在互联网上有那么多的应用程序和服务，它们都有可能出现故障，但在很多时候，我们几乎都不能发现这些服务中断的情况，这时分布式系统的特点之一容错性就凸显出来了。在大规模分布式系统中，检测和避免所有可能发生的故障（包括硬件故障、软件故障或不可抗力，如停电）往往是不太现实的。因此，我们在设计分布式系统的过程中，就会把容错性作为开发系统的首要目标之一。这样一来，一旦在分布式系统中某个节点发生故障，利用容错机制来避免整套系统服务不可用。

那么问题来了，在考虑容错性的同时，我们是否也需要具备检测、恢复和避免故障的能力呢？没错，在设计与开发分布式系统的过程中，这些问题都需要我们进行认真的思考。对于检测故障来说，最直接的方法是校验消息或数据是否有效，但是这种方法能够覆盖的故障面很窄。而有些问题，如服务器应用程序崩溃，通过普通方法很难检测，这时我们可能就需要一套复杂完整的流程来检测服务器是否真的宕机以及服务器的节点信息，这当中涉及很多因素，如网络延迟、消息乱序等，最后，采用合适的方法通知运维人员。

故障恢复对于分布式系统设计与开发来说极其重要。当服务器崩溃后，我们需要通过一种方法来回滚永久数据的状态，确保尚未处理完成的数据不被传递到下一个状态继续处理，并解决多个节点数据可能存在的不一致性问题，这往往涉及事务性。

常见的避免故障的方法包括消息重发、冗余等。考虑到分布式系统的特性，很多计算任务被分布在不同的节点之间进行，那么其中一个难以避免的问题就是消息丢失，消息丢失的情况屡见不鲜，这几乎成为了设计分布式系统必须解决的问题，我们通常的做法是在一定超

⊖ George Coulouris 是《Distributed Systems-Concepts and Design》这本书的作者，曾是剑桥大学的高级研究员。

时范围内，消息不可达时对消息进行重传，在重新尝试多次后如果消息仍然不可达，才认为节点出现问题。数据冗余存储可以在一定程度上降低数据出错的概率。例如，同一份数据，我们将其存储为 A 和 B 两份，那么当单点故障发生时，A 存储的数据部分丢失或全部丢失，而 B 存储的数据完好无损，这时候，我们就可以利用 B 存储的数据对数据进行恢复，避免单点故障导致的数据丢失。当然，这里我们只考虑到数据，如果把分布式系统中其他组件也考虑进来，我们就能看到更多冗余应用的案例，例如，访问某一特定节点的路由器应当还有一份冗余备份，确保当一个路由器发生故障时，消息仍然可以通过备份的路由器送达。数据库中的数据也可以利用类似的思想存储多份冗余数据，以便在某个节点数据丢失的情况下恢复数据。在消息通信的过程中，将相同的消息派发给两个以上的节点存储或处理，以避免某个节点单点故障导致消息丢失等。

冗余是设计分布式系统时必须考虑的特性之一，也是系统对外提供服务的质量的重要保证，提高用户体验，尽可能减少服务不可用时间是非常重要的。

1.3.2 高可扩展性

高可扩展性是指系统能够在运行过程中自由地对系统内部节点或现有功能进行扩充，而不影响现有服务的运行。传统的软件系统或单机软件在更新过程中，往往会先停机，然后升级，当一切更新配置都结束后，最后重新启动应用程序。另外，很多传统的系统是“闭环系统”[⊖]，其扩展能力非常有限，它们绝大多数使用私有协议进行消息通信，缺乏开放的 API 也是导致系统扩展能力低下的主要原因之一。因此，在对现有系统进行扩展的过程中，由于私有接口的局限性和不完善性，扩展工作变得异常复杂，有时甚至需要对接口进行更新和定义，才能满足需求，而与其他系统进行集成则变得更加困难：没有开放接口，需要中间层做转换。这些原因都导致了系统在扩展性方面存在难度大和成本高的问题。

我们来看一个现代分布式系统设计的案例：Storm 实时处理系统（以下简称 Storm）。在 Storm 中，节点主要由 Spout 和 Bolt 两大类组成，我们可以把这种关系类比到 MapReduce 过程，Spout 作为消息源会将搜集到的数据发送到 Storm 计算拓扑中，再通过一系列消息处理单元 Bolt 进行分布式处理，最终将处理结果合并得到最终结果。在这里，消息处理单元 Bolt 是分布式数据处理的核心组件，每当消息处理单元的数据处理完成后，它就会把当前阶段处理的数据发送给下一级消息处理单元做进一步处理。那么，这些消息处理单元之间的元组数据则主要通过开源 JSON 格式进行传递。利用这种机制，我们看到了一个很好的现象，那就是我们可以随意在消息处理单元后进行扩充，如果数据处理的结果还达不到我们的需求，只需在 Storm 计算拓扑中继续追加新的消息处理单元，直至满足我们的需求。Storm 使用 JSON 作为节点之间元组数据发送的纽带，一方面解决了私有接口难以扩展和集成的问题，另一方面解决了 Storm 拓扑结构的后续节点扩充问题。图 1-1 所示为基本的 Storm 实时处理系统拓扑结构图，其中每个方框都是一个节点。

⊖ 这里的闭环系统指的是那些完全通过内部通信，而不需要和外部通过协议进行数据交换的系统。

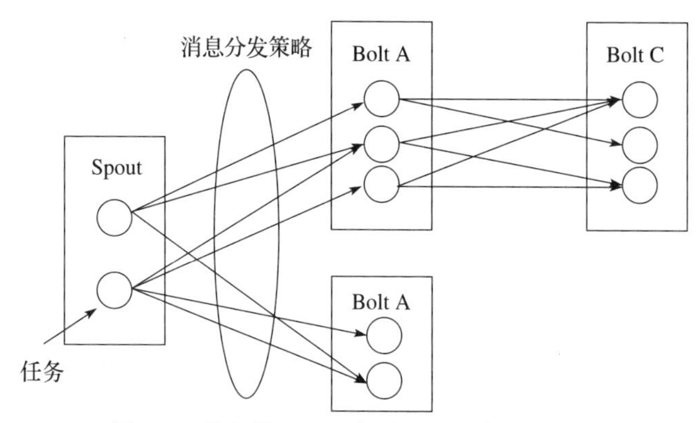

图 1-1 基本的 Storm 实时处理系统拓扑结构

因此，在设计和开发我们自己的实时处理系统的过程中，高可扩展性是必须考虑的问题之一，我们会在后续章节进行编程实战的时候对此问题做深入分析。

1.3.3 开放性

分布式系统的开放性决定了一个系统是否具备自我扩展和与其他系统集成的能力。我们可以通过对外提供开放应用程序编程接口（Open API）的方式来提高分布式系统的开放性，提供哪些接口以及如何提供决定了我们开发的系统的开放程度，以及与现有系统和其他系统集成、扩展的能力。有很多开源产品在这一方面做得非常好，一方面是因为开源的特性导致系统的开放程度很高，另一方面是因为现代软件开发过程都十分重视开放应用编程接口，以求与更多系统进行集成。当然，只有开放应用编程接口还不够，如果我们提供的接口能够遵循某种协议，那么势必会进一步增加系统的开放性，为未来发展带来更多可能。

1.3.4 并发处理能力

可能读者已经想到了，分布式系统引发的一个问题就是并发导致的一致性该如何处理？我们举个例子这个问题就比较清楚了。在分布式系统中，我们假设有两个节点 A 和 B 同时操作一条数据仓库的记录，那么数据仓库中的最终结果是由节点 A 操作产生的，还是由节点 B 操作产生的呢？这样看来，并发请求处理对对象的操作可能相互冲突，产生不一致的结果。我们设计的分布式系统必须确保对象的操作在并发环境中能够安全使用。因此，对象的并发或同步操作必须确保数据的一致性。

除了一致性之外，我们还希望可以一直对系统进行读写，这就是所谓的可用性。而为了一致性，读取或写入操作可能需要等待，常常需要缓冲等处理方式，这又是一件非常讨厌的事情，因为它牺牲了可用性。

数据库系统还有另一个性质——分区容错性，许多人都阐述过，这是数据库系统必须保证的特性，而在此情况下，从传统上来讲，一致性和可用性我们只能二选其一。分布式存储具有以下特性（CAP）。

1）Consistency（一致性）：同一个数据在集群中的所有节点，同一时刻是否都是同样的值。

2）Availability（可用性）：集群中一部分节点故障后，集群整体是否还能处理客户端的更新请求。

3）Partition Tolerance（分区容错性）：是否允许数据的分区，分区是指是否允许集群中的节点之间无法通信。

提示 在理论计算机科学中，CAP 定理（CAP Theorem）又被称作布鲁尔定理（Brewer's Theorem），它指出对于一个分布式计算系统来说，不可能同时满足 CAP3 个条件。而由于当前的网络硬件肯定会出现延迟丢包等问题，所以分区容忍性是我们必须要实现的。所以我们只能在一致性和可用性之间进行权衡，没有 NoSQL 系统能同时满足这三点。有关 CAP 理论的更多具体解释，读者可以参阅：https://en.wikipedia.org/wiki/CAP_theorem。

在一个分布式系统中，CAP 定理会使得整个系统变得非常复杂，而且会严重影响整个系统的并发性能。如何在尽量满足 CAP 定理的前提下提升系统的并发计算与存储能力，值得我们思考。

1.3.5 透明性

在分布式系统内部，可能有成千上万个节点在同时工作，对用户的一个请求进行处理，最终得出结果。虽说如此，但我们设计的系统内部细节应该对用户保持一定程度的透明，我们可以为用户提供资源定位符（URL）来访问分布式系统服务，但用户对分布式系统内部的组件是无从了解的。我们应该把分布式系统当做一个整体来看待，而不是多个微型服务节点构成的集合。

1.4 通用分布式计算系统

单从分布式计算系统这个类别来说，其覆盖面非常广。我们将在本节中着重介绍几个十分常见的计算系统。这些计算系统被广泛应用于各个领域。

1.4.1 Apache Hadoop

Hadoop 是由 Apache 基金会开发的分布式存储与计算框架。用户不需要了解底层的分布式计算原理就可以轻松开发出分布式计算程序，可以充分利用集群中闲置的计算资源，将集群的真正威力调动起来。

Hadoop 由两个重要模块组成。一个是 Hadoop 分布式文件系统（Hadoop Distributed File

System)，顾名思义，就是一个分布式的文件系统，可以将文件数据分布式地存储在集群中的不同节点上。另一个是 MapReduce 系统，是一个针对大量数据的分布式计算系统。而当前版本的 Hadoop 中加入了一个名为 YARN 的模块，这是一个用于任务调度和资源管理的框架，而目前 MapReduce 便是基于 YARN 开发的。

1. Apache Hadoop 的历史

Hadoop 的思路来自谷歌提出的 MapReduce 分布式计算框架。谷歌的 MapReduce 框架可以把一个应用程序分解为许多并行计算指令，跨跃大量的计算节点运行非常巨大的数据集。而 Hadoop 的 MapReduce 则是对谷歌 MapReduce 的开源实现。另一方面其分布式文件系统则是谷歌的 GFS 的开源实现。

Hadoop 原本是 Apache Nutch 中的一个子项目。后来 Apache 将 MapReduce 模块与 Nutch Distributed File System（NDFS）单独抽离出来成为一个顶级项目。

Hadoop 已经成为目前世界上最流行的分布式计算框架，Apache 也建立了不少与 Hadoop 相关的项目，如 HBase、Cassandra、Avro、Hive、Mahout 等项目。

2. HDFS 分布式文件系统

Hadoop 分布式文件系统（HDFS）是一个主从式的分布式文件系统，是 GFS 的一种开源实现。

HDFS 可以利用大量廉价存储器组成分布式存储集群，取代昂贵的集中式磁盘存储阵列。而 HDFS 集群由一个 NameNode 和多个 DataNode 组成，除此之外还有用于热备份的 Secondary NameNode，防止集群出现单点故障。

接下来介绍 HDFS 的各个组成部分。

（1）NameNode

NameNode 是整个集群的管理者。它并不存储数据本身，而负责存储文件系统的元数据。它负责管理文件系统名称空间，并控制外部客户端对文件系统的访问。

NameNode 决定如何将文件内容映射到 DataNode 的数据块上。此外，实际数据传输并不会经过 NameNode，而会让对应的 DataNode 接收实际数据，并处理分布式存储系统的负载均衡问题。

整个文件系统只有一个 NameNode，因此很明显集群可能会出现单点故障，这点我们需要利用 Secondary NameNode 来解决问题。

（2）Secondary NameNode

Secondary NameNode 是 NameNode 的备份节点，HDFS 会将 NameNode 的数据实时备份到 Secondary NameNode 上，当 NameNode 宕机需要重启时，则可以利用 Secondary NameNode 中的数据加快 NameNode 的重启恢复速度。

（3）DataNode

DataNode 是实际的数据存储节点，负责相应 NameNode 创建、删除和复制块的命令。

NameNode会读取来自DataNode的心跳信息，以此判断DataNode是否存活。同一份数据会以多份副本存储在不同的DataNode上，一旦某一个DataNode宕机，NameNode会立即采取手段来处理问题。

（4）MapReduce模型

MapReduce既是Hadoop中的模块，也是一个计算模型。用户需要自己将算法划分成Map和Reduce两个阶段。首先将数据划分为小块的数据，将数据分配到不同计算节点的Map任务中计算，然后将计算结果汇总到Reduce节点中进行合并，得出最终结果。

MapReduce系统也是主从式的计算系统。在使用YARN后，每个集群有一个Resource-Manager，用于管理整个集群。集群中每个计算节点都有一个NodeManager，负责管理某个节点的容器并监视其资源使用。每个应用程序由一个MRAppMaster进行管理。

3. Apache Hadoop 特性

Apache Hadoop具有以下几个特点。

1）高可靠性：Apache Hadoop可以可靠地将数据存储到节点上。

2）高可扩展性：Apache Hadoop的存储和计算节点可以快速扩展，并自动进行负载均衡。

3）高效性：一方面Apache Hadoop会自动在各个节点之间动态调动数据，保证每个节点存储均衡，另一方面读取数据时我们可以从不同节点并行读取，提高数据读取的速度。

4）高容错性：Apache Hadoop会将数据冗余存储在不同节点上，保证数据容错性，计算任务失败时也会自动重新分配任务。

5）低成本：一方面，Apache Hadoop是开源软件，可以节省商业软件的购买成本。同时，Apache Hadoop可以用廉价节点组成的集群取代昂贵的超级计算机，从而可以节省硬件成本。

Apache Hadoop虽然是异常可靠的分布式计算框架，但其计算存储模型也导致它的严重缺陷——实时性较差。首先MapReduce计算模型本身是一种批处理的计算模型，也就是积累一批数据，然后启动MapReduce任务处理完这一批数据，等到下次积累到一定程度，再定时或手动启动一轮新任务，而不是随着数据到来即时处理。

此外，HDFS不是一个高实时性的分布式文件系统。为了提高其实时性我们还需要自己加上很多缓存优化。而致命问题在于MapReduce各个任务之间的通信完全使用HDFS完成，这也就从根本上导致MapReduce不可能具有极高的实时性。

1.4.2 Apache Spark

为了解决Apache Hadoop计算速度较慢的问题，Apache Spark应运而生。我们可以将Apache Spark看成一种“高层”分布式计算框架。它具有以下特点。

1）执行速度极快：首先它支持将计算任务的中间结果放在内存中而不是HDFS上，这样可以加快速度，根据评测最高可以提升100倍。

2）支持多种运行模式：除了可以独立在集群上执行任务以外，Spark还支持将任务执行在EC2或Apache Hadoop的YARN上，也可以从HDFS、Cassandra、HBase、Hive等各种数据存储系统中读取数据。

3）更多更通用的计算模型：Hadoop 只提供了较为底层的 MapReduce 模型，编程人员往往需要大量编码来解决简单的任务。而 Spark 则提供了 SQL 接口、Apache Spark 流模型接口、MLib 机器学习接口以及 GraphX 图形计算接口等多种接口，可以方便应用于多种场合，提高开发人员的开发效率。

但 Spark 依然没有解决 Hadoop 计算模型中的一个致命问题——Spark 的计算模型依然是任务式的，如果我们需要处理实时流入又需要实时反馈的数据，Spark 的模型依然无法很好地满足我们的需求。

1.4.3 Apache Storm

随着互联网业务数据规模的急剧增加，人们处理和使用数据的模式已然发生了天翻地覆的变化，传统的技术架构已经越来越无法适应当今海量数据处理的需求。MapReduce、Hadoop 以及 Spark 等技术的出现使得我们能处理的数据量比以前要多得多，这类技术避免了我们面对海量数据时的措手不及，也在一定程度上缓解了传统技术架构过时的问题。

但是，随着业务数据规模的爆炸式增长和对数据实时处理能力的需求越来越高，原本承载着海量数据处理任务的批处理系统在实时计算处理方面越发显得乏力。这么说的原因很简单，像 Hadoop 使用的 MapReduce 这样的数据处理技术，其设计初衷并不是为了满足实时计算的需求。任务式计算模型与实时处理系统在需求上存在着本质的区别。要做到实时性，不仅需要及时地推送数据以便处理，还要将数据划分成尽可能小的单位，而像 HDFS 这样的系统存储推送数据的能力已经远不能满足实时性的需求。

因此，Apache Storm 实时处理系统的出现顺应了实时数据处理业务的需求。Apache Storm 是一个开源的、实时的计算平台，最初由社交分析公司 Backtype 的 Nathan Marz 编写，后来被 Twitter 收购，并作为开源软件发布。从整体架构上看，Apache Storm 和 Hadoop 非常类似。Apache Storm 从架构基础本身就实现了实时计算和数据处理保序的功能，而且从概念上看，Apache Storm 秉承了许多 Hadoop 的概念、术语和操作方法。

Apache Storm 作为实时处理系统中的一个典型案例，其特点和优势如下。

1）高可扩展性：Apache Storm 可以每秒处理海量消息请求，同时该系统也极易扩展，只需增加机器并提高计算拓扑的并行程度即可。根据官方数据，在包含 10 个节点的 Apache Storm 集群中可以每秒处理一百万个消息请求，由此可以看出 Apache Storm 的实时处理性能优越。

2）高容错性：如果在消息处理过程中出现了异常，Apache Storm 的消息源会重新发送相关元组数据，确保请求被重新处理。

3）易于管理：Apache Storm 使用 ZooKeeper 来协调集群内的节点配置并扩展集群规模。

4）消息可靠性：Apache Storm 能够确保所有到达计算拓扑的消息都能被处理。

本书从实时处理系统的角度出发，结合分布式系统开发过程中的各种实践，开发一套基于 C/C++ 实现的实时处理系统，我们会在编程实践过程中针对语言的特殊性讲解大量实时处理系统编程设计指导、编程原理和实践经验，从通信系统的设计、软件架构的设计、模块接口设计、核心组件内部设计与实现，到一些高级特性设计实现，由浅入深地指导读者开发出高性能分布式实时处理系统。随后介绍一些高层抽象，希望读者可以自行研究并进行设计实现，将本书教授的知识融会贯通。最后我们以几个实例介绍如何使用编写的系统进行分析，并在公有云上部署实际的系统与服务，让读者有更深刻的认识。

1.5 分布式存储系统

分布式技术大体分为分布式存储技术和分布式计算技术，我们先来探讨一下分布式存储技术。在互联网高速发展的今天，分布式技术逐渐成为了大型企业业务构建所需的基本技术之一，而分布式存储系统更是成为了分布式计算必备的主要系统，无论是云计算还是大数据的处理和分析，都离不开分布式存储系统，因此，如何基于高性能、高可扩展性、高可用性以及成本低的分布式存储系统来构建实时计算系统，成为了热门话题。本节将介绍分布式存储的基本概念和特点，并简单介绍几个流行的分布式存储新系统。

1.5.1 分布式存储概念

分布式存储系统通常指的是有多个用于存储信息的节点的计算机网络，而且对于绝大多数分布式存储系统来说，它们都会原生支持节点之间的数据复制和同步。一般来说，如果用户的数据是存储在多个节点或对等网络节点中，其中对等网络节点指的是在网络拓扑结构中，各个节点地位相同，没有主从关系，则把这类系统称为分布式存储系统。

考虑到分布式存储系统的多节点存储特性，就不得不思考如何才能高效地访问大批量节点的数据。因此，绝大多数分布式存储系统都是非关系型数据库。当然，凡事都有例外，像 Oracle Clusterware、MySQL 的 Sharding 集群方案，也能解决一定程度上的分布式存储需求。

提示 Oracle Clusterware 是一款能让多个服务器协同工作（作为一套系统）的可移植的集群软件。该软件首次由 Oracle 10g Release 1 提供，其初衷是实现一套 Oracle 多点数据库的集群技术，基于 Oracle 的 Real Application Clusters（RAC）技术。

MySQL Sharding 与普通的集群负载均衡方案不同。完整的集群方案中，分布式系统会自动帮助用户完成负载均衡等工作，帮助用户建立分布式索引与缓存等。但是早期的 MySQL 并不支持这种高级特性，MySQL 中，用户需要手动将自己的关系数据根据表格切分到不同的数据库或者主机中，比起完整的集群解决方案，这种方式是较为复杂的。

对于分布式存储系统来说，最重要的问题是如何确保在众多节点中保持数据的一致性、容错性、数据可恢复能力和负载均衡。一般来说，为了确保每个节点访问的负载保持在一个水平上，我们还要考虑数据的分布问题，采用什么方法确保数据分布的均匀性，除了数据均匀，我们还要考虑数据访问的频率等因素，这样才能确保节点负载和访问频率保持相对均衡，例如，在 Apache Cassandra 中，就使用 Partition Key 作为数据分布存储的依据之一对数据进行存储。另外，对于数据写入的事务性也是需要确保的，这是传统关系型数据库系统必备的功能之一，但在分布式系统中的实现方法会很不一样。事务性不仅仅是分布式存储系统所需的特性之一，对于分布式实时处理系统来说，操作的事务性同样重要，在后续章节中将会介绍实时数据处理的事务功能。

Cassandra 是一套开源分布式 NoSQL 数据库系统。它最初由 Facebook 开发，用于存储收件箱等简单格式数据，集 Google BigTable 的数据模型与 Amazon Dynamo 的完全分布式的架构于一身。Facebook 于 2008 将 Cassandra 开源，此后，由于 Cassandra 良好的可扩展性，被 Digg、Twitter 等知名 Web 2.0 网站所采纳，成为了一种流行的分布式结构化数据存储方案。

Cassandra 是一个混合型的非关系的数据库，类似于 Google 的 BigTable。其主要功能比 Dynamo（分布式的 Key-Value 存储系统）更丰富，但支持度却不如文档存储 MongoDB（介于关系数据库和非关系数据库之间的开源产品，是非关系数据库中功能最丰富、最像关系数据库的。支持的数据结构非常松散，是类似 JSON 的 BJSON 格式，因此可以存储比较复杂的数据类型）。

更多内容请读者参阅项目官网：https://cassandra.apache.org/。

和传统的关系型数据库（Oracle 11g）相比，这些 NoSQL 数据都各有优缺点。

1）模式相对自由，适合存储非结构化数据：NoSQL 数据库往往没有严格的数据模式限定，因此我们可以在业务需求变更时方便地修改数据库模式而不会引起原来数据的变化。这个特性的优点在于可以快速适应业务变化，缺点在于没有模式来帮助我们维护数据的合法性。

2）数据一致性和事务性较弱：NoSQL 往往为了提升速度而舍弃了许多数据一致性的保证。在 NoSQL 中，数据一致性完全需要用户在上层逻辑中维护。此外，NoSQL 大部分都不支持事务或者事务功能较弱，基本都是基于性能而舍弃这些特性。

3）查询与关联功能有限：由于 NoSQL 没有像关系型数据库那样，数据之间有那么多关联，因此难以建立很完善的查询与关联功能，即使有（如 Cassandara），也会在功能上有诸多限制。一般关联需要用户在上层解决。

4）读写性能问题：部分 NoSQL 的读写性能并不是非常好，如 Cassandra，在写入时非常快，但是读取时则较慢。而 MongoDB 这种文档型数据库进行简单的检索时很快，但是当检索条件复杂时（无法充分利用索引时），速度就会很慢。一般 NoSQL 由于不需要维护数据一致性，因此都具有很高的写入性能。

1.5.2 分布式存储系统特点

分布式存储系统相较于传统的关系型数据库，具备很多特有的优点，首当其冲的就是低成本。事实上，现如今很多企业转向使用开源的分布式存储系统有两大原因，一是低成本，二是高度可定制的特性。除此之外，分布式存储系统还具备高性能、高可扩展性、高可用性等特点。下面对这些特性进行解释。

1）高性能：对于分布式存储系统来说，高性能是最为重要的指标之一，无论是分布式存储系统中的一个节点，还是整个分布式系统，都要具备高性能，以确保在高并发海量数据处理的情况下得心应手。

2）高可扩展性：不同于传统的数据库存储系统，在分布式存储系统集群中往往包含几百个甚至上千个存储节点，随着存储服务的进一步扩展，我们还需要分布式存储系统能够在运行过程中扩展。

3）高可用性：分布式存储系统需要具备一定的容灾能力，如果系统中某些节点因为某些原因不能正常提供服务，那么其他的存储节点应该承担起无法工作节点的功能，确保存储服务对外来说是一直可用的。

4）成本低：由于分布式存储系统的特点，需要大量的集群机器为其构建出满足实际需求的存储集群，因此这就要求分布式存储系统能够运行在普通 PC 甚至虚拟机上，通过自动负载均衡的方式提供服务。另外，对虚拟化的良好支持也进一步降低了 IT 运维的难度和成本。

1.5.3 分布式存储系统分类

相比传统的关系型数据库，分布式存储系统类别众多，不同的分布式存储系统可以应用于不同的场合和领域，本书根据分布式存储系统面向对象的不同，将其分成列存储系统、文档型存储系统、图形存储系统、键值对存储系统以及分布式文件系统。

（1）列存储系统

列存储系统的典型代表是 HBase 和 Cassandra，这类分布式存储系统与传统的面向行的关系型数据库不同，以列为存储单位。其中我们可以预先定义固定数量的列簇（Column Family），而列簇中的列数量可以任意扩展。列也没有数据类型，需要用户自行进行数据类型转换。每一行有一个行键，可以用于索引。这样既方便模式定义的扩展，又方便数据的分块存储。

（2）文档型存储系统

以 MongoDB、CouchDB 为代表，以文档为数据存储单位，每个文档都有唯一 ID，不同文档一般逻辑与物理上相互独立，互不关联，可以自由分布式地存储在集群的各个节点上。

（3）图形存储系统

典型代表是 Neo4j。这是一种面向网络的存储方式，以节点为单位存储数据，并通过在节点之间建立网络来建立数据之间的联系。同样也是一种无模式的存储方式。由于数据以网络形式存储，因此可以建立快速的遍历算法、推荐系统等。

（4）键值对存储系统

其典型代表是 Redis 和 Riak。这类数据库将数据存储为键值对，是非常简单的数据存储方式。这类数据库不一定是分布式存储系统，但 Riak 自身支持分布式存储，而 3.0 版本的 Redis 也自身支持集群功能。

（5）分布式文件系统

与以上存储系统不同，该类系统不属于数据库的范畴。其典型代表是 HDFS，顾名思义就是分布式的文件系统，支持所有的文件系统操作，如创建、删除文件与目录，用户权限管理，时间戳等，其功能与传统文件系统一致，只是将文件分散存储在集群的不同节点上。

1.5.4　常见分布式存储系统

本节将着重介绍几个在实际生产环境中经常用到的分布式存储系统，而像 Cassandra 这样常见的键值存储系统，我们也会在后续的编程实战章节中使用到。

1. Hbase

HBase 是一款面向列的开源分布式数据库。其实就是 Google 的 BigTable 的开源实现，是 Hadoop 的一个子项目，是专门用于存储非结构化数据的数据库。面向列数据库的逻辑模型前文已经介绍过，这里不再阐述。

HBase 也是一个主从式的存储系统。其系统架构由以下几部分组成。

1）Zookeeper：一个独立的集群协调项目，用在许多项目之中，可以简化集群协调管理。

2）HMaster：整个集群的控制者，负责管理用户的增删改查，管理 HRegionServer 的负载均衡。同时若 HRegionServer 失效，负责进行失效方的资源迁移。此外，由于 HBase 使用了 Zookeeepr 的首领枚举功能，且启动后会启动多个 HMaster，因此可以避免单点故障问题。

3）HRegionServer：相当于集群中的数据节点，负责相应用户 I/O 请求，并向 HDFS 中写入数据。

此外，正如 BigTable 将实际数据存储在 GFS 上一样，HBase 将其数据存放在 HDFS 上，这样就可以简化数据的分布式存放问题。

2. Cassandra

Cassandra 不同于其他的存储系统，它是一个全分布式的数据库系统。它是一款混合型的非关系型数据库。其基础是 Amazon 的 Dynamo，在此基础上融合了 Google BigTable 的列族数据模型。同时又采用 P2P 的模型实现集群去中心化。Cassandra 是一个在生产环境中广泛使用的分布式存储系统。在本书的后续实战中，将会使用 Cassandra 作为存储系统。

相比于 HBase，Cassandra 有以下几个特点。

1）模式灵活：HBase 中所有数据都是二进制存储，而 Cassandra 则模仿一些面向文档的存储系统，支持一些基本类型，同时又采取列族的方式，便于扩展模式。

2）无单点故障：由于 Cassandra 去中心化，并不会像有些主从系统那样主节点宕机导致整个集群不可使用。

3）可扩展性好：由于 Cassandra 是全分布式系统，因此可以进行简单的水平扩展，方便扩大集群规模。

3. MongoDB

MongoDB 是一种面向文档的非关系型数据库，也就是说，在 MongoDB 中每条记录就是一个文档，文档之间独立存储，而且可以很好地和面向对象的设计相结合，无须像关系型数据库那样手动封装 SQL。此外，这种松散的存储形式便于系统实现分布式存储查询。

MongoDB 使用 BSON 作为数据存储格式，这是一种类 JSON 的二进制存储协议。MongoDB 利用这种协议实现了高效的数据读写性能。

MongoDB 由于是面向文档的数据库，因此相对来说模式自由，同时又支持大量的基本数据类型，相对于其他的 NoSQL 数据库而言又有强大的查询功能，因此在当今需求变化迅速、对并发要求较高的互联网市场，是非常合适的产品。现在也成为最热门的 NoSQL 数据库之一。

1.6 本章小结

本章对分布式系统的几个主要方面进行了基本的介绍，包括什么是分布式系统、分布式系统的特性、分布式系统细分类别之下的分布式存储系统的概述，以及针对通用分布式计算系统的简要介绍。本章用简短的篇幅，结合笔者自身的体会，以分布式系统为引子，逐步介绍分布式计算系统以及分布式存储系统。这些知识是后续章节介绍分布式实时处理系统编程实战所必不可少的内容。通过本章的学习，读者应该已经具备开发分布式实时处理系统的基础知识以及掌握开发过程中需要关注的重点，这将为后续内容的学习打下坚实的基础。

第2章 Chapter 2

分布式系统通信基础

上一章介绍了什么是分布式系统，以及分布式系统的分类和组成。这其中需要强调的是，分布式系统中包含了各种各样的节点，这些节点各司其职，共同完成整套系统的业务逻辑需求。那么自然而然的，这些节点之间需要进行通信。现如今 Internet 使用的主流协议族是 TCP/IP 协议族，它是一个多层次、多协议的通信框架。本章将对 TCP/IP 协议族进行概述，并着重讲解 IP 协议、TCP 协议以及 HTTP 协议（包含 Restful API 的概念），因为这些是后续开发分布式实时处理系统所必须掌握的知识点——我们会在开发的程序中使用 Socket 进行通信，并提供灵活的 Restful API 供用户使用。网络通信协议包罗万象，其中每一项都需要我们花费大量时间和精力去学习和研究。本章把最常用、最直接的一些概念呈现给读者，并辅以一些快速实践，帮助大家快速灵活地掌握网络通信知识。另外，本书会在恰当的地方列出 RFC 文档，读者可以通过 RFC 文档编号查阅更加详细的网络协议细节。

2.1 时代的浪潮

让我们回到 20 世纪 60 年代，那还是一个没有网络的世界。

在那个年代，没有网络也就意味着无法像现在这样方便地在机器之间共享数据。但当时美国的高级研究计划管理局（Advanced Research Projects Agency，ARPA）已经开始筹划建立一个颇具规模的网络，并将这个网络称为 ARPANet。

其目的是在美国建立起一个健壮的网络体系，而 ARPANet 则是作为未来网络的一个实验性项目。刚开始的时候，也就是 1969 年，这个计划的网络中只有 4 个节点，分别是分布在洛杉矶的加利福尼亚大学洛杉矶分校、加州大学圣巴巴拉分校、斯坦福大学、犹他州大学4所大学的4台大型计算机。而这个网络的主要研究人员也都来自这几所学校。

这个网络的要求是，希望在计算机之间共享硬件、软件和数据库资源。同时网络要有极强的健壮性，一条线路或一个节点损坏不能影响整个网络工作。

问题来了，我们应该如何构建这个通信网络呢？

2.1.1 集中式通信网

传统的方式是建立一个集中式的通信网，以一个机器节点为中心机器节点，并统一控制着其他的机器节点。所有机器节点都和中心机器节点用一条物理线路连接，并为每个机器节点赋予一个唯一编号。各个机器节点之间的通信都需要指明其目的机器节点编号，并将数据先发送到中心机器节点，再由中心机器节点进行转发。这种网络的示意图如图2-1所示。

这种网络看起来很好。结构很简单，我们只要确保中心机器节点和各个机器节点之间可靠连通即可。

但真的是那么简单吗？

事实并非如此。如果因为自然原因或非自然原因导致中心机器节点损坏，那么整个网络都会瘫痪，这种网络明显不是很健壮。其次，直接建立一条从中心机器节点到各机器节点的可靠物理通道不是那么简单，尤其是在线路很长的时候无论是成本还是可行性上都是有问题的。

那么应该如何做呢？可以发现，该网络的核心问题是——所有节点都要通过中心机器节点进行通信。那么我们可以把这个“蹩脚”的中心节点机器去掉，建立一套健壮稳定、实时性好的网络吗？答案是肯定的。

2.1.2 去中心化

前文说过，集中式通信的问题就在于唯一的中心机器节点，因此我们就要尝试取出这个节点，在此情况下依然需要保证网站之间的节点可以互相连接。这就是去中心化，也就是构建一个分布式的网络，如图2-2所示。

在去中心化的网络中，所有的节点都是对等的。没有任何的控制节点。首先，我们依然希望各个机器节点之间可以相互连接。但是我们不可能让每台机器之间都使用物理链路连接，这样的成本是无法接受的。其次，不同机器节点可能使用不同型号的机器，而不同型号的机器的具体网络通信方式都是不同的，我们还要想办法做到异构机器之间的互联。最后，我们还需要在这个军事网络中构建许多软件来满足不同的通信需求，我们需要保证基于网络开发的软件的灵活性和简单性。那如何实现任意两个节点之间的可靠连接呢？

TCP/IP协议族正是为了解决这一问题而诞生的。下面将会使用我们自己的思路来解决互联网连接的问题，并进一步简要阐述TCP/IP协议族，希望读者能够通过这个过程大致弄清楚网络协议的来龙去脉。

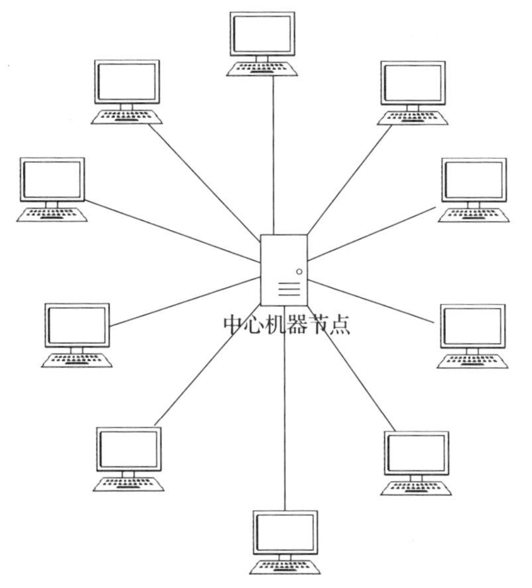

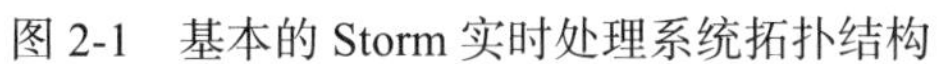
图 2-1 基本的 Storm 实时处理系统拓扑结构

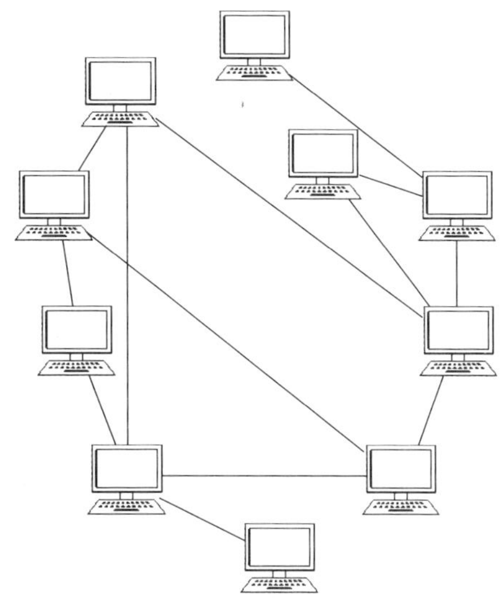
图 2-2 去中心化后的节点

2.2 可靠的数据链路

我们先把眼光放短点，考虑一下如何实现两个相邻机器节点之间的可靠数据传输。因为原始的物理链路仅由传输介质和设备组成，数据在两个设备之间传输时随时可能因为外界原因而丢失或发生变化，直接使用物理链路无法确保数据在相邻节点之间的可靠传输。

为此，我们引入一个抽象的概念，叫做“数据链路”。数据链路是一条逻辑链路，我们假定两个机器节点只要使用了逻辑链路，就可以可靠地相互通信（当然，如果你把物理链路拆掉了，那我也就没办法了）。此外，我们希望可以保证一条物理链路上可以存在多条逻辑链路，也就是做到物理线路的复用。

为此，我们需要定义一个规范，所有的设备在发送和接收数据时都需要遵循这种规范，我们将这种规范称为“协议”。就像我们平时写信的时候，需要遵循一定的格式要求，只有保证格式正确，邮递员才能将信件送到正确的目的地。而协议正是如此，只有通信双方都遵守协议，才能进行正常的通信。因此我们的思路就是在物理链路的基础上，使用一系列的协议控制数据传输，确保相邻节点之间数据的可靠传输。

2.2.1 数据分组

实现两个相邻机器节点之间的数据可靠传输并不简单，我们希望数据传输不出错，还希望确保通信的实时性，同时希望多个数据链路可以复用同一个物理链路。

如果想在两个机器节点之间进行通信，我们势必要在其中建立连接。我们可以直接在物理电路上建立专用连接，这样可以确保两个机器节点之间数据通信的实时性。但这样我们就没法做到物理链路的复用。

同时，数据在相邻节点的传输过程中可能会发生损坏或丢失，出现这种情况我们势必将数据进行重传。为了确保重传数据时尽量减少传输数据量，我们也需要采取相应措施。

为此，我们决定，在数据链路中将数据划分为一个个分组，每个分组我们都称之为“帧”。帧就是数据链路层的数据基本传输单位。这样一来，每条物理链路都可以以分时原则传输不同数据链路的数据分组，实现物理链路的复用。而且每一帧出现错误时，只要重新传输出现错误的那一帧即可。这就是所谓分组传输。

2.2.2 帧同步

因为种种问题，我们打算将数组分组，并在物理链路中每次传输一个分组，但这样就出现了新的问题：在物理链路中，数据是纯粹的比特流，那我们如何确保目标节点能够从比特流中识别出某一帧呢？换句话说，目标节点如何识别出帧的起始与结束位置呢？这就是所谓的帧同步问题。

常见的帧同步方法有字节计数法、字符填充的首尾定界法、比特填充的首尾定界法及违法编码法。目前常见的是比特填充的首尾定界法和违法编码法（IEEE 802 标准中就采用此方法）。所谓使用比特填充的首尾定界法就是在帧的起始位置和结束位置插入一组固定比特位，用以界定帧的边界。当然既然使用了一组固定的比特位，帧内数据就要采用一定方式来避免出现界定帧边界使用的比特位模式，我们常常填入额外的比特位来解决这个问题。

而违法编码法则需要物理层采用特定的比特编码方法。例如，曼彻斯特编码法就是将 1 编码成“高 – 低”电平对，将 0 编码成“低 – 高”电平对，而“高 – 高”和“低 – 低”则是非法电平对。因此我们可以使用非法电平对来作为帧的分界符。

2.2.3 差错控制

前文提到，数据传输可能会出错，那么我们需要检测数据是否出错，并控制出错时的重新发送，这就是所谓差错控制。差错控制也有很多方法，如接收方可以将接收到的数据发回给发送方，由发送方检测数据是否一致，不一致就重发。但为了节省数据检测的成本，我们往往会使用差错编码，即校验码，由接收方直接检查数据正确性。如果出错，则主动提示发送方重新发送数据，成功也会发送对应提示。同时由于数据可能在传输过程中彻底毁灭，因此为了确保接收方一定能接收到数据，也会加入计时器，发送方超过一定时间无法收到应答会自动重发数据。但这又带来另一个问题，也就是接收方可能会重复接收到同一帧。为了解决这一问题，我们为每一帧加上一个唯一序号，接收方可以根据该序号决定是否接收该帧。

这样我们就可以确保数据从一个节点可靠地发送给相邻节点，也就是接收方必定会接收且只接收一次某个数据正确的帧。

2.2.4 链路管理

链路管理主要用于管理两个节点之间的连接，建立、释放与维护数据链路层的连接。具体来说，两个节点通信前，要确认互相处于就绪状态，然后交换数据进行连接初始化，建立连接。传输过程中如果出现差错则要重新连接以维护连接状态。传输完毕后则需要释放连接。

2.2.5　问题与解决方案

利用上述措施，我们就可以在两个相邻的机器节点之间实现可靠的数据传输。而且 TCP/IP 协议族中的数据链路层和我们的数据链路原理上是一致的。这里不过多阐述。

但现在的问题是，我们不可能在每对节点之间都建立这么一条可靠的数据链路，这样会有非常大的硬件成本，而且也无法享受到分组传输带来的物理链路复用的好处。

但如果我们参考一下邮件的寄送，就可以想到好的解决方案了。假设我们想从邮局 A 将信件送到邮局 X，邮递员并不是直接将邮件送到邮局 X，而是先到达邮寄路线上距离自己最近的一个邮局 B，然后由邮局 B 的邮递员再向下一个邮局寄送，直到到达最后的邮局 X 为止。每个邮局既是某些信件的起点，也是某些信件的“中转站”，还是某些信件的终点。

如图 2-3 所示，信件先到邮局 B，再到邮局 C，最后到达邮局 X。

我们的解决方案也是如此，只要确保每个机器节点都与另一个机器节点相连，而且任意机器节点都可以通过一条路径到达另一个机器节点（可以经过任意个机器节点），那么就可以将数据送到目的机器节点。

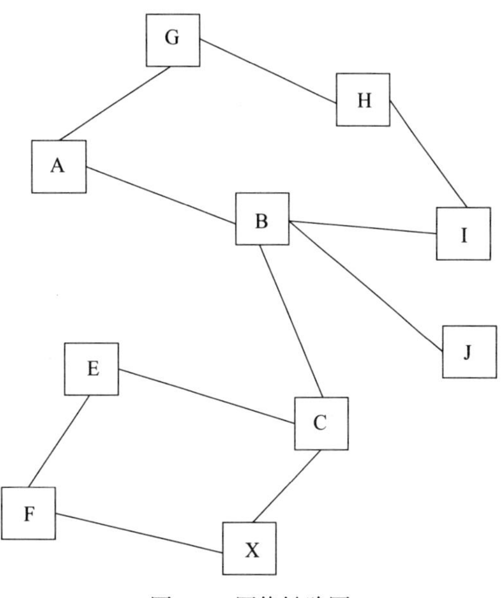

图 2-3　网络链路图

2.3　分层架构

有了大致的思路之后，让我们来想一想如何在数据链路的基础上构建一个完整的网络体系。

上一节中我们讲解了如何构建可靠的数据链路。虽然这个数据链路是我们附加在物理链路之上的抽象概念，但这种数据链路我们一般都会使用纯硬件实现。但是如果想仿照数据链路使用硬件实现接下来的功能，就不是那么简单了。

例如，接下来要实现数据的转发功能。但是问题是，我们如何知道要将数据转发到何处呢？直接将整个网络的拓扑结构存储在每个机器节点里吗？如果是这样，当机器节点增加时需要将网络中的所有机器节点数据全部更新一遍，这无疑是费时费力的（比如像图 2-3 那样）。那么我们就需要实现一种复杂的自学习式的寻路算法，如果直接使用电路实现成本极高。同时我们还要确保数据可以可靠地被转发到目的机器节点，如果数据在路途中丢失或损坏我们也要采取一定的措施。此外，如果软件直接使用硬件接口，手动将数据划分为一个个分组进行传送，无疑会加大应用软件的开发成本。

换言之，想要构建一条纯硬件的、任意机器节点之间可靠传输的数据链路成本太高。应该如何解决这些问题呢？

在计算机的世界中，我们将这种问题称为“高复杂性”问题，而解决高复杂性问题一种惯性思维就是加入中间层。

例如，我们可以将物理链路看成一个层，而数据链路看成另一个层，如图 2-4 所示。

图 2-4 中上面一层称为数据链路层，下面一层称为物理层。通过之前的讲解，可以看到我们完全是在物理层的基础上实现了一个数据链路层，保证相邻机器节点之间的可靠数据通道。那如果我们在数据链路层的基础上再加一个层，这个层假设相邻机器节点之间有可靠且可分数复用的数据通道，而该层只考虑在这种可靠的数据通道中实现节点的分组转发功能，并使用软件技术实现这种算法，是不是可以降低整个系统的复杂度呢？

实际上就是如此。

所以我们就在这上面再加一层，称之为网络层（就是在网络中寻找目标机器节点），该层主要使用软件实现，如图 2-5 所示。

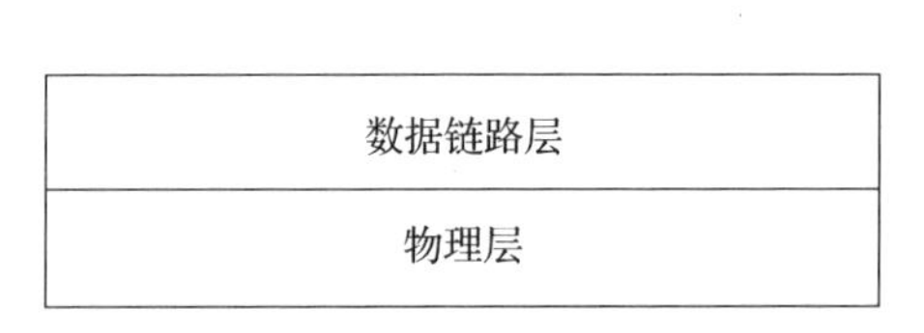

图 2-4　2 层模型

图 2-5　3 层网络模型

但现在又出现新的问题——同一个机器节点上可能会运行不同的软件程序，如果 A 机器节点的程序 1 向 B 机器节点的程序 2 发送数据，A 机器节点的程序 3 也会向 B 机器节点的程序 4 发送数据，那么 B 机器节点接收到数据时该如何区分呢？此外，网络层依然是分组传送，如果直接让软件自己手动对数据进行分组开发成本过高，如果可以将数据传输看成无限字节流的传输就太好了。但直接在“寻找路径”这一层实现这些功能又势必会增加软件的复杂度。

所以我们故技重施，再加一层，用这一层实现端到端（也就是应用程序之间的）的字节流数据传输通道，我们称之为传输层。目前的分层结构如图 2-6 所示。

最后，虽然所有的应用程序都可以将数据转换为字节流，但普通的字节流是毫无意义的，为了让字节流变得有意义，需要双方遵守同样的规则来理解一个字节流，也就是双方要有一个软件层的解释字节流的协议。很明显传输层并不负责这件事情，而且由于应用程序类型众多，传输层如果还要考虑解释字节流，负担就太重了。因此我们还需要再加一层，不同的应用程序在这一层上建立自己的协议，由于这一层完全是面向应用程序的，因此我们称之为应用层。

现在的层次结构如图 2-7 所示。

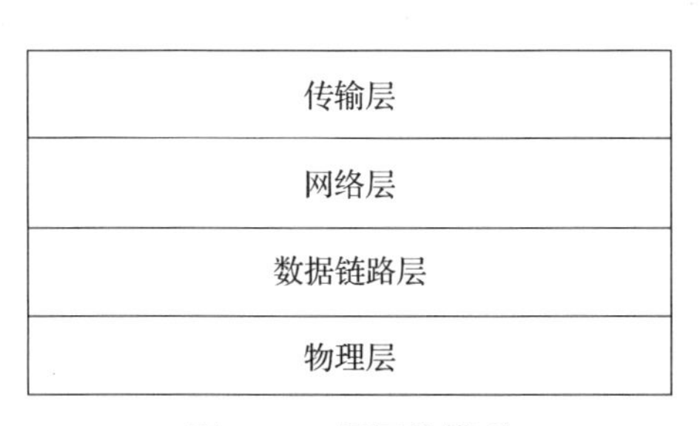

图 2-6　4 层网络模型

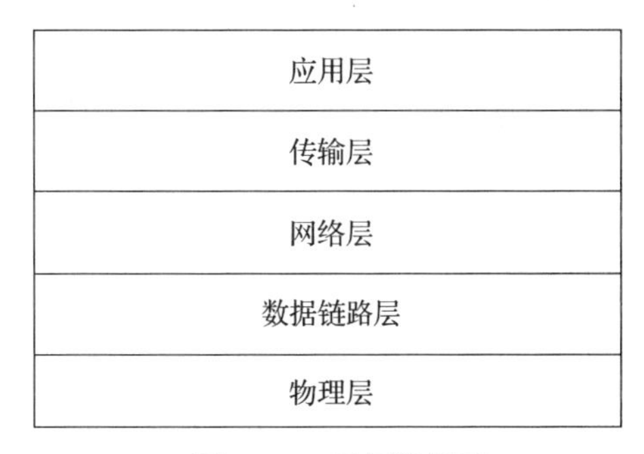

图 2-7　5 层网络模型

到现在我们终于可以松口气了，你会发现，我们已经一步步将整个分布式网络的架构构建出来了。

我们可以看出，在解决这个问题的过程中，为了保证网络的简单性，我们根据实际问题将整个网络划分成了多个逻辑层次，每个层次专注解决一个或几个相关问题。这样一来每个层次都可以直接使用下一层次提供的“服务”，降低了每个层次的复杂性，进一步降低整个网络构建的成本。

幸运的是，经过实践打磨出的 TCP/IP 协议正采用了这种分层的思想，TCP/IP 的分层结构如图 2-8 所示。

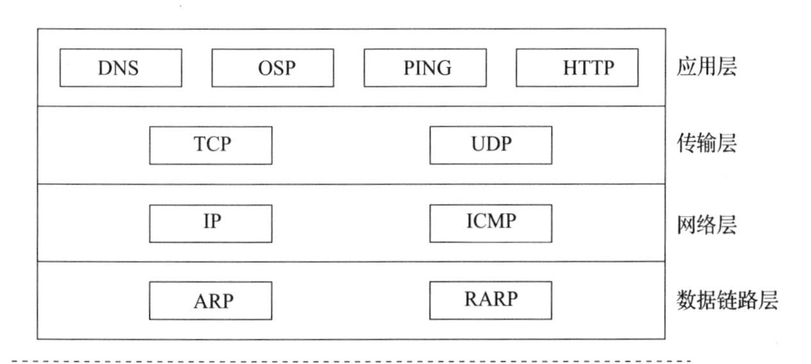

图 2-8　TCP/IP 协议栈

提示　Request For Comments（RFC）是一系列以编号排定的文件。文件收集了有关互联网的信息，以及 UNIX 和互联网社区的软件文件。目前 RFC 文件由 Internet Society(ISOC) 赞助发行。基本的互联网通信协议在 RFC 文件内都有详细说明。对这些概念感兴趣的读者可以访问 http://www.ietf.org/rfc.html 了解详细信息。

其中物理层在协议之外。而数据链路层和我们的一样，保证相邻通信节点之间的可靠数据传递。网络层负责网络之间任意两点数据包的传送。传输层负责端到端的字节流抽象。最后应用层负责构建应用程序协议。

接下来具体介绍如何构建数据链路层上的每一层，并引入 TCP/IP 的一些规范。

2.4 网络层

我们之前说过，网络层的主要工作就是路由和转发。我们利用与每个机器节点相邻的一些机器节点进行数据包的中转。在转发时，我们将数据包包装成符合数据链路层协议的数据帧，并向下一个节点传送。因此，我们通过网络层决定数据包经过每个机器节点时该传递到哪一个相邻的机器节点，直至到达目的机器节点所在，这样可以建立起任意两个机器节点之间的通信路径。

我们在前面曾经提到过：处在高层次的协议利用较低层次的系统提供的接口和服务，不需要了解低层的实现方法和细节。因此，你应该已经猜到了，在网络层之上的传输层和应用层并不关心底层的数据通道是如何建立和通信的。对于这些层次来说，所能看到的就是与对端的一个网络直接连接过来，与对方端点直接进行数据传输和通信，当然，对于上层协议和应用来说，这已经足够了，高层协议无须关心也没有必要关心低层数据的通信细节。虽然这么说，但是对于学习和了解一整套完整的端点通信方法来说，我们还是有必要对这些细节进行了解的。

2.4.1 寻找路径

网络层的主要任务就是寻找一条转发数据包的路径，我们称之为路由算法。路由算法分为两类：一类称为链路状态算法，另一类称为距离向量算法。但是无论是何种算法，我们都需要为每一个机器节点指定一个唯一编号，之后各个机器节点交换信息的时候就用这个唯一编号作为对方的标识符。我们以 ID 作为每个机器节点的编号代称。接下来大致介绍一下这两种类型的算法。

1. 链路状态算法

链路状态（LS）算法的思路如下。

1）确认所有物理相连的机器节点：每加入一个机器节点机器，该机器就需要确认所有与其物理相连的机器节点，并获取其唯一编号。具体方法是，向整个网络中的机器节点都发送一个用于探测机器节点的数据包，当机器节点接收到该数据包后，返回一个对应的数据包，其中包含其 ID。

2）测量到每个机器节点的时间长度：我们需要测量出当前机器节点到与其相连的机器节点到底需要花多长时间。方法是向对应的机器节点发送一个数据包，接收方回送一个数据包。发送方就可以根据发送和接收响应数据包的时间来确定发送数据消耗的时间。

3）共享信息：各个机器节点会向其他机器节点广播自己的连接信息，这样所有的机器节点都可以逐步构建起整个网络的拓扑结构。

4）根据拓扑结构寻找最短路径：然后我们可以使用最短路径算法，根据机器节点的网络图（每个机器节点是图中的一个节点），使用 Dijkstra 算法来计算出最短路径。Dijkstra 算法大家应该都比较熟悉，这里不过多阐述。

2. 距离向量算法

我们可以看到链接状态算法是全局性算法，需要在每个机器节点构建出全局网络并计算路径。但这样会消耗太多的系统资源。与此相对的是局部性的距离向量（DV）算法。

该算法的思路如下。

1）建立路由表：路由表很简单，只记录当前机器节点到达其他各个机器节点的一个权值，权值越大，路径越长。并记录这种情况下应该将数据转发给哪个相邻机器节点。

2）计算与相邻机器节点的链接权值：每个机器节点只计算与自己直接相连的机器节点的路径权值（可以理解为数据的到达时间），计算方法可以采取与 LS 相同的方法。

3）每隔一段时间将自己的路由表发送到相邻机器节点：每个机器节点每隔一段时间将自己最新的路由表发送给相邻的机器节点，通过各个机器节点局部性地不断传递，各个机器节点逐步修正路由表。

4）在转发消息时，只要选择与目标机器节点权值最小的那个相邻机器节点，并将消息转发出去即可。

我们可以看到，这种方式消耗的资源较少，处理速度也较快。另外我们也可以证明，路由表最后是可以收敛的，对此感兴趣的读者可以自行查阅资料进行研究。

2.4.2　网络分层

无论采用哪种方式来进行路由，由于我们无法估计日后会加入多少个机器节点，因此路由信息可能越来越大，处理速度也就越来越慢。这是因为我们将整个网络看成一个平坦式的网络。

而实际状况是，我们可以将机器节点分组，如每个州的机器节点分为一组。每一组内的机器节点只要存储自己组内的机器节点的路由信息即可，然后再存储其他各个组的路由信息（每个组只需要存储一条信息），这样可以极大减少路由表的大小与计算的消耗。具体如图 2-9 所示。

将此称为网络分层。每一层中还可以分出自己的小层次。这样无论使用何种算法，都可以从中受益。

2.4.3　TCP/IP 概述

我们介绍了网络层的路由思想，了解了应该如何解决机器节点之间的选路问题。接下来我们要看一下实际的路由协议——IP 协议。不过在此之前我们先介绍一下 TCP/IP 协议族。

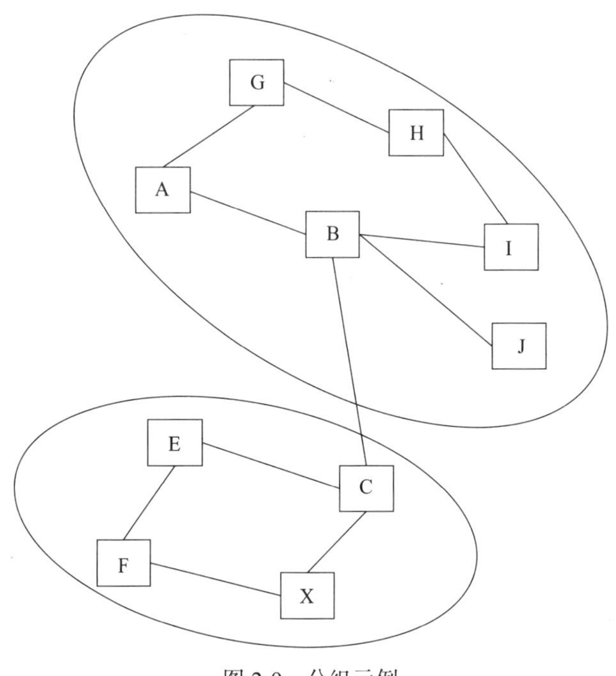

图 2-9 分组示例

网络中数据和信息的传送必须在数据传输的顺序、数据的格式及内容等方面有一个约定或规则，我们把这种约定或规则称为协议。而在 Internet 中，主流的数据通信和传输协议是 TCP/IP 协议族，我们之所以将其称为“协议族”，是因为在整个协议体系框架内，包含了各种各样不同层次、不同用途的协议。TCP/IP 协议族是一个分层、包含多协议的网络通信架构。

TCP/IP 协议族由自下而上的 4 层协议框架构成，分别是数据链路层、网络层、传输层和应用层。其中每一层都包含了数种不同的协议，处在高层次的协议利用较低层次的系统提供的接口和服务，不需要了解低层实现该功能所采用的算法和协议。

2.4.4 IP 协议

网络层中最主要的协议是 IP 协议（Internet Protocol）。IP 协议的数据包中包含了目的地的地址信息，我们之前提到的数据转发就是根据这个目的地址来决定的。在发送数据时，如果数据包无法直接发送给对端，我们就需要通过路由器来进行数据中转，IP 协议会根据目的地址决定向哪一个后继路由器（或节点）进行数据转发。这个过程会一直持续，直到数据包发送到对端为止。

现在，我们考虑一种特殊情况，当 IP 数据包发送到某一个路由器时，吧嗒，停电了。这时问题就来了，我们这个数据包并没有成功发送到对端，而此时数据发送的源端也可能不知道数据有没有发送成功，怎么办呢？ ICMP 协议（Internet Control Message Protocol）在这个时候就可以大显身手了。我们把这种协议称为 Internet 控制报文协议，其作用就是探测网络连接。该协议提供了简单的出错报告信息，发送的出错报文会返回到发送数据的源端。发送端随后可根据 ICMP 报文确定发生错误的类型，并确定如何才能更好地重发失败的数据包。需要注意的是，ICMP 只负责报告错误，而如何处理某个特定错误，则由发送端自己决定，如图 2-10 所示。

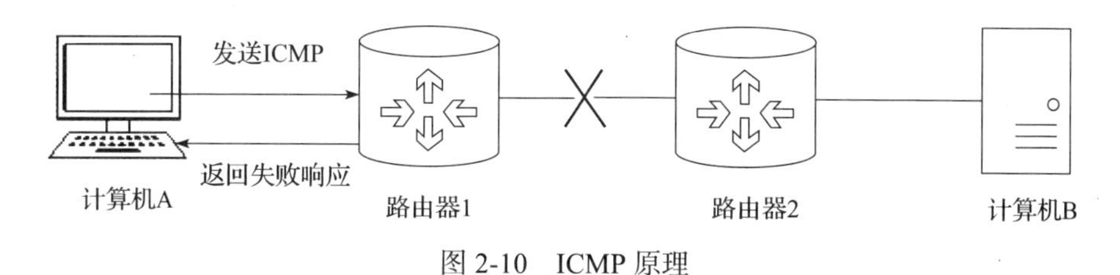

图 2-10　ICMP 原理

1. 协议详解

接下来，我们来一起了解一下 IP 协议头部的构造。首先是 IPv4 版本的 IP 协议头，如图 2-11 所示。

<table>
<tr><td>0</td><td>4</td><td>8</td><td>12</td><td>16</td><td>20</td><td>24</td><td>28</td><td>31</td></tr>
<tr><td>版本</td><td>首部长度</td><td colspan="2">服务类型</td><td colspan="5">长度</td></tr>
<tr><td colspan="4">认证</td><td>标志</td><td colspan="4">段偏移量</td></tr>
<tr><td colspan="2">TTL</td><td colspan="2">协议</td><td colspan="5">校验和</td></tr>
<tr><td colspan="9">源IP地址</td></tr>
<tr><td colspan="9">目的IP地址</td></tr>
<tr><td colspan="9">选项……</td></tr>
</table>

图 2-11　IP 头部

1）版本：该字段的长度为 4 bit。对于 IPv4 版本的 IP 协议来说，其值是 4。

2）头部长度：该字段的长度为 4 bit。用于指定当前 IP 头部的总长度（单位是 32 bit）。由于该字段总长度为 4 位，用二进制表示的最大十进制数字为 15（用二进制位表示是 1111），因此 IP 协议头部的总长度最大为 15 × 32/8 = 60 Bytes[1]，即 60 字节。

3）服务类型：该字段的长度为 8 bit。用于分配优先级、延迟、吞吐量以及可靠性。该字段的最高 3 bit 用于定义 IP 优先级，同理，我们可以用这 3 bit 来定义 8 种不同的服务优先级[2]。其次，第 3 至第 6 bit 用于定义最低延迟、最高吞吐量、可靠性和最小开销[3]。而最后 1 bit 则必须置 0。需要注意的是，第 3 至第 6 bit 的定义中，至多只能有一位置 1，应用程序需要根据特定需求来进行置位。

[1] 在计算机中，一个字节等于 8 bit。

[2] 参考 RFC1122 的定义。

[3] 参考 RFC791 和 RFC1349 的定义。

4）长度：该字段的长度为 16 bit。用于定义整个 IP 数据报的总字长，同理，我们可以通过 16 bit 计算出一个 IP 数据报的最大字长，即 $2^{16}-1=65\,535$ Bytes。不过，低层（链路层）会限制能支持的 IP 数据报长度。例如，Ethernet 协议包含一个名为 MTU（Maximum Transfer Unit，最大传输单元）的协议参数，其值为 1518 字节，Ethernet 的帧首部使用 18 字节，因此只能携带 1500 字节的数据。因此，实际情况下的 IP 数据报总长度远比我们计算出来的 65 535 Bytes 小。

现在需要考虑一个问题，我们怎样才能发送超过 MTU 的 IP 数据报呢？最简单和直接的想法就是把超过 MTU 长度的数据拆分成多个数据报再分别发送。嗯，这种方法完全可行！

5）认证：该字段的长度为 16 bit。用于对 IP 数据报进行唯一标识，其值从一个随机数开始，随着发送的 IP 数据报每次加 1。不过，对于字长超过 MTU 的 IP 数据报，拆分后发送的数据报具有相同的认证。

6）标志：该字段的长度为 3 bit。第 1 位为保留字段，第 2 位置 1 则表示禁止对 IP 数据报拆分。如果将该位置为 1，那么网络层将不会对 IP 数据报进行拆分，取而代之的是返回一个 ICMP 差错报文。第 3 位表示是否还包含更多分片，除了最后一个分片以外，其他 IP 数据报都应将该值置为 1。

7）段偏移量：该字段的长度为 13 bit。用于表示分片相对原始 IP 数据报开始处的偏移量。

8）TTL：该字段的长度为 8 bit。用于指定数据报到达目的地之前允许经过的最大路由跳数。

9）协议：该字段的长度为 8 bit。用于表示当前上层所使用的协议类型。在 Linux 操作系统下，/etc/protocols 文件定义了所有上层协议使用的协议字段值，如表 2-1 所示。

表 2-1 协议字段

上层协议字段值	字段名	解释
0	HOPOPT	IPv6 逐跳选项
1	ICMP	Internet 控制消息
2	IGMP	Internet 组管理
3	GGP	网关对网关
4	IP	IP 中的 IP（封装）
5	ST	流
6	TCP	传输控制
7	CBT	CBT
8	EGP	外部网关协议
9	IGP	任何专用内部网关
18	MUX	多路复用
43	IPv6-Route	IPv6 的路由标头
44	IPv6-Frag	IPv6 的片断标头
100	GMTP	GMTP

（续）

上层协议字段值	字段名	解释
101	IFMP	Ipsilon 流量管理协议
102	PNNI	IP 上的 PNNI
103	PIM	独立于协议的多播
104	ARIS	ARIS
105	SCPS	SCPS
106	QNX	QNX
107	A/N	活动网络
108	IPComp	IP 负载压缩协议
109	SNP	Sitara 网络协议
110	Compaq-Peer	Compaq 对等协议
113	PGM	PGM 可靠传输协议
114	任意	0 跳协议
134 ~ 254	未分配	
255	保留	

10）校验和：该字段的长度为 16 bit。通过 CRC 算法计算出来，用于检查接收到的数据是否正确。

11）源 IP 地址：该字段的长度为 32 bit。用于标识发送端。

12）目的 IP 地址：该字段的长度为 32 bit。用于标识接收端。

13）选项：该字段的长度为 40 字节。虽然这个字段的总长度不能超过 40 字节，但是在这个范围内，该字段的长度是可变的，我们可以具体定义多种类型的选项[⊖]。

IPv6 头部由 40 个字节的定长头部与不定长的扩展字段组成，其结构如图 2-12 所示。

图 2-12　IPv6 头部

IPv6 逐跳头：此扩展头必须紧随在 IPv6 头之后，它包含包所经路径上的每个节点都必须检查的可选数据。到目前为止，只定义了一个选项：巨型净荷选项。该选项指明，此包的净荷长度超出了 IPv6 的 16 位净荷长度字段。只要包的净荷（包括逐跳选项头）超出 65 535 字节，就必须包含该选项。如果节点不能转发此包，则必须返回一个 ICMPv6 出错报文。逐跳头的定义如图 2-13 所示。

⊖ 参考 RFC791 的定义。

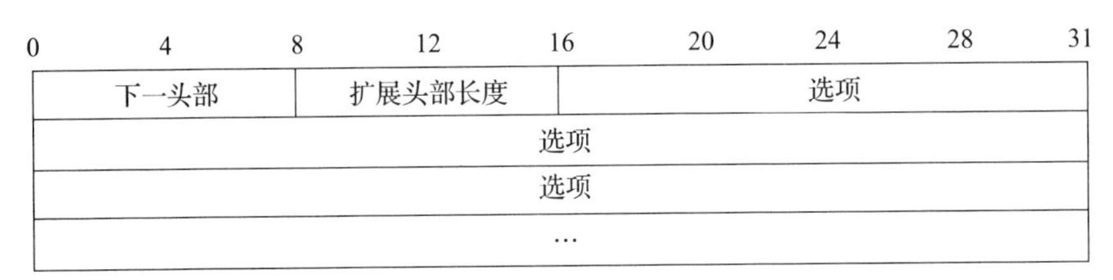

图 2-13　IPv6 逐跳头

IPv6 路由头：此扩展头指明包在到达目的地途中将经过的特殊的节点。它包含包沿途经过的各节点的地址列表。IPv6 头的最初目的地址不是包的最终目的地址，而是选路头中所列的第一个地址。此地址对应的节点接收到该包后，对 IPv6 头和选路头进行处理，然后将包发送到选路头列表中的第二个地址。如此继续，直至该包到达最终目的地。路由头的定义如图 2-14 所示。

4　8	12　16	20　24	28　31
下一头部	扩展头部长度	路由类型	剩余段
类型相关数据…			

图 2-14　IPv6 路由头

IPv6 目的选项头：此扩展头包含只能由最终目的地节点所处理的选项。目前，只定义了填充选项，将该头填充为 64 位边界，以备将来所用。目的选项头的定义如图 2-15 所示。

4　8	12　16	20　24　28　31
下一头部	扩展头部长度	选项
选项		
选项		
…		

图 2-15　IPv6 目的选项头

IPv6 封装安全载荷头：这是最后一个扩展头，不进行加密，它指明剩余的净荷已经加密，并为已获得授权的目的节点提供足够的解密信息。封装安全载荷头的定义如图 2-16 所示。

4　8　12　16	20　24	28　31
安全索引序列		
序列号		
载荷数据（可变）		
填充数据（0~255字节）	填充数据长度	下一头部
认证数据（可变）		

图 2-16　IPv6 封装安全载荷头

2. 路由与转发规则

IP 协议的路由转发规则就是依照我们之前描述的路由算法实现的。流程如图 2-17 所示。

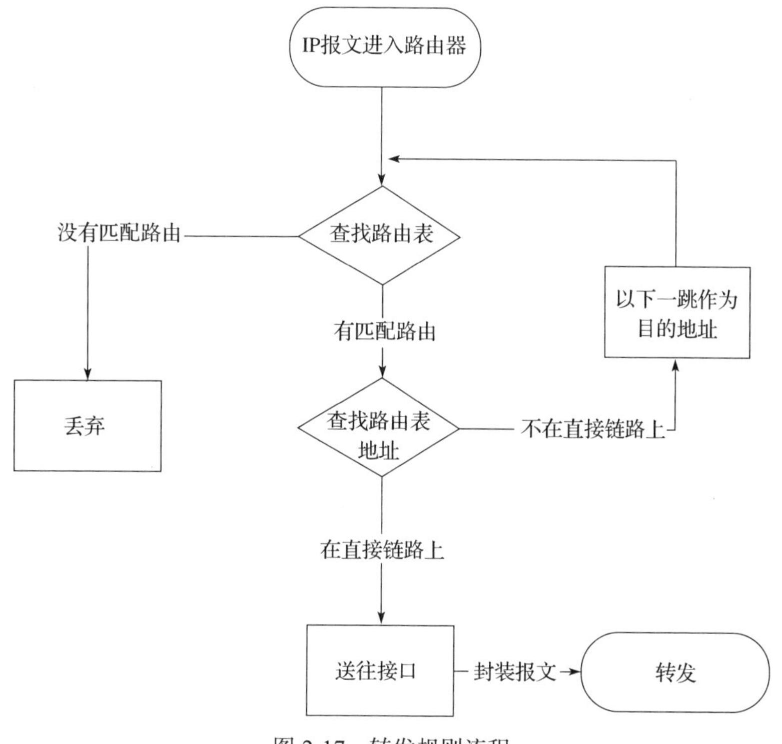

图 2-17　转发规则流程

转发的具体流程如下。

1）收到 IP 报文，查找路由表。

2）如果路由表中有路由项和报文目标 IP 匹配，则认为路由项匹配，并转发到对应的端口上。

3）如果没有找到任何匹配项，则将 IP 报文丢弃。

其中比较复杂的就是路由表项的匹配过程。我们一般将路由表中的目的地址与路由表中的子网掩码进行逻辑与操作，得到一个网络地址，然后将该地址与路由表中的地址进行比较，如果相同则表示匹配。

如果发现匹配的路由表项，则看路由器是否与该目标节点直接相连，如果没有，则以该匹配的路由网络地址为目标地址，再次进行匹配，直至找出与该路由器直接相连的匹配项为止。

确定了路由项之后，我们就将 IP 报文封装成数据链路层的帧并转发到对应端口上。

由于我们有多重方式可以匹配到不同的路由，因此为了统一，业界将路由匹配规则按照优先级分为以下 3 种匹配规则。

1）路由最长匹配原则：我们优先选择子网掩码最长的路由表项进行匹配。因为子网掩码越长，表示网络号越长，代表其网络范围越小，越精确。

2）路由迭代查找原则：上文阐述过，如果当前匹配结果不与路由器直接相连，那么就以匹配结果为目标节点。

3）默认路由匹配原则：一般地，如果 IP 报文与任何表项都无法匹配，我们会将其丢弃。但是我们可以设置一种默认原则，当报文不与其他表项匹配时，我们转发到某个特定端口上。其原理很简单，我们在路由器中加入一条 IP 地址和子网掩码均为 0.0.0.0 的路由表项，由于该表项长度最短，因此处于最低优先级。另外，该子网掩码与任何地址做与运算都是 0.0.0.0，肯定与目的地址相匹配。因此只有在没有其他任何路由匹配 IP 报文的情况下，系统才会按照默认路由转发。

2.5 传输层

对于应用层来说，与其直接交互的就是传输层，传输层对底层的网络连接进行了进一步抽象。传输层只关心数据发送的起始端和目的端，它隐藏了低层网络层的数据包路由等复杂性，为更高层次提供端到端的数据通信。我们还需要完成数据分包、端到端传输以及数据可靠传输等方面的功能。

2.5.1 数据自动分包

我们假定机器节点使用传输层向其他机器节点传输数据时使用的是字节流。这样我们需要将字节流数据缓存下来，并将适当字节数的字节流封装成网络层的数据包，并通过网络层来传递数据包。

2.5.2 端到端的传输

之前说过，同一个机器节点会运行不同的应用程序。为了保证不同的应用程序之间发送的消息互相干扰，我们要建立一个叫做“端”的抽象概念。

我们的解决方案很简单。每个机器节点不是都有一个唯一编号 ID 吗？那我们现在也可以为每个应用程序绑定一个只与程序相关，而与特定机器节点无关的编号，PID。发送消息时，我们需要指明目标的 ID 和 PID，网络层使用 ID 来选择目标机器节点，到达目标机器节点时，目标机器节点根据 PID 将消息分派到不同的应用程序上，就是这么简单。

2.5.3 数据的可靠传输

现在还有一个问题，网络层的数据传递是不可靠的。为什么呢？我们可以确保在两个相邻的机器节点之间进行可靠的数据传输，但如果 A 机器节点希望给 C 机器节点发送消息，势必要经过 B 的转发，而如果 A、I、J 同时发出数据，都经过 B 的转发，但 B 的处理速度比不上发送速度，我们就需要将来不及发送的数据暂时保存下来，等待空闲时再发出。但是，毕竟每个机器节点都需要将数据存储在硬件上，而硬件的资源并不是无限的，我们只能为数据暂存分配一定的空间。如果暂存数据的空间满了，多余的数据我们势必要丢弃，因此，虽然我们可以“尽力”将数据传送到任意机器节点，但我们无法保证数据一定可以到达目标机器节点。因此我们需要有一种类似于数据链路层的数据重传机制，但如果直接在“寻找路径”这一层实现又势必会增加软件的复杂度。因此我们打算在传输层实现数据可靠传输。其思想与链路层的可靠传输大同小异，唯一区别是由于不同的数据包可能会乱序到达目的的机器节点，因此发送的数据包需要有一个顺序的序号，便于目的机器节点将这些数据包重新组合成完整的字节流。

接下来，我们来一起了解一下 TCP/IP 中具体的传输层协议，TCP 协议与 UDP 协议。

1. TCP 协议

传输层中的一个主要协议是 TCP 协议（Transmission Control Protocol）。TCP 协议是一种面向连接的、可靠的、基于字节流的传输层通信协议。TCP 协议本身就支持超时重传和确认机制，确保了发送消息的可靠性。TCP 协议是基于字节流的传输层通信协议，我们可以把建立好的 TCP 连接想象成一条流通字节的管道，数据从一端流入另一端。我们考虑一种情况：计算机 A 发送一系列字符串到计算机 B，这里计算机 A 发送的是带有断句的一系列文章内容，而计算机 B 的应用程序会打印以句号断句的句子。考虑到 TCP 协议是基于字节流的传输协议，计算机 B 收到的数据是没有边界的，因此我们需要在应用层或者传输层协议栈增加数据切割的操作，确保得到的是我们期望的数据段。另外，大家所熟知的“三次握手”就来源于 TCP 连接的建立过程。当然，当通信结束时，关闭连接也需要经过类似的过程，我们会在本章的后面对这些过程进行详细的解释。

接下来，我们来一起了解一下 TCP 协议头部的构造，如图 2-18 所示。

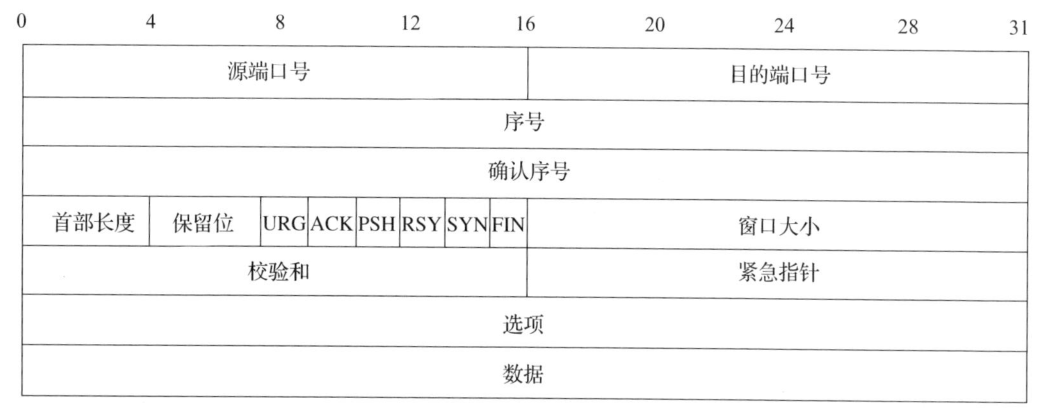

图 2-18　TCP 协议头部

状态迁移图如图 2-19 所示。

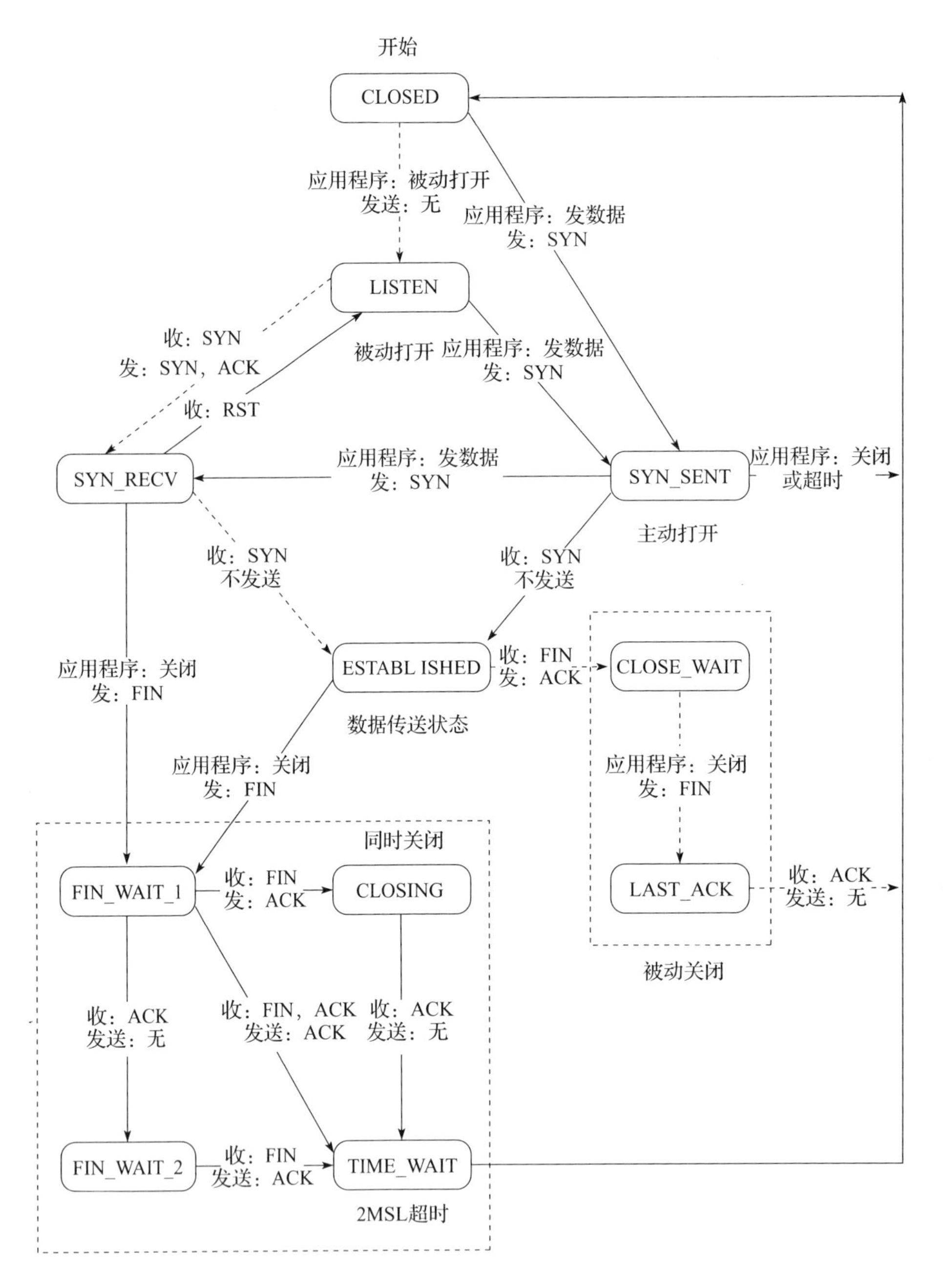

图 2-19 状态迁移图

图 2-19 中各符号和文字的含义如下。

1）实线：表示客户的正常状态变迁。

2）虚线：表示服务器的正常状态变迁。

3）应用程序：表示当应用执行某种操作时发生的状态变迁。

4）收：表示当收到TCP报文段时状态的变迁。

5）发：表示为了进行某个状态变迁要发送的TCP报文段。

6）CLOSED：表示无连接是活动的或正在进行。

7）LISTEN：表示服务器在等待进入呼叫。

8）SYN_RECV：表示一个连接请求已经到达，等待确认。

9）SYN_SENT：表示应用已经开始，打开一个连接。

10）ESTABLISHED：表示正常数据传输状态。

11）FIN_WAIT1：表示应用已经完成。

12）FIN_WAIT2：表示另一边已经同意释放。

13）TIME_WAIT：表示等待所有分组死掉。

14）CLISING：表示两边同时尝试关闭。

15）LAST_ACK：表示等待所有分组死掉。

可以看到建立连接的过程非常复杂，事实上一共需要3次握手协议，这3次握手的流程如下。

1）第1次握手：建立连接时，客户端发送SYN包（syn=j）到服务器，并进入SYN_SENT状态，等待服务器确认；SYN：同步序列编号（Synchronize Sequence Numbers）。

2）第2次握手：服务器收到SYN包，必须确认客户的SYN（ack=j+1），同时自己也发送一个SYN包（syn=k），即SYN+ACK包，此时服务器进入SYN_RECV状态。

3）第3次握手：客户端收到服务器的SYN+ACK包，向服务器发送确认包ACK（ack=k+1），此包发送完毕，客户端和服务器进入ESTABLISHED（TCP连接成功）状态，完成3次握手。

同时在断开连接时需要以下4次分手操作。

1）第1次分手：主机1（可以是客户端，也可以是服务器端），设置Sequence Number和Acknowledgment Number，向主机2发送一个FIN报文段；此时，主机1进入FIN_WAIT_1状态，这表示主机1没有数据要发送给主机2了。

2）第2次分手：主机2收到了主机1发送的FIN报文段，向主机1回复一个ACK报文段，Acknowledgment Number为Sequence Number加1；主机1进入FIN_WAIT_2状态；主机2告诉主机1，我“同意”你的关闭请求。

3）第3次分手：主机2向主机1发送FIN报文段，请求关闭连接，同时主机2进入CLOSE_WAIT状态。

4）第4次分手：主机1收到主机2发送的FIN报文段，向主机2发送ACK报文段，然后主机1进入TIME_WAIT状态；主机2收到主机1的ACK报文段以后就关闭连接；此时，主机1等待2 MSL后依然没有收到回复，则证明Server端已正常关闭，那好，主机1也可以关闭连接了。

2. UDP 协议

另一个重要的传输层协议是UDP协议（User Datagram Protocol，用户数据报协议）。UDP协议是一种不可靠、无连接和基于数据的传输层通信协议。通过UDP发送数据无须像TCP协议那样事先创建好一条稳定的传输通道。只要知道目的端地址，我们就可以直接发送数据，不过由于UDP协议是一种不可靠的协议，因此如果在数据转发过程中丢失或者出现错误，那么发送端可以知道这个错误情况，但除此以外不会做任何操作。从理论上讲，UDP协议的效率比TCP协议要高得多，它没有那些复杂的数据可靠性保证机制，因此在传输多媒体信息或者频率较高的数据时，可以考虑使用UDP协议。例如，RTP协议（Real-time Transport Protocol，实时传输协议）就是基于UDP协议实现的。该协议广泛应用于流媒体相关的通信和娱乐，包括电话、视频会议、电视和基于网络的一键通业务（类似对讲机的通话）。

那么，当使用UDP协议传输数据时发生丢包的情况，我们就束手无策了吗？当然不是。像SIP协议栈（Session Initiation Protocol Stack，会话初始化协议栈）就通过应用层来保证消息的可靠性，如果发送的INVITE消息在一定时间范围内没有得到相应的RESPONSE消息，发送端就会尝试重发，在重试多次后仍然失败，才认为对端不可用。又如思科的信令链路终端（Cisco Signalling Link Terminals）使用了RUDP协议（Reliable User Datagram Protocol，可靠的用户数据报协议）来确保数据传输的可靠性，后面将会对Cisco RUDP进行简单的介绍。因此，我们可以利用应用层来实现UDP数据传输的可靠性，同时享受UDP数据传输的高效率。

接下来，我们来一起了解一下UDP协议头部的构造，如图2-20所示。

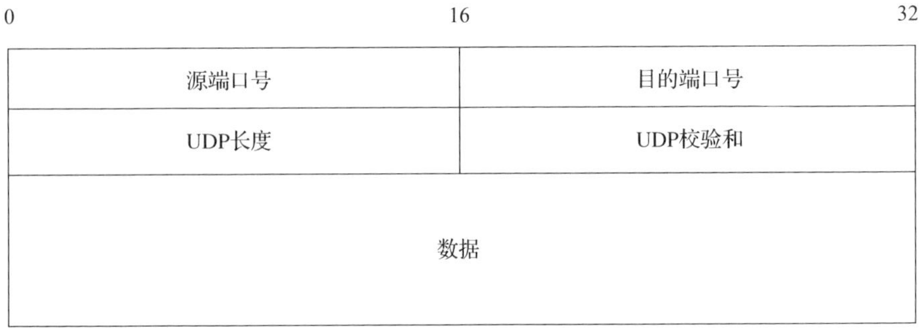

0	16	32
源端口号	目的端口号	
UDP长度	UDP校验和	
数据		

图2-20 UDP协议头部

从图2-20可以看出，UDP报头由4个域组成，其中每个域各占用2个字节，具体如下。

1）源端口号：数据发送方的端口号。

2）目的端口号：数据接收方通过目标端口号接收数据。

3）UDP长度：包括报头和数据部分在内的总字节数。

4）UDP校验和：UDP协议使用报头中的校验值来保证数据的安全。需要注意的是，虽然UDP提供了错误检测，但检测到错误时UDP不做错误校正，只是简单地把损坏的消息段扔掉或向应用程序发出错误提示。

3. 传输层协议小结

本节介绍了网络传输中基本的传输层协议，这其中包括 TCP 和 UDP 协议。我们将 UDP 协议划入“数据可靠的传输”这一小节的原因在于：我们的确可以在 UDP 之上构造可靠的消息传输，但是这两种协议依然有着巨大的差别，主要的差异如表 2-2 所示。

表 2-2　TCP 协议与 UDP 协议对比

对比内容	TCP	UDP
协议类型	基于连接的协议。收发数据之前必须建立可靠连接，连接时需要进行 3 次握手	无连接协议，传输数据时源端和终端不需要建立连接
对资源要求	需要建立并维护连接，记录收发状态，以及缓存数据，因此所需资源较多	不需要建立维护连接状态，所需资源较少
数据传输模式	流模式，将数据收发视为字节流，会自动进行 IP 数据包的拆分与组装	数据报文模式，在 IP 报文之上没有进行流的抽象，需要用户自己拆分组装数据包
可靠性	可靠的传输。确保数据的正确性与完整性。确保数据传输顺序	不可靠的传输。不确保数据完整性，可能丢包。不确保数据到达的顺序

通过对比，可以发现，UDP 协议数据包十分简单，但是在网络质量不佳时，由于 UDP 协议不属于可靠传输的连接型协议，因此，数据丢包会比较严重。直接使用 UDP 协议作为传输层协议无法确保消息可达。但是由于 UDP 协议资源消耗小，处理速度快，所以在多媒体传输领域的应用十分广泛。因为丢失几个数据包并不会对多媒体数据产生太大的影响。但是，作为实时处理系统的传输层，如果我们使用 UDP 作为传输层协议，还需要在 UDP 协议上构造可靠的传输层，这会带来不必要的工作量。因此，本书选择 TCP/IP 协议作为我们将要开发的实时处理系统的可靠传输层协议。

2.6　应用层

最后我们来介绍应用层。应用层其实就是为机器节点的应用程序提供一些高级协议。将会在后续的实践代码中使用 Socket 实现自己的一个应用程序的应用层协议。本节将介绍 TCP/IP 的应用层。

TCP/IP 模型的应用层对应于 OSI 模型的应用层、表示层与会话层。该模型包含了一些服务，用于处理终端用户的认证、数据处理与压缩问题，还要记录数据流来源的应用程序。应用层是协议最多、类型最为混杂的一个层次。我们这里将介绍 ping、telnet、OSPF、DNS、HTTP 这几个常用的应用层协议。

2.6.1　ping

ping（Packet Internet Groper）用于测试网络连接。ping 会发送一个 ICMP 协议，将请求

发送到目的地，并检查对方的ICMP应答，以确定网络连通与否以及网络连接速度。虽然ICMP协议属于网络层协议，但由于ping自身属于使用了ICMP的应用层程序，因此ping协议也就是应用层协议。

2.6.2 telnet

telnet协议主要用于Internet上的远程登录。用户可以在自己的计算机上使用telnet程序连接到服务器。用户虽然在自己的电脑上输入命令，但telnet会将命令发送到远程服务器，并在远程服务器上执行命令，使得用户觉得就是在服务器上执行程序一样。通过该协议我们可以直接远程控制并维护服务器。但是telnet所有数据都是明文传送，因此安全性非常糟糕，目前基本已经被SSH所取代，而该服务也往往被禁用，防止系统遭受攻击。

2.6.3 OSPF

OSPF（Open Shortest Path First，开放最短路径优先协议）是一个内部网关协议，用于在单一自治系统内决策路由，属于链路状态路由协议的一种实现。该协议使用了Dijkstra算法计算最短路径树。OSPF协议分为OSPF v2和OSPF v3，前者用在IPv4中，而后者用在IPv6中，两者互不兼容。

OSPF有以下几个特点。

1）快速适应网络变化。

2）在网络发生变化时，发送触发更新。

3）以较低的频率（每30分钟）发送定期更新，这被称为链路状态刷新。

4）支持不连续子网和CIDR。

5）支持手动路由汇总。

6）收敛时间短。

7）采用Cost作为度量值。

8）使用区域概念，这可有效地减少协议对路由器的CPU和内存的占用。

9）有路由验证功能，支持等价负载均衡。

2.6.4 DNS

DNS（Domain Name System，域名系统）用于在网站域名和IP地址之间进行映射。

我们知道每个站点的IP都是一串没有太多意义的数字组合，人们往往很难记住这些数字，为此，我们使用一种更便于人类记忆的方式来作为主机标识，这种标识就是域名。

域名可以使用普通的英语字母，因此更便于人类理解和记忆。但是网络通信依然是以IP作为主机标识，为了解决这个问题，我们使用DNS协议来进行域名和IP的映射，也就是将域名解析成IP，并提供给需要域名解析服务的一方。

和其他应用层协议不太一样的是，DNS协议运行在UDP协议之上，而不是TCP。

2.6.5 HTTP 协议

HTTP（HyperText Transfer Protocol，超文本传输协议）是万维网数据传输的事实标准，也是互联网上应用最为广泛的应用层协议。所谓超文本，是 Ted Nelson 于 1960 年构思的一种通过计算机处理文本信息的方法，这也是 HTTP 的根基。但是 HTTP 的发展已经远远超出了当时的设想，成为目前网络中最通用、最强大的协议之一。

HTTP 协议基于 TCP 协议，使用的是一种客户端和服务器的通信方式。由客户端和服务器主动建立连接，并发送请求（Request），请求分为请求头和请求体，请求头可以附加许多信息，而请求体中也可以放置各种类型的数据。而服务器接收到请求之后，处理请求信息并向客户端回送一个响应（Response），响应也分为响应头和响应体。响应体也可以是各种类型的数据，包括文件和错误信息等。

HTTP 使用 URI（Uniform Resource Identifiers，统一资源标识符）来作为网络资源的唯一标识。URI 可以分为绝对 URI 和相对 URI，其中绝对 URI 一般由四部分组成，分别是协议名称、域名、资源路径、查询参数。例如，对于 http://demo.com/article/1211?scroll=true，其协议名称是 http，域名是 demo.com，资源路径是 /article/1211，查询参数为 scroll=true。此外，如果没有协议名称和域名，则称之为相对 URI。

前文说过，HTTP 其实就是一组请求与响应，与此相对的，HTTP 消息分为请求消息和响应消息。消息都分为消息头和消息体两部分，消息体可以是任何形式的数据，这里不具体阐述。此处主要讲解一下消息头中的部分内容。

请求头和响应头中有一部分公共的内容，称之为通用头域。通用头域中包含 Cache-Control、Connection、Keep-Alive、Date、Pragma 等信息。

除此以外，请求头和响应头还包含自己特有的信息。例如，在请求头中，Host 表示请求资源的主机号和端口号，Referer 用于指定 URI 资源地址，User-Agent 用于存储表示客户端类型与版本的字符串。而在响应头中有用于重定向的 Location 和表示服务器类型版本的 Server 等。

这些头部还包括一些用于指出请求体的信息。例如，Content-Type 表示消息实体的类型（使用 MIME 标识），Content-Length 表示消息实体长度，Content-Encoding 表示消息实体编码。

请求头中还有一个最重要的参数尚未介绍，该参数就是 Method，表示 HTTP 的请求方法。HTTP 标准的请求方法分为 OPTIONS、GET、HEAD、POST、PUT、DELETE、TRACE，这些方法都有各自的语义，表示对某个特定的网络资源的操作。例如，GET 的语义是获取请求头 URI 指定的资源，而 POST 可以在请求头后附加一些数据，PUT 则表示将特定资源存储到 URL 指定的资源路径中，DELETE 表示删除资源。

而 HTTP 响应中，除了响应头和响应体中还有一个状态行，状态行中包含 HTTP 版本、状态代码、状态代码的文本描述。目前通用的 HTTP 版本是 HTTP 1.1，而目前 HTTP/2 标准已经制定完成，希望不久的将来可以取代旧的 1.1 版本。响应状态更为重要，客户端需要根据响应状态判断如何处理响应。每个响应状态都有一个代码，代码是一个 3 位十进制数字，第一个数字定义了响应的类别，一共有如下几个类别。

1）1xx：指示信息，表示请求已接收，继续处理，如 100 表示继续发送请求。

2）2xx：成功，表示服务器已经成功接收、理解请求，如 200 表示请求成功。

3）3xx：重定向，表示客户端必须根据响应进行进一步处理，如 301 表示某个网站已经永久移动，并通过响应告知客户端新地址。

4）4xx：客户端错误，表示请求有语法错误或请求无法实现，如 404 表示无法找到资源。

5）5xx：服务器错误，如 500 表示内部服务器错误。

2.7 基于消息协议的公告牌

前面已经介绍了如何构建一个分布式的、健壮的网络。但是如果没有任何应用程序使用这个网络，这个网络也就毫无用处，我们也就无法达成我们的初衷——使用网络分享信息与资源。

2.7.1 需求描述

我们现在希望实现一个公告牌，所谓公告牌就是张贴消息。每个节点可以不断在公告牌上发布自己的新消息，而其他节点可以使用一种协议去实时地获取任意节点上的新消息，当然每次只能获取当前的最新消息。如果服务器并没有任何消息，客户端会等待一段指定的时间。

如何制定一个简单的协议，使得网络中的所有节点可以使用该协议来实现公告牌？

首先我们建立一个“客户端”和“服务器”的概念。

客户端就是一个连接的发起方，而服务器则是负责监听并接受连接的一方。每个节点都会有一个用于发布消息的服务器程序，并时刻处于监听状态。同时节点也会有一个客户端，主动地向某个节点的公告牌服务器发起连接。公告牌服务器一旦接受连接请求，就会与客户端握手，并正式建立连接，根据客户端的请求将最新的信息发送给客户端。当客户端读取完服务器回复的信息后，我们就断开连接。

我们将这个过程抽象为两个阶段，一个是客户端的请求（Request），另一个则是服务器的响应（Response）。整个过程简单描述就是：客户端发送请求到服务器，服务器根据请求发送一个响应给客户端，最后结束这一次请求。

2.7.2 制定协议

我们的协议将节点严格地区分为客户端与服务器。流程就像前文说的，由客户端主动发起连接，服务器监听并建立连接，然后客户端发送请求，服务器回送响应，最后结束请求。整个过程传输的数据都是字节流（传输层提供的就是端到端的字节流抽象）。此外，为了确保可靠的数据传输，我们选择 TCP 而非 UDP，否则需要太多的额外工作。

接下来我们来看看请求和响应的格式。

请求格式如图 2-21 所示。

响应格式如图 2-22 所示。

请求与响应中每一个字段的具体概念如下。

（1）请求

超时时间（TIMEOUT）：16 位整数，单位为秒，该时间内客户端会一直等待，超过时间服务器会中断请求，0 表示由服务器设置自己的最常连接时间，到达该时间服务器会响应一个超时响应信息并中断连接。

超时时间（16位）

图 2-21　超时时间

响应状态代码（8字节）	响应数据类型（8字节）
响应内容长度	
响应内容 （长度由内容长度字段决定）	

图 2-22　响应格式

（2）响应

响应状态代码（STATUS），8 位整数，目前有如下几种含义。

1）0（SUCCESS）：请求成功，服务器响应的是最新的消息。

2）1（TIMEOUT）：超时失败，当服务器在固定的时间内都没有任何发布的消息，中断连接并返回该值。超时时间由请求的 TIMEOUT 字段定义，但是服务器可以定义自己的最常等待时间。

3）2（EXCEPTION）：服务器异常失败，表示服务器因为某些无法预期的特殊原因执行失败，此时返回该信息，并将具体的错误诊断信息也包含在响应中一起返回。

响应数据类型（TYPE），8 位整数，目前有如下几种含义。

1）0：数据是消息的二进制数据。

2）1：服务器端发生某种错误，因此数据中包含的是具体的错误诊断信息。

响应数据长度（LENGTH），32 位整数，表示其后紧跟的数据长度。

响应数据会根据相应数据类型字段有所不同，目前有如下几种情况。

1）如果 TYPE 为 0，则 CONTENT 是消息二进制数据，前 32 位为消息 ID，后面都是消息内容（二进制）。

2）如果 TYPE 为 1，则 CONTENT 是一个字符串，描述服务器异常信息（在 STATUS 不为 0 时）。

这就是目前定义的整个协议。这个协议完成的任务很简单，就是去特定的服务器上抓取一条当前的信息。而且如果服务器一直发布的是同一条信息，那么客户端也只能一直看到同一条消息。接下来将会介绍如何使用前文介绍的 Socket 来实现这个消息协议。

2.8　分布式通信举例——MapReduce

前文讲的基本都是传统的网络通信。但正如本章开头所说，传统的网络通信正是分布式系统通信的基础。读者现在应该已经大致了解了基础的网络通信知识（这也是我希望的），我们接下来讲解如何使用网络来构建一个分布式计算系统的实例。这个实例就是非常著名的 MapReduce。

第一章已经简要阐述了 MapReduce 这种计算模型。其基本思想就是将计算量非常大的计算拆分成许多部分，每一个计算节点只负责计算一个部分，最后再将所有计算节点的计算结果以一定方式汇总到一起，得出最后结果。而 Map 就是将庞大的计算任务划分成小的计算任务，并分配给计算节点，Reduce 则是以一定方法将计算结果合并起来，合成为 MapReduce。整个流程如图 2-23 所示。

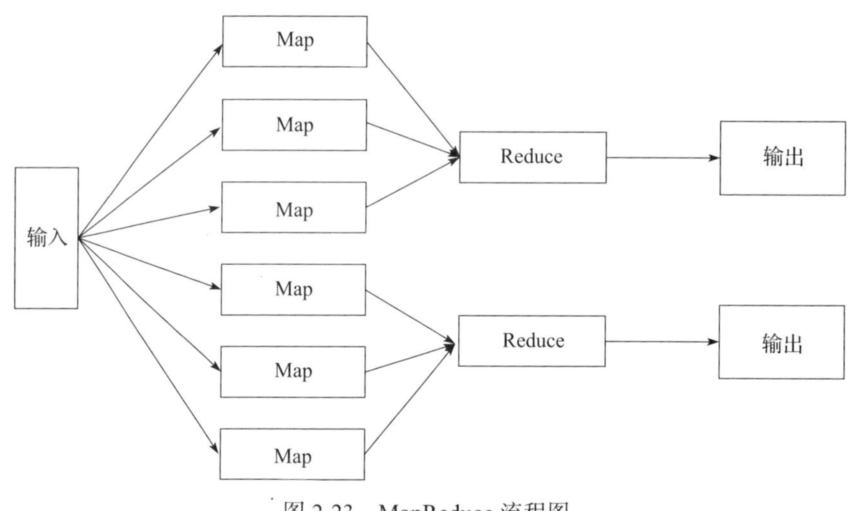

图 2-23 MapReduce 流程图

可以发现，Map 节点需要将自身的计算结果传递给 Reduce 节点，但是我们应该如何做呢？直接由 Map 节点将数据发送给 Reduce 节点吗？ MapReduce 模型并不是这样做的。第一章中也介绍过，MapReduce 节点之间的通信其实基于另一个系统——HDFS。Map 节点和 Reduce 节点之间的通信并不是直接通过收发消息实现的，而是去操作一个双方共享的分布式文件系统。Map 节点从 HDFS 中读取数据，并将计算结果写入到 HDFS 中，再由 Reduce 节点从 HDFS 中读取 Map 的中间结果，并将最终合并结果写入到 HDFS 中。整个过程如图 2-24 所示。

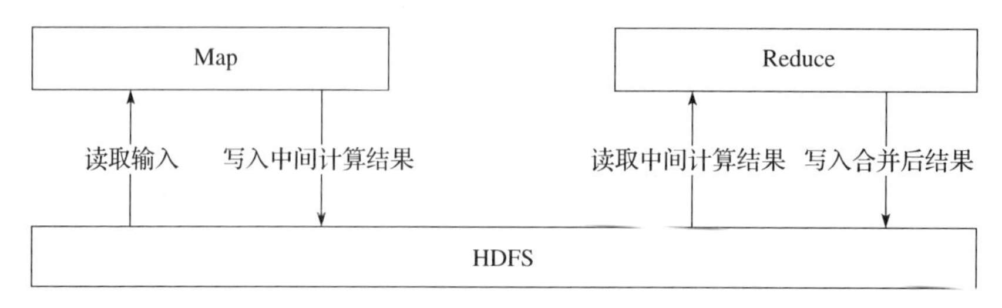

图 2-24 数据读写流程

那么 HDFS 是如何提供这种分布式的数据服务的呢？

整个 HDFS 的架构如图 2-25 所示。其中所有的文件系统读写请求都会通过网络将请求发送给 NameNode。NameNode 上存储了整个文件系统的元数据，可以得知哪个文件存放在哪个节点上。接下来 NameNode 找到请求对应的节点（DataNode），并由 DataNode 的服务程序接管请求，与客户端进行真正的数据通信。最后读写请求完成后 NameNode 会更新元数据，并对存储的数据重新进行负载均衡，也就是建立数据的多份副本，分发给不同的节点，做到冗余存储。

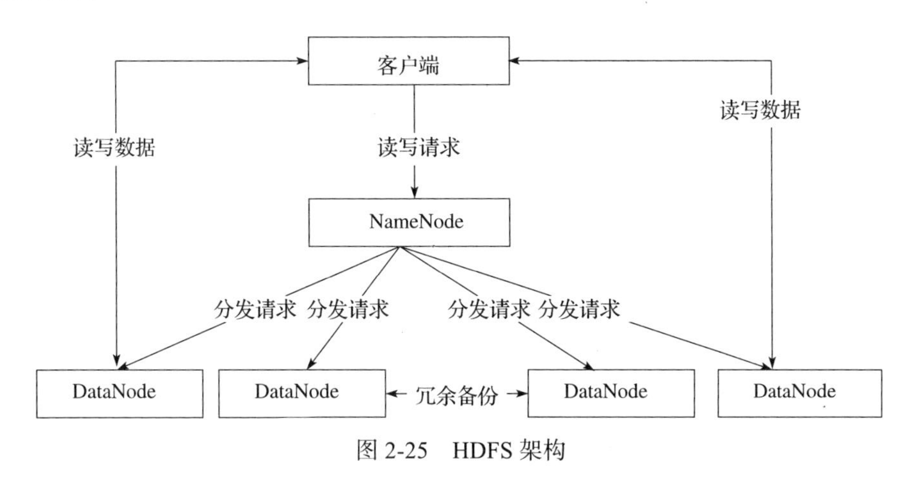

图 2-25　HDFS 架构

这样我们就可以将数据存储到一个分布式集群中，并进行读写。而 Map 节点和 Reduce 节点正是通过读写 HDFS 中的文件实现通信。Map 节点将计算结果以一定的命名方式写入到 HDFS 中，然后 Hadoop 会激活 Reduce 节点，让 Reduce 节点去对应的位置寻找计算结果，最后再将合并结果以一定命名方式写入 HDFS。

随后将会了解到其他许多分布式系统并不是使用这种通信方式，但这的确是分布式通信的实现方式之一。

2.9　本章小结

本章我们跟随 TCP/IP 的路线，从无到有建立了一套完整的网络体系。千万不要小瞧这个网络，依照这种方法建立的 ARPANet 后来走出了大学的实验室，成为了 Internet 的骨干网络，直到 1990 年被美国国家科学基金会（NSF）取代为止都具有举足轻重的地位。更重要的是，在 ARPANet 项目中研发的 TCP/IP 协议族可谓影响深远。虽然 ISO 制定出了 7 层的 OSI 标准，但一直只是一个看起来很漂亮的理论模式，其实并没有在实际中得到运用，而 TCP/IP 这种依靠经验和技术开发出来的网络体系则成为了网络世界中的事实标准。

Chapter 3 第 3 章

通信系统高层抽象

分布式系统通信技术的基础应该就是网络通信，上一章我们讲解了网络的基本概念和 Socket，直接使用底层的 Socket 完成了一个简单的公告牌程序，并且自行设计了相应的应用层协议。

但是读者会发现，如果直接使用 Socket 来实现网络服务效率很低：需要自行设计协议，需要自己对数据传输进行编码和解码，需要自己开发服务器等。因此除非有特殊原因，如性能问题、安全性问题或遗留系统，在开发实际的应用程序时我们并不会直接使用 Socket。

而在计算机世界中，解决一切复杂性问题的方法无非就是两种：分层和封装。为了控制网络通信程序的复杂度，人们提出了大量网络通信的高层抽象，本章将会介绍一些比较流行且被广泛使用的高层抽象。这些高层抽象可以极大简化我们开发应用程序的过程，提高应用程序开发效率。

3.1 RPC 介绍

在开发纯粹的本地应用程序时，我们会将庞大的系统划分为子系统，然后再将子系统划分为更小的模块，接着再对模块不断细分，而系统中最细粒度的抽象单位就是“函数”（Function），或者是“过程”（Procedure）。函数和过程同时也是模块之间的“通信接口”，如果 A 模块想要调用 B 模块的服务，一般直接调用 B 模块对外公开的函数或过程接口。对于一个程序员来讲，这种过程调用是非常直观，易于理解与维护的。

但是在分布式系统中，不同的子系统可能分布在不同的服务器上，也就是说如果子系统 A 想要调用子系统 B 的服务，无法通过过程调用来实现，而是需要利用网络通信，由子系统

A服务器向子系统B服务器发送特定的网络请求，由子系统B接受请求并指向相应服务，最后再次通过网络将执行结果返回给A服务器——这个过程在上一章中的公告牌系统中已经有所体现，这里不再赘述了。

当模块之间的调用变成大量的网络请求之后，整个代码的可读性和可维护性势必会受到不利影响。

为了模拟对程序员来说最简单直观的过程调用，RPC（Remote Procedure Call），即远程过程调用应运而生。

所谓远程过程调用就是开发者在不需要了解底层网络技术的情况下（无论是基础协议还是Socket），可以像调用本地方法一样调用远程服务器提供的函数或过程。假设我们在服务器B上编写一个名为Hello的类，代码如代码清单3-1和代码清单3-2所示。

代码清单3-1　Hello类的定义

```
1 class Hello : public RPCModule
2 {
3 public:
4     void hello();
5 };
```

代码清单3-2　HelloClient的实现

```
1 int test()
2 {
3     Hello::Client helloClient(host, port);
4     helloClient.hello();
5 }
```

可以发现，在使用RPC技术后，我们并不需要关心如何和服务器通信，如何构建协议，如何解析数据，而只需要指定目标服务器（通过主机地址和端口号），并直接像调用本地成员函数一样调用远程服务器的成员函数。在本例中，直接在服务器A中构造了Hello类的一个“客户端”，并直接通过该客户端调用服务器B中Hello类的hello成员函数。

作为一个合格的程序员，虽然我们不需要自己构造我们的工具，但必须知道工具是如何构造出来的（不造车轮但必须知道车轮的构建原理）。那么RPC是如何实现的呢？

RPC的基本思想其实非常简单，我们可以用图3-1来描述整个RPC的架构。

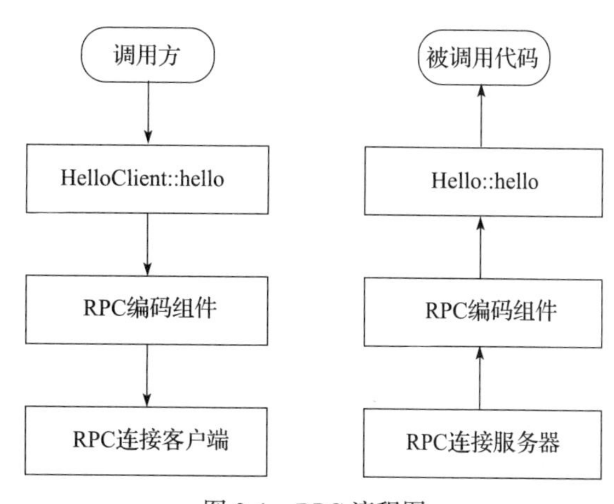

图3-1　RPC流程图

架构中的各个组件如下。

1）调用方：调用远程过程的代码，如

代码清单 3-2 中的 test 成员函数。

2）客户端成员函数（HelloClient::hello）：RPC 对过程的封装。调用方调用 hello 时并不是直接执行 hello 的代码，因为 hello 的实际代码在服务器 B 中，客户端成员函数的任务是解析客户端需要调用的成员函数，并解析参数，将需要调用的成员函数和参数传入下一层。

3）RPC 编码组件：众所周知，数据如果想要在服务器之间通信，需要进行编码和解码（当然也可以直接传送原始二进制数据，如果是简单的数据，这样是没问题的）。所以客户端会使用编码组件对函数的参数进行编码，并将需要调用的成员函数与编码后的参数传入下一层。

4）RPC 连接客户端：该层负责使用 Socket 维护底层连接，将生成的函数调用请求转化成对应的网络请求，通过 Socket 连接将数据发送到服务器 B。客户端需要知道服务器端 RPC 服务的主机号和端口号。这应该是唯一对用户不透明的部分。

5）RPC 连接服务器：该层负责使用 Socket 维护底层连接，接受客户端请求，并将获取到的数据转换成函数调用请求（包括需要调用的函数与编码后的参数），并发到上一层。

6）RPC 解码组件：既然客户端需要编码，那么服务器就需要解码。服务器这里需要将编码后的参数解码还原成本地语言可以理解并正确处理的数据，例如，这里就是将数据转换成 C++ 的二进制数据。这就是解码层的作用。接着解码组件就将请求传入上一层。

7）服务器成员函数（Hello::hello）：RPC 服务器启动时，所有成员函数都会将自己的信息注册到服务器中，服务器就可以通过客户端想要调用的成员函数名找到服务器上对应的成员函数，这里就是调用服务器端的成员函数，并将解码后的参数传递给该成员函数。

8）被调用代码：即 Hello 类中的 hello 成员函数，也就是真正执行的代码。

这里我们可以清晰地看出，RPC 的架构其实就是分层和封装，将底层的网络通信通过客户端的成员函数隐藏起来，让底层通信对用户透明（除了对方服务器的地址和端口号）。同时这也印证了分层在网络通信系统设计中的重要性。

同时，这里我们调用的是无返回值的函数，如果函数包含返回值，则服务器需要将返回发送回客户端，那么服务器端就需要编码工作，而客户端则需要解码工作。此外，这里的 RPC 调用是同步调用，也就是客户端必须等到服务器执行任务返回后才能继续执行。实际情况中，我们常常会使用异步调用——客户端执行之后继续执行其他代码，通过回调函数对服务器的响应进行处理。这两种方式各有利弊，需要根据实际情况取舍。

RPC 是比较早发展起来的网络通信抽象之一，已经有许多成熟的框架，如本章最后一节将会介绍的 Thrift。

RPC 只是网络通信抽象中的一种，接下来我们来介绍一下其他的抽象概念。

3.2 RESTful

REST（Representational State Transfer）指的是一种架构设计风格，而满足这种设计风格的应用程序或设计就被认为是 RESTful 的。这也是目前互联网中最流行的一种软件架构风格，它结构清晰、符合标准、易于理解，越来越多的应用服务开始使用RESTful这种架构风格，尤其是那些基于HTTP协议的网络服务。

REST是2000年由Roy Thomas Fielding在他的博士论文中提出的。Fielding是HTTP协议的主要设计者、Apache服务器软件作者之一，因此他的论文对互联网软件开发产生了深远影响。

他认为他的目的是“在符合架构原理的前提下，理解和评估以网络为基础的应用软件的架构设计，得到一个功能强、性能好、适宜通信的架构”。最后他提出了RESTful架构。

Fielding在论文中规定了一系列的互联网软件架构原则，将其命名为REST，翻译成中文是“表现层状态转移”。这些原则统称为REST原则，而符合这些原则的架构就是RESTful架构。注意，这里并没有强调具体的实现技术，也就是说实现RESTful不一定要使用HTTP协议，只不过HTTP协议确实是目前实现RESTful服务的常用技术方案。接下来我们来解释一下到底什么叫“表现层状态转移”。

3.2.1 资源和表现层

首先解释一下资源（Resource）的概念。资源是REST中的核心概念，所谓资源指的是网络上的某一个实体（Entity）。资源可以是文本、图片、视频、音频，这类资源比较具体，容易呈现，容易理解；也可以是一种特定服务，这种资源比较抽象。我们可以和面向对象类比，在面向对象中，一切皆对象，而在REST中，一切都是资源。

每一个资源都有一个唯一标识，就是所谓URI（Uniform Resource Identifier，统一资源标识符），顾名思义就是资源的标识符，保证在整个网络中每个资源都有唯一的URI。如果我们想要访问某个资源，只需要访问相应的URI即可。例如，在浏览器中访问http://test.com/content/1.txt，就是在访问这个URI对应的资源，也就是1.txt这个文本文件。

那么，所有对网络的访问都可以抽象成对资源的“访问”，也就是说调用资源对应的URI。

而与资源相对，还有一个概念就是表现层（Representation）。顾名思义，表现层就是资源的一种表现方式。例如，同样一段文字，可以使用纯文本（txt）展示，也可以使用HTML、XML和JSON来表示，无论什么表现形式，最后表示的都是相同的内容。同样，相同的一张图片，可以是BMP格式，也可以是JPG格式，还可以是PNG格式，等等。

既然URI代表的是资源，而非资源的表现层，因此从严格意义上来讲，URI里其实不需要包含资源的格式信息，如果使用HTTP协议，那么这些格式信息应该写在HTTP请求头的Accept和Content-Type中。但是出于对静态资源访问性能上的妥协，我们一般会直接将静态资源后缀名（相当于资源的表现形式）写到URI中，以直接访问对应的静态资源。

3.2.2 状态转移

对资源的访问，肯定牵涉到对资源的“修改”，而在REST中，将修改资源抽象成资源的“状态转移”。换言之，REST中认为资源有各种状态，而我们需要使用某种手段改变资源的状态，也就是从某个状态转移到另一个状态（如资源存在和资源删除）。

REST 使用的基本技术是无状态的（如 HTTP），因此所有状态都保存在服务器，所以 REST 的核心就是使用某种方式完成资源的状态转移，而这种转移则是基于资源的表现层（无论是用户传递的数据，还是服务器反馈的数据，都属于资源的某种表现层），因此我们将其称为“表现层状态转移”。

那么如何实现状态转移呢？以 HTTP 为例，我们通常会使用 HTTP 的方法来实现。常用的方法有 GET、POST、PUT 和 DELETE。这几种方法的具体含义如下。

1）GET：获取资源。该方法只是获取特定资源的某种表现层。GET 方法有幂等性，也就是无论多少次访问同一个资源，只要资源状态不因其他动作产生变化，其返回结果必须是一样的。也就是说 **GET 不能产生资源的状态转移**。

2）POST：投递数据，创建资源。该方法一般用来创建资源。和 GET 方法不同，POST 方法允许请求携带请求体，因此可以在请求体中插入资源的表现层。当然这也是创建资源所必需的。此外，POST 还常常用来表示执行某种会产生状态转移的特定服务（当 URI 表示某种服务资源时）。

3）PUT：更新资源，该方法和 POST 一样，不同之处在于 PUT 严格意义上是用来更新已经存在的资源，也就是改变已存在资源的状态。

4）DELETE：删除资源，顾名思义，就是将已存在的资源转变成不存在，完成删除的状态转移。

3.2.3 RESTful 总结

因此，我们可以把 RESTful 风格的核心设计原则总结为以下几条。

1）RESTful 风格使用 URI 表示每个资源。

2）RESTful 风格使用特定方式（如 HTTP 的方法）操作服务器资源，完成服务器资源的“状态转移”。

3）客户端和服务器之间通信的数据表示资源的某种表现层。

4）读者要学会通过这些原则区分什么是真正的 RESTful 设计，什么是“挂羊头卖狗肉”的设计。

3.3 消息队列

前文介绍了 RPC 和 RESTful 两种对网络通信的高层抽象。无论这两种方式有何不同，其过程都是一样的，如下所示。

1）调用（RPC 里直接调用过程，RESTful 调用 URI）。

2）客户端向服务器传输数据。

3）服务器向客户端返回数据。

也就是说调用方和被调用方是直接的耦合关系。

而有一种与众不同的通信抽象，这种抽象方式可以形成“松耦合”，这就是消息队列。

消息队列是一种消息投递的抽象。这种概念认为模块之间互相调用可以分解成互相投递消息，而模块可以是一个进程中的两个线程，可以是同一台机器上的两个进程，可以是不同的两台机器上的服务，甚至可以是从一个集群到另一个集群，其概念非常广泛。

消息队列原本在操作系统中得到了广泛运用。如 Windows 这种微内核操作系统，整个操作系统的运转方式就是基于消息队列，任何行为都可以抽象为向某个进程或模块发送消息。这种方式成功地将内核中的不同部分独立成不同的进程，从物理上完成了模块之间的隔离，避免出现宏内核设计不良时牵一发而动全身的问题。哪怕是在 Linux 这种宏内核操作系统中，消息队列也是进程间通信（IPC）的一种主要方式。而这种天生的隔离性也使得这种抽象可以应用于不同的领域。

消息队列模型如图 3-2 所示。

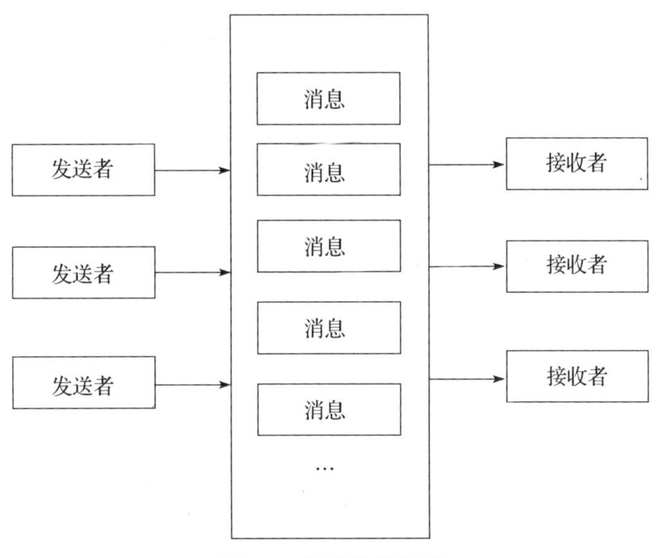

图 3-2　消息队列原理

可以看到，发送方和接收方之间是一种“松耦合”关系，也就是说发送者并不是将消息直接发送到接收者，而是通过一个名为消息队列的服务，由消息队列帮助发送方完成消息的投递。而接收者则负责主动去消息队列获取消息，当获取到消息之后执行相应服务，并通过消息队列向发送方投递一个“回执”，表示服务执行结果。

如果是在一个大系统中的几个小系统之间通信，消息队列将是一种非常好的方式，因为消息队列可以扩展到任何范围内。在现在的分布式系统中，往往会有一个“分布式消息队列”来处理不同机器之间的消息通信。此外，**消息队列也可以成为一种实现 RPC 的技术**，所以消息队列适用性非常广泛。

将消息队列应用到网络通信中时，常常需要一台独立的消息队列服务器或一个消息队列服务器集群专门处理消息的转发。这也是一种模块化与分离式的设计，让消息队列专注于消息的快速投送，而让其他服务更加专注于实现业务功能。

现在我们来使用伪代码阐述一下运用消息队列的通信方式。需要实现的代码的结构如图 3-3 所示。

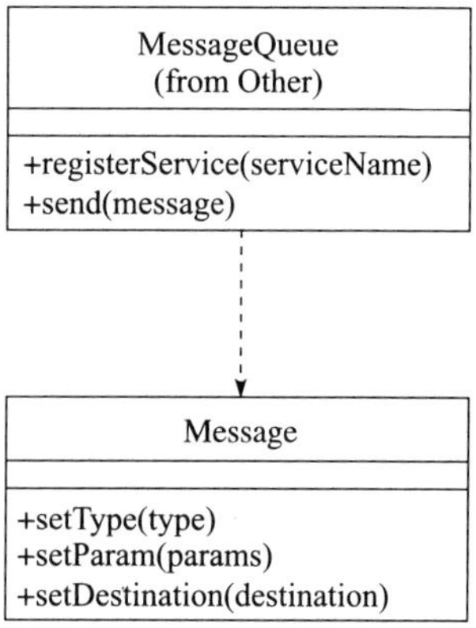

从图 3-3 中可以看出，这里有两个类，分别为 MessageQueue 和 Message。其中 MessageQueue 类依赖于 Message。MessageQueue 有两个方法，分别如下。

1）registerService：用于注册服务，有一个参数 serviceName，表示服务名称。

2）send：用于发送消息，这是一个同步发送服务，在发送时程序会阻塞。该函数有一个参数为 message，表示需要发送的消息。

Message 类有 3 个方法，分别如下。

1）setType：设置消息类型。

2）setParam：设置消息的参数，参数是一个变长参数列表，可以设置多个参数。

3）setDestination：设置消息发送目的地，参数是目的节点的名称。

MessageQueue
(from Other)
+registerService(serviceName)
+send(message)

Message
+setType(type)
+setParam(params)
+setDestination(destination)

图 3-3 消息队列类图

首先，我们来看一下发送方的实现逻辑，内容如代码清单 3-3 所示。

代码清单 3-3 消息发送方代码

```
 1 int main()
 2 {
 3     MessageQueue queue(host, port);
 4     queue.registerService("A");
 5
 6     Message message;
 7     message.setDestination("B");
 8     message.setType("say");
 9     message.setParam("content", "hello world");
10
11     Message reply = queue.send(message);
12     std::cout << reply.getResult() << std::endl;
13
14     return 0;
15 }
```

第 3 行，我们首先创建了一个消息队列，并在第 4 行向消息队列注册了一个服务，将其命名为“A”。

接着，我们在第 6 行构造了一个消息对象。

第 7 行，通过 setDestination 设置了期望发送的对端，接着设置了消息的类型和内容

(hello world)。

第 11 行，我们通过消息队列的 send 方法将组装好的消息发送出去，并将对应的回复赋值给 reply。

编写好发送方的代码后，再来看一看接收方的代码逻辑，内容如代码清单 3-4 所示。

代码清单 3-4　消息接收方代码

```
 1 int main()
 2 {
 3     MessageQueue queue(host, port);
 4     queue.registerService("B");
 5
 6     while ( 1 )
 7     {
 8         Message message = queue.getMessage();
 9         if ( message.getType() == "say" )
10         {
11             std::string content = message.getParam("content");
12             Reply reply(message);
13             reply.setResult(std::string("ok") + content);
14
15             queue.reply(reply);
16         }
17     }
18
19     return 0;
20 }
```

其中，发送方根据主机名和端口号选择一个消息队列服务，并在消息队列中注册自身信息，然后初始化消息，并设置消息的目的地、类型和具体的参数，最后使用 send 发送消息并接收消息队列的回执。

接收方同样也根据主机名和端口号选择一个消息队列服务，并在消息队列中注册自身信息。但是之后进入一个无限循环，我们称之为消息循环，主动去消息队列中获取消息(getMessage)，并根据消息的类型和参数执行不同的动作，最后使用 reply 来回复消息。

这是手动的消息循环。在现代的消息队列中，往往使用监听器的方式来将消息循环隐藏起来，这种设计方式这里不再赘述，在使用 Thrift 实现 RPC 时，我们同样可以看到这种设计方式的身影。

3.4　序列化

在介绍各种通信抽象时，可以发现，无论什么抽象方式，都需要借助底层网络将数据从一个节点传输到另一个节点。但是，网络中只能传输二进制数据，因此我们在传输数值之间必须进行编码和解码。在高层的通信抽象中，我们将这种编码和解码称之为“序列化”和“反序列化”。

序列化就是将某种语言运行时数据转化成可以传输的二进制数据或文本数据，而反序列化就是将序列化后的二进制数据或文本数据逆向恢复成运行时数据。

现在很多语言自身提供了序列化和反序列化功能，如 Java、C#、Python 等。但是这些语言的序列化 / 反序列化功能往往和语言自身的二进制存储布局有关，因此一种语言产生的序列化结果很难在另一种语言中反序列化。

为了解决这个问题，目前已经出现了许多跨语言跨平台的序列化解决方案。其中分为两类：一类专注于数据的序列化和反序列化，只负责对“对象”的内部数据进行序列化和反序列化；另一类则希望构建一个完整的跨平台 RPC 服务体系，不仅是数据，连功能接口都是与语言无关的。

第一类解决方案包括各种语言的 XML、JSON 库，这类库可以将对象序列化成 XML 文档或 JSON 文档。另一种语言内可以直接使用 XML、JSON 库将这些序列化后的内容反序列化。这类解决方案的优点如下。

1）所有数据都使用纯文本传输，序列化后的内容人类可以理解，方便检查错误。

2）得到所有语言的广泛支持。

其缺点如下。

1）不同语言的解析库种类繁多，接口不一，往往在不同语言中迁移需要学习新的库和新的接口，哪怕有些接口相似，学习成本也是无法估计的。

2）纯文本传输数据冗余严重，在对数据传输量要求比较高的场景下无法使用。

第一类解决方案也可以使用一些自定协议的序列化 / 反序列化方案。这类方案都会自己定义序列化的协议，而且支持广泛的数据类型，普遍采用二进制编码，如 Google 的 Protobuf 以及 Apache Avro。其优点如下。

1）采用二进制协议，数据冗余少，体积小，性能普遍更好。

2）对支持的语言提供的接口一致，不同语言之间迁移的学习成本很低。

其缺点如下。

1）二进制协议自身很难理解，一旦出现问题很难发现。

2）支持语言种类较少。如果使用的语言不受支持，常常需要自己开发库来进行解析，可能会在无意中提高成本。

第二类解决方案不仅提供了序列化的能力，还提供了跨平台的统一接口，此类产品以 Thrift 为代表。随后我们将会介绍 Thrift，并使用 Thrift 完成一个项目示例。

3.5 使用 Thrift 实现公告牌服务

在上一章中，我们使用操作系统底层的 Socket 实现了一个公告牌服务。可以发现，在那个程序中，对底层通信的处理占用了大量的代码，而真正的业务逻辑只有极少一部分，所以直接使用Socket技术开发应用程序是复杂且低效的。此外，消息在不同机器间传递时，我们还需要在发送端将其转换为二进制数据，并在接收端解析恢复，这无疑也会带来很大的工作量。

而Apache Thrift很好地帮助我们解决了这些问题。一方面Thrift提供了稳定健壮的RPC服务器实现，另一方面Thrift会负责帮我们进行数据的序列化和反序列化。接下来让我们看一下如何使用Apache Thrift直接实现上一章中的公告牌服务。

3.5.1　Apache Thrift介绍

Apache Thrift最初由Facebook开发，用于在其公司内部系统的各语言之间进行RPC通信，并于2007年提交到Apache基金会，现在已经成为一个非常完善且重要的项目。

Apache Thrift是一套软件框架，可以用来进行可扩展且跨语言的服务开发。Thrift有自己的服务定义语言，可以定义不同语言都可以理解的服务。同时借用专用的代码生成引擎，我们可以在不同语言中使用相同的数据类型和服务接口，目前能够支持C++、Java、Python、PHP、Ruby、Perl、C#、Cocoa、Node.js等主流语言或框架。而且该框架使用二进制格式，相对XML和JSON体积更小，对于高并发、大数据量和多语言的环境更有优势。

Apache Thrift的关键在于其IDL（Interface Definition Language，接口定义语言），该语言可以用于定义一系列与具体编程语言无关的类型和接口信息，并借助Thrift的代码生成工具生成特定语言的代码。接下来具体看一下如何使用Thrift。

3.5.2　安装Apache Thrift

我们将会在Linux下进行开发，不过开发之前需要安装Thrift。我们先到Thrift官网（http://thrift.apache.org/）下载Thrift的最新版。笔者编写本书时最新版本是0.9.3，记住下载.tar.gz的源代码包。

下载完成后解压，不要急着编译安装。如果想生成C++的库，必须先安装boost。笔者使用的是Ubuntu系列的发行版，因此直接使用sudo apt-get install libboost-dev-all安装完整的boost。

安装完boost后，进入Thrift的源代码目录，并执行以下命令：

```
./configure
sudo make install
```

接下来稍等几分钟，待Thrift编译安装完成。完成安装后即可尝试执行Thrift，如果成功安装，将会启动Thrift的程序，并输出帮助信息。

boost库是一个可移植、提供源代码的C++库，作为标准库的后备，是C++标准化进

程的开发引擎之一。boost 库由 C++ 标准委员会库工作组成员发起，其中有些内容有望成为下一代 C++ 标准库内容。boost 库在 C++ 社区中影响甚大，是不折不扣的“准”标准库。boost 由于其对跨平台的强调，对标准 C++ 的强调，与编写平台无关。大部分 boost 库功能的使用只需包括相应头文件即可，少数（如正则表达式库、文件系统库等）需要链接库。但由于 boost 库过于庞大，而且 boost 中也有很多是实验性质的东西，因此我们并没有在实际开发中使用 boost。

3.5.3 编写 Thrift 文件

前文提到过，Thrift 的核心就在于其 IDL，因此使用 Thrift 的第一步就是使用 IDL 编写代码，描述系统中所需使用的数据类型以及服务，这些文件的后缀名是 .thrift。

现在让我们使用 IDL 来描述公告牌的消息（Message）。创建一个文件，名为 message.thrift，并使用你最熟悉的编辑器打开，输入代码清单 3-5 中所示的代码。

代码清单 3-5 消息定义

```
 1  struct Message
 2  {
 3      1: string id,
 4      2: string content,
 5  }
 6
 7  service MessageService
 8  {
 9      Message latestMessage(),
10  }
```

其中 struct 用于定义一个结构体，每个结构体都可以包含一系列字段。每个字段都会以一个递增的数字开头，接着是字段类型和字段名。例如，代码中定义了结构体 Message，其中包含两个字段，第 1 个字段是 id，类型是字符串，表示消息的唯一标识；第 2 个字段是 content，类型也是字符串，表示消息内容。

而 service 则负责定义服务接口，你可以定义一系列的方法。方法由返回类型、方法名和参数列表组成。这里我们定义了一个名为 MessageService 的服务接口，包含一个方法 latestMessage，返回类型为 Message，参数列表为空，用于获取最新消息。

完成类型和接口定义以后，我们就需要使用 Thrift 来生成特定语言的源代码。本例中我们使用 C++，因此就生成 C++ 代码，需要执行以下命令：

```
thrift -r --gen cpp message.thrift
```

如果没有任何输出，表示代码生成成功。你会发现目录下会出现一个 gen_cpp 目录，里面就是自动生成的 C++ 代码。

3.5.4　实现服务器

进入 gen_cpp 目录，里面有一个文件名为 MessageService_skeleton.cpp。该文件是对 MessageService 服务接口的实现模板。创建一个和 gen_cpp 同级的目录，名为 src，并将该文件复制到 src 下，改名为 server.cpp。打开该文件，内容如代码清单 3-6 所示。

代码清单 3-6　MessageService 服务器实现

```
1  //This autogenerated skeleton file illustrates how to build a server
2  //You should copy it to another filename to avoid overwriting it
3
4  #include "MessageService.h"
5  #include <thrift/protocol/TBinaryProtocol.h>
6  #include <thrift/server/TSimpleServer.h>
7  #include <thrift/transport/TServerSocket.h>
8  #include <thrift/transport/TBufferTransports.h>
9
10 using namespace ::apache::thrift;
11 using namespace ::apache::thrift::protocol;
12 using namespace ::apache::thrift::transport;
13 using namespace ::apache::thrift::server;
14
15 using boost::shared_ptr;
16
17 class MessageServiceHandler : virtual public MessageServiceIf
18 {
19   public:
20   MessageServiceHandler()
21   {
22     //Your initialization goes here
23   }
24
25   void latestMessage(Message& _return)
26   {
27     //Your implementation goes here
28     printf("latestMessage\n");
29   }
30
31 };
32
33 int main(int argc, char **argv)
34 {
35   int port = 9090;
36   shared_ptr<MessageServiceHandler> handler(new MessageServiceHandler());
37   shared_ptr<TProcessor> processor(new MessageServiceProcessor(handler));
38   shared_ptr<TServerTransport> serverTransport(new TServerSocket(port));
39   shared_ptr<TTransportFactory> transportFactory(new TBufferedTransportFactory());
40   shared_ptr<TProtocolFactory> protocolFactory(new TBinaryProtocolFactory());
41
42   TSimpleServer server(processor, serverTransport, transportFactory, protocolFactory);
```

```
43    server.serve();
44    return 0;
45  }
46
47  void latestMessage(Message& _return)
48  {
49      Message message;
50      message.id = "1234aef30c";
51      message.content = "this is the latest message";
52
53      _return = message;
54  }
```

我们解释一下这段代码。我们在第 17 行定义了一个 MessageServiceHandler 类，这是一个 Thrift 服务，该服务有一个函数名为 latestMessage，这就是我们提供的一个具体服务。

然后我们在 main 函数中创建一个服务器，并且将该服务的对象包装在 processor 对象中注册到服务器对象 server 中。

最后我们又实现了 latestMessage，因此当客户端发送 latestMessage 请求时会交给我们的处理函数处理并将结果返回给客户端。

我们编写好代码之后，在 Linux 中执行以下命令，编译已经编写好的代码：

```
g++ src/server.cpp gen-cpp/message_types.cpp gen-cpp/message_constants.cpp
    gen-cpp/MessageService.cpp -o output/server -I"gen-cpp" -lthrift
```

提示 我们这里使用 Linux 下常用的编译器 gcc/g++ 来编译我们的代码。在命令中有以下几个选项需要解释一下。

1）-o：指定输出文件名。

2）-I：指定头文件路径。

3）-l：指定额外连接的库。

GNU 编译器套件（GNU Compiler Collection）包括 C、C++（本书主要使用 C 和 C++ 编写代码）、Objective-C、FORTRAN、Java、Ada 和 Go 语言的前端，也包括了这些语言的库（如 libstdc++、libgcj 等）。GCC 的初衷是为 GNU 操作系统专门编写的一款编译器。GNU 系统是彻底的自由软件。此处，“自由”的含义是它尊重用户的自由。

有关编译器的使用方法可以参考这个链接：https://gcc.gnu.org/onlinedocs/gcc-5.3.0/gcc/。

3.5.5 实现客户端

在实现了服务器之后，我们还需要采用类似的方法实现一个客户端，用来创建与服务器之间的连接，并向服务器发送我们指定的数据。这部分逻辑可以参考代码清单 3-7。

代码清单 3-7　MessageService 客户端实现

```
 1 #include "MessageService.h"
 2 #include <thrift/transport/TSocket.h>
 3 #include <thrift/transport/TBufferTransports.h>
 4 #include <thrift/protocol/TBinaryProtocol.h>
 5 #include <iostream>
 6
 7 using namespace apache::thrift;
 8 using namespace apache::thrift::protocol;
 9 using namespace apache::thrift::transport;
10
11 using boost::shared_ptr;
12
13 int main(int argc, char **argv)
14 {
15     boost::shared_ptr<TSocket> socket(new TSocket("localhost", 9090));
16     boost::shared_ptr<TTransport> transport(new TBufferedTransport(socket));
17     boost::shared_ptr<TProtocol> protocol(new TBinaryProtocol(transport));
18
19     transport->open();
20
21     MessageServiceClient client(protocol);
22     Message message;
23     client.latestMessage(message);
24
25     std::cout << message.id << std::endl;
26     std::cout << message.content << std::endl;
27
28     transport->close();
29
30     return 0;
31 }
```

上面是客户端代码，我们来解释一下。

第 15 ~ 第 21 行，我们创建了一个 MessageServiceClient 的对象，其实就是服务的客户端，并且连接到了 localhost:9090 上。

第 22 行，我们定义了 message 对象，并且将该对象作为参数传递给客户端的 latestMessage 成员函数。latestMessage 会自动发送请求到服务器请求结果，并将结果返回。这样就不需要关心实际的通信过程，只需要关心请求和处理服务即可。

第 28 行，我们将 transport 关闭，就关闭了客户端连接。

编写好代码之后，在 Linux 中执行以下命令，编译已经编写好的代码：

```
g++ src/client.cpp gen-cpp/message_types.cpp gen-cpp/message_constants.cpp
    gen-cpp/MessageService.cpp -o output/client -I"gen-cpp" -lthrift
```

编译完成后，执行 output/client，获得执行结果，如图 3-4 所示。

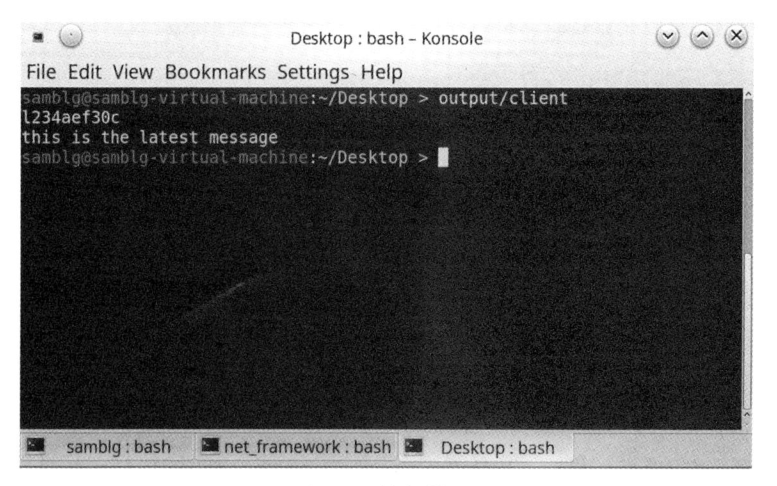

图 3-4 执行结果

3.6 本章小结

本章介绍了一些在实际项目开发中常用的通信系统的高层抽象，这些都是进行分布式系统开发时需要的基本概念与基本工具，包括远程过程调用、RESTful 架构、消息队列和序列化。并介绍了一些基本知识与解决方案。希望读者能够结合前一章关于网络的基础知识充分理解这些内容，并在后续开发过程中慢慢熟练掌握这些技术。

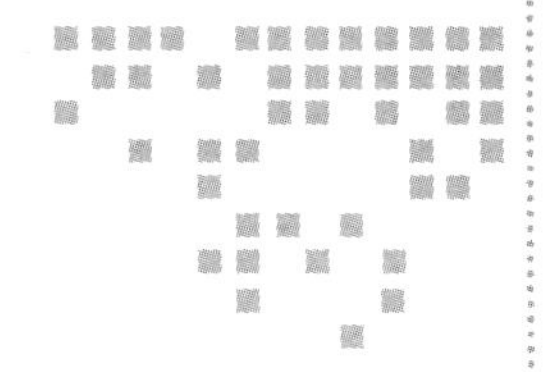

第4章 Chapter 4

走进 C++ 高性能编程

本书中的绝大部分内容均是基于 C/C++ 进行编写的。事实上，C++ 是一门十分复杂，又包罗万象的高级编程语言。在开始编写实时处理系统之前，笔者希望通过这样一个特殊而又重要的章节，用一个小规模的留言板系统作为引子，重点关注稳定性和性能，尽可能覆盖到绝大多数在后期会使用到的关键编程技术以及技巧，这其中包括通信、资源管理、编码、I/O 处理以及内存管理等问题。由于 C++ 并不像 Java 或 Objective-C 那样与生俱来地“动态”，因此我们在使用 C++ 进行编程时，要考虑更多方面的问题，如序列化与反序列化、反射等。嗯！前方的道路荆棘密布，但我们确实有办法来逐一解决这些问题。通过本书的学习，相信大家不仅能够了解实时处理系统的内部实现原理，更能深刻体会在这之后的底层技术的实现方法。

本章中将会出现两个人——Samuel 和 Lionel，他们是好朋友，而且都对技术有浓厚的兴趣。这两个人将会陪伴我们贯穿本章始终，现在就跟着他们一起来学习本章的知识。

本章所涵盖的内容较广，因此读者需要具备一定的 C++ 编程经验和功底。笔者建议阅读《C++ 编程思想》作为基础，阅读《高级 C/C++ 编译技术》作为提高[⊖]。

提示 这里所谓的动态语言，指的是在编译后，将类、变量、函数等元素的元数据保留在生成的二进制文件中的语言。这种语言的特点是可以在运行时动态链接装载模块，并获取模块相关数据；可以在运行时动态创建对象，或者创建、删除、修改类与函数。其中 Java 和 Objective-C 均属于这类语言。

⊖《C++ 编程思想》(Thinking in C++ Volume One: Introduction to Standard C++ &Volume 2: Practical Programming (2nd Edition)) 已于 2011 年 7 月由机械工业出版社出版。《高级 C/C++ 编译技术》(Advanced C and C++ Compiling) 已于 2015 年 4 月由机械工业出版社出版。

而静态语言则只会产生与执行相关的必要二进制代码，不会存储过多的元数据，因此运行时无法动态创建或者修改类。C++ 就是这一类语言。

但是由于静态语言不需要支持动态特性，所以往往在性能上强于动态语言。

4.1 基于 C++ 的留言板系统

在前两章中，我们都谈到了一个留言板系统，但是那个系统非常受限——我们只能向留言板服务器推送数据，或者从留言板获取最新的数据。但是一个正常的留言板系统应当允许我们查看任意一条在系统中存在的消息。

第 2 章中我们设计了一个非常简单的二进制协议，并使用 C++ 和简单的 Socket 编写了一个示例程序，整个过程非常繁琐而复杂。

而在第 3 章中我们则借助了强大的 Thrift，一方面解决了客户端与服务器之间留言板消息数据序列化的问题，另一方面还构建了客户端与服务器，让我们可以专注于业务逻辑，而不必关心 Socket 编程的繁琐细节。

但是就如前文所说，之前所实现的功能实在过于简单，甚至无法获取到留言板中的历史消息。一方面为了弥补这个缺陷，另一方面为了系统地讲解 C++ 面向对象程序设计与高性能的编程的相关知识点，本章将会带着大家从头开始，使用 C++ 编写一个新的留言板系统。根据实际情况对协议进行重新设计（从某些方面来讲是简化了协议）。

那么可能大家会问，既然有了 Thrift 这种解决方案，我们又为何要自己来编写通信代码呢？为何不能直接使用 Thrift 来构造这个系统呢？这里有两方面的考量。

其一，是因为虽然我们不提倡在实际工程项目中总是自己“造车轮”，但是在学习过程中，为了更深入理解一个系统的原理，我们必须学会如何去“造车轮”，这样我们才会对这些系统有更加深刻的认识。一旦出现一些复杂而隐秘的问题，在学习“造车轮”过程中积累的经验知识往往就会起重要作用了。因此，虽然我们一般不需要自己造车轮，但必须懂得如何造车轮。而构建这么一个留言板系统正是一个造车轮的过程。我们可以了解 Thrift 隐藏了哪些细节，了解网络节点之间的通信原理，甚至可以理解 Thrift 设计的一些精妙之处。所以让我们抛开 Thrift，自己来解决我们遇到的问题吧。

其二，俗话说“世界上没有万能的银弹”，因此在很多情况下，现有工具无法满足我们的所有需求（包括功能性需求和非功能性需求）。正因为如此，我们往往会自己编写相应的库或者框架来帮助我们完成任务。还有一种情况就是原有的库或者框架与自己的系统框架风格不符，这时也可能会在外面包装一层。

凡事需躬亲，既然已经讲了那么多，那么我们还是快点来动手吧。

4.1.1 基于 Socket 的通信

与第 2 章一样，本章中的留言板系统的通信依然基于 Socket。Socket 的意思是套接字，属于对网络底层协议的一种抽象方式，具体的概念我们已经在第 2 章中进行了详细阐述，因此这里就不再赘述了。

不过在编写代码前，我们还是来回忆一下使用 Socket 构建服务器和客户端，并在服务器与客户端之间进行通信的步骤。整个过程如图 4-1 所示。

首先，服务器需要先创建一个 Socket，并使用 bind 将套接字绑定到某个固定的端口上（每个 Socket 只能绑定一个端口，不同的 Socket 不能绑定相同的端口）。该套接字用于在指定端口上监听来自客户端的连接请求，而 listen 就是用来启动监听的函数。

但这时服务器仅仅是打开了套接字，并不会去等待新的连接，进一步读取来自客户端的数据。因此需要使用 accept 函数阻塞进程自身，等待客户端的连接。

我们再来看看客户端。客户端比服务器过程简单很多，首先创建套接字，并调用 connect 函数将套接字连接到特定的服务中（服务通过主机名和端口号指定，其实就是连接到服务器中在特定端口上监听的套接字，并交换数据）。

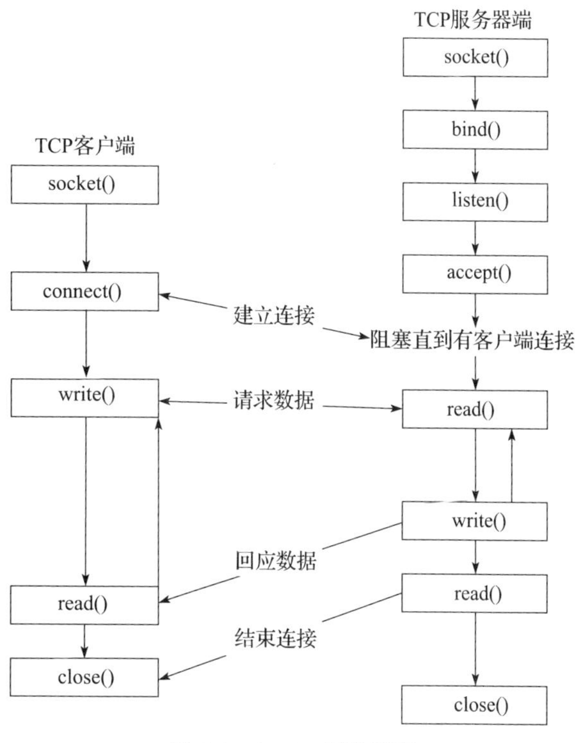

图 4-1 Socket 通信流程

一旦客户端建立了连接，服务器就会从阻塞状态中“解脱”出来，恢复运行状态。这时服务器会通过 accept 函数获得一个连接描述符。而一个服务器的套接字中可以有多个连接，因此某个服务可以为多个客户端提供服务，因为虽然只有一个套接字，但其建立的连接是相互独立的。而服务器如果想要获取客户端的数据或向客户端推送数据则需要通过建立的相应连接进行读写。

而在 Socket 中，无论是客户端还是服务器都可以进行读写操作。其中客户端通过 connect 之后的 Socket 直接进行 read 和 write（在套接字中一般使用对应的 send 和 recv），而服务器则需要通过 accept 产生的连接来进行读写，这样才能保证服务器和正确的客户端之间进行通信。

其中，如果某个套接字或连接在发送数据或接收数据时都会导致整个进程的阻塞，换言之，在套接字接收到数据之前，或确认对方收到数据之前，整个进程是处于阻塞状态的，这对于一个为多个用户提供服务的服务器而言是非常可怕的。后文将会具体阐述解决这个问题的方法。

最后，当某一方确认已经完成任务时，需要通过 close 关闭套接字和连接，如果一个套接字绑定了某个端口，那么管理套接字后该端口就会被释放。

这就是套接字编程的整体流程。现在我们来看一下具体的代码。

1. 服务器的准备过程

与客户端直接使用 connect 连接不同，套接字服务器有一个较为复杂的准备过程，下面将会演示如何使用套接字建立 TCP 服务器并进行详细的讲解。

第一步，使用 Socket 函数创建一个套接字，并获得 Socket 的描述符。

```
_sockfd = socket(AF_INET,SOCK_STREAM, 0);
```

其中第 1 个参数代表协议族，这里的 AF_INET 表示使用 IPv4 协议。不同的协议族会有不同形式的地址。因此后面指定地址的时候也会有所不同。

第 2 个参数代表 Socket 的类型，这里指定的是 SOCK_STREAM。第 3 个参数代表协议类型，这里指定的是 0，表示让套接字自行选择默认协议，这个默认协议和 Socket 类型相关，如我们这里指定了 SOCK_STREAM，那么相当于选择 TCP 协议，因为 UDP 协议没有流的概念，因此指定 SOCK_STREAM 后，TCP 就会成为默认协议。

第二步，使用 bind 函数将套接字绑定到某个地址和端口上，其内容如代码清单 4-1 所示。

代码清单 4-1　套接字绑定

```
1 if(bind(_sockfd,(struct sockaddr *)&address,sizeof(address))==-1)
2 {
3     perror("bind");
4     throw ListenException(host, port);
5 }
```

其中 _sockfd 就是我们刚刚创建的套接字的句柄，而 address 则是一个代表目标地址和端口的结构体，这样我们就可以将套接字绑定在特定的 TCP 通信的基础上。

注意这里我们要处理绑定失败的情况，一般是没有权限或者有其他人在占用这个端口。

问题来了，sockaddr 是什么结构体？我们又如何构造这个 sockaddr 呢？构造 sockaddr 的代码如代码清单 4-2 所示。

代码清单 4-2　构造 sockaddr

```
1 sockaddr_in servaddr;
2 memset(&servaddr, 0, sizeof(servaddr));
3 servaddr.sin_family = af_inet;
4 servaddr.sin_port = htons(port);
5 servaddr.sin_addr.s_addr = inet_addr(host.c_str());
```

首先将 servaddr 清零，接着将地址的协议族设置成 AF_INET，表示 IPv4 地址。如果是

IPv6，需要使用 AF_INET6。由于在分布式实时处理系统中，一般机器都在内网中，或者将其假设在云服务器中，IPv4 足够使用了，因此我们不会使用 IPv6。接着就是通过特殊的函数生成端口号和地址，其中 host 是主机名，是一个字符串，而 port 则只是一个数字。

这样一来，我们就可以构造出 servaddr 给 bind 使用了。另外这个数据结构会用在套接字中任何需要描述地址的地方，所以是非常重要的。

第三步，使用 listen，在套接字绑定的地址端口上进行监听。listen 函数很简单，第一个参数是启动监听的套接字，第二个参数则是可以排队的最大连接数。

这样一来，我们就完成了服务器套接字的初始化、地址绑定和监听，现在可以使用 accept 来等待客户端连接了。

2. 客户端的连接过程

服务器需要使用 accept 等待连接，那么客户端应该如何连接到 accept 中的套接字呢？关键就在 connect 函数。启动服务器需要一系列的准备工作，而客户端连接只需要初始化套接字后，使用 connect 进行连接即可。我们的客户端连接服务器的代码如代码清单 4-3 所示。

代码清单 4-3　客户端连接

```
1 if (::connect(_sockfd, (struct sockaddr *)&address, sizeof(address)) < 0)
2 {
3     perror("connect");
4     throw ConnectException(host, port);
5 }
```

上面代码中，connect 前有一个 ::，这种用法表示引用全局名称空间。因为我们的成员函数也叫 connect，如果直接写 connect 就会递归引用我们的成员函数，因此这里需要加上 :: 来访问全局的 connect 函数。

> **提示**　在 C++ 中，namespace 是用来避免命名冲突的重要手段，相当于其他许多语言中的包。但是 namespace 也会有副作用，例如，如果在全局范围定义了 A 符号，但是又在 namespace 中定义了 A，那么在该命名空间中，你永远只能引用到命名空间中的 A。正如上例中的 connect 一样。
>
> 为了避免命名空间的副作用，C++ 提供了无前缀的 :: 语法，用来表示在全局命名空间中搜索符号，而非当前的命名空间，此时 C++ 会优先使用全局的 connect。

connect 接口也不复杂，第 1 个参数按照惯例是套接字，第 2 个参数则是想要连接到的地址，第 3 个参数表示地址结构体大小。这里 address 参数也是一个 sockaddr 的结构体，我们使用类似的方法初始化 address，如代码清单 4-4 所示。

代码清单 4-4 初始化服务器地址

```
1 sockaddr_in servaddr;
2 memset(&servaddr, 0, sizeof(servaddr));
3 servaddr.sin_family = AF_INET;
4 servaddr.sin_port = htons(port);
5 servaddr.sin_addr.s_addr = inet_addr(host.c_str());
```

代码第 1 行，我们创建一个 sockaddr_in 结构体，这个结构体描述了服务器的地址。

第 2 行，我们使用 memset 清空结构体信息。

第 3 行，我们将 sin_family 字段设置成 AF_INET，表示 IPv4 协议。

第 4 行，我们将使用 htons 将端口转变成字符串赋值给 sin_port，指定端口号。

第 5 行，我们将主机名也填入 servaddr 中，完成服务器地址的初始化。

3. 服务器创建连接

在前面曾提到过，服务器需要使用 accept 来等待客户端连接。服务器等待并创建连接的代码如代码清单 4-5 所示。

代码清单 4-5 服务器等待并创建连接

```
1 struct sockaddr_in client_addr;
2 socklen_t length = sizeof(client_addr);
3 int conn = ::accept(_sockfd, (struct sockaddr*)&client_addr, &length);
4
5 if( conn < 0 )
6 {
7     perror("connect");
8     throw AcceptException(_host, _port);
9 }
```

其中 accept 的第 1 个参数依然是套接字的描述符，但是第 2 个参数的含义就不一样了。第二个参数保存了客户端连接的地址信息，亦即建立连接后我们可以通过 client_addr 来获取客户端的地址信息。

调用 accept 后进程会直接阻塞，不再响应，直到有客户端连接到服务器。此时 accept 函数会负责创建服务器端的连接，以便于和客户端通信。如果成功，accept 会返回一个句柄，表示套接字连接，如果失败，则会返回一个负值，此时我们需要将系统错误打印出来，确认出错原因。

因此，服务器需要操作不同的连接对象和客户端进行通信，想要维护这么多的连接颇为吃力，本章随后将会介绍如何借助多进程或多线程技术管理这些连接。

到这一步，服务器和客户端都已经创建好了，我们就可以通过套接字读取或写入数据了。

4. 收发数据

一切准备工作做好后我们就要使用 Socket 在客户端和服务器之间进行通信了。

众所周知，在 Linux 中一切都是文件，因此 Socket 也是一个文件，此外，在 Linux 中 Socket 以及连接的描述符就是一个文件描述符。既然如此，也就是我们可以使用 read/write 这类标准的 POSIX 读写函数对套接字进行读写。

发送数据的代码如下所示。

```
::send(_sockfd, content.c_str(), content.size(), 0);
```

第 1 个参数为套接字，第 2 个参数为需要写入的数据，第 3 个参数是写入数量，第 4 个参数则是特殊选项。代码中 content 是需要写入的数据，类型是 string，因此我们调用 c_str 来获取其内部字符串的指针。

此外，发送数据也会引起进程的阻塞，直到数据发送方确认对方收到数据或者发送超时为止。

接收数据则稍微复杂一些，代码如代码清单 4-6 所示。

代码清单 4-6　接收数据

```
1 char buffer[BUFFER_SIZE];
2 memset(buffer, 0, sizeof(buffer));
3
4 int len = recv(_sockfd, buffer, sizeof(buffer),0);
5
6 return std::string(buffer, len);
```

其中 buffer 是一个读取缓冲区，负责暂存读入的数据。recv 函数就是用来接收数据的系统调用。虽然我们创建的 TCP 套接字是一种流设备，但是 recv 函数每次读取数据都会有一个上限，也就是只能读取一定数量的数据，而实际读取的字节数则存放在 recv 函数的返回值中。因此我们根据其返回值确定到底读取了多少数据，并构造 C++ 的字符串对象，返回给调用者。

5. 清理资源

最后千万不要忘记清理资源。我们主要占用的资源是套接字和连接，在退出程序时应该调用 close 关闭这些套接字和连接。

在客户端很简单，我们只需要关闭套接字即可，具体方法如代码清单 4-7 所示。

代码清单 4-7　关闭套接字

```
1 if ( _sockfd )
2 {
3     ::close(_sockfd);
4 }
```

而在服务器，我们不仅需要关闭客户端，还需要关闭所有的连接，具体方法如代码清单 4-8 所示。

代码清单 4-8　关闭连接

```
1 if ( _conn )
2 {
3     ::close(_conn);
4 }
```

一般来说，这种情况我们需要自己记录所有的连接，并在程序结束时遍历连接逐个关闭，但实际情况并非如此——因为 C++ 有自己的资源管理方式。这种最简单的、传统的 Socket 服务器编写方法没有办法直接在生产环境中使用，这里只是阐述基本的网络编程方法，我们在第 11 章中将会详细讲解编写分布式系统网络传输层的具体方法，以及各种方法之间的优劣比较。

4.1.2　C++ 中的内存与资源管理

1. 恼人的资源管理

众所周知，在 C 和 C++ 中，只有静态区域（static）和堆栈区域（stack）是编译器自动管理的，而堆（heap）中的内存则需要开发者通过某种方式手动管理（C 中是 malloc 与 free 函数，C++ 中是 new 和 delete 操作符），在需要内存时需要手动申请内存（malloc 或 new），而不需要时就要即时释放内存（free 或 delete），如果忘记释放就会引发内存泄露。

提示

```
1 int a = 10;
2 int* b = new int(20);
```

上面代码中定义了整型变量 a，并将其值赋值为 10。同时又定义了一个整型变量的指针 b，并且使用 new int 在堆中分配了一片空间。

这时变量 a 存储在栈中，而 b 本身也存储在栈中，但是 new int 所分配的值都存储在堆中。栈中的变量可以自动释放，但是堆中的值都需要自己手动释放。

但是在解决实际问题时，我们发现不仅要使用内存，还要使用其他的外部资源，如打开的文件、套接字等，在不用时最好调用 close 将其关闭。

在简单的程序中手动关闭资源没有太大问题，但如果业务逻辑稍加复杂，如资源在异常时也要自动关闭等，就很容易发生资源忘记释放的问题。有时甚至可能重复释放同一个资源。编写这些代码复杂而低效。之所以在 C 和 C++ 中我们需要手动释放代码，是因为这样做虽然比较复杂，对开发人员不友好，而且开发效率低，但优点在于执行效率高。在 Java 中，由于自动垃圾回收，因此会造成两个问题：一是垃圾回收时整个程序会停止，导致卡顿；二是如果用户不能充分理解垃圾回收原理，很容易导致内存泄漏。另外，C++ 本身是静态语言，而 Java 属于动态语言。Java 中存储了大量元数据，需要执行在虚拟机上，因此 C++ 的执行效率往往高于 Java。

2. RAII

C++ 通过加入类的构造函数和析构函数来解决资源管理的问题。

简而言之，在构造对象时回调类的构造函数进行对象初始化，例如，可以在其中打开文件、申请内存等。当对象应该被销毁时，C++ 会自动调用析构函数，因此我们可以将资源释放在对象的析构函数中。这就是所谓的 RAII（Resource Acquisition Is Initialization，资源获取即初始化）。

C++ 中有一个重要的原则，在函数结束时（不论是正常返回，还是因为异常触发的堆栈回退），会将所有的栈对象销毁，也就是会调用所有栈对象的析构函数，这一点是可以依赖的行为。也就是我们应该将所有的资源释放交给析构函数去解决，而一旦将资源管理封装成类与对象后就不再需要去考虑资源释放的问题了，因为编译器会解决这个问题。

例如，在本章代码中封装了 Socket 类，其析构函数代码如代码清单 4-9 所示。

代码清单 4-9　Socket 资源清理

```
 1 Socket::~Socket()
 2 {
 3     close();
 4 }
 5
 6 void Socket::close()
 7 {
 8     if ( _sockfd ) {
 9         ::close(_sockfd);
10     }
11 }
```

这就保证了退出函数时所有的 Socket 都会被关闭。

同样，我们也为服务器端的连接封装了一个 Connection 类，是 Socket 类中的一个嵌套类，其析构代码如代码清单 4-10 所示。

代码清单 4-10　Connection 资源清理

```
 1 Socket::Connection::~Connection()
 2 {
 3     close();
 4 }
 5
 6 void Socket::Connection::close()
 7 {
 8     if ( _conn ) {
 9         ::close(_conn);
10     }
11 }
```

3. 不可复制对象

但是这依然无法完全解决问题，因为在复制对象时，我们会将对象的内部数据全部复制给另一个对象。例如，编写如代码清单 4-11 所示的 accept 方法。

代码清单 4-11 accept 方法实现

```
1  socket::connection socket::accept()
2  {
3      struct sockaddr_in client_addr;
4      socklen_t length = sizeof(client_addr);
5      int conn = ::accept(_sockfd, (struct sockaddr*)&client_addr, &length);
6
7      if( conn < 0 )
8      {
9          perror("connect");
10         throw acceptexception(_host, _port);
11     }
12
13     return connection(conn);
14 }
```

该函数会创建一个 Connection 对象并返回该对象。C++ 的参数传递和返回值都是基于值的拷贝，也就是在函数返回时 C++ 会对函数返回值至少进行一次拷贝。所谓值拷贝，指的是拷贝时复制整个对象的所有数据，而引用拷贝则只是复制对象的地址。因此虽然这两种拷贝结束后两者值都相同，但值拷贝只是值相同，地址不同；引用拷贝则是值与地址都相同。例如，编写如下代码：

```
Socket::Connection connection = socket.accept();
```

如果编译器比较“笨”，很可能会进行两次复制，第一次是将函数内部的 Connection 对象复制到一个公共区域（因为函数结束时要清理所有的栈对象，因此如果没有一个临时的公共区域，返回的对象在函数返回时就被清理掉了），第二次是将公共区域的对象复制到目标值中，如本例中的 connection 对象。

比较聪明的编译器会进行优化，如将复制减少到一次，也就是免去了一个公共区域的中转，直接将函数中返回的对象复制给目标。

最激进的优化就是无复制优化，也就是当编译器发现返回时执行的是构造函数，而调用该函数也只是将返回值简单地复制给一个新对象，编译器可能会直接在目标对象上构建返回值，这样就免去了对象复制。

但是，切记我们不能依赖于编译器的优化，默认资源是会复制的。因此对象的析构函数就会被多次调用。为了解决这个问题，我们需要返回一个 Connection 对象的指针，而非对象本身。代码如代码清单 4-12 所示。

代码清单 4-12 优化的 accept 实现

```
1  Socket::Connection* Socket::accept()
2  {
3      struct sockaddr_in client_addr;
```

```
4       socklen_t length = sizeof(client_addr);
5       int conn = ::accept(_sockfd, (struct sockaddr*)&client_addr, &length);
6
7       if( conn < 0 )
8       {
9           perror("connect");
10          throw AcceptException(_host, _port);
11      }
12
13      return new Connection(conn);
14  }
```

但是新问题又出现了——使用 new 创建的对象放在堆中，需要手动释放。为了解决资源释放问题用了析构函数，但现在资源释放本身却需要手动触发——又绕了回来。

C++ 11 中为解决此类问题提供了更优雅的方式——智能指针。C++ 11 提供了许多类型的智能指针，包括以下几类。

1）unique_ptr：最简单的智能指针。将对象包含在指针内，指针对象一旦销毁，就会销毁内部包含的对象。此外，这种类型的指针只能进行右值复制，无法进行直接的复制，也不会像废弃的 auto_ptr 会在复制时发生所有权转移问题。

2）shared_ptr：基于引用计数的智能指针。这类指针内部有引用计数，每次复制时会将引用计数加 1，对象销毁时会将引用计数减 1，当引用计数为 0 时，就会销毁内部包含的对象。使用这种指针基本就相当于有了自动的垃圾回收，能解决大部分问题，提高开发效率。唯一问题在于处理递归引用时会产生内存泄漏。这时要用弱引用来解决问题。

3）weak_ptr：weak_ptr 是为配合 shared_ptr 而引入的一种智能指针，用来协助 shared_ptr 工作，它可以从一个 shared_ptr 或另一个 weak_ptr 对象构造，它的构造和析构不会引起引用记数的增加或减少。没有重载 * 和 ->，但可以使用 lock 获得一个可用的 shared_ptr 对象。

weak_ptr 的一个重要用途是通过 lock 获得 this 指针的 shared_ptr，使对象自己能够生产 shared_ptr 来管理自己，但助手类 enable_shared_from_this 的 shared_from_this 会返回 this 的 shared_ptr，只需要让想被 shared_ptr 管理的类从它继承即可。

提示　此处需要注意，C++98 标准中唯一的智能指针 auto_ptr 在 C++ 11 中已经被废弃，为 unique_ptr 所取代。其原因是 auto_ptr 会在复制时产生指针所有权转移问题，这样既不符合复制的语义，又会引发许多难以发现的错误。

现在可以稍微修改上面的代码，具体修改方法如代码清单 4-13 所示。

代码清单 4-13　使用引用计数的 accept 实现

```
1  std::shared_ptr<Socket::Connection> Socket::accept()
2  {
3      struct sockaddr_in client_addr;
```

```
4       socklen_t length = sizeof(client_addr);
5       int conn = ::accept(_sockfd, (struct sockaddr*)&client_addr, &length);
6
7       if( conn < 0 )
8       {
9           perror("connect");
10          throw AcceptException(_host, _port);
11      }
12
13      return std::make_shared<Connection>(conn);
14  }
```

其中，shared_ptr 就是一种智能指针，这种智能指针通过一种叫引用计数的方式来维护资源，当没有任何地方引用该对象时，编译器可以自动将其释放。

而 make_shared 就是用来取代 new 的方法，帮助我们构造一个对象并放入智能指针中。其用法和 new 操作符一样，只不过由于是一个模板方法，因此需要通过模板实例化的方式来指定需要创建的对象类型。

智能指针的工作原理如图 4-2 所示。

使用引用计数的智能指针中会存储两个指针，一个是实际数据的指针，另一个是计数器指针。每当一个对象销毁时，都会将计数器指针指向的计数器减 1。一旦计数器减少到 0，说明已经没有任何变量在引用该指针，因此我们可以将指针指向的对象彻底销毁。这样一来，令我们头疼不已的资源管理问题基本就解决了。

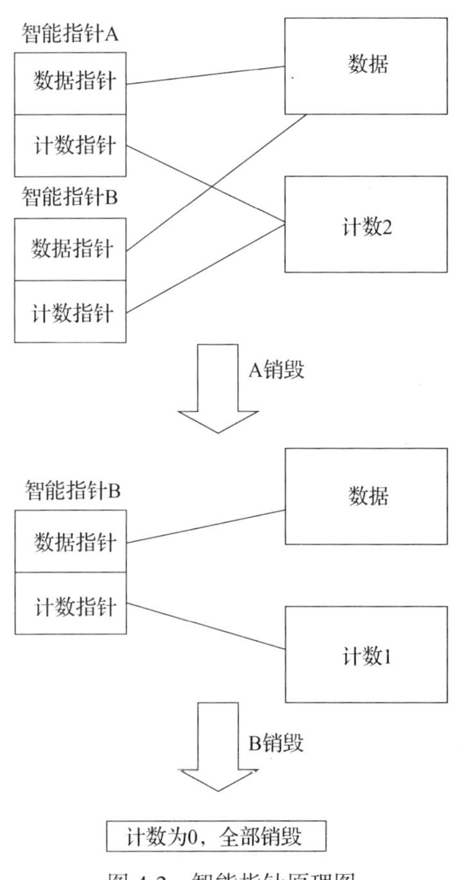

图 4-2　智能指针原理图

4. 禁止复制

可以发现，无论是 Socket 还是 Connection 都是禁止复制的，但是复制对象是用户的权利，如何禁止用户复制对象呢？

传统的方法是将复制构造函数设置为 private，这样除了类本身以及友元以外，没有任何人可以调用复制构造函数。但是这样一来容易发生一些隐藏的问题，万一类的编写者自身不小心触发了资源复制呢？

为了避免这个问题，C++ 11 提供了一种新的成员函数声明方式，可以将某个特定的成员函数从类中移除，也就是禁止调用，这就是 delete 关键字。

例如，Connection 类定义如代码清单 4-14 所示。

代码清单 4-14　Connection 类定义

```
class Connection
{
public:
    Connection(int conn) : _conn(conn) {}
    Connection(const Connection& connection) = delete;
    ~Connection();

    void close();

    void send(const std::string& content);
    std::string receive();

private:
    int _conn;
};
```

这里在复制构造函数后面使用 =delete 将复制构造函数直接删除，这样用户复制 Connection 对象时就会触发一个编译错误。而且编译器给出的错误提示也会比将复制构造函数设置为 private 更加友好。

4.2　来自服务器的天书

Samuel 非常喜欢这个留言板系统，他根据以上的讲解自己构建了一个留言板系统。他甚至将这个留言板系统当在线笔记使用，在办公室的时候可以用办公室的机器将消息推送到留言板上，回到家也可以获取消息。唯一的问题是他在办公室使用的系统是 Linux，而回家之后使用的则是 Windows。但我们的系统使用的是标准的 Socket，因此可以直接移植到 Windows 上，使用 WinSocket 编译。

但是某天，Samuel 突然对汉语非常感兴趣，于是报了汉语学习班。学了半年之后，他觉得自己已经可以阅读许多中文了，因此他想将家里的 Windows 切换成中文，于是他在 Windows 中下载了多国语言包，并将系统的默认语言改成了简体中文。

但是问题也就随之而来。

Samuel 每次在办公室使用 Linux 推送中文后，直接在办公室获取到的文字显示是正常的，但是每次回家之后，在 Windows 中获取消息时，显示在控制台上的是一串看不懂的文字。Samuel 觉得这是一段生涩的、天书一般的汉语，但是系统开发者看到之后发现其实这不是天书，而是乱码。

4.2.1　编码

为什么会出现乱码呢？

众所周知，数据在计算机中是以二进制方式存储的，因此如果想要将文字存储在计算机中，我们必须将其转换为二进制数据。那么一个字母到底对应哪个数字呢？世界上的字符那么多，我们又要存储展现哪些字符呢？

所以我们需要一个标准方案，可以将每个字符都转换为一个合适的特定数字，而且所有人都遵循这个标准，这样计算机就可以存储并解释文字了。

这就是编码，一个将文字转换成二进制数据的过程。大家最熟悉的编码方案必定是ASCII（美国标准信息交换码）。ASCII 使用 7 位编码，可以表示 128 个字符。

但是可能有人会问，128 个字符怎么足够呢？光汉字就不止 128 个。因为这种编码方案是美国人提出的，而美国使用的英语只有 26 个字母，就算加上大小写也只有 52 个字母，再加上 10 个数字（0 ~ 9），也只有 62 个字符，128 个字符绰绰有余了，我们还可以分配许多字符给标点符号和特殊的控制字符。

完整的 ASCII 表如表 4-1 所示，注意表中以 & 开头的字符都是扩展代码，此处均使用 HTML 的实体形式来表示。

表 4-1 ASCII 表

代码	字符	代码	字符	代码	字符	代码	字符
0	NUL	25	EM	50	2	75	K
1	SOH	26	SUB	51	3	76	L
2	STX	27	ESC	52	4	77	M
3	ETX	28	FS	53	5	78	N
4	EOT	29	GS	54	6	79	O
5	ENQ	30	RS	55	7	80	P
6	ACK	31	US	56	8	81	Q
7	BEL	32		57	9	82	R
8	BS	33	!	58	:	83	S
9	HT	34	"	59	;	84	T
10	LF	35	#	60	<	85	U
11	VT	36	$	61	=	86	V
12	FF	37	%	62	>	87	W
13	CR	38	&	63	?	88	X
14	SO	39	'	64	@	89	Y
15	SI	40	(	65	A	90	Z
16	DLE	41	)	66	B	91	[
17	DC1	42	*	67	C	92	\
18	DC2	43	+	68	D	93	]
19	DC3	44	,	69	E	94	^
20	DC4	45	-	70	F	95	_
21	NAK	46	.	71	G	96	`
22	SYN	47	/	72	H	97	a
23	ETB	48	0	73	I	98	b
24	CAN	49	1	74	J	99	c

（续）

代码	字符	代码	字符	代码	字符	代码	字符
100	d	8B	‹	B2	²	217	Ù
101	e	8C	Œ	B3	³	218	Ú
102	f	8D		B4	´	219	Û
103	g	8E		B5	µ	220	Ü
104	h	8F		B6	¶	221	Ý
105	i	90		B7	·	222	Þ
106	j	91	‘	B8	¸	223	ß
107	k	92	’	B9	¹	224	à
108	l	93	“	BA	º	225	á
109	m	94	”	BB	»	226	â
110	n	95	•	BC	¼	227	ã
111	o	96	–	BD	½	228	ä
112	p	97	—	BE	¾	229	å
113	q	98	˜	BF	¿	230	æ
114	r	99	™	192	À	231	ç
115	s	9A	š	193	Á	232	è
116	t	9B	›	194	Â	233	é
117	u	9C	œ	195	Ã	234	ê
118	v	9D		196	Ä	235	ë
119	w	9E		197	Å	236	ì
120	x	9F	ÿ	198	Æ	237	í
121	y	A0		199	Ç	238	î
122	z	A1	¡	200	È	239	ï
123	{	A2	¢	201	É	240	ð
124	|	A3	£	202	Ê	241	ñ
125	}	A4	¤	203	Ë	242	ò
126	~	A5	¥	204	Ì	243	ó
127		A6	¦	205	Í	244	ô
80	€	A7	§	206	Î	245	õ
81		A8	¨	207	Ï	246	ö
82	‚	A9	©	208	Ð	247	÷
83	ƒ	AA	ª	209	Ñ	248	ø
84	„	AB	«	210	Ò	249	ù
85	…	AC	¬	211	Ó	250	ú
86	†	AD		212	Ô	251	û
87	‡	AE	®	213	Õ	252	ü
88	ˆ	AF	¯	214	Ö	253	ý
89	‰	B0	°	215	×	254	þ
8A	Š	B1	±	216	Ø	255	ÿ

需要注意的是，ASCII 中从 128 开始到 255 的字符属于扩展字符，不同国家可能会使用不同的字符。

因此当计算机在其他国家推广普及时就出现了问题。毕竟大部分国家的本国语言都不是英语。于是每个国家在引进计算机时往往根据自己国家语言的字符设计一套自己的字符编码方案，这些编码方案往往兼容 ASCII，有的是定长编码（如 ISO-8859-1），有的是变长编码（如中文编码）。

Samuel 使用的中文操作系统里使用的编码正是中国提出的编码方案，就是我们熟知的 GB2312/GBK/GB18030 这类编码方案。但是这样就出现了问题，也就是说不同国家的系统中所使用的编码方案是大相径庭的，最多只能保证对 ASCII 部分的兼容。而我们将这些不同国家提出的编码标准称为 ANSI 编码。

那么在进行网络数据传输时就会非常复杂，例如，一个日本人将他的信息通过网络发送给一个中国人，由于两国系统使用的编码方式不一，导致中国人看到的信息会是乱码。

为了解决这个问题，于是美国人提出了 Unicode 编码。Unicode 编码的目的就是收纳世界上的所有字符，并为每个字符赋予一个唯一编码。这个思想很简单，也很好。

但是有了 Unicode 就可以解决问题吗？并不是。因为 Unicode 只是在每个字符和一个数字之间建立起了映射关系，并没有定义如何将这些数字以某种确切的字节方案存储在计算机中。例如，U+007F 这个字符，该字符有效位仅一位，那么我们使用 16 位存储该字符好呢？还是使用 8 位存储该字符好呢？如果使用 16 位存储，那么肯定无法和 ASCII 兼容，而且浪费了空间，但如果使用 8 位，我们又如何设计编码值大于 7F 的字符的存储方案（肯定需要多个字节来存储），使得软件可以正确识别多字节字符呢？

于是许多人提出了自己的解决方案。这些解决方案就是 Unicode 的具体实现方式，也就是我们所熟知的一系列 Unicode 编码，包括 UTF-8、UTF-16、UTF-32 等。

而目前在网络中使用得最多的是 UTF-8 编码。因为 UTF-8 编码以字节为存储单位，当存储 ASCII 编码内的字符时，使用单字节编码，与 ASCII 完全兼容，因此 UTF-8 是一种典型的变长编码。我国的汉字存储为 UTF-8 时，一般是 3 字节，部分汉字需要 4 字节存储。

但由于 Windows 较早开始支持多国语言，因此 Windows 系统中传统使用的是 ANSI 编码，虽然在 Windows 2000 之后内核中使用的是 Unicode，但是为了保证兼容性，许多外部编码依然采用 ANSI 编码，因此中文 Windows 使用的就是 GB 系列编码。而 Linux 由于对多国语言支持较晚，因此默认编码选择了 UTF-8，所以 Samuel 在中文的 Windows 中输入的中文汉字到 Linux 中显示就变成了乱码。

4.2.2 C++98 的编码缺陷

在 C++98 标准中，对多字节字符提供了基本支持，给出了一个名为 wchar_t 的宽字符类型和名为 wstring 的宽字符字符串，并在输入流和输出流上提供了对于宽字符的扩展支持。

提示 所谓宽字符是相对于普通字符而言的。普通字符在内存中占 1 个字节（不一定是机器字节）。而宽字符则在内存中占用 2 字节，可以存储 65 535 种字符。由宽字符组成的字符串就是宽字符字符串 wstring。

但是 C++98 仅仅规定了宽字符支持，具体规定方面却有很大缺陷。

首先，C++98 没有规定宽字符的具体长度，导致在 Windows 上默认实现为 2 字节，但在 Linux 上默认为 4 字节。

其次，C++98 没有规定宽字符的具体编码，只是规定一个字符可以大于等于 2 字节，因此不同的操作系统、不同的编译器会有不同的实现，所以实际上宽字符并没有真正解决编码问题。

4.2.3 C++11 编码支持

1. 类型支持

在 C++ 11 中，对编码的支持情况得到了好转，应该说 C++ 标准委员会终于真正开始正视对编码的支持问题了。

首先，在 C++ 11 中提出了以下几种标准的字符类型。

1）char：单字节字符（至少 8 位）。

2）char16_t：多字节字符（至少 16 位）。

3）char32_t：多字节字符（至少 32 位）。

其中 char 类型用于存储 UTF-8 编码的字符串，而 char16_t 用于存储 UTF-16 编码的字符串，char32_t 则存储 UTF-32（UCS-4）编码的字符串。

与之相对的，C++11 还定义了相应的字符串类型，包括以下几种。

1）string：字符类型为 char，普通的单字节字符串。

2）u16string：字符类型为 char16_t，一般用来存储 UTF-16 编码的字符串。

3）u32string：字符类型为 char32_t，一般用来存储 UTF-32 编码的字符串。

此外，为了表示不同编码的字面量，C++11 还为字符串字面量定义了新的前缀。

1）定义 UTF-8 字符串字面量，使用 u8 前缀：

```
std::string u8_str = u8"编码测试"。
```

2）定义 UTF-16 字符串字面量，使用 u 前缀：

```
std::u16string u16_str = u"编码测试"。
```

3）定义 UTF-32 字符串字面量，使用 U 前缀：

```
std::u32string u32_str = U"编码测试"。
```

2. 编码转换

此外，为了解决编码转换问题，C++ 11 引入了一个新的头文件，名为 codecvt。该头文件提供了一个用于编码转换的转化器类，名为 wstring_convert，顾名思义就是宽字符转换器。这个类遵循 STL 的惯例，是一个模板类，该类也只是一个统一的编码转换调用层，具体的编码转换器需要在模板中指定具体调用的转换器类，一共有以下几种转换器实现。

1）std::codecvt_utf8：封装了 UTF-8 与 UCS-2 及 UTF-8 与 UCS-4 的编码转换。

2）std::codecvt_utf16：封装了 UTF-16 与 UCS-2 及 UTF-16 与 UCS-4 的编码转换。

3）std::codecvt_utf8_utf16：封装了 UTF-8 与 UTF-16 的编码转换。

我们可以在 UTF-8 编码和 UTF-16 编码中来回转换，具体代码如代码清单 4-15 所示。

代码清单 4-15　UTF-8 和 UTF-16 编码转换

```
1 std::string u8_source_str = u8"编码测试";
2 //定义转换器
3 std::wstring_convert<std::codecvt_utf8_utf16<char16_t>, char16_t> cvt;
4 //将 UTF-8 编码字符串转换为 UTF-16 编码字符串
5 std::u16string u16_cvt_str = cvt.from_bytes(u8_source_str);
6 //将 UTF-16 编码字符串转换为 UTF-8 编码字符串
7 std::string u8_cvt_str = cvt.to_bytes(u16_cvt_str)
```

3. 任意编码之间的转换问题

但是 C++ 11 并没有定义 Unicode 编码和 ANSI 编码之间的转换功能，这需要依赖于具体的库才能完成任务。而且在当前版本的 Visual C++ 中，对 C++ 11 编码方面的支持也稍弱（如不支持 Unicode 文字量）。为了彻底解决编码问题，我们一般引入第三方解决方案。

在 Linux 中，我们一般会引入 libiconv 库解决编码之间的转换问题。

使用 libiconv 非常简单。首先使用 iconv_open 获取一个转换器对象，第 1 个参数是原编码，第 2 个参数是目的编码。

该函数库的核心在于 iconv 函数，该函数的原型如下：

```
1 size_t iconv(iconv_t cd, const char* * inbuf, size_t * inbytesleft, char* *
              outbuf, size_t * outbytesleft);
```

参数分别如下。

1）iconv_t cd：转换器结构体，使用 iconv_open 函数可以获取。

2）const char ** inbuf：输入缓冲区，待转换的字符串。

3）size_t *inbytesleft：待输入的字节数量。

4）char **outbuf：输出缓冲区，完成转换的字符串。

5）size_t *outbytesleft：待输出的字节数量，一般是输出缓冲区长度。

而在 Windows 中，则使用 Windows API 提供的以下两个函数解决问题。

1）WideCharToMultiByte：将 Unicode 字符串映射到多字节字符串。可以使用 CP_UTF8 完成 UTF-16 和 UTF-8 之间的编码转换。

2）MultiByteToWideChar：将多字节字符串映射到 Unicode 字符串。可以使用 CP_UTF8

完成 UTF-16 和 UTF-8 之间的编码转换。

当然也可以在 Windows 中使用 iconv，这取决于开发者自己。具体的代码转换读者可以阅读相关资料自行学习，这里不再赘述。

4.3　繁忙的服务器

现在我们的服务器功能算是完善了。Samuel 非常开心地用着自己开发的系统。但是有一天，Samuel 的同事 Lionel 看到他在摆弄一个黑框框，觉得非常好奇。当 Samuel 告诉 Lionel 这是他自己开发的留言板系统时，Lionel 提出他也想试用一下这个软件。

于是 Samuel 将自己的客户端复制给了 Lionel。但是 Lionel 执行程序之后，发现自己的客户端一直无法连接到 Samuel 的服务器。更奇怪的是，如果 Samuel 没有启动自己的客户端，Lionel 就可以连接上去。

经过试验，Samuel 发现永远只有一个客户端可以连接到服务器中。于是 Samuel 开始阅读自己编写的服务器代码，终于发现了问题所在。

Samuel 发现，他的程序永远只能接受一个连接，服务器也只能和这么一个连接的客户端通信。于是 Samuel 开始思考如何处理这个问题。

4.3.1　分身乏术

Samuel 想了一下其他的方法，例如，接受完一个请求后去接受下一个请求，伪代码如代码清单 4-16 所示。

代码清单 4-16　循环处理连接

```
 1 vector<Connection> connections;
 2
 3 while ( 1 )
 4 {
 5     connection = socket.accept();
 6     connections.push_back(connection);
 7
 8     for ( Connection conn : connections )
 9     {
10         processConnection(conn);
11     }
12 }
```

思想很简单，就是每次轮询已有的连接，处理完之后再去尝试接受新的请求。但更麻烦的问题在于，虽然 Samuel 可以在接受完一个请求后将其记录下来，并去接受下一个请求，但是由于整个程序就像一个人一样，同时只能做一件事情，因此如果去接受下一个请求，就无法处理其他客户端的消息。也就是说只要没有新的客户端连接自己，服务器就永远不会去处理其他的客户端连接发来的消息。

Samuel 的服务器在读取某个连接的请求时，读取数据的函数也会让程序暂停下来，也就是说程序会等待该连接的数据到来，否则是不会继续执行程序的，我们将这种因为输入输出引起的程序暂停称为阻塞。

这样 Samuel 陷入了死结之中，虽然轮询的思想很正确——CPU 分时就是如此。但是由于程序在网络通信中会被数据读写阻塞，因此无法继续处理来自其他客户端的事务。这时的程序必须等到上一个 I/O 执行完成后，才能继续执行。

既然在目前的条件下，我们无法使用单个程序同时接受请求与处理请求，那么有没有方法可以在每次接受一次连接之后就让另一个程序来处理请求呢？非常幸运的是，的确有这种方法。

4.3.2 fork——分身术

在 UNIX 和它的继承者（包括 Linux 这种模仿者）中，有一个非常著名的系统调用叫做 fork。在学完与文件操作相关的基本系统调用之后，估计这就是接下来要学习的系统调用了。

为什么 fork 那么重要呢？

众所周知在 UNIX 的哲学中，一切都是文件，因此只要学会了文件操作的系统调用，在 UNIX 中基本也就是无所不能了——反正无论是设备还是其他，都只是一个文件而已。

但是有一个很头痛的问题，每一个程序都是“死脑筋”，在等待设备的输出输出时会将 CPU 让出，并且只有等到完成输入输出之后，才会继续尝试去占有 CPU，执行下一条指令。如果一台计算机上同时运行多个程序，倒也可以，操作系统在阻塞某个程序时回去调度其他程序占有 CPU，至少 CPU 不会无所事事。但可以发现许多场景下这只是一种理想情况。

1）许多人希望让计算机执行高速运算，让计算机尽快计算出自己的结果。但有时计算资源不在本地（不在内存中），程序就需要通过 I/O 来获得资源，在硬盘上还好，如果是需要通过网络获取，那么在获取数据时将会耗费大量时间。而程序要么获取数据，要么计算，无法分身同时做两件事情，势必会拖慢整个过程，或者需要大量的前期准备工作。

2）如果程序是一个网络上的服务器，需要同时处理来自多个客户端的请求，那么程序阻塞将会导致程序无法为其他客户端服务。这就是 Samuel 遇到的问题。

这时就会想到 fork——这个伟大的系统调用。

从英文含义上来说，fork 有一个意思是分叉、走岔路，其实 fork 就是这个意思——让当前的程序走向两条路。说得直白一些就是，fork 会将当前的进程复制一份，成为一个新的进程，最重要的是两者的指令指针相同，也就是执行 fork 后，会生成一个一模一样的进程，并且同时从 fork 的下一条语句继续执行。

如代码清单 4-17 所示的程序，会输出一个 hello 和两个 world。

代码清单 4-17　fork 示例

```
 1 int main()
 2 {
 3     using namespace std;
 4 
 5     cout << "hello" << endl;
 6     fork();
 7     cout << "world" << endl;
 8 
 9     return 0;
10 }
```

这段代码的执行逻辑如图 4-3 所示。

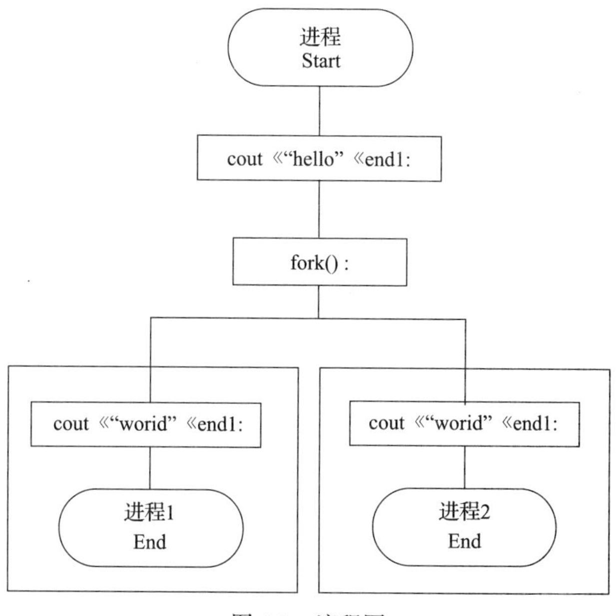

图 4-3　流程图

通过图 4-3 可以了解到程序的执行流程如下。

1）进程 1 启动，并执行第一条代码，输出 hello。

2）进程 1 执行 fork，产生进程 2。进程 2 和进程 1 一模一样，而且同时从 fork 调用的下一条代码开始执行。

3）进程 1 执行第三条代码，输出 world，进程结束。

4）与此同时，进程 2 也执行第三条代码，输出 world，进程结束。

这样一来读者应该明白了 fork 的作用，其实就像孙悟空一样，拔下一根汗毛，变成一个和自己一模一样的分身。而 fork 正是这个分身的关键。

这个时候大家可能会疑惑，两个一模一样的进程有什么用呢？

和孙悟空的汗毛一样，fork 对于执行 fork 的进程与 fork 产生的进程是“不公平”的，分身始终是分身，开发者总是可以让新产生的进程去做与原进程不同的事情的。那如何让进程知道自己是一个分身，从而执行不同的任务呢？

关键在于 fork 函数的返回值。我们可以在上面代码的 fork 之后将 fork 的返回值打印出来，如代码清单 4-18 所示。

代码清单 4-18　获取 fork 返回值

```
1 cout << "hello" << endl;
2 pid_t fpid = fork();
3 cout << fpid << endl;
4 cout << "world" << endl;
```

其中，pid_t 是 fork 的返回值。在我的计算机上，执行结果是，进程 1 输出了 8327，而进程 2 输出了 0，所以可以根据 fork 的返回值来区分进程。例如，可以编写代码清单 4-19 所示的代码。

代码清单 4-19　根据 pid-t 区分进程

```
1  cout << "hello" << endl;
2  pid_t fpid = fork();
3
4  if ( fpid != 0 )
5  {
6      cout << "parent: " << fpid << endl;
7      // 这里是父进程的任务
8  }
9  else
10 {
11     cout << "child: " << fpid << endl;
12     // 这里是子进程的任务
13 }
```

这段代码的输出如下。

```
hello
parent: 8379
child: 0
```

这样我们就可以区分出父进程和子进程。所谓父进程就是执行 fork 产生进程的进程。而子进程就是 fork 产生的进程，就像现实中父母生子一样。然后我们可以根据 fork 的返回值，在父进程中产生许多子进程，让每个子进程去完成相应的任务。每个子进程就像工厂中的一个工人，而父进程就是工厂中的管理者，他可以招聘工人（通过 fork），可以指派工人的任务（根据 fork 的返回值）。

那么 fork 这个神奇的返回值到底是什么呢？这个返回值是子进程的进程编号。

在操作系统中，系统会为每一个进程进行编号，至于如何编号和具体的系统相关，也就是进程的身份证号。而 fork 执行完毕后，会将子进程的进程号返回给父进程，子进程永远都会拿到 0。这就是为什么我们可以根据 fork 的返回值来区分父进程和子进程了。

现在 Samuel 有了以下思路。

1）在父进程中不断循环调用 accept，接受请求，生成 connection。

2）在子进程中使用 connection 与客户端通信。

所以现在的伪代码如代码清单 4-20 所示。

代码清单 4-20　使用 fork 处理连接

```
 1 while ( 1 )
 2 {
 3     Connection connection = socket.accept();
 4
 5     pid_t fpid = fork();
 6
 7     if ( !fpid )
 8     {
 9         processConnection(connection);
10         break;
11     }
12 }
```

我们使用一个无限循环来接受请求。然后执行 fork，在子进程中我们处理请求，当请求中断之后通过 break 退出循环，退出程序，而父进程可以进入下一循环继续监听端口，建立新的请求。

一切看起来很完美，于是 Samuel 开始动手了。

4.3.3　进程间通信

Samuel 使用 fork 实现了服务器同时与多个客户端进行通信。但是 Samuel 发现一个新的问题——一旦使用 fork 创建完新的进程后，新的进程就和旧进程脱钩了，虽然在创建进程时会复制内存数据，但是此后就是相互独立的了。这就产生了一个问题，每个子进程都会和一个客户端通信，而每个客户端都会向服务器推送消息，但是由于我们将数据都存储在进程自身的内存中，而由于每个进程是独立的，因此每个用户只能看到自己的留言，而看不到其他用户的留言。这就和我们的初衷不同了——我们希望可以让用户看到所有的留言，而不只是自己的。

这应该怎么解决呢？这就需要子进程能够通过某种方式将数据放到一起，或通过某种方式从某个地方统一收集数据。

也就是我们需要有一个程序专门来管理消息，并和其他工作进程交互。

这就是所谓的进程间通信，也就是不同进程之间可以通过某些方式进行沟通，即收发数据。既然是收发数据，大家应该就可以想到用 Socket，Socket 运行一个进程和另一个进程进行通信。但是，由于几个进程都在服务器本机，而不是通过网络，所以使用 Socket 大材小用。此外，如果使用 Socket，我们就又绕回到最原始的问题了。

因此我们需要使用另外一种方式来进行进程间通信——命名管道。

所谓命名管道就是在本地创建一个文件，然后进程双方通过这个文件进行通信。这种通信是单向的，也就是由一个固定进程向文件中写入数据，另一个固定进程从文件中读取数据。此外，可以由多个进程同时向文件中写入数据，由于管道是一个 FIFO 设备，也就是说数据先进先出，所以如果使用不同进程向文件中同时写入数据，管道读取者将会先读取出最先写入的数据。

这样大家就明白了，命名管道就像一个数据的流水管道，固定由几个进程传送数据流进去，而另一侧则有固定的进程读取数据流中的数据，如图 4-4 所示。

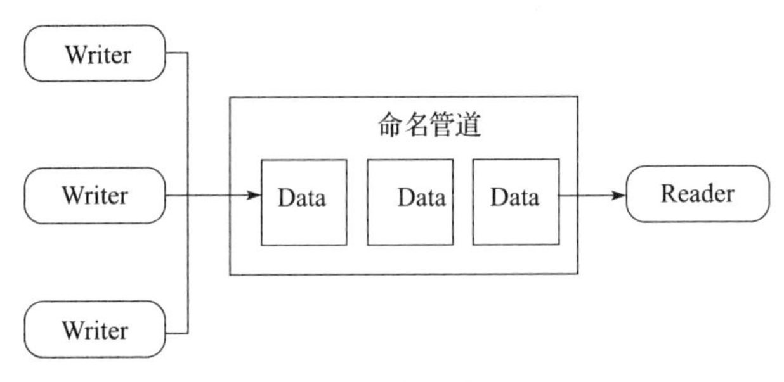

图 4-4　命名管道

由于命名管道是单向的，因此我们的消息管理进程无法与其他的进程双向通信，为了解决这个问题，我们可以为消息管理进程创建一个名为 request 的命名管道，用于接受子进程的请求，此外为每一个子进程创建一个自己的命名管道，名字为“response. 进程编号”，这样一来解决方案如图 4-5 所示。

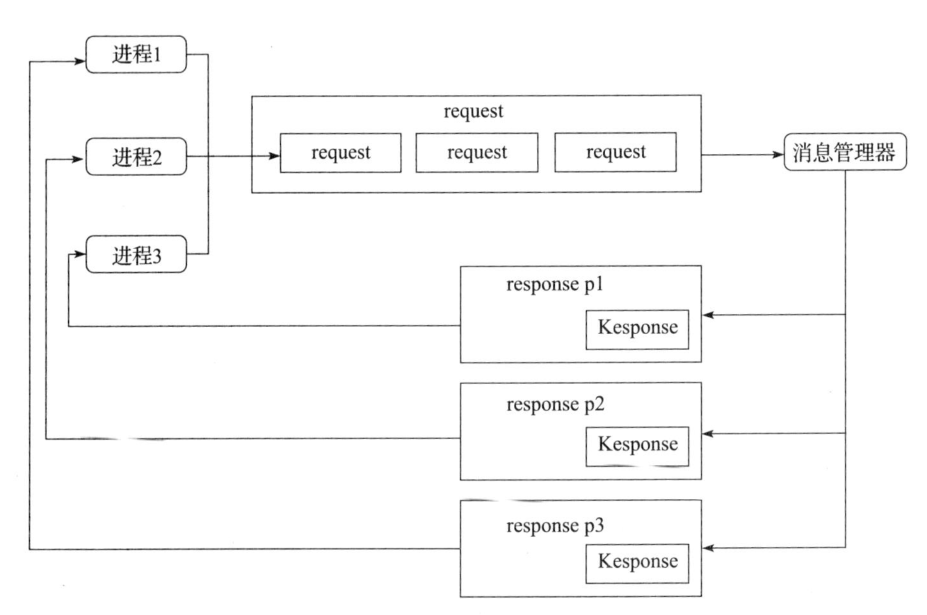

图 4-5　命名管道解决方案

消息管理器使用一个命名管道接收请求，每一个进程则使用一个单独的命名管道接收响应。思路清晰后就开始来编写代码。

首先我们需要封装一下命名管道的系统调用。

我们先定义一下命名管道的打开模式，分为读模式和写模式，代码中使用枚举定义如下，其中 ReadOnly 表示读权限，而 WriteOnly 表示写权限，定义如代码清单 4-21 所示。

代码清单 4-21　OpenMode 定义

```
1  enum class OpenMode
2  {
3      ReadOnly,
4      WriteOnly
5  };
```

接下来定义构造函数，如代码清单 4-22 所示。

代码清单 4-22　NamePipe 构造函数

```
1  NamedPipe::NamedPipe(const std::string& path, NamedPipe::OpenMode mode) :
                       _©le(-1), _mode(mode)
2  {
3      int openMode = 0;
4      if ( _mode == OpenMode::ReadOnly )
5      {
6          openMode = O_RDONLY;
7      }
8      else if ( _mode == OpenMode::WriteOnly )
9      {
10         openMode = O_WRONLY;
11     }
12 }
```

首先检查打开模式，并将我们定义的枚举值转换成系统调用，打开管道文件需要的常量。

接着使用 access 判断管道文件是否存在，如果文件不存在，需要调用 mkfifo 创建一个命名管道。该函数接受两个参数，一个是管道文件名，另一个是文件权限。

最后使用 open 系统调用打开管道文件即可。

接下来定义析构函数，在析构函数中关闭管道文件，如代码清单 4-23 所示。

代码清单 4-23　关闭命名管道

```
1  NamedPipe::~NamedPipe()
2  {
3      if ( _©le && _©le != -1 )
4      {
5          close(_©le);
6      }
7  }
```

```
 8
 9 if ( access(path.c_str(), F_OK) == -1 )
10 {
11     int res = mkfifo(path.c_str(), 0777);
12     if ( res != 0 )
13     {
14         std::cerr << "无法创建管道文件" << std::endl;
15     }
16 }
17
18 _file = open(path.c_str(), openMode);
19 }
```

接着定义管道 read 函数，从管道中读取数据，如代码清单 4-24 所示。

代码清单 4-24　read 成员函数定义

```
 1 const std::string NamedPipe::read(int sizeToRead)
 2 {
 3     checkFileOpen();
 4     checkOpenMode(OpenMode::ReadOnly);
 5
 6     int readBytes = 0;
 7     std::string content;
 8     do
 9     {
10         char buffer[PIPE_BUF];
11
12         int bytesToRead = 0;
13         if ( readBytes + PIPE_BUF < sizeToRead )
14         {
15             bytesToRead = PIPE_BUF;
16         }
17         else
18         {
19             bytesToRead = sizeToRead - readBytes;
20         }
21
22         if ( ::read(_file, buffer, bytesToRead) == -1 )
23         {
24             Exception exception("PipeReadException");
25             throw exception;
26         }
27
28         readBytes += bytesToRead;
29         content += std::string(buffer, bytesToRead);
30     } while ( readBytes < sizeToRead );
31
32     return content;
33 }
```

读取函数一开始需要检查文件是否已经打开（构造函数中可能创建失败），并检查文件的打开模式是否为读取模式。

一切检查正常后就可以读取数据了。这里用户可以给 read 指定需要读取的字节数，我们每次从管道中至多读取 PIPE_BUF 字节的数据，然后将数据拼接到最后的读取结果上，直到最后读取的字节数与用户指定的字节数相等为止。读取完毕后将读取结果返回即可。

接下来是 write 函数，顾名思义就是写入数据，如代码清单 4-25 所示。

代码清单 4-25　write 函数实现

```
 1 void NamedPipe::write(const std::string& content)
 2 {
 3     checkFileOpen();
 4     checkOpenMode(OpenMode::WriteOnly);
 5 
 6     int writtenBytes = ::write(_file, content.c_str(), content.size());
 7     if ( writtenBytes == -1 )
 8     {
 9         Exception exception("PipeWriteException");
10         throw exception;
11     }
12 }
```

写入函数就比较简单了。一开始也需要检查文件是否已经打开，并检查文件打开模式。接下来使用系统调用 write 写入数据，如果写入失败则抛出响应异常。

总之，命名管道牵涉到的系统调用包括以下几种。

1）mkfifo，创建命名管道。

2）open，打开命名管道文件。

3）read，从命名管道文件中读取数据。

4）write，写数据到命名管道中。

其中，open、read、write 都是常用的文件系统调用，只有一个 mkfifo 是专门用来创建命名管道文件的，这就是 UNIX 哲学的优势——一切皆文件，具有很好的一致性，因此降低了我们学习新事物的成本。

现在我们使用命名管道改写原来的程序。先从客户端接收请求，然后向名为 request 的命名管道中写入请求数据，也就是进行数据转发，如代码清单 4-26 所示。

代码清单 4-26　数据转发

```
1 string requestRawData = connection->receive();
2 if ( !requestRawData.size() )
3 {
4     break;
5 }
6 
7 int pid = getpid();
```

```
 8
 9 requestPipe.write(intToBinaryString(pid) +
10         intToBinaryString(requestRawData.size()) +
11         requestRawData);
```

这里我们使用 getpid 系统调用获取子进程自身的进程编号，并作为消息头发送给消息管理器。这里转发的消息包含 3 个字段：第 1 个字段是一个 pid，表示子进程编号；第 2 个字段是请求数据长度；第 3 个字段是请求数据本体。

我们在消息管理程序 postman 中接收数据的代码如代码清单 4-27 所示。

代码清单 4-27　数据接收

```
1 int pid = binaryStringToInt(requestPipe.read(4));
2 int requestRawDataSize = binaryStringToInt(requestPipe.read(4));
3 cout << "pid: " << pid << "; size: " << requestRawDataSize << endl;
4
5 string requestRawData = requestPipe.read(requestRawDataSize);
6 Message request(requestRawData);
```

也就是先读取子进程编号，接着读取数据长度，最后将请求数据读取出来。接着就是转换成请求对象，并和原来一样处理请求了。postman 处理完请求后，将响应通过相同方式写入到 response 管道中，代码如代码清单 4-28 所示。

代码清单 4-28　数据写入

```
1 string filePath("response.");
2 filePath += to_string(pid);
3 NamedPipe responsePipe(filePath.c_str(), NamedPipe::OpenMode::WriteOnly);
4
5 string responseRawData = response.toRawData();
6 responsePipe.write(intToBinaryString(responseRawData.size()));
7 responsePipe.write(responseRawData);
```

我们使用 pid 来得到 response 管道文件名称。然后分别将数据长度和数据本身写入管道。

这样一来，我们就可以在工作子进程中获取响应数据并返回给客户端了，如代码清单 4-29 所示。

代码清单 4-29　返回响应数据

```
1 string filePath("response.");
2 filePath += std::to_string(pid);
3
4 NamedPipe responsePipe(filePath.c_str(), NamedPipe::OpenMode:;
5 int messageLength = binaryStringToInt(responsePipe.read(4));
6 string result = responsePipe.read(messageLength);
7
```

```
 8 Message request(requestRawData);
 9 Message response(request.getFunction(), Message::TYPE_RESPONS
10 connection->send(response.toRawData());
```

至此就大功告成了，而且客户端不需要进行任何修改。

4.3.4 轻量级分身——线程

我们现在似乎已经解决了无法并发处理客户端请求的问题。

但需要注意的是，这种多进程的解决方案是一种重量级的解决方案。每创建一个进程都需要消耗一定资源，同时速度也是比较慢的，因为需要复制整个进程。虽然 Linux 等操作系统在 fork 时会有写时复制的优化（也就是说只有在进程修改数据时才会真正执行数据复制），但依然无法避免最终复制数据的开销。

Samuel 也注意到了这个问题。他开始寻找解决方案，最终定位在一个叫“线程”的概念上。

线程这个概念是后来提出的。线程不同于进程，进程是在系统上运行的独立实体，拥有自己完全独立的资源。而线程则只是一个执行流，一个进程可以包含多个线程，在引入线程这个概念后，我们可以认为进程是一个拥有独立资源的实体（包括内存、文件、设备等），而线程则是真正执行代码的执行流，每个进程启动时至少有一个线程，就是所谓的主线程，其概念如图 4-6 所示。

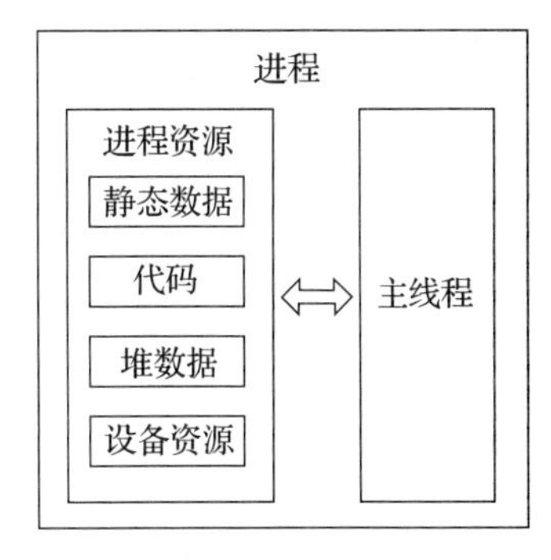

图 4-6 线程与进程

显而易见的是，线程变成了唯一的执行单位，而进程的作用就是保存几乎所有的系统资源，线程除了执行指令之外没有自己的任何资源。以工厂来做比喻，在多进程模型中，每当工厂老板雇佣一个新的工人时，他需要将他的所有家当给予工人，而工人则拥有独立使用这些财产的权利——也就是子进程是可以完全不管父进程的，当然没有任何工厂管理者会选择这种方式。而线程相当于虽然雇佣了工人，但是工人手上没有任何资源，资金、机器、零件都在老板手中，工人需要使用多少就来老板这里按需获取多少，这明显是更科学经济的方式。

当然，为了可以有独立的执行流，线程也是会占有一些资源的，这些资源包括堆栈和寄存器等。也就是线程会有自己的独立堆栈，这保证了个线程可以独立执行，互不干扰，每个线程也可以有自己独立的局部变量（因为局部变量一般存放在栈中）。同时每个线程使用寄存器也是隔离的，当系统从线程 A 切换到线程 B 时，不仅会切换堆栈，而且会将 A 当前的寄存器值保存起来，并将 B 之前保存的寄存器的值恢复出来——就像原先进程切换做的那样。可以发现，线程切换的代价比进程切换少得多，因此在并发执行上，线程是一种更为经济的方式，因此得到了广泛使用。

4.3.5 C++11 线程

虽然我们知道了线程的概念，但我们如何在 C++ 中创建线程呢？

在 C++11 之前，C++ 标准中并不包含线程实现，因此不同平台需要使用不同的线程接口。例如，在 Linux 等 UNIX 与类 UNIX 操作系统下，我们会使用著名的 pthread 来创建线程。而在 Windows 下，我们会使用 CreateThread 等与线程相关的 Windows API 来创建线程。当然，我们也可以选择一些第三方跨平台的线程库。

但制定 C++11 标准时，标准委员会发现由于线程在实际应用中无处不在，认为确实有必要在 C++ 标准中包含标准的线程库，因此在新标准中就加入了标准的线程库。

C++11 的线程库在有些地方和 boost 的线程库很相似，但又有所不同。例如，如果我们要创建一个线程，可以编写如代码清单 4-30 所示的代码。

代码清单 4-30　C++11 线程类示例

```
 1  #include <thread>
 2  #include <iostream>
 3
 4  void threadMain()
 5  {
 6      std::cout << "world" << std::endl;
 7  }
 8
 9  int main()
10  {
11      std::thread t1(threadMain);
12
13      std::cout << "hello" << std::endl;
14      t1.join();
15
16      return 0;
17  }
```

其中 threadMain 函数是另一个线程的入口，我们调用 std::thread 的构造函数，构造出一个线程对象 t1，其参数是 threadMain，表示线程 t1 的入口就是 threadMain。此时 t1 线程就会独立开始执行了，主线程也会继续向下执行，因此会输出 hello 和 world（其顺序是不固定的）。

这里要注意的是，主线程在返回之前会在子线程上执行 join 方法，join 的作用是让主线程阻塞在子线程上，因为主线程一旦退出，t1 线程对象就会被销毁，会出现一些莫名其妙的问题。因此需要在主线程中使用 join 等待子线程，直到子线程退出为止。

我们还可以向线程传递更多的参数，如代码清单 4-31 所示。

代码清单 4-31　向线程传递参数

```
 1  #include <thread>
 2  #include <iostream>
```

```
3  #include <string>
4
5  void threadMain(const std::string& message)
6  {
7      std::cout << message << std::endl;
8  }
9
10 int main()
11 {
12     std::thread t1(threadMain, "world");
13
14     std::cout << "hello" << std::endl;
15     t1.join();
16
17     return 0;
18 }
```

线程对象的构造函数后面的参数相当于传递给线程的参数。我们现在启动了线程，并向 threadMain 函数传递了一个参数 world。该程序和上面程序的输出是一样的，都是输出 hello 和 world。这样大家应该就明白如何使用 C++11 的线程了，真是相当方便。

现在 Samuel 开始动手改造他的服务器了，需要修改的地方很少。

首先我们将处理连接请求的代码单独抽取出来，命名为 workerMain，如代码清单 4-32 所示。

代码清单 4-32　workerMain 实现

```
1  void workerMain(std::shared_ptr<Socket::Connection> connection)
2  {
3      using std::string;
4      using std::cerr;
5      using std::endl;
6
7      while(1)
8      {
9          string requestRawData = connection->receive();
10         if ( !requestRawData.size() )
11         {
12             break;
13         }
14
15         Message request(requestRawData);
16         string result;
17
18         switch ( request.getFunction() )
19         {
20         case Message::FUNC_POST_MESSAGE:
21             result = actionPostMessage(request);
22             break;
23         case Message::FUNC_GET_MESSAGE_COUNT:
```

```
24                result = actionGetMessageCount(request);
25                break;
26            case Message::FUNC_GET_MESSAGE_CONTENT:
27                result = actionGetMessageContent(request);
28                break;
29            default:
30                break;
31            }
32
33            Message response(request.getFunction(), Message::TYPE_RESPONSE, result);
34            connection->send(response.toRawData());
35        }
36    }
```

这就是一个用于处理用户请求的线程。现在我们只需要在某个请求到来时启动这个线程即可。因此我们来编写一个函数 startWorker 负责启动线程，如代码清单 4-33 所示。

代码清单 4-33　startWorker 实现

```
1  void startWorker(std::shared_ptr<Socket::Connection> connection)
2  {
3      std::thread* workerThread = new std::thread(workerMain, connection);
4  }
```

注意，这里我们不会去执行 join 线程，因为主线程需要不断去接受新的请求。此外，理论上这里需要建立一个线程池统一管理线程，以避免内存泄漏，但是这里只要实现功能即可，先不考虑内在泄漏的问题。

现在修改接受请求的代码，其实只要调用 startWorker 即可，如代码清单 4-34 所示。

代码清单 4-34　调用 startWorker

```
1  while ( 1 )
2  {
3      std::shared_ptr<Socket::Connection> connection = socket.accept();
4      startWorker(connection);
5  }
```

现在可以编译程序了。不过要注意，如果在 Linux 下，链接时需要手动加上 -lpthread 参数，因为在 Linux 下的 thread 库是基于 pthread 实现的，编译器既不会自动链接，也不会报告编译错误，只有运行时才会报错。

4.3.6 竞争问题与解决方案

我们发现，由于多个线程在同一个进程之中，因此我们不需要再单独设计一个进程去统一管理消息，确实节省了很多不必要的开销。

但与此同时会带来另一个问题。

由于多个线程是乱序执行的（无法保证线程执行的先后顺序），因此可能出现下面这种情况。假设现在服务器刚启动，没有任何数据，有客户端 A 和客户端 B 同时连接到服务器，其中客户端 A 发来了 post 请求，而客户端 B 发来了 get 0 请求（获取第 0 个消息），下面来看一下可能的两条执行流。

执行流 1 如图 4-7 所示。

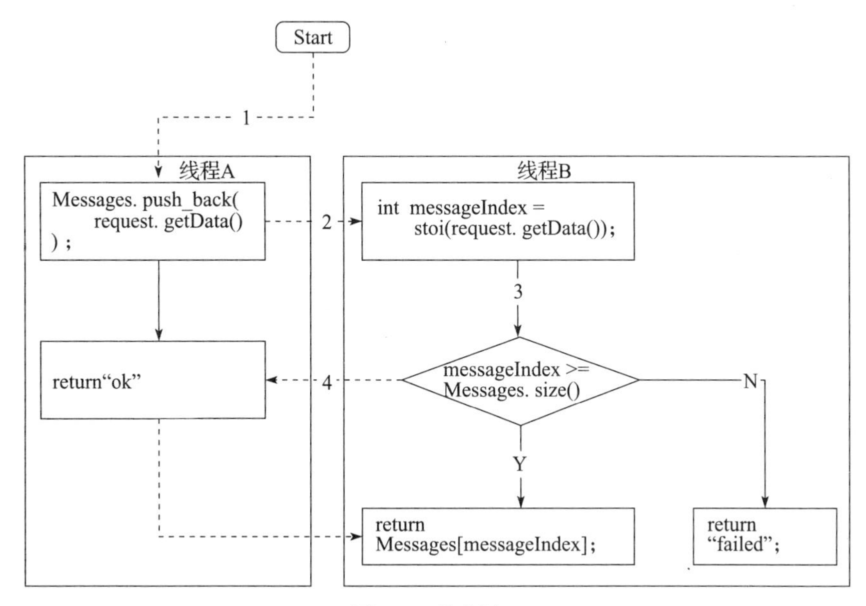

图 4-7　执行流 1

图 4-7 中左侧是线程 A 的执行流，右侧是线程 B 的执行流，虚线代表线程之间的切换过程。可以发现，两个线程的执行过程是线程 A 先将数据放入消息队列中，接着切换到线程 B，线程 B 认为现在有数据，因此将第 0 条消息返回，然后切换回线程 A，线程 A 向客户端反馈“ok”。这个过程是没有问题的。

执行流 2 如图 4-8 所示。

系统先执行线程 B，并一次性执行了两条语句，发现消息队列为空，准备返回“failed”，此时系统切换到线程 A 继续执行，并返回“ ok”，随后回到线程 B，线程 B 继续刚才的流程返回“failed”。

此时可以发现，线程的切换导致执行流会不一样，结果也会不一样。

这还是比较好的情况，用户在请求一次就可以获取到最新数据。但如果我们支持删除数据，用户 A 发送过来一个删除数据的请求，用户 B 发送过来一个获取数据的请求，用户 B 先判断是否有消息，此时消息队列中确实有消息，于是准备返回消息，但系统突然切换回 A 并删除了这条消息，于是 B 再去访问这条消息时，由于消息已经被删除，很有可能会引发段错误。

这就是所谓的资源竞争问题——两个线程同时争夺一个资源引发的“战争”。

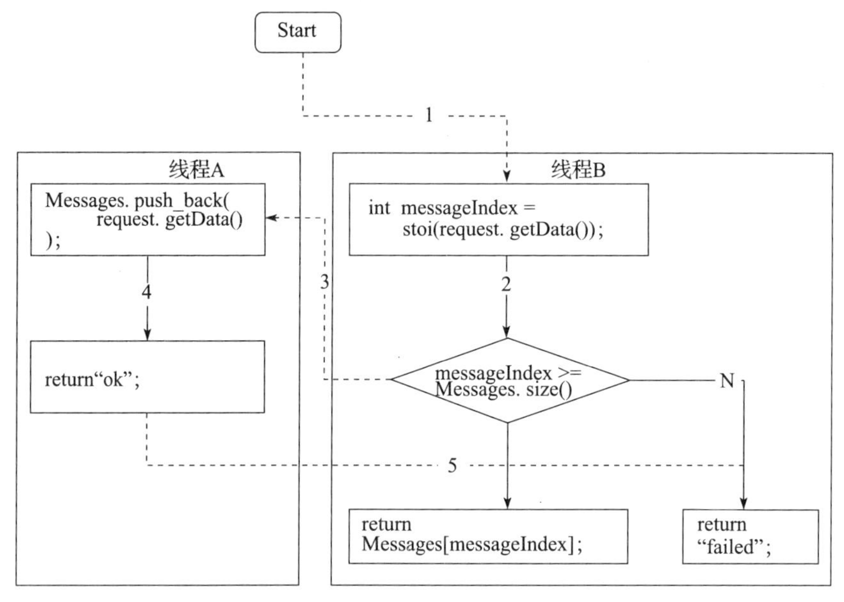

图 4-8 执行流 2

那我们如何避免这种情况呢？我们需要让两个操作各自变成一个原子操作——要不不执行，要不执行到底，任何人都不可以打断这个执行流程。这种解决方案就是：锁。

1. 互斥锁

线程模型赋予了一种锁，叫做互斥锁（Mutex）。线程在互斥锁上可以执行两种动作：lock 和 unlock。线程执行 lock 时会看有没有线程已经上锁，如果该锁已经被锁住，那么线程就会在锁上等待，直到某个线程释放了锁；unlock 顾名思义就是解锁，当线程执行完任务后一定要执行 unlock 解锁，不然其他的线程就会被锁一直关在门外了。

C++ 11 提供了一种 mutex 类型，就是所谓的互斥锁。该锁有两个方法，一个是 lock，一个是 unlock，其作用就是通过 mutex 变量加锁和去锁。所以我们先定义一个互斥锁，然后将 actionPostMessage 改写成如代码清单 4-35 所示的形式。

代码清单 4-35 使用互斥锁

```
 1 std::mutex MessagesMutex;
 2 std::string actionPostMessage(const Message& request)
 3 {
 4     MessagesMutex.lock();
 5
 6     Messages.push_back(request.getData());
 7
 8     MessagesMutex.unlock();
 9     return "ok";
10 }
```

进入方法后先上锁，接着执行任务，再解锁。

这样真的好了吗？看起来是。但其实没有那么简单。我们可以想象一下，如果push_back触发了一个异常（如bad_alloc，内存不足），那么整个函数将会在push_back这里终端执行——unlock永远不会执行，那么其他线程将会被永远锁在外面。

因此我们需要想办法解决这个问题。幸运的是，C++11提供了一个lock_guard类可以帮助我们解决这个问题，如代码清单4-36所示。

代码清单4-36　使用lock_guard

```
1 std::string actionPostMessage(const Message& request)
2 {
3     std::lock_guard<std::mutex> locker(MessagesMutex);
4 
5     Messages.push_back(request.getData());
6 
7     return "ok";
8 }
```

构造lock_guard对象时需要传递一个互斥锁，lock_guard的构造函数会对这个互斥锁上锁。在lock_guard的析构函数中则会自动执行unlock。所以无论函数因为什么原因中断，locker的析构函数总是会被执行的，这就是利用RAII管理资源的典型范例。

好了，现在我们给所有的action函数都加上一个lock_guard对象，终于圆满地解决了问题。

2. 信号量

除了互斥锁以外，多线程模型还提供了其他更丰富的同步手段。上一部分中介绍了互斥锁，其核心目的是保证多个线程同时只有一个线程能够访问某个资源，而且将多条指令原子化，保证整个操作的原子性。

但是互斥锁并不能满足我们所有的线程同步需求。假设现在有这么一个场景：有一批线程负责从网络中读取数据，并将数据打包成一个个任务放入任务队列中；而另一批线程则负责从任务队列中读取任务并处理数据，将处理结果保存起来。负责生成数据的一方我们称之为“生产者”，而负责取出数据并计算的一方我们称之为“消费者”。

生产者伪代码如代码清单4-37所示。

代码清单4-37　生产者伪代码

```
1 while ( 1 )
2 {
3     Task* task = new Task();
4     while ( task.length() >= MAX_LENGTH )
5     {
6     }
7     tasks.add(task);
8 }
```

消费者伪代码如代码清单 4-38 所示。

代码清单 4-38 消费者伪代码

```
1 while ( 1 )
2 {
3     if ( tasks.length() > 0 )
4     {
5         Task* task = tasks.take();
6         process(task);
7         delete task;
8     }
9 }
```

但这两段代码存在很大问题，首先，两段代码都访问了同一个任务列表，但是却没有上锁，因此会导致临界资源竞争问题。同时即使在访问任务列表时上锁，代码中依然存在问题——空循环，代码中不断的空循环会不断消耗 CPU 资源。

我们现在的问题是检查任务队列和等待的过程被拆开了，如果我们可以将检查任务队列和等待放在一起，同时当队列未满时会主动继续执行（和互斥锁一样，只是继续执行的条件不同），避免线程主动循环检查消耗 CPU，就可以解决上面的问题。

线程中提供了名为信号量的技术来解决这种“生产者 – 消费者”问题。

信号量有两个操作，分别是 P 操作和 V 操作，合称 PV 操作。

信号量内部会存储一个数字，P 操作会试图将该数字减 1，如果信号量已经变成 0，线程会阻塞到信号量不为 0 时，然后减 1 继续执行。V 操作则相反，会将信号量加 1，如果之前信号量已经变成 0 了，那么在该信号量上等待的线程会被激活。

现在让我们使用信号量和 PV 操作来实现我们的需求。首先，定义几个全局变量，如代码清单 4-39 所示。

代码清单 4-39 创建信号量

```
1 Semaphore EmptySem(0);
2 Semaphore FullSem(MAX_LENGTH);
3 Mutex TasksMutex;
```

其中，EmptySem 用来检查任务队列是否为空，初始值为 0，表示任务队列中已存在的任务数量。FullSem 用来检查任务队列是否已满，初始值为 MAX_LENGTH，表示可以放入任务队列的任务数量。

消费者伪代码如代码清单 4-40 所示。

代码清单 4-40 消费者伪代码

```
1 while ( 1 )
2 {
3     EmptySem.P();
```

```
4       LockGuard locker(TasksMutex);
5
6       Task* task = tasks.take();
7       process(task);
8       delete task;
9
10      FullSem.V();
11  }
```

依然是一个死循环，但是与之前不同的是，这里使用信号量来替代对队列长度的检查。首先对 EmptySem 进行 P 操作，占用一个队列中的资源，如果队列为空则暂时阻塞线程；获取到资源后对队列上锁并从任务队列中取出任务进行处理。最后对 FullSem 进行 V 操作，用于激活生产者线程放入任务。

生产者伪代码如代码清单 4-41 所示。

代码清单 4-41　生产者伪代码

```
1  while ( 1 )
2  {
3      FullSem.P();
4      LockGuard locker(TasksMutex);
5
6      Task* task = new Task();
7      tasks.add(task);
8
9      EmptySem.V();
10 }
```

这段代码相当于消费者逆过程。首先通过 FullSem 检查队列是否已满，接着放入任务，最后对 EmptySem 进行 V 操作，激活消费者线程。

但是，很可惜的是，C++ 11 中并没有提供信号量的实现，因此我们无法在 C++11 的线程中使用现成的信号量。令人欣慰的是，我们可以利用下一部分中介绍的条件量结合互斥锁实现自己的信号量。

3. 条件量

条件量是一个很简单的概念，每个线程都可以在某个信号量上执行等待操作，等待操作会使得线程被阻塞，而其他线程可以激活在此信号量上等待的某个线程或所有线程。之所以称之为条件量，是因为我们常常会检查到某种条件成立时才会在信号量上等待，会激活信号量上等待的线程。

C++ 11 中有标准的条件量实现，其类型为 std::condition_varaible。该类型用法非常简单，最常用的接口有以下 3 个。

（1）等待

```
void wait(unique_lock<mutex>& lck);
```

线程在条件量上等待，并释放 lck 保护的互斥锁，直到另一个线程激活自身为止。如果被激活则会重新取得锁的所有权并继续执行。

（2）激活某个线程

```
void notify_one();
```

随机挑选并激活某个在条件量上等待的线程。

（3）激活所有线程

```
void notify_all();
```

随机挑选并激活某个在条件量上等待的线程。

现在让我们使用条件量结合互斥锁实现一个信号量，如代码清单 4-42 所示。

代码清单 4-42　自己实现信号量

```
 1 class Semaphore
 2 {
 3 public:
 4     Semaphore(int value) : _value(value) {}
 5     Semaphore(const Semaphore&) = delete;
 6
 7     void P()
 8     {
 9         std::unique_lock<std::mutex> lock(_mutex);
10         while ( _value == 0 )
11         {
12             _condition.wait(lock);
13         }
14
15         _value --;
16     }
17
18     void V()
19     {
20         std::unique_lock<std::mutex> lock(_mutex);
21         _value ++;
22
23         _condition.notify_one();
24     }
25
26 private:
27     int _value;
28     std::mutex _mutex;
29     std::condition_variable _condition;
30 };
```

其中，_value 为信号量的值，_mutex 为互斥锁，而 _condition 则是对应的条件量。

在 P 操作中，我们先上锁，如果当前值为 0，则在 _condition 上循环等待，直到 _value

不为 0 为止。在 V 操作中则相反，上锁后直接将 _value 加 1，并激活一个等待的线程。同时我们使用 delete 禁止用户复制某个信号量。这样我们就使用互斥锁和条件量实现了一个信号量。

4.3.7　多线程优化

虽然我们可以使用互斥锁和信号量等方法处理临界资源问题，实现线程之间的同步，但在一个高性能的多线程程序中，互斥锁一般会成为性能的瓶颈，多个线程如果频繁访问一个通过互斥锁保护的数据对象，其效率可能反而低于单线程的程序，因为此时互斥锁的开销将会非常高。

那么我们可以在不加锁的情况下解决多线程的资源竞争问题吗？这个答案非常复杂。事实上我们无法创造出像锁这样可以在任何场景下使用的解决方案，但是我们可以针对特定的应用场景进行优化。这种优化就是所谓的“无锁化”。其核心在于去掉程序中的锁，但是同时要保证程序的正确性，解决线程之间的竞争问题。

下面先来了解一些作为优化基础的概念。

1. CPU 流水线与指令乱序

众所周知，现代 CPU 为了提升指令执行效率，使用了相当多的手段。例如，大多数 CPU 都采用了流水线式设计，也就是将一条指令的周期拆分成许多个阶段（如读取指令、执行指令、访问内存等），不同指令的不同阶段可以在 CPU 上同时执行，这样看起来就像多条指令在并行执行。除此以外，现在还有很多超标量流水线设计，也就是多条指令完全可以同时执行。

这样就导致了一个问题：不同指令消耗的周期不同，短周期指令（如与运算）可能一个周期就可以执行完成，而长周期指令则可能需要上百个周期（如访问内存）。因此当短周期指令和长周期指令同时执行时，必定是短周期指令先执行完毕。此时 CPU 可能会去取下一条指令，虽然这条指令在长周期指令之后，但只要该指令和正在执行的指令无关，是没有问题的。因此，为了保证并行执行指令的效率，CPU 会适当对指令进行重新排序，并按照新的顺序执行指令。这就导致了 CPU 执行指令看起来是乱序的。

另外，即使是周期相同的指令，如访存指令，也会受到其他因素影响。因为 CPU 会首先检查 Cache，如果数据在 Cache 中则会优先访问缓存。但如果 Cache 未命中，则需要重新读取内存，因此同样是访存指令，在 Cache 是否命中的情况下会使指令执行时间不同。因此命中 Cache 的访存指令执行完毕后，可能会执行正在执行的访存指令之后的指令（未命中 Cache）。这又导致了另一种乱序执行指令的情况。这种情况下，CPU 还必须有错误恢复机制，因为当某条访存指令出现异常时，CPU 必须将该指令后已经执行的内存写入指令撤销。

还有一种情况，CPU 在执行分支指令时，如果仅依靠分支预测风险非常大，因此有的 CPU 会采取先同时执行两条分支的策略，等到分支条件判断指令完成时，再选择某个分支继续执行，另一个分支的指令执行结果则会被抛弃，这也是一种指令乱序的情况。

指令乱序是 CPU 提升程序性能的一种副作用，正常情况下是毫无问题的。但是当遇到多线程程序时就会出现很大的问题，因为 CPU 的指令无关性检查是不会考虑线程的。为了解决这个问题，我们需要使用一种技术——内存屏障。

2. 内存屏障

所谓内存屏障，就是阻止编译器或者 CPU 对我们的程序进行部分优化，防止在多线程环境下执行的结果和预期不同。

下面先介绍编译器的内存屏障。在 C/C++ 中传统的内存屏障是 volatile 修饰符。众所周知，编译器在编译代码时会对生成的机器代码进行优化。例如，由于访问内存比访问 CPU 慢得多，因此 C++ 并不一定会在每次对变量进行修改时都将变量的值从寄存器中同步到内存中，此时另一个线程访问该变量时就无法看到正确的值。

为了避免编译器的优化，我们可以在变量定义中使用 volatile 修饰符。volatile 可以保证实现以下几方面功能。

1）对声明为 volatile 的变量进行的任何操作都不会被优化器去除，即使它看起来没有意义（例如，连续多次对某个变量赋相同的值），因为它可能被某个在编译时未知的外部设备或线程访问。

2）被声明为 volatile 的变量不会被编译器优化到寄存器中，每次读写操作都保证在内存中完成。

3）在不同表达式内的多个 volatile 变量间的操作顺序不会被优化器调换（即编译器保证多个 volatile 变量在 sequence point 之间的访问顺序不会被优化和调整）。

但是 volatile 并不能解决下列问题。

1）保证变量读写的原子性（如 +=）。

2）确保变量操作发生在主内存中，而不是 Cache 中。

3）确保 CPU 不会乱序执行指令。

也就是说，volatile 只会让编译器循规蹈矩地按顺序生成指令。但 CPU 如何执行指令是编译器无法控制的。此时我们需要另一种内存屏障——CPU 的内存屏障指令。

CPU 内存屏障用来消除 CPU 乱序执行对内存访问的影响，可以保证多个变量交叉访问的逻辑顺序，一般内存屏障分为以下几种。

1）全屏障，即双向屏障。所有在屏障前的指令不得调换到屏障后执行，同时所有屏障后的指令不得调换到屏障前执行。全屏障还有两种特殊形式，一种是读屏障，一种是写屏障，读屏障禁止 CPU 优化读取内存指令，而写屏障则禁止 CPU 优化写入内存指令。

2）Acquire 屏障，即后向屏障，禁止 CPU 将屏障后的指令调换到屏障前执行。Acquire 的通常作用是构建临界区，在临界区上锁前执行，临界区里的代码无法调换到临界区外执行，但是临界区外的指令可能被调换到临界区内执行。

3）Release 屏障，即前向屏障，禁止 CPU 将屏障前的指令调换到屏障后执行，与

Acquire 相反，通常用于结束临界区。

在 C++ 11 之前的版本，需要直接调用 CPU 的特定指令来构建内存屏障，但是在 C++ 11 中，已经有了标准的内存屏障库，所有的实现都在 <atomic> 头文件中。

C++ 11 提供了一个 atomic 类，该类是一个模板类，可以控制我们对所有“平凡可复制类型”的读取与写入操作，通过内存屏障保证我们对这些数据的操作是原子性的，而且不需要进行上锁。

构建 atomic 变量只需要在模板中指定类型即可：

```
std::atomic<int> value(10);
```

这样我们就构建了一个使用内存屏障保护的整型变量 value。该变量的使用方法也非常简单，如果要修改这个值，可以使用 store 方法。store 方法的原型如下所示。

```
void store(T val, memory_order sync = memory_order_seq_cst) volatile noexcept;
```

第 1 个参数是我们需要赋给整型变量的值，而第 2 个参数则是一个同步选项，也就是内存屏障类型。

如果想要取出值，则使用 load 方法，load 方法原型如下：

```
T load (memory_order sync = memory_order_seq_cst) const volatile noexcept;
```

也就是我们只需要指定内存屏障类型即可。

内存屏障选项定义了以下几种枚举值。

1）memory_order_relaxed：无内存屏障。

2）memory_order_consume：（用于 load）确保依赖于该变量的后续操作执行前，该操作必须执行。

3）memory_order_acquire：（用于 load）确保后续所有内存访问操作执行前，该操作必须执行。

4）memory_order_release：（用于 store）确保该操作执行时，其前面的所有操作必须执行完成。

5）memory_order_acq_rel：（用于）双向屏障，包含 acquire 和 release 语义。

6）memory_order_seq_cst：顺序同步，所有指令严格按照指令顺序执行，可以保证在多线程非原子操作中指令执行的副作用最小化。

除了直接指定内存屏障外，C++ 11 还提供了一些方便的原子操作方法，如 exchange、fetch_add、fetch_sub 等方法，还有重载的 ++、-- 运算符。这些都非常简单，这里就不再赘述了。

3. 无锁队列

现在我们来思考一下如何利用前面所学的知识来构建无锁队列。

队列被广泛运用在许多多线程程序中，而队列最常见的应用场景就是“生产者 – 消费者”

问题。对于此类问题，我们会使用带互斥锁和信号量的队列来解决线程同步问题。但前面也介绍过，这样效率是非常低的，那么我们应该如何构建一个不需要互斥锁，但是又不会在多线程程序中出错的队列呢？

这里我们必须要突破固有的思路，构建一个新的队列模型。

我们这里设计的无锁队列是如图 4-9 所示的一个固定大小的环形队列。

这种无锁队列的巧妙之处在于对头指针和尾指针的处理上。众所周知，通常我们在插入和删除元素时，希望获得空间和插入元素是原子的。在处理头指针和尾指针时我们常常需要检查尾指针有没有越过头指针，或者检查指针是否已经回到缓冲区的第一个单元，这几个地方都是容易出现竞争的地方。

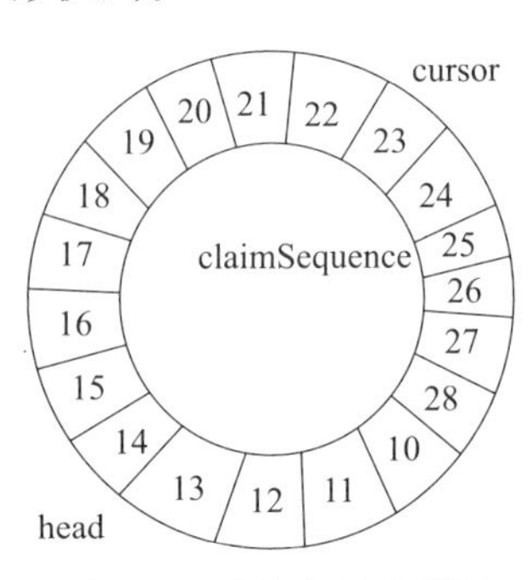

图 4-9　环形队列示意图

那么这个无锁队列是如何巧妙地解决问题的呢？

首先，我们的头指针和尾指针永远只会递增，不会重新回到队列起点，因为缓冲区中的真实索引必定为 index % size，其中 index 为指针，size 为队列长度，所以我们没有必要对头指针和尾指针进行修改。此外，如果我们将队列长度调整为 2 的幂次方，只需要使用 index &（size−1）这种位操作就可以得到缓冲区中的真实位置，简单而高效。

其次，我们将请求位置和插入数据拆分成了两步。首先我们定义一个变量 cursor，表示尾指针，再定义一个变量 claimSequence，表示当前申请的最大位置：

```
std::atomic<int> cursor(0);
std::atomic<int> claimSequence(0);
```

每插入一个元素，需要先申请一个位置，而申请位置其实只要将 claimSequence 简单地向后移动一位即可，这样就可以使用一个无锁的原子操作完成累加：

```
int position = claimSequence.fetch_add(1);
```

生产者申请到特定位置后再将数据写入到特定位置中，再去修改当前的尾指针，这一步称为“发布”。这里可以使用一个带条件判断的原子操作完成发布：

```
while ( !cursor.compare_exchange_strong(position - 1, position) );
```

如果当前尾指针为 position−1，说明没有其他生产者尚未发布完成（已经申请尚未发布），否则将 cursor 设置为 position，表示该位置已发布完成，消费者可以进行消费。这里虽然有一个 CPU 空转，但一般来说由于发布顺序，并不会消耗过多资源。

现在生产者已经可以插入元素了，那么消费者如何读取生产者写入的元素呢？首先，消费者需要检查 cursor 是否大于自己拿到的数字，如果是，则说明可以获取一个新的元素。但是这里有一个比较复杂的情况，因为有可能其他消费者已经消费了自己后面的某些元素，因此我们需要一个循环检查来获取下一个新元素，如代码清单 4-43 所示。

代码清单 4-43　检查位置

```
1 while ( next <= cursor && head <= cursor )
2 {
3     bool successful = head.compare_exchange_strong(next, next + 1);
4     next ++;
5
6     if ( successful )
7     {
8         return next;
9     }
10 }
11
12 return -1;
```

其中，head 也是一个 atomic 类型的变量，表示头指针，用于对消费者的头指针进行同步。此外，该操作可能会失败（后续的元素都已经被消费），因此消费者自己也需要不断尝试调用这个函数，如代码清单 4-44 所示。

代码清单 4-44　消费者获取位置

```
1 while ( 1 )
2 {
3     position = queue.nextCursor(position);
4     if ( position != -1 )
5     {
6         process(queue[position & (queue.size() - 1)]);
7     }
8
9     position = queue.cursor;
10 }
```

当然，为了避免消费者过多消耗 CPU，也可以使用 sleep 或者自旋锁来进行等待，这些都是优化方案。

最后，要清楚这种无锁队列是有其应用场景的。首先，消费者的消费能力不能过低，否则生产者会覆盖消费者的元素；其次，由于较多地使用了等待，因此生产者需要较快地完成生产以切换线程。

4.3.8　异步 I/O

到上一节为止，Samuel 已经实现了多个版本的服务器，其中两个版本可以圆满解决同时应付多个客户端请求的问题：第一种方案是利用 fork 创建子进程，并利用命名管道进行进程间通信；第二种方案是利用 thread 类来创建线程，并利用互斥锁来解决资源竞争问题。Samuel 对此感到非常满意。

但是对编写网络服务非常有经验的人可以看出，Samuel 的做法并不是一个最好的解决方案。因为无论是多进程模型还是多线程模型都会创建一个执行的“实体”，换句话说，无论如何都会占用一部分系统的资源，只是进程除了CPU资源会占用更多的内存资源，而线程则只是占用CPU资源。

但是我们现在的程序中，更多是在和客户端进行数据交换，而不是运算，也就是说我们特意为每一个客户端启动了一个线程与之通信，但是却没有发挥出线程本身最根本的目的——提高CPU利用率。这样是有点得不偿失的，尤其是当有大量客户端与服务器通信时，如果产生了大量线程，也会拖慢整个服务器的性能。

那么对于这种将时间大量花费在网络通信而不是CPU运算的程序（也就是高IO并发程序），有什么更好的解决方案呢？

现在越来越多的服务器都开始采用不同于线程的解决方案，那就是异步I/O（Asynchronous Input and Output）。

所谓异步I/O是和同步I/O相对的，我们传统的输入输出都是同步的，也就是某个进程或线程进行输入输出时会被阻塞，等待输入与输出的结束，这和计算机中程序的串行运行模式是非常切合的。但遗憾的是，现在许多的应用场景中这种模式是无法满足需求的，例如，在我们的网络服务器中，常常需要为大量的客户端服务，但是这些服务器又不需要大量的CPU运算（如Samuel的服务器），传统的线程方案占用资源又太多，可谓进退维谷。

为了解决这个问题，异步I/O出现了。异步输入输出的思路如下。

1）接受请求与输入输出不引起阻塞，无论什么情况都会立即返回。

2）如果没有输入，返回一个特殊返回值提醒服务器下次继续尝试。

3）如果输出失败，返回一个特殊返回值提醒服务器下次继续尝试。

所以我们可以使用下面的伪代码来表示整个过程，如代码清单4-45所示。

代码清单4-45　异步I/O伪代码

```
 1 socket.setNonBlocking();
 2 vector<ConnectionPtr> connections;
 3
 4 while ( 1 )
 5 {
 6     ConnectionPtr newConnection = socket.accept();
 7     if ( !newConnection )
 8     {
 9         newConnection->setNonBlocking();
10         connections.push_back(newConnection);
11     }
12
13     for ( ConnectionPtr connection : connections )
14     {
15         MessagePtr message = ReadMessage(connection);
16         if ( message )
17         {
18             ProcessMessage(message);
```

```
19            }
20
21            ProcessIdle(connection);
22        }
23
24        RemoveDeadConnections(connections);
25    }
```

我们创建完 socket 和 connection 后，都要使用 setNonBlocking 将其设置为非阻塞模式。接着进入无限循环。每次都通过 accept 试探一下是否有新的连接，如果有则将其放入连接数组中存储起来。接着遍历所有的连接，从中读取数据，如果有数据存在则处理消息，否则进入空闲处理（如进行一些计算，发送尚待发送的数据等）。最后每个大循环结束时都要注意移除那些已经中断的链接，释放资源。

这样看起来是好了，但现在有一个新的问题，就是大循环会造成 CPU 空转（如果没有客户端访问时）。如果想要解决这个空转问题，我们就需要系统能够在 I/O 事件触发（如有新的连接或者有数据到来）或者 I/O 完成（如数据写入完成）时通知进程，平时进程则一直处于阻塞状态，不会消耗 CPU。

也就是说，需要系统提供一种“事件”机制，当事件到来时告知程序，然后程序对事件进行处理，处理完成后进入下一轮等待。

我们用下面的伪代码来描述这种机制，如代码清单 4-46 所示。

代码清单 4-46　非阻塞事件机制

```
 1 socket.setNonBlocking();
 2 EventManager eventManager;
 3 // 监听 socket 的事件
 4 eventManager.monitor(socket);
 5
 6 while ( 1 )
 7 {
 8     // 等待事件
 9     // 一次性最多处理 30 个事件
10     // 最多等待 100 ms
11     vector<EventPtr> events = eventManager.wait(30, 100);
12
13     // 遍历事件
14     for ( EventPtr event : events )
15     {
16         ErrorPtr error = nullptr;
17         DataPtr data = nullptr;
18
19         // 检查事件是否是客户端连接
20         if ( event->src == socket &&
21                 event->type == Device::Type::Accept )
22         {
23             ConnectionPtr newConnection = socket.accept();
```

```
24
25                 newConnection->setNonBlocking();
26                 eventManager.monitor(newConnection);
27             }
28             //检查事件是否是客户端读写
29             else if ( event->src->type == Device::Type::Connection )
30             {
31                 //响应读取事件
32                 if ( event->type == Event::Type::Read )
33                 {
34                     MessagePtr message = ReadMessage(connection);
35                     data = CreateData(message);
36                 }
37                 //响应写入事件
38                 else if ( event->type == Event::Type::Write )
39                 {
40                     MessagePtr message = event->data;
41                     Error error = WriteMessage(connection);
42                 }
43             }
44
45             //如果事件有回调，则执行回调函数
46             if ( event->callback )
47             {
48                 event->callback(data, error);
49             }
50         }
51 }
```

整个机制的关键在于一个 monitor 和一个 wait。

monitor 函数是让事件管理器监听某个设备的事件，而 wait 则是用来等待事件发生。该函数第一个参数表示一次性最多处理多少事件，第二个参数表示等待超时时间。如果到来的事件数量到达预设上限或者等待事件超过超时时间，该函数都会返回一个事件列表。

每个事件有以下几个属性。

1）Type：表示事件类型。

2）Src：表示事件来源。

3）Data：表示用户自定义的事件数据。

所以这段代码很清晰，每次循环内都会等待事件，当有事件发生时，逐个处理每个事件。

1）如果有连接到来，则将连接加入监听列表。

2）如果是设备读事件，则读入数据，并转换成消息。

3）如果是设备写事件，则从事件中获取需要写入的信息，并写入消息。

4）如果事件有回调函数，则执行回调函数。

回调函数的设置很重要，这使得每个事件结束时可以使用某种方式通知开发者。这也使

得开发者不能在回调函数中进行非常消耗CPU的任务，如果消耗CPU，则需要启动一个线程专门进行计算，否则会导致事件处理主线程阻塞。

上面的代码严格来说并不是一个完整的异步模型，一个完整的异步模型应该将我们的轮询完全消除，完全基于事件的回调来执行任务。但是由于实在没有多少系统原生提供这种高抽象级别的异步模型（加大内核复杂度），所以大多数情境下还是要这样使用。

这段伪代码阐述了异步IO的思想，而在不同平台上则有不同的实现。例如，Linux下现在使用最多的是epoll，而在Windows下则是IOCP。其中epoll和我们描述的模式比较接近，而IOCP则是完整的异步模型（在事件完成时自动通知，当然，和系统耦合，没有可移植性）。

下面介绍epoll的基本使用方法。epoll由epoll_create、epoll_ctl、epoll_wait这3个基本接口组成，这3个接口的具体含义如下。

（1）epoll_create

第1个函数是epoll_create，该函数有一个参数，但是在新版本的Linux内核中已经没有什么作用了，可以忽略，一般调用epoll_create(0)即可。该函数会返回一个epoll专用的文件描述符，用于操作epoll的行为。

（2）epoll_ctl

创建完epoll之后，我们需要使用epoll_ctl来处理epoll中的事件。该函数原型如下：

```
int epoll_ctl(int epfd, int op, int fd, struct epoll_event *event);
```

其中第1个参数就是epoll描述符，第2个参数op表示要执行的动作，可能值有3个宏。

1）EPOLL_CTL_ADD：注册新的fd到epfd中。

2）EPOLL_CTL_MOD：修改已经注册的fd的监听事件。

3）EPOLL_CTL_DEL：从epfd中删除一个fd。

第3个参数是要监听的文件描述符，第4个参数是要监听的事件，事件的结构体定义如代码清单4-47所示。

代码清单4-47　监听事件结构体

```
1 struct epoll_event
2 {
3     __uint32_t events;
4     epoll_data_t data;
5 }
```

events表示事件类型，而data则是用户自定义数据。epoll支持的事件类型如下。

1）EPOLLIN：表示对应的文件描述符可以读（包括对端Socket正常关闭）。

2）EPOLLOUT：表示对应的文件描述符可以写。

3）EPOLLPRI：表示对应的文件描述符有紧急的数据可读（这里应该表示有带外数据到来）。

4）EPOLLERR：表示对应的文件描述符发生错误。

5）EPOLLHUP：表示对应的文件描述符被挂断。

6）EPOLLET：将 epoll 设为边缘触发（Edge Triggered）模式，这是相对于水平触发（Level Triggered）来说的。

7）EPOLLONESHOT：只监听一次事件，当监听完这次事件之后，如果还需要继续监听这个 Socket，需要再次把这个 Socket 加入到 epoll 队列里。

我们可以看到，epoll 支持的事件类型还是相当多的。而且由于在 Linux 中一切皆文件，因此所有的 Linux 系统调用对象都是一个文件描述符，因此 epoll 可以支持 Linux 中的所有的设备（包括文件、Socket、管道等）。

（3）epoll_wait

该函数用于等待事件发生。其原型如下所示。

```
int epoll_wait(int epfd, struct epoll_event * events, int maxevents, int timeout);
```

该函数的第 1 个参数是描述符，第 2 个参数是一个事件数组，需要用户分配内存，第 3 个参数是等待的最大事件数量，最后一个参数是超时事件，这和模型中的 wait 方法很类似。

使用 epoll 的一个代码框架如代码清单 4-48 所示。

代码清单 4-48　使用 epoll 的一个代码框架

```
 1 while( 1 )
 2 {
 3     nfds = epoll_wait(epfd,events,20,500);
 4     for(i=0;i<nfds;++i)
 5     {
 6         //新连接到来
 7         if(events[i].data.fd==listenfd)
 8         {
 9             connfd = accept(listenfd,(sockaddr *)&clientaddr, &clilen);
10             ev.data.fd=connfd;
11             ev.events=EPOLLIN|EPOLLET;
12             //添加连接到 epoll 监听队列中
13             epoll_ctl(epfd,EPOLL_CTL_ADD,connfd,&ev);
14         }
15         //接收到数据，读取 Socket
16         else if( events[i].events&EPOLLIN )
17         {
18             n = read(sockfd, line, MAXLINE));
19             //md 为自定义类型，添加数据
20             ev.data.ptr = md;
21             ev.events=EPOLLOUT|EPOLLET;
22 
23             //修改标识符，等待下一个循环时发送数据，是异步处理的精髓
24             epoll_ctl(epfd,EPOLL_CTL_MOD,sockfd,&ev);
25         }
26         //有数据待发送，写 Socket
```

```
27          else if(events[i].events&EPOLLOUT)
28          {
29              //取数据
30              struct myepoll_data* md = (myepoll_data*)events[i].data.ptr;
31              sockfd = md->fd;
32              //发送数据
33              send( sockfd, md->ptr, strlen((char*)md->ptr), 0 );
34              ev.data.fd=sockfd;
35              ev.events=EPOLLIN|EPOLLET;
36              //修改标识符，等待下一个循环时接收数据
37              epoll_ctl(epfd,EPOLL_CTL_MOD,sockfd,&ev);
38          }
39          else
40          {
41              //其他的处理
42          }
43      }
44  }
```

这段代码中比较难以理解的应该是对于事件的设置，我们创建完连接后，首先将 epoll 监听事件设置为 EPOLLIN，让 epoll 监听读取事件，接着在收到读取事件之后将监听事件切换为 EPOLLOUT，让 epoll 监听写入事件，最后在写事件之后将监听事件切换为 EPOLLIN，整个流程如图 4-10 所示。

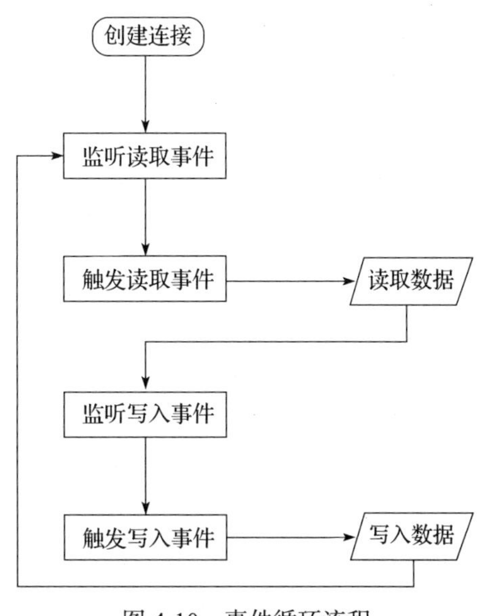

图 4-10　事件循环流程

现在我们构成了一个循环，每次只监听某个类型的事件，按部就班一次处理一个事件，这样一来就完成了一个异步处理循环。

至于 Windows 的 IOCP，这里就不讲解了，有兴趣的读者可以自行阅读相应材料。

4.4　消失不见的内存

从 Samuel 改造完他的程序算起，Samuel 和 Lionel 使用这个简陋的留言板程序也有 2 个月了，他们的一些好友也开始使用这个程序。他们为这个程序加了存储功能（将留言保存在本地文件中，需要的时候再获取，否则程序关闭之后数据会丢失），并把服务程序放在了一台便宜的云服务器上，便于大家访问。

程序也算足够稳定（主要是功能确实简单），平平稳稳地运行了那么长时间，一直没有出过问题。但是有一天，Samuel 突然发现服务器响应变得特别慢，于是他登录服务器查看了一下情况，原来是服务程序已经占满了服务器的内存。

Samuel百思不得其解，因为他已经做了数据的离线存储和缓存层，只有访问频率最高的数据才会加载到内存中，内存为什么会被占满呢？难道是臭名昭著的内存泄漏？

为了排除问题，Samuel重新启动了他的服务器，并编写一个程序大量发送请求给服务器，Samuel发现占用内存会随着请求数量的增多不规律而且不正常地增长，和内存泄漏一样。

于是Samuel使用valgrind来分析服务器的内存泄漏问题，奇怪的事情发生了——并没有任何内存泄漏问题，一切都是正常的。

Samuel不得不去网上咨询这个问题，最后得到的答案是，这不是内存泄漏，而是内存碎片问题。

4.4.1 内存分配与内存碎片

经典的进程内存布局如图4-11所示。

图4-11中底端是内存地址为0的地方，顶端是内存线性地址最大的地方（如32位下线性地址最大值是0xFFFFFFFF），而占据顶端的就是内核空间，这里是操作系统内核预留的空间区域。第二部分是栈空间，也就是堆栈所在的内存空间，众所周知，栈是自高地址处向低地址处增长的，这在图中也有所反映。最后一部分是堆空间，在这个简化的理论模型上所有的剩余空间都预留给了堆，堆是从低地址向高地址增长的。

当然这只是一个简化模型，实际上在堆的下方，还会为静态内存空间预留内存，而堆与栈的中间可能还有供mmap（内存映射）使用的区域。

此外，由于栈的空间有限，而且只用来管理所谓的“自动变量”，因此我们在实际程序中需要大量使用到堆。堆空间不仅可用内存多，而且可以动态分配，也就是说按需获取，按需使用，不需要时释放即可。C中的malloc/free与C++中的new/delete就是用来管理内存的。但是较少有人去深入了解malloc/free或者new/delete到底为我们做了什么。

首先，内存管理函数并不会直接去向操作系统索要内存，因为系统调用的开销比较大，这样做是非常不值的。此外，直接使用过系统调用的人都知道，在Linux下分配堆内存需要使用brk系统调用，而这个系统调用只是简单地改变堆顶指针而已，也就是将堆扩大或者缩小。所以如果我们遇到这种情况，是没有办法直接将内存归还给操作系统的，如图4-12所示。

这种情况下，假设我们先分配了memory2，再分配memory1。现在memory2内存不需要了，我们想还给内存，但是遇到问题了——如果我们改变brk指针，那么memory1也会被还给系统，这样是不可行的。

我们有两种解决方案：一是将memory2内存中的数据复制到memory1中，但是这样一来，所有的内存地址都会发生变化，是不可行的；二是将memory2的内存缓存下来，下一次用户申请内存时我们不需要直接使用系统调用，而是直接从缓存的内存中划出一块交给用户。等到用户完全不使用memory1和memory2了再将这两块内存释放。

所以在C/C++真正的内存管理中，都会有这么一个内存管理器，它负责向操作系统申请内存，并将内存缓存下来，并通过某种算法从缓存的内存中划出一块交给用户，这样一可以提高程序的运行效率，二可以提高内存的使用效率，一举两得。这个内存管理器就像一个“批发商”，一次性向操作系统索要可观的内存数量，并直接将自己“批发”来的内存销售给调用内存管理函数的用户。

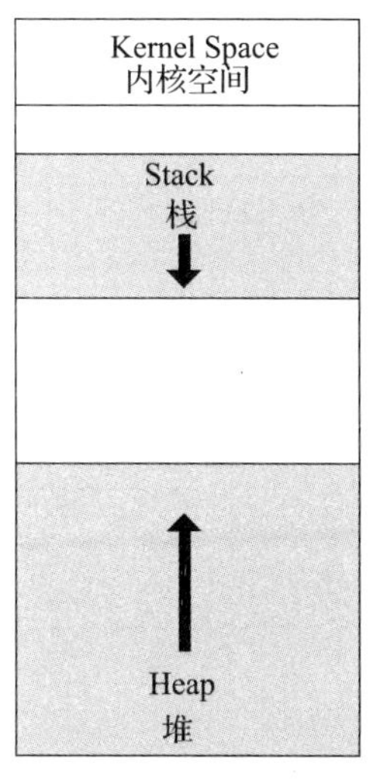

图 4-11　内存布局图

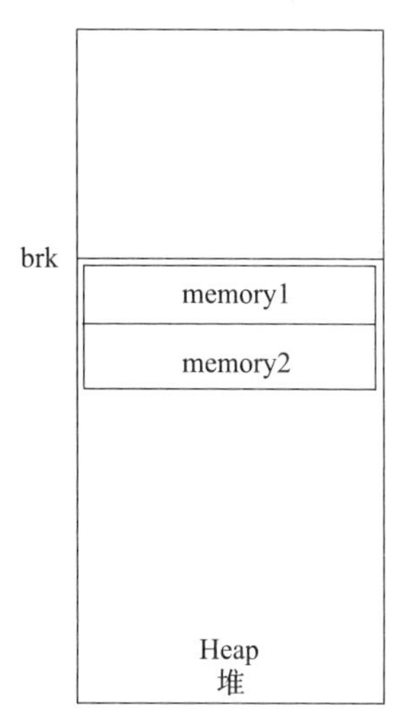

图 4-12　内存图

但是，如果我们这个“批发商”对商品管理不当，还是会出很大问题的，如图 4-13 所示。

其中，每个字符串我们都分配了一定数量的空间，如字符串“a”需要 2 字节（C 中字符串需要一个额外的 0 字符用于标识字符串结束）。现在我们发现“a”、“c”、“e”这 3 个字符串再也不需要了，所以我们将其释放，现在内存如图 4-14 所示

这样这 3 块内存又可以重复利用了。但是这些内存太小了，为了保证之后可以更好地利用，我们需要将其合并起来（合并成一块内存），这样再次分配内存时，只要用户需要的内存不超过 6 字节，只需要从中划出一块分给用户即可。

合并之后的内存图如图 4-15 所示。

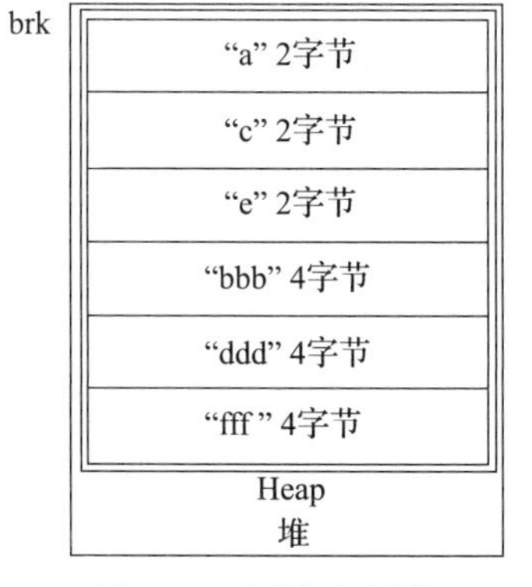

图 4-13　原始内存图

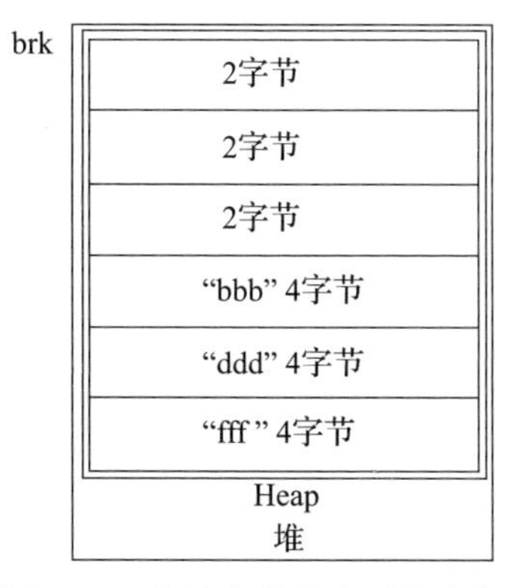

图 4-14　释放字符串之后的内存图

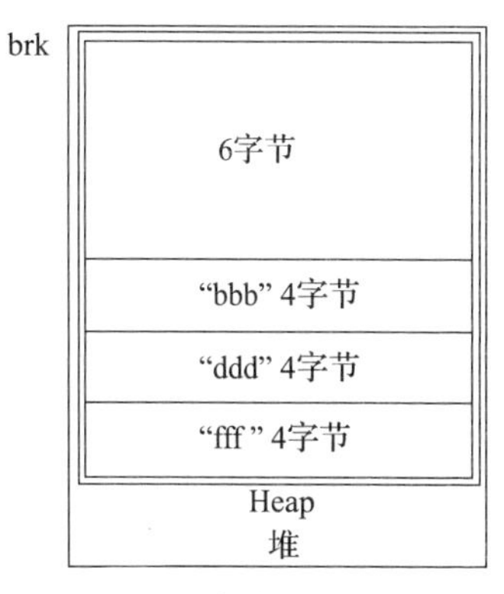

图 4-15　合并之后的内存图

但这是一种非常理想的情况，而且是一种极端最优情况。让我们来看另一种极端最坏的情况，假设我们分配内存如图 4-16 所示。

现在看起来是正常的。但是如果我们不需要那几个 2 字节的内存空间，内存如图 4-17 所示。

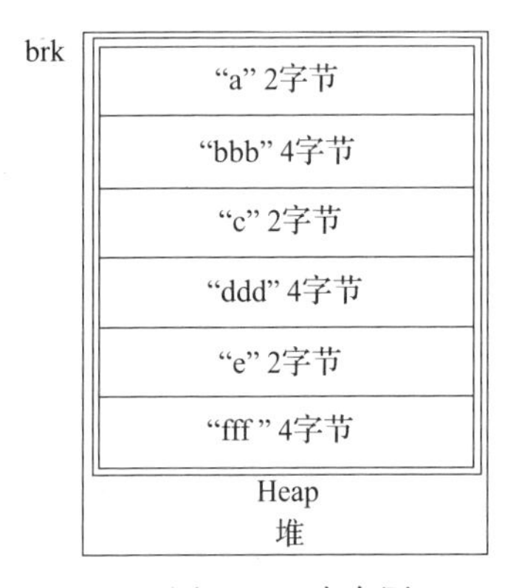

图 4-16　内存图

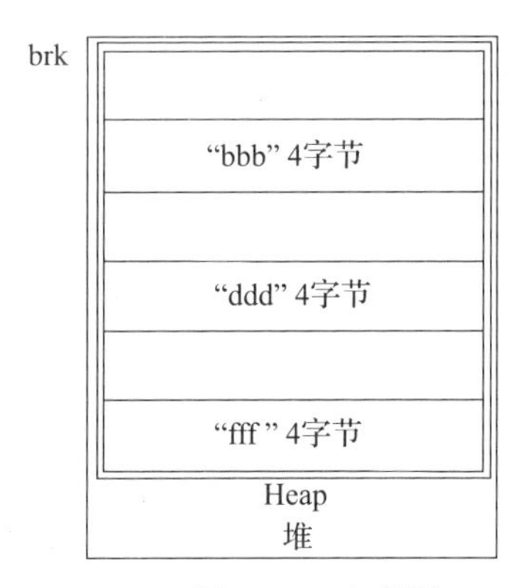

图 4-17　内存图

现在那几个 2 字节的空间是被还给内存管理器了，但是内存管理器没办法对其进行合并，因为这几个很小的空间是零碎分布在这片内存中的。一个极端情况是：如果程序再也没有 2 字节的动态内存可以分配了，而且这几个 4 字节内存是永远占用的，那么这几个 2 字节内存又该如何使用呢？

很明显，这几块内存已经再也无法使用了，既不能分配又不能归还——这就是所谓的内存碎片。小规模的内存分配越多，内存碎片也就会越严重。而 gcc 默认使用的 ptmalloc 分配器对这种内存碎片的优化不是非常理想，导致了 Samuel 出现了看似是“内存泄漏”的问题，实际上是内存碎片问题。

此外，我们想象另一个场景，如果每个线程并发分配堆，由于对于每个进程堆是唯一的，因此我们再分配内存时还需要上锁，如果在一个程序中需要在短时间内频繁地分配小内存，那么又会出现因为频繁上锁而导致的性能损耗。这是我们无法接受的。

4.4.2 tcmalloc

为了解决这些问题，我们可以使用一些更好的内存管理器替代默认的内存管理器，如 Google 开发的 tcmalloc（Google 的 gperftools 的一部分，网址为 https://github.com/gperftools/gperftools）和 jemalloc 等内存管理库，这些库使用得非常频繁，而且不需要改变原有代码，对于频繁使用内存的程序，是非常值得使用的，例如，Redis[㊀]为了获得最好的性能就使用了 tcmalloc 和 jemalloc。

㊀ Redis 是一个开源的使用 ANSI C 语言编写、支持网络、可基于内存亦可持久化的日志型、Key-Value 数据库，并提供多种语言的 API，是目前最流行的缓存解决方案之一。

tcmalloc 和 jemalloc 的原理非常相似，都是在链接时期替代标准 libc 中的 malloc 和 free，因此加载程序后就会替代原有的 malloc 和 free 进行工作，因此在不改动代码的情况下，就可以解决内存碎片的问题。

下面介绍一下 tcmalloc。

tcmalloc 就是一个内存分配器，管理堆内存，主要影响 malloc 和 free，用于降低频繁分配、释放内存造成的性能损耗，并且有效地控制内存碎片。glibc 中的内存分配器是 ptmalloc2，tcmalloc 号称要比它快。一次 malloc 和 free 操作，ptmalloc 需要 300 ns，而 tcmalloc 只要 50 ns。同时 tcmalloc 也优化了小对象的存储，需要更少的空间。tcmalloc 特别对多线程做了优化，对于小对象的分配基本上不存在锁竞争，而大对象使用了细粒度、高效的自旋锁（Spinlock）。分配给线程的本地缓存在长时间空闲的情况下会被回收，供其他线程使用，这样提高了在多线程情况下的内存利用率，不会浪费内存，而这一点 ptmalloc2 是做不到的。

tcmalloc 区别地对待大、小对象。它为每个线程分配了一个线程局部的 cache，线程需要的小对象都是在其 cache 中分配的，由于是 thread local 的，所以基本上是无锁操作（在 cache 不够，需要增加内存时，会加锁）。同时，tcmalloc 维护了进程级别的 cache，所有的大对象都在这个 cache 中分配，由于多个线程的大对象的分配都从这个 cache 进行，所以必须加锁访问。在实际的程序中，小对象分配的频率要远远高于大对象，通过这种方式（小对象无锁分配，大对象加锁分配）可以提升整体性能。

线程级别 cache 和进程级别 cache 实际上就是一个多级的空闲块列表（Free List）。一个空闲块列表以大小为 k B 倍数的空闲块进行分配，包含 n 个链表，每个链表存放大小为 $n \times k$ B 的空闲块。在 tcmalloc 中，小于等于 32 KB 的对象被称为小对象，大于 32 KB 的是大对象。在小对象中，小于等于 1024 B 的对象以 $8n$ B 分配，大于 1025 B，小于等于 32 KB 的对象以 $128n$ B 大小分配，例如，要分配 20 B 则返回的空闲块大小是 24 B，小于等于 B 的，这样在小于等于 1024 B 的情况下最多浪费 7 B，大于 1025 B 则浪费 127 B。而大对象是以页大小 4 KB 进行对齐的，最多会浪费 4 KB–1 B。图 4-18 所示为一个空闲块列表的示意图。

实际上，一个空闲块列表就是一个数组索引多个链表，每个链表存放相同大小的块。可以根据要分配的内存大小 size 算出合适的块在 free list 中的下标，然后找到对应的空闲块链表。

tcmalloc 的数据结构组织如图 4-19 所示。

1）线程局部空闲链表：线程本地的空闲块 cache，用于分配小对象。

2）堆空闲链表：中心 free list，全局唯一，用于按页对齐分配大对象或者将连续的多个页（被称作 span）分割成多个小对象的空闲块分配给 thread-local free list。

3）页面数组：用于描述当前 tcmalloc 持有的内存状态，完成从 page number 到 span 的映射。

小对象的分配过程如下。

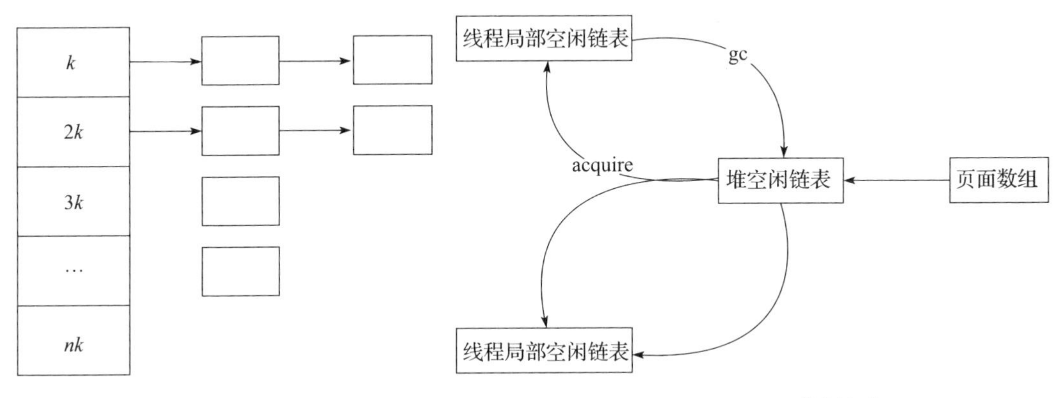

图 4-18　tcmalloc 空闲链表示意图　　图 4-19　tcmalloc 数据组织

1）根据分配的 size 计算出对应的空闲块大小，从而确定对应空闲块链表，然后从 thread local 的 free list 进行分配。

2）如果空闲块链表非空，直接将头结点对应的空闲块返回并从空闲块链表中将其删除。

3）如果空闲块链表是空的，需要从 heap free list 获取一个 span。如果 heap free list 非空，则将 span 切分成多个相同大小的空闲块插入空闲块链表中，然后返回头节点。

4）如果 heap free list 是空的，则调用 sbrk 或者 mmap 进行内存的分配，一系列连续的内存页作为 span，然后切分成多个相同大小的空闲块插入空闲块链表，然后返回头结点。

大对象的分配简单得多，直接从 heap free list 分配 4*n* KB 大小的空闲块即可，如果 heap free list 不存在该大小的空闲块，通过系统调用分配连续的内存页。

tcmalloc 还会对 thread local cache 进行垃圾收集，从而避免内存浪费。或者我们还可以使用一个传统的解决方案——内存池。

4.4.3　内存池

内存池的思想很简单，既然对于特定用途通用内存管理器已经无法很好地运作了，那么干脆就模仿内存管理器，直接在系统分配的一块大内存上建立我们自己的内存管理机制，并设计一套数据结构与算法来适应我们特殊的内存分配需求即可。

如果是通用内存池，我们可以模仿通用的内存管理器，通过如图 4-20 所示的数据结构来管理内存空间。

其中，上面一块是元数据区域，用来记录我们的内存分配信息，元数据区域中最重要的是一个链表，这个链表维护了我们所使用的内存数据。分配内存时我们从内存中分出一块并加入一个表项到链表中；释放内存时，我们将内存从链表中移除。

图 4-20 只是一个示意图，如果只是简单地这样管理内存，依然无法解决内存碎片问题，

需要对数据结构进行优化，这需要读者自行阅读相关资料。

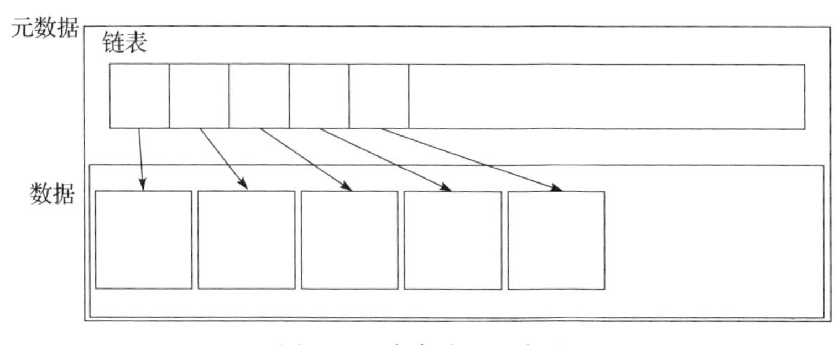

图 4-20　内存分配示意图

内存池的另一个好处是我们可以为每个线程单独分配一个内存池，而不需要整个进程共用，这样在多线程的程序中，还可以避免多个线程之间同时分配内存时频繁上锁。除此之外，我们还可以在用户引用错误内存时给出更清晰、更明确的异常信息，并进行 Heap Dump，总之就是可以增强我们对内存的控制能力。

此外，如果将内存池技术和句柄技术结合，我们可以更好地解决内存碎片问题，如图 4-21 所示。

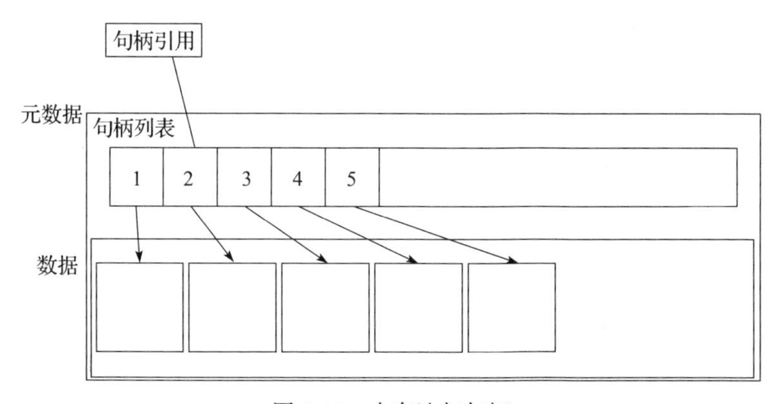

图 4-21　内存池与句柄

我们将链表中的每个对象都看成一个句柄，并为这些句柄进行编号。用户不再使用直接的指针，而是使用我们包装过的句柄引用对象。这些对象里包含的是句柄的编号。

当我们发现由于小块内存过多而引发内存碎片时，只需要将数据内存中的内存进行压缩（也就是将正在使用的内存重新排布到一起，将空闲的内存空间预留出来，可以看成内存的碎片整理），并修改句柄列表中句柄指向的实际地址，这样就可以一定程度上解决内存碎片问题。虽然这样会引起程序的暂时停顿，但是在不直接和用户进行 UI 交互的服务器程序中，这种小间断往往是可以接受的，尤其是那些追求高吞吐量同时又要避免内存碎片的程序非常适合使用这种模型。

4.5 本章小结

虽然本章以一个留言板系统作为示例贯穿始终，但其实内容非常繁杂，涉及 C++ 中往往不为初学者关注的方方面面，包括通信问题、资源管理问题、编码问题、I/O 处理问题以及内存管理问题。这些问题都会对整个系统的稳定性和性能造成很大的影响。而通信的封装管理、并发方法与 I/O 处理以及最后提到的内存管理技术这些与 C++ 相关的知识则是在 C++ 的高性能编程中必须要注意的基本知识，并需要读者自己课后阅读相关资料，深入了解这些内容，与自己的实际需求有机结合，选择最好的解决方案。

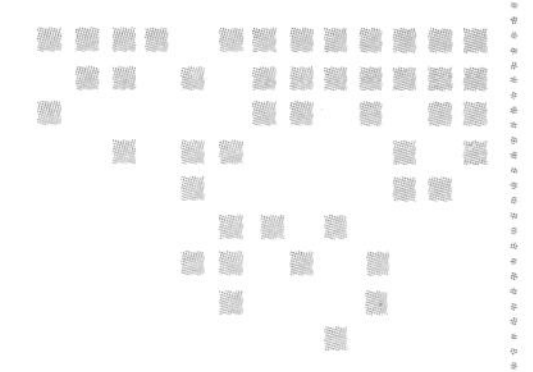

第5章 Chapter 5

分布式实时处理系统

众所皆知，现在已经进入所谓的大数据时代，数据量的爆发性增长对数据的存储和处理能力都带来了极大考验，因此现在的数据系统中，分布式存储系统和分布式计算系统越来越为普遍。而在分布式技术刚刚开始普及的早期，开源的分布式解决方案非常单一，基本只有大家所熟知的 Apache Hadoop，因此当时 Hadoop 几乎成为分布式计算和云计算的代名词。

但现在许多实际应用场景对系统计算和存储的实时性要求越来越高，而 Hadoop 则是为批处理场景设计的，因此 Hadoop 无法满足现在的许多需求。另一方面，Hadoop 由于依赖于 HDFS 这种分布式文件系统，因此其计算速度也部分受限于 I/O，成为其计算速度的瓶颈。为了解决 Hadoop 的这些问题，现在出现了越来越多的分布式存储与计算的解决方案。

例如，为了提升批处理计算的性能，Apache 旗下有另一款产品 Spark，在批处理计算性能上远胜于 Hadoop。而为了解决实时计算的问题，Twitter 则推出了 Storm（目前已经纳入 Apache 基金会）。而本书则聚焦于 Apache Storm 的实现问题——如何理解 Apache Storm 的实现，并使用 C++ 实现一个完整的分布式实时计算系统。

5.1 Hadoop 与 MapReduce

现在讲起任何分布式系统都不得不提 Apache Hadoop。在那个缺少分布式框架的年代，该系统可以说是开源分布式计算产品的代名词。

Hadoop 是一个完整的分布式存储与计算解决方案，也就是说其兼顾存储与计算，并将分布式存储与计算融合在了一个框架中。而 Hadoop 中最重要的两个组成部分就是 HDFS 和 MapReduce 模型。首先，Hadoop 使用 HDFS 作为其分布式文件系统，解决了分布式存储的问题；其次，Hadoop 使用 MapReduce 模型作为其计算模型，解决了分布式计算的问题。最后，Hadoop 的 MapReduce 完全依赖于 HDFS 这种分布式文件系统，其节点之间的数据交换需要依赖于 HDFS 实现。

5.1.1 HDFS

1. 来源

HDFS 是 Hadoop Distributed File System 的缩写，顾名思义就是 Hadoop 的分布式文件系统。其前身是 Nutch Distributed File System，属于 Apache Nutch 项目的一部分，而 Nutch 则是基于著名的 Apache Lucene 开发的，也是 Lucene 的子项目之一。当时 Nutch 开发 NDFS 是因为在 Nutch 中需要建立一个可扩展的存储引擎，以支持存储爬虫所获取的数十亿网页。在 2003 年时，恰好 Google 发表了一篇论文，论述他们的 GFS 分布式文件系统，于是 Nutch 就借鉴其原理，自己实现了一个版本，这就是 Nutch Distributed File System。后来 Hadoop 从 Nutch 项目中独立出来后就改名为 HDFS。

2. 特点

HDFS 具有以下特点。

（1）高容错性

HDFS 具有高容错性。HDFS 认为硬件错误是常态，而 HDFS 会将文件分块存储在不同的机器上，因此如何检测错误并快速进行错误恢复是 HDFS 的一个关键难题。为此 HDFS 将数据按块存储，并采取一种冗余存储的方式，将相同的数据块存储在不同的机器上。同时采用数据节点和数据块的心跳检测方法，在某个数据节点或数据块出现问题时，能及时利用已有的其他数据块副本在某个节点上重新建立新的数据块副本。因此，Hadoop 提供了高容错性的保障。

（2）廉价集群

传统的数据存储策略是使用高可靠性的存储设备，或者使用 RAID 来保障数据安全，但由于 HDFS 具有高容错性，因此我们可以采用性能底下的廉价服务器组成存储集群，在应用层通过 HDFS 保障数据的安全。

也因为 HDFS 的这个特性，大部分 HDFS 集群都是采用较为廉价的服务器组成的。

（3）高吞吐量

HDFS 在性能上的核心目标就是高吞吐量。首先，HDFS 将文件分块存储，每个块有固定尺寸，这有利于利用数据校验来提高数据的安全性，与此同时也有利于 HDFS 的高吞吐量。但因此 HDFS 的实时性比较差，这是在实际应用时必须考虑到的。而由于 MapReduce 模块基于 HDFS，因此 MapReduce 的实时性也是不能够指望的。

（4）流式访问

Hadoop 提供了类 POSIX 的流式访问接口，也就是说我们可以使用字节流的方式访问

HDFS 上的任意文件。我们可以使用熟悉的 POSIX 接口打开一个文件流，并从中读取数据或者写入数据。不过为了保证 HDFS 整体的吞吐量，因此 Hadoop 并不支持所有的 POSIX 文件操作特性，这是需要注意的。

5.1.2　MapReduce 模型

MapReduce 模型是 Google 于 2004 年公开的一个用于处理分布式计算的计算模型。而 Nutch 为了解决网页文件的处理问题也迅速实现了这个模型。后来 Nutch 就将 NDFS 和 MapReduce 独立出来，成立了现在的 Hadoop 项目，随后也成为了 Apache 的一个顶级项目。

1. 基本思想

首先，不得不说，MapReduce 模型充分体现出了并行编程思路中的精髓——分治。

举一个很简单的例子。假设我们希望从 5 个数字中找出一个最大值，比如用数组形式表示：

[1, 4, 3, 2, 10]

显而易见，对于未经过预处理的数据，寻找最大值最优算法就是遍历，时间复杂度是 O (n)。从 5 个元素中找最大值很简单，但如果现在有 1000 万个数据该怎么办呢？直接循环 1000 万次吗？这必定需要很长的时间。

因此，当数据量过大时，我们再也无法依赖于一台机器以单线程的模型来完成计算任务。而分治的思想就是，将数据分割成不同的部分，交给不同的执行单位执行计算，最后将计算结果汇总。比如，现在有 12 个数据（嗯，假设这是一个很大的数字）：

[1, 4, 20, 7, 2, 9, 6, 4, 8, 1, 22, 11]

我们可以将这个数组划分为 4 个部分，分别是

[1, 4, 20], [7, 2, 9], [6, 4, 8], [1, 22, 11]

然后使用 4 个查找最大值的程序分别计算这 4 个数组各自的最大值，最后再汇总成一个数组，结果显而易见是

[20, 9, 8, 22]

最后，我们再次执行查找最大值的程序，从这个数组中再挑选出最大值，就能找到最大值 22，完成我们的任务。假设我们在建立执行单位（比如建立线程、进程）以及传输数据过程中没有任何开销，单线程的程序找出最大值需要耗费 12 个时间单位，而并行执行的程序只需要耗费 7 个时间单位（首先，4 个单位并行处理大小为 3 的数组，接下来再由一个单位处理大小为 4 的数组）。实际上对于这么一个小数组，使用并行计算是得不偿失的，但如果考虑有几千万上亿条数据，使用大量的机器并行编程的额外开销（创建进程、网络传输）的代价远远小于分开计算所带来的收益，这是显而易见的。因此在数据量很大的时候我们常常会采用这种思路，将数据分布到不同的节点上执行计算，最后由少数计算节点进行汇总。

哪怕是在一台机器运行，为了榨干 CPU 的性能，我们也可以采用这种思路，在数据规

模合适的情况下，划分数组交给不同的线程并发执行，如果使用得当，这种思想在单机多线程模型中也会非常有效。

2. 模型讲解

MapReduce 的模型其实非常简单，其核心思想就是我们上面所讲的分治。

首先，Hadoop 会分割输入数据，交给 Map 任务进行计算，接着将 Map 的计算结果通过 HDFS 传递给 Reduce 任务，由 Reduce 任务对 Map 的计算结果进行合并，并将结果输出，得到最后的输出。但这只是一种最简单的描述，其实整个 MapReduce 的过程中包含了更多的部分，我们可以利用这套机制完成很多类型的计算工作。

我们可以用图 5-1 来描述完整的 MapReduce 模型。

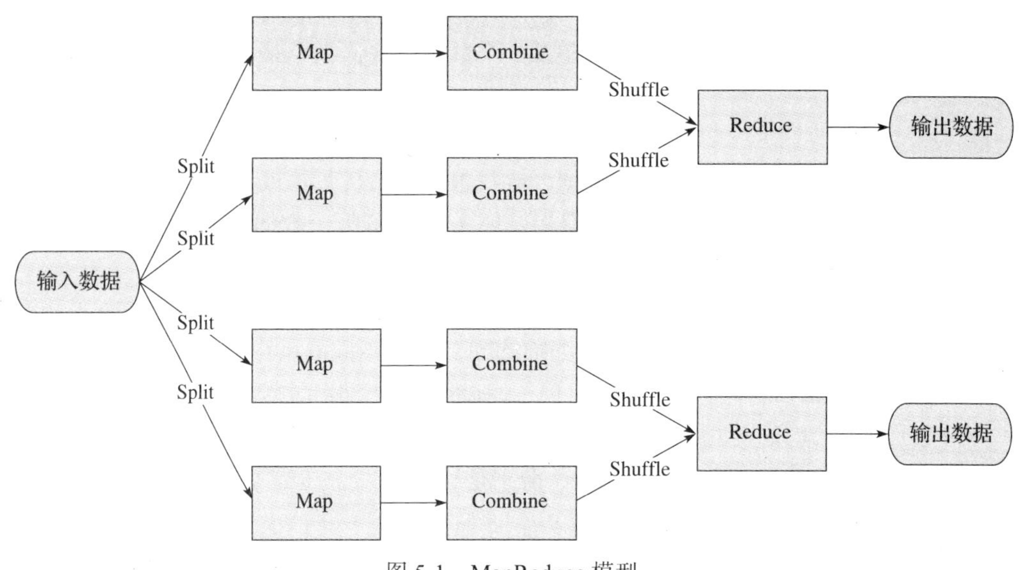

图 5-1　MapReduce 模型

首先，Hadoop 会从数据源中读取数据。这个数据源类型非常多，可以是文本数据，可以是从 HBase 或者 Cassandra 这类数据库中提取的数据，也可以是 Avro 这种序列化格式。Hadoop 提供了一个数据处理类的接口 InputFormat，只要用户实现该类，理论上就可以从任何数据源中读取输入，我们常用的有 TextInputFormat、KeyValueTextInputFormat、SequenceFileInputFormat 等。

接着，Hadoop 会对输入进行分割，并将输入分别传送到不同的计算节点上。每个计算节点可以运行多个 Map 任务，Hadoop 会将分割后的结果传送到对应的 Map 任务中。Hadoop 会帮助我们合理安排每台机器上 Map 任务的运行数量（但是我们需要设定一个最大值），并且做好计算的负载均衡，以提高整个计算集群的吞吐量。

执行完 Map 任务之后，Hadoop 会将 Map 的输出结果以用户指定的格式存放在 HDFS 的特定目录中。在输出之前，Map 会将多个任务的执行结果先使用 Combine 进行一次合并，这样可以减少 Reduce 的工作负担，很多时候也可以减少输出的数据量，更充分地提高系统吞吐量。

接下来，Hadoop 就会调度 Reduce 任务对 Map 的数据进行最后的合并操作。在执行 Reduce 之前，Hadoop 会进行一个 Shuffle 操作，对 Map 的输出结果进行特殊处理，比如默认会进行排序。也就是说每一个 Reduce 任务的输入都是确保有序的。这样我们就可以利用 MapReduce 进行海量数据的排序工作。

最后，Reduce 会将数据输出到用户指定的目的地。和输入数据源一样，输出的目的地和输出格式都是可以指定的。与 InputFormat 类似，这里 Hadoop 提供了一个 OutputFormat 类，用户只要实现这个 OutputFormat 就可以将数据输出到任意位置，无论是 HDFS、数据库还是网络上。

我们可以将上一部分中的数据与图 5-2 中的每一步一一对应。

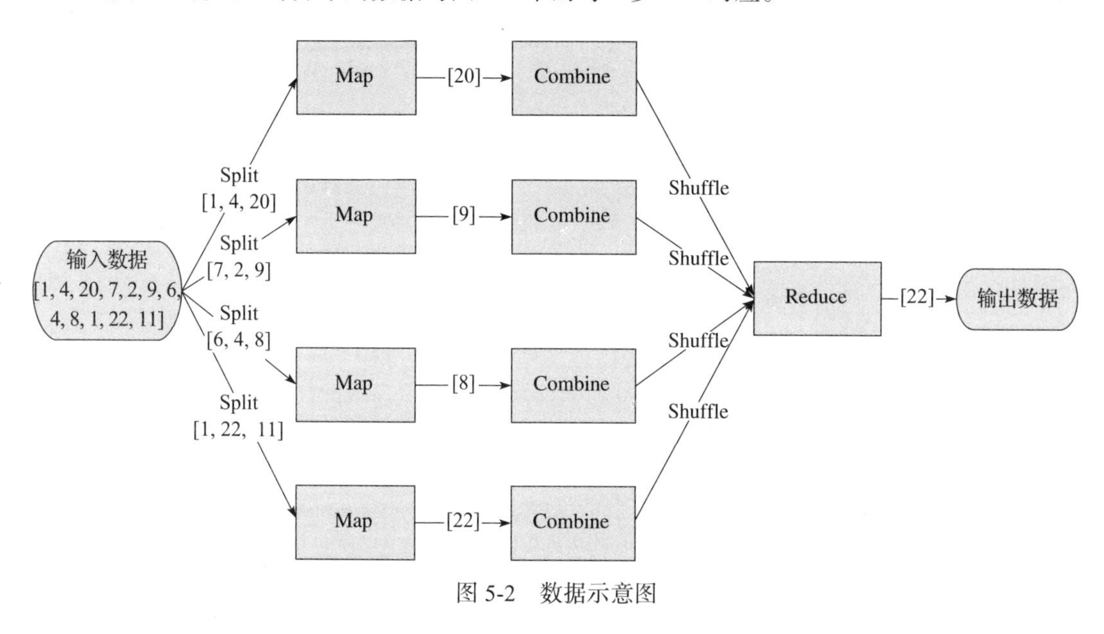

图 5-2　数据示意图

首先，Hadoop 将输入数据分割成 4 份，传送到不同的 Map 任务中。接着 Map 计算出每一份数据的最大值，将数据输出到 Reduce 中，由于图 5-2 中每个 Map 的输出只有一个值，因此 Combine 和 Shuffle 过程可以忽略。最后我们通过 Reduce 求出最大值为 22，并将值输出。

所以 MapReduce 模型是非常易于理解的，同时也充分利用了计算集群的计算能力，提高整个集群的吞吐量。

3. MapReduce 接口

现在我们来看一下 MapReduce 实际接口，了解我们如何使用 MapReduce 接口完成计算任务。首先是 Mapper 接口，如代码清单 5-1 所示。

代码清单 5-1 Mapper 接口

```
1  package org.apache.hadoop.mapred;
2
3  import java.io.IOException;
4
5  import org.apache.hadoop.classification.InterfaceAudience;
6  import org.apache.hadoop.classification.InterfaceStability;
7  import org.apache.hadoop.fs.FileSystem;
8  import org.apache.hadoop.io.Closeable;
9  import org.apache.hadoop.io.SequenceFile;
10 import org.apache.hadoop.io.compress.CompressionCodec;
11
12 /**
13  * Maps input key/value pairs to a set of intermediate key/value pairs.
14  *
15  * <p>Maps are the individual tasks which transform input records into a
16  * intermediate records. The transformed intermediate records need not be of
17  * the same type as the input records. A given input pair may map to zero or
18  * many output pairs.</p>
19  *
20  * <p>The Hadoop Map-Reduce framework spawns one map task for each
21  * {@link InputSplit} generated by the {@link InputFormat} for the job.
22  * <code>Mapper</code> implementations can access the {@link JobConf} for the
23  * job via the {@link JobConfigurable#configure(JobConf)} and initialize
24  * themselves. Similarly they can use the {@link Closeable#close()} method for
25  * de-initialization.</p>
26  *
27  * <p>The framework then calls
28  * {@link #map(Object, Object, OutputCollector, Reporter)}
29  * for each key/value pair in the <code>InputSplit</code> for that task.</p>
30  *
31  * <p>All intermediate values associated with a given output key are
32  * subsequently grouped by the framework, and passed to a {@link Reducer} to
33  * determine the final output. Users can control the grouping by specifying
34  * a <code>Comparator</code> via
35  * {@link JobConf#setOutputKeyComparatorClass(Class)}.</p>
36  *
37  * <p>The grouped <code>Mapper</code> outputs are partitioned per
38  * <code>Reducer</code>. Users can control which keys (and hence records) go to
39  * which <code>Reducer</code> by implementing a custom {@link Partitioner}.
40  *
41  * <p>Users can optionally specify a <code>combiner</code>, via
42  * {@link JobConf#setCombinerClass(Class)}, to perform local aggregation of the
43  * intermediate outputs, which helps to cut down the amount of data transferred
44  * from the <code>Mapper</code> to the <code>Reducer</code>.
45  *
46  * <p>The intermediate, grouped outputs are always stored in
47  * {@link SequenceFile}s. Applications can specify if and how the intermediate
48  * outputs are to be compressed and which {@link CompressionCodec}s are to be
49  * used via the <code>JobConf</code>.</p>
```

```
50   *
51   * <p>If the job has
52   * <a href="{@docRoot}/org/apache/hadoop/mapred/JobConf.html#ReducerNone">zero
53   * reduces</a> then the output of the <code>Mapper</code> is directly written
54   * to the {@link FileSystem} without grouping by keys.</p>
55   *
56   * <p>Example:</p>
57   * <p><blockquote><pre>
58   *     public class MyMapper<K extends WritableComparable, V extends Writable>
59   *     extends MapReduceBase implements Mapper<K, V, K, V> {
60   *
61   *       static enum MyCounters { NUM_RECORDS }
62   *
63   *       private String mapTaskId;
64   *       private String inputFile;
65   *       private int noRecords = 0;
66   *
67   *       public void configure(JobConf job) {
68   *         mapTaskId = job.get(JobContext.TASK_ATTEMPT_ID);
69   *         inputFile = job.get(JobContext.MAP_INPUT_FILE);
70   *       }
71   *
72   *       public void map(K key, V val,
73   *                       OutputCollector<K, V> output, Reporter reporter)
74   *       throws IOException {
75   *         // Process the <key, value> pair (assume this takes a while)
76   *         // ...
77   *         // ...
78   *
79   *         // Let the framework know that we are alive, and kicking!
80   *         // reporter.progress();
81   *
82   *         // Process some more
83   *         // ...
84   *         // ...
85   *
86   *         // Increment the no. of <key, value> pairs processed
87   *         ++noRecords;
88   *
89   *         // Increment counters
90   *         reporter.incrCounter(NUM_RECORDS, 1);
91   *
92   *         // Every 100 records update application-level status
93   *         if ((noRecords%100) == 0) {
94   *           reporter.setStatus(mapTaskId + " processed " + noRecords +
95   *                              " from input-file: " + inputFile);
96   *         }
97   *
98   *         // Output the result
99   *         output.collect(key, val);
```

```
100  *         }
101  *      }
102  * </pre></blockquote></p>
103  *
104  * <p>Applications may write a custom {@link MapRunnable} to exert greater
105  * control on map processing e.g. multi-threaded <code>Mapper</code>s etc.</p>
106  *
107  * @see JobConf
108  * @see InputFormat
109  * @see Partitioner
110  * @see Reducer
111  * @see MapReduceBase
112  * @see MapRunnable
113  * @see SequenceFile
114  */
115 @InterfaceAudience.Public
116 @InterfaceStability.Stable
117 public interface Mapper<K1, V1, K2, V2> extends JobConfigurable, Closeable {
118
119   /**
120    * Maps a single input key/value pair into an intermediate key/value pair.
121    *
122    * <p>Output pairs need not be of the same types as input pairs.  A given
123    * input pair may map to zero or many output pairs.  Output pairs are
124    * collected with calls to
125    * {@link OutputCollector#collect(Object,Object)}.</p>
126    *
127    * <p>Applications can use the {@link Reporter} provided to report progress
128    * or just indicate that they are alive. In scenarios where the application
129    * takes significant amount of time to process individual key/value
130    * pairs, this is crucial since the framework might assume that the task has
131    * timed-out and kill that task. The other way of avoiding this is to set
132    * <a href="{@docRoot}/../mapred-default.html#mapreduce.task.timeout">
133    * mapreduce.task.timeout</a> to a high-enough value (or even zero for no
134    * time-outs).</p>
135    *
136    * @param key the input key.
137    * @param value the input value.
138    * @param output collects mapped keys and values.
139    * @param reporter facility to report progress.
140    */
141   void map(K1 key, V1 value, OutputCollector<K2, V2> output, Reporter reporter)
142   throws IOException;
143 }
```

代码中定义了Mapper类型，用于执行MapReduce的Map任务。该类型是一个泛型接口，一共包含4个泛型参数。第1个参数是Map的输入键类型，第2个参数是输入值类型，第3个参数是输出键类型，第4个参数是输出值类型。该接口继承自另外两个接口：JobConfigurable和Closeable，说明该接口可以作为任务配置，并且是可以关闭的。

这个接口自身只定义了一个接口，这个接口名为 map，就是执行 map 任务的方法。该方法也有 4 个参数，第 1 个参数是输入的键，第 2 个参数是输入的值，第 3 个参数是一个数据收集器，可以收集特定类型的输出数据，第 4 个参数是一个进度监视器，负责向集群报告 Map 任务的执行进度。该接口会抛出 IOException，也就是会触发设备输入输出异常。

接下来，我们来了解一下 Reducer 的定义，Reducer 的作用是将 Mapper 的输出结果进行合并，我们可以从代码清单 5-2 中了解到 Reducer 接口的详细信息。

代码清单 5-2 Reducer 接口

```
1  package org.apache.hadoop.mapred;
2
3  import java.io.IOException;
4
5  import java.util.Iterator;
6
7  import org.apache.hadoop.classification.InterfaceAudience;
8  import org.apache.hadoop.classification.InterfaceStability;
9  import org.apache.hadoop.fs.FileSystem;
10 import org.apache.hadoop.io.Closeable;
11
12 /**
13  * Reduces a set of intermediate values which share a key to a smaller set of
14  * values.
15  *
16  * <p>The number of <code>Reducer</code>s for the job is set by the user via
17  * {@link JobConf#setNumReduceTasks(int)}. <code>Reducer</code> implementations
18  * can access the {@link JobConf} for the job via the
19  * {@link JobConfigurable#configure(JobConf)} method and initialize themselves.
20  * Similarly they can use the {@link Closeable#close()} method for
21  * de-initialization.</p>
22
23  * <p><code>Reducer</code> has 3 primary phases:</p>
24  * <ol>
25  *   <li>
26  *
27  *   <h4 id="Shuffle">Shuffle</h4>
28  *
29  *   <p><code>Reducer</code> is input the grouped output of a {@link Mapper}.
30  *   In the phase the framework, for each <code>Reducer</code>, fetches the
31  *   relevant partition of the output of all the <code>Mapper</code>s, via HTTP.
32  *   </p>
33  *   </li>
34  *
35  *   <li>
36  *   <h4 id="Sort">Sort</h4>
37  *
38  *   <p>The framework groups <code>Reducer</code> inputs by <code>key</code>s
39  *   (since different <code>Mapper</code>s may have output the same key) in this
40  *   stage.</p>
```

```
41  *
42  *   <p>The shuffle and sort phases occur simultaneously i.e. while outputs are
43  *   being fetched they are merged.</p>
44  *
45  *   <h5 id="SecondarySort">SecondarySort</h5>
46  *
47  *   <p>If equivalence rules for keys while grouping the intermediates are
48  *   different from those for grouping keys before reduction, then one may
49  *   specify a <code>Comparator</code> via
50  *   {@link JobConf#setOutputValueGroupingComparator(Class)}.Since
51  *   {@link JobConf#setOutputKeyComparatorClass(Class)} can be used to
52  *   control how intermediate keys are grouped, these can be used in conjunction
53  *   to simulate <i>secondary sort on values</i>.</p>
54  *
55  *
56  *   For example, say that you want to find duplicate web pages and tag them
57  *   all with the url of the "best" known example. You would set up the job
58  *   like:
59  *   <ul>
60  *     <li>Map Input Key: url</li>
61  *     <li>Map Input Value: document</li>
62  *     <li>Map Output Key: document checksum, url pagerank</li>
63  *     <li>Map Output Value: url</li>
64  *     <li>Partitioner: by checksum</li>
65  *     <li>OutputKeyComparator: by checksum and then decreasing pagerank</li>
66  *     <li>OutputValueGroupingComparator: by checksum</li>
67  *   </ul>
68  *   </li>
69  *
70  *   <li>
71  *   <h4 id="Reduce">Reduce</h4>
72  *
73  *   <p>In this phase the
74  *   {@link #reduce(Object, Iterator, OutputCollector, Reporter)}
75  *   method is called for each <code><key, (list of values)></code> pair in
76  *   the grouped inputs.</p>
77  *   <p>The output of the reduce task is typically written to the
78  *   {@link FileSystem} via
79  *   {@link OutputCollector#collect(Object, Object)}.</p>
80  *   </li>
81  * </ol>
82  *
83  * <p>The output of the <code>Reducer</code> is <b>not re-sorted</b>.</p>
84  *
85  * <p>Example:</p>
86  * <p><blockquote><pre>
87  *     public class MyReducer<K extends WritableComparable, V extends Writable>
88  *     extends MapReduceBase implements Reducer<K, V, K, V> {
89  *
90  *       static enum MyCounters { NUM_RECORDS }
```

```
 91   *
 92   *       private String reduceTaskId;
 93   *       private int noKeys = 0;
 94   *
 95   *       public void configure(JobConf job) {
 96   *         reduceTaskId = job.get(JobContext.TASK_ATTEMPT_ID);
 97   *       }
 98   *
 99   *       public void reduce(K key, Iterator<V> values,
100   *                          OutputCollector<K, V> output,
101   *                          Reporter reporter)
102   *       throws IOException {
103   *
104   *         // Process
105   *         int noValues = 0;
106   *         while (values.hasNext()) {
107   *           V value = values.next();
108   *
109   *           // Increment the no. of values for this key
110   *           ++noValues;
111   *
112   *           // Process the <key, value> pair (assume this takes a while)
113   *           // ...
114   *           // ...
115   *
116   *           // Let the framework know that we are alive, and kicking!
117   *           if ((noValues%10) == 0) {
118   *             reporter.progress();
119   *           }
120   *
121   *           // Process some more
122   *           // ...
123   *           // ...
124   *
125   *           // Output the <key, value>
126   *           output.collect(key, value);
127   *         }
128   *
129   *         // Increment the no. of <key, list of values> pairs processed
130   *         ++noKeys;
131   *
132   *         // Increment counters
133   *         reporter.incrCounter(NUM_RECORDS, 1);
134   *
135   *         // Every 100 keys update application-level status
136   *         if ((noKeys%100) == 0) {
137   *           reporter.setStatus(reduceTaskId + " processed " + noKeys);
138   *         }
139   *       }
140   *     }
```

```
141  * </pre></blockquote></p>
142  *
143  * @see Mapper
144  * @see Partitioner
145  * @see Reporter
146  * @see MapReduceBase
147  */
148 @InterfaceAudience.Public
149 @InterfaceStability.Stable
150 public interface Reducer<K2, V2, K3, V3> extends JobConfigurable, Closeable {
151 
152   /**
153    * <i>Reduces</i> values for a given key.
154    *
155    * <p>The framework calls this method for each
156    * <code><key, (list of values)></code> pair in the grouped inputs.
157    * Output values must be of the same type as input values.  Input keys must
158    * not be altered. The framework will <b>reuse</b> the key and value objects
159    * that are passed into the reduce, therefore the application should clone
160    * the objects they want to keep a copy of. In many cases, all values are
161    * combined into zero or one value.
162    * </p>
163    *
164    * <p>Output pairs are collected with calls to
165    * {@link OutputCollector#collect(Object,Object)}.</p>
166    *
167    * <p>Applications can use the {@link Reporter} provided to report progress
168    * or just indicate that they are alive. In scenarios where the application
169    * takes a significant amount of time to process individual key/value
170    * pairs, this is crucial since the framework might assume that the task has
171    * timed-out and kill that task. The other way of avoiding this is to set
172    * <a href="{@docRoot}/../mapred-default.html#mapreduce.task.timeout">
173    * mapreduce.task.timeout</a> to a high-enough value (or even zero for no
174    * time-outs).</p>
175    *
176    * @param key the key.
177    * @param values the list of values to reduce.
178    * @param output to collect keys and combined values.
179    * @param reporter facility to report progress.
180    */
181   void reduce(K2 key, Iterator<V2> values,
182               OutputCollector<K3, V3> output, Reporter reporter)
183     throws IOException;
184 
185 }
```

该接口类似于Mapper，用于执行MapReduce的Reduce任务，合并Map计算的结果。这个接口同样也是泛型接口，第1个泛型参数是输入键类型，第2个泛型参数是输入值类型，第3个泛型参数是输出键类型，第4个泛型参数是输出值类型。该类型唯一定义的接口就是 reduce。reduce 有 4 个参数，分别是输入键类型、输入值类型、数据收集器和进度监视器。reduce 同样也会抛出 IOException。

这里需要注意的是，Hadoop 框架会复用传递给 reduce 方法的键对象和值对象，因此开发者在处理这些值的时候应该先把这些值复制一份，然后在输入元素的副本的基础上来进行计算，而不应该直接修改原有对象，如代码清单 5-3 所示。

代码清单 5-3　Job 类实现

```
1 public class Job extends JobContextImpl implements JobContext {
2   private static final Log LOG = LogFactory.getLog(Job.class);
3
4   @InterfaceStability.Evolving
5   public static enum JobState {DEFINE, RUNNING};
6   private static final long MAX_JOBSTATUS_AGE = 1000 * 2;
7   public static final String OUTPUT_FILTER = "mapreduce.client.output.filter";
8   /** Key in mapred-*.xml that sets completionPollInvervalMillis */
9   public static final String COMPLETION_POLL_INTERVAL_KEY =
10     "mapreduce.client.completion.pollinterval";
11
12  /** Default completionPollIntervalMillis is 5000 ms. */
13  static final int DEFAULT_COMPLETION_POLL_INTERVAL = 5000;
14  /** Key in mapred-*.xml that sets progMonitorPollIntervalMillis */
15  public static final String PROGRESS_MONITOR_POLL_INTERVAL_KEY =
16    "mapreduce.client.progressmonitor.pollinterval";
17  /** Default progMonitorPollIntervalMillis is 1000 ms. */
18  static final int DEFAULT_MONITOR_POLL_INTERVAL = 1000;
19
20  public static final String USED_GENERIC_PARSER =
21    "mapreduce.client.genericoptionsparser.used";
22  public static final String SUBMIT_REPLICATION =
23    "mapreduce.client.submit.file.replication";
24  private static final String TASKLOG_PULL_TIMEOUT_KEY =
25           "mapreduce.client.tasklog.timeout";
26  private static final int DEFAULT_TASKLOG_TIMEOUT = 60000;
27  public static final int DEFAULT_SUBMIT_REPLICATION = 10;
28
29  @InterfaceStability.Evolving
30  public static enum TaskStatusFilter { NONE, KILLED, FAILED, SUCCEEDED, ALL }
31
32  static {
33    ConfigUtil.loadResources();
34  }
35
36  private JobState state = JobState.DEFINE;
37  private JobStatus status;
38  private long statustime;
39  private Cluster cluster;
40  private ReservationId reservationId;
41
```

```
42    /**
43     * @deprecated Use {@link #getInstance()}
44     */
45    @Deprecated
46    public Job() throws IOException {
47      this(new Configuration());
48    }
49
50    /**
51     * @deprecated Use {@link #getInstance(Configuration)}
52     */
53    @Deprecated
54    public Job(Configuration conf) throws IOException {
55      this(new JobConf(conf));
56    }
57
58    /**
59     * @deprecated Use {@link #getInstance(Configuration, String)}
60     */
61    @Deprecated
62    public Job(Configuration conf, String jobName) throws IOException {
63      this(conf);
64      setJobName(jobName);
65    }
66    /**
67     * Set the {@link InputFormat} for the job.
68     * @param cls the <code>InputFormat</code> to use
69     * @throws IllegalStateException if the job is submitted
70     */
71    public void setInputFormatClass(Class<? extends InputFormat> cls
72                                  ) throws IllegalStateException {
73      ensureState(JobState.DEFINE);
74      conf.setClass(INPUT_FORMAT_CLASS_ATTR, cls,
75                    InputFormat.class);
76    }
77
78    /**
79     * Set the {@link OutputFormat} for the job.
80     * @param cls the <code>OutputFormat</code> to use
81     * @throws IllegalStateException if the job is submitted
82     */
83    public void setOutputFormatClass(Class<? extends OutputFormat> cls
84                                   ) throws IllegalStateException {
85      ensureState(JobState.DEFINE);
86      conf.setClass(OUTPUT_FORMAT_CLASS_ATTR, cls,
87                    OutputFormat.class);
88    }
89
90    /**
91     * Set the {@link Mapper} for the job.
```

```
 92     * @param cls the <code>Mapper</code> to use
 93     * @throws IllegalStateException if the job is submitted
 94     */
 95    public void setMapperClass(Class<? extends Mapper> cls
 96
 97  /**
 98     * Set the {@link InputFormat} for the job.
 99     * @param cls the <code>InputFormat</code> to use
100     * @throws IllegalStateException if the job is submitted
101     */
102    public void setInputFormatClass(Class<? extends InputFormat> cls
103                                ) throws IllegalStateException {
104      ensureState(JobState.DEFINE);
105      conf.setClass(INPUT_FORMAT_CLASS_ATTR, cls,
106                    InputFormat.class);
107    }
108
109
110                               ) throws IllegalStateException {
111      ensureState(JobState.DEFINE);
112      conf.setClass(MAP_CLASS_ATTR, cls, Mapper.class);
113    }
114
115    /**
116     * Set the Jar by finding where a given class came from.
117     * @param cls the example class
118     */
119    public void setJarByClass(Class<?> cls) {
120      ensureState(JobState.DEFINE);
121      conf.setJarByClass(cls);
122    }
123
124    /**
125     * Set the job jar
126     */
127    public void setJar(String jar) {
128      ensureState(JobState.DEFINE);
129      conf.setJar(jar);
130    }
```

现在看看 receiver 的接口。首先映入眼帘的是 setMapperClass 和 setReducer 方法。这两个方法考虑的依然是学校问题。接着就是 setMapperClass 被调用。Job 可以通过两种方式设置整个任务，一个是 setJarByClass，一个是 setJar。

最后我们来看一下定义 Hadoop 任务的流程接口，如代码清单 5-4 所示。

第 1 ~ 2 行指定了 job 执行作业时输入和输出文件的路径。

第 4 ~ 5 行指定了自定义的 Mapper 和 Reducer 作为两个阶段的任务处理类。

第 7 ~ 8 行设置最后输出结果的 Key 和 Value 的类型。

第 10 行执行 job，直到完成。

代码清单 5-4 Hadoop 任务流程接口

```
1  FileInputFormat.addInputPath(job, new Path(dst));
2  FileOutputFormat.setOutputPath(job, new Path(dstOut));
3
4  job.setMapperClass(TempMapper.class);
5  job.setReducerClass(TempReducer.class);
6
7  job.setOutputKeyClass(Text.class);
8  job.setOutputValueClass(IntWritable.class);
9
10 job.waitForCompletion(true);
```

用户通过 addInputPath 加入输入路径，通过 setOutputPath 设置输出路径，再通过 setMapperClass 方法设置拓扑结构的消息源，接着使用 setReducerClass 合并 Map 任务输出的数据。然后使用 setOutputKeyClass 和 setOutputValueClass 设置输出的键和值的类型，最后调用 job 的 waitForCompletion 等待任务全部完成。

我们继续深入看一下 job 的实现，如代码清单 5-5 所示。

代码清单 5-5 Job 实现

```
1    /**
2     * Set the {@link InputFormat} for the job.
3     * @param cls the <code>InputFormat</code> to use
4     * @throws IllegalStateException if the job is submitted
5     */
6    public void setInputFormatClass(Class<? extends InputFormat> cls
7                                    ) throws IllegalStateException {
8      ensureState(JobState.DEFINE);
9      conf.setClass(INPUT_FORMAT_CLASS_ATTR, cls,
10                   InputFormat.class);
11   }
12
13   /**
14    * Set the {@link OutputFormat} for the job.
15    * @param cls the <code>OutputFormat</code> to use
16    * @throws IllegalStateException if the job is submitted
17    */
18   public void setOutputFormatClass(Class<? extends OutputFormat> cls
19                                    ) throws IllegalStateException {
20     ensureState(JobState.DEFINE);
21     conf.setClass(OUTPUT_FORMAT_CLASS_ATTR, cls,
22                   OutputFormat.class);
23 }
```

我们来解释一下上面的代码。首先是第 6 行，这里 Hadoop 定义了一个成员函数，名为 setInputFormatClass，负责设置任务的输入格式解析类。每个 InputFormat 类都会从数据源中获取数据，然后转变成相应的 Java 对象，并传入 map 任务中。

此外，还有一个成员函数，名为 SetOutputFormatClass，顾名思义，就是负责将 Hadoop 计算的数据转变为外部存储格式，存储在 HDFS/ 外部文件系统或者外部网络中。

4. 局限性

但是 MapReduce 模型也有其局限性。

首先，MapReduce 模型只解决了如何完成某一个计算任务的问题，但对于很多现实问题，我们需要一个流程，使用很多步骤来完成运算，这个时候 MapReduce 就比较麻烦了。我们需要将整个计算流程的每一步都实现为一个 MapReduce 任务，然后通过 Hadoop 的输入输出机制完成任务之间的数据传递，这就使得整个计算过程非常繁琐，而且整个流程不够直观，需要我们投入大量精力去维护。因此 MapReduce 充其量只是一个底层模型，用来解决如何将一个计算过程分布在多个计算节点上的问题，并将许多细节暴露给了用户，导致开发效率受到影响。

其次，并非所有任务都能简单地转换成 MapReduce 任务。我们可以想象，MapReduce 非常擅长线性计算，但是对于某些非线性任务，处理起来就比较麻烦了，因为这个时候 Map 单独计算再用 Reduce 处理之后的结果不一定是真正的计算结果。我们依然可能需要使用多个 MapReduce 任务来解决一个问题。

最后，MapReduce 模型是一个批处理的模型，也就是说整个计算是一个需要用户启动的任务，而不是一个永不停息的计算流，因此 MapReduce 在启动结束任务时必定会有一定的开销。而现实中有许多数据是不断流入，需要计算集群不断处理的（比如交通流量），无法等到将数据积累到一定程度再一次性处理。毕竟 MapReduce 的核心目标是吞吐量而非实时性。

而为了解决分布式的数据实时处理问题，许多公司和社区都在进行相关的研发，其中的佼佼者就是我们下面要介绍的 Apache Storm。

5.2　Storm 实时处理系统

前面介绍的 Hadoop 是分布式批处理计算的代表。但是对于很多问题，我们必须要使用分布式的实时计算引擎来解决，而 Apache Storm 是目前最为流行的分布式实时处理系统之一。

5.2.1　历史

同 Hadoop 一样，Apache Storm 的出现也是为了解决生产环境中的一些实际问题。

Storm 的作者最早在 BackType 公司工作（没错，这就是为什么 Storm 中很多包都以 backtype 开头）。他在 BackType 工作是进行产品分析，以帮助用户实时地了解他们的产品对社交媒体的影响，而他们选择了美国最具影响力的社交媒体——Twitter。

因为他们需要进行数据流的实时分析，因此并没有选择当时非常流行的 Hadoop。他们使用的是传统的消息队列和工作线程的方式，也就是说使用一个程序从 Twitter 上抓取 Twitter 的消息，并将消息写入到消息队列中，接着使用一组 Python 编写的 Worker 从消息队列中读取并处理消息。

但是通常情况下一个 Worker 无法解决所有问题，这些 Worker 常常需要将消息写入到一个新的消息队列中，并使用一组新的 Worker 从消息队列中读取并处理消息，我们可以用图 5-3 来描述这种情况。

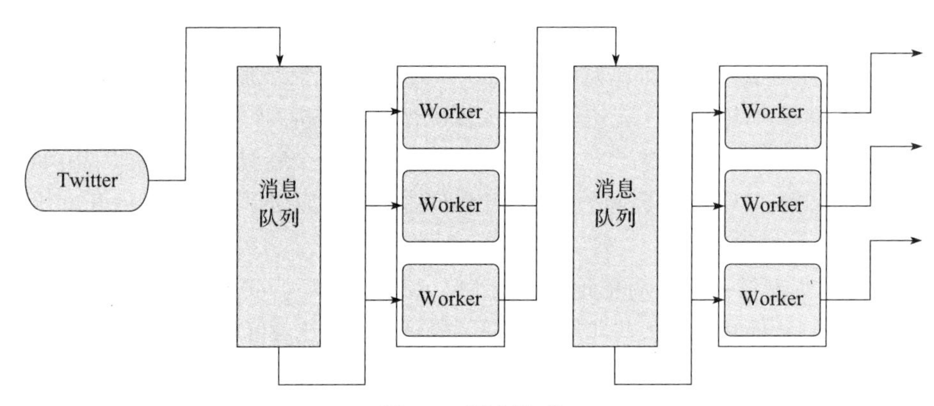

图 5-3 消息队列

Storm 的作者发现这种模型非常不科学，因为他们将大量的时间与精力花费在确保消息队列和 Worker 的可用性上，而且他们编写的大部分逻辑都集中于从哪发送 / 获取信息和怎样序列化 / 反序列化这些消息，等等，相反，那些实际的业务逻辑代码只占据了代码中的很小一部分。这是一种反常的现象。

为了解决这个问题，Storm 的作者开始思考一种新的计算模型，尝试去解决实时的计算问题，并让开发者将更多的关注点集中在业务逻辑而非消息的传递与保障上。于是作者设计出了一种流的概念，并构思了基于 Spout 和 Bolt 的计算模型。之后又思考出了一种高效的算法，在不需要任何消息队列支持的前提下实现消息处理的保障。

接下来他就使用 Clojure 构建了初始版本的 Storm，并提供了 Java API 接口。接下来由于 BackType 被 Twitter 所收购，因此最后 Storm 由 Twitter 发布，也就是我们所熟知的 Twitter Storm。Twitter 对 Storm 的大力推广也让 Storm 得到了快速普及，Storm 也在这个时候迅猛发展，在性能和功能上都得到了极大提升。

2013 年，Storm 的作者打算离开 Twitter，于是他于当年年底将 Storm 提交到 Apache，成为 Apache 孵化项目。2014 年 9 月，Storm 成为 Apache 顶级项目，可以说这个时候的 Storm 才真正成为了一个非常成熟而且成功的开源产品。

5.2.2 计算模型

我们可以看到，Storm 的巧妙之处正是在于它的计算模型。虽然 Storm 计算模型的概念众多，但是计算模型整体其实非常简单，而且其核心思想和 Hadoop 的 MapReduce 非常相似。Storm 的计算模型如图 5-4 所示。

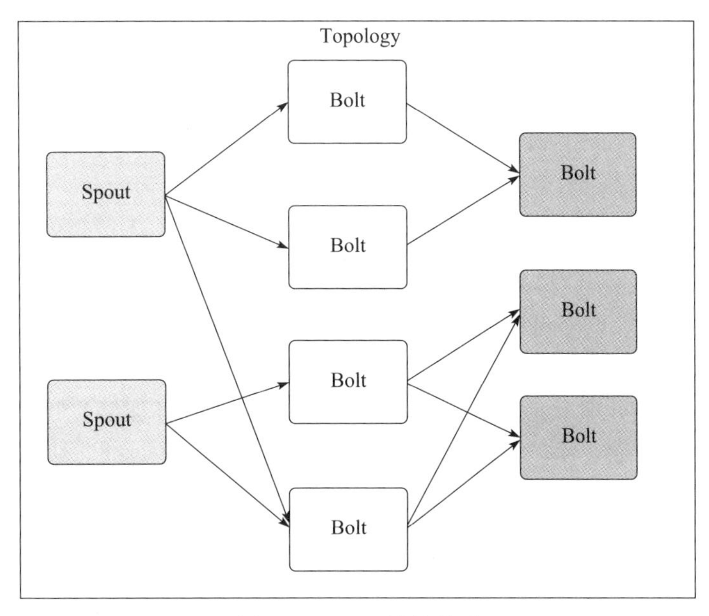

图 5-4　Storm 计算模型

现在我们逐一介绍一些 Storm 计算模型中的概念。

1. 拓扑结构

拓扑结构（Topology）代表整个实时数据处理程序，包含了数据处理的所有逻辑。一个拓扑结构可以和 Hadoop 中的任务等同，只不过 Hadoop 中的任务是一次性执行完毕的，而拓扑结构则是不断运行，永不停止的，除非你手动关闭 Topology。

从细节上来讲，Topology 其实是一个由 Spout 和 Bolt 组成的有向无环图，每个 Spout 与 Bolt，以及 Bolt 与 Bolt 之间，均通过一种名为流的概念相连接。

2. 流

流（Stream）是 Storm 中的核心抽象，流其实就是待处理的数据元组的序列。我们通常使用元组中的字段名来定义元组的模式。元组默认可以包含整型、长整型、字符串等几乎所有的基本类型。如果你想要在元组中加入自定义类型，必须自己编写相应的解析器。

默认情况下，每一个流都会分配一个 id，但是为了方便起见，如果我们使用 OutputFieldsDeclarer 来定义字段，那么我们不需要为这些元组添加 id，因为这种情况下，流会有一个默认环境。

3. 消息源

在 Topology 中，消息源（Spout）扮演了流的源头的角色。Spout 的任务一般是从外界读取数据输入，不能够将数据转换成元组发送到 Topology 中。同时，如果由 Spout 读取的某个元组被后续的 Bolt 标记为失败，那么 Spout 将会自动重发这个元组。

Spout 不仅可以产生一个流。读者可以使用 declareStream 来定义多个流。

Spout 中最重要的方法就是获取下一个元组。这里需要注意的是，某个 Spout 获取元组的过程不应该阻塞其他的 Spout，因为 Storm 会在相同的一个线程中处理所有的 Spout 任务。

同时，我们还可以在流中使用 ack 确认数据处理完成，使用 fail 确认数据处理失败，请求 Spout 重新发送元组。

4. 消息处理单元

消息处理单元（Bolt）就是逻辑处理的实现。我们可以使用 Bolt 来完成过滤、函数、聚合计算以及连接等操作，甚至可以通过 Bolt 将数据持久化到外界（比如数据库）。

每个消息处理单元 Bolt 应该只完成一项简单的计算任务。在一个复杂的拓扑结构中，往往包含许多种类的消息处理单元 Bolt 来处理各类计算任务。比如如果我们使用 Storm 计算最大的 *n* 个数字，那么我们往往会编写一个消息处理单元 Bolt 用于过滤非法数据，一个消息处理单元 Bolt 用于数字排序，最后一个消息处理单元 Bolt 负责输出数据。

和消息源 Spout 一样，消息处理单元 Bolt 也可以产生多个流。其方法和消息源 Spout 一样。

当定义 Bolt 的输入流时，我们必须订阅其他任务（Spout 或者 Bolt）。而不同的分组策略会使得不同的 Bolt 有不同的连接效果，具体的分组策略下面将会进行讨论。

Bolt 最主要的方法就是 execute，该方法需要根据一个元组计算得到另一个元组。当某个元组处理完毕后我们应该使用 ack 方法确认一个元组已经处理完毕，否则可能会出现资源泄漏问题。

元组应该是线程安全的。所有的操作，包括提交元组、确认成功失败等都会在一个线程中进行。为了保证吞吐量和实时性，Spout 也不允许这几个方法产生阻塞，因为和 Spout 一样，Bolt 的所有任务都是一个人开发完成的，未免有所疏忽。

5. 分组策略

分组策略决定了消息处理单元 Bolt 如何将一组元组送往对应其他 Bolt 中。Storm 中一共有 8 种内置分组策略，包括随机分组、按字段分组等。

不同的分组策略会使流产生很大变化，因此需要根据实际业务情况选择正确的分组策略。

6. 可靠性

此外，为了提高数据系统的可靠性，Storm 采取了一种特殊的消息处理机制，保证每个元组必须被处理而且仅被处理过一次。如果某个元组处理失败，那么消息源 Spout 就应该将相应的元组重新发送出来，让整个 Topology 重新处理这个元组，这就是提高可靠性的基本方法。下一节会详细介绍 Storm 如何利用消息机制确保元组处理的可靠性。

5.2.3　总体架构

Storm 的架构设计方案同样采用了类似 MapReduce 的设计思想，如图 5-5 所示。

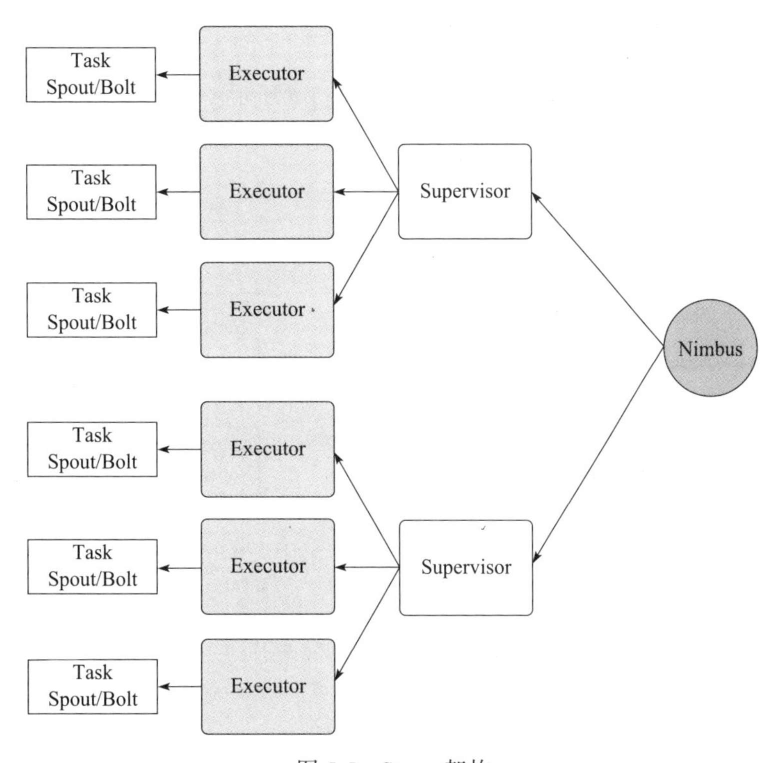

图 5-5　Storm 架构

其核心是名为 Nimbus 的节点，负责管理整个集群。

每个计算节点上有一个名为 Supervisor 的进程，负责与 Nimbus 通信，并调度本机上执行的任务。每一个 Supervisor 都有一个工作进程，该工作进程内有许多 Executor。在旧版本的 Storm 中，每一个 Executor 是一个线程，同时可能执行多个任务（Spout 或者 Bolt），但在新版本的 Storm 中，每一个 Executor 只能执行一个任务，也就是每一个任务对应一个独立的线程。

而一个 Topology 就会在 Nimbus 的管理下，运行在整个集群上。Storm 会根据用户设定的并行度自动选择每个 Spout 或 Bolt 所需的任务数量，并根据用户定义的分组策略在不同的任务之间进行数据的传递，也就是消息通信。

我们可以看到，其实 Storm 的架构和大多数集中式的分布式系统架构并没有什么区别。这也是大多数分布式系统设计所采用的模式。

5.2.4　Storm 元数据

Storm 采用 ZooKeeper 存储 Nimbus、Supervisor、Worker 和 Executor 之间共享的元数据。

这些模块在重启之后，可以通过对应的元数据进行恢复。因此 Storm 模块是无状态的，这是保证其可靠性与可扩展性的基础。了解元数据以及 Storm 如何使用这些元数据，有助于我们更好地理解 Storm 的设计。

1. 元数据介绍

Storm 在 ZooKeeper 中存储数据的目录结构如图 5-6 所示。

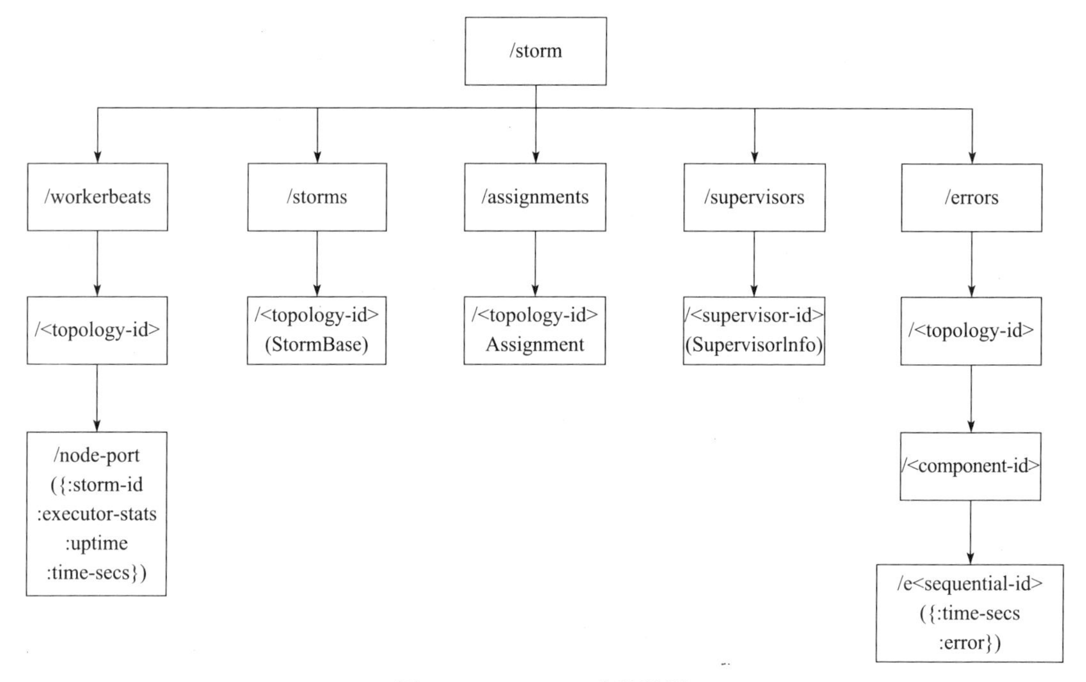

图 5-6 ZooKeeper 存储数据

这是一个根路径为 /storm 的树，树中每一个节点代表 ZooKeeper 中的一个节点（Node），每一个叶子节点是 Storm 真正存储数据的地方。在图 5-6 中，从根节点到叶子节点的全部路径代表了该数据在 ZooKeeper 中的存储路径，该路径可以被用来写入或获取数据。

下面分别介绍 ZooKeeper 中各项数据的含义。

1）/storm/workerbeats/<topology-id>/node-port：它存储由 node 和 port 指定的 Worker 的运行状态和一些统计信息，主要包括 storm-id（即 topology-id）、当前 Worker 上所有的 Executor 的统计信息（如发送的消息数目、接收的消息数目等）、当前 Worker 的启动时以及最后一次更新这些信息的时间。在一个 topology-id 下面，可能有多个 node-port 节点。它的内容在运行过程中会被更新。

2）/storm/storms/<topology-id>：它存储 Topology 本身的信息，包括名字、启动时间、运行状态、要使用的 Worker 数目以及每个组件的并行度设置。其内容在运行过程中是不变的。

3）/storm.assignments/<topology-id>：存储了 Nimbus 为每个 Topology 分配的任务信息，包括该 Topology 在 Nimbus 本地的存储目录，被分配到的 Supervisor 机器到主机名的映射关系、每个 Executor 运行在哪个 Worker 上以及每个 Executor 的启动时间。该节点的数据在运行过程中会更新。

4）/storm/supervisors/<supervisor-id>：它存储 Supervisor 机器本身的运行统计信息，主要包括最近一次更新时间、主机名、supervisor-id、已经使用的端口列表以及运行时间。该节点的数据在运行过程中也会被更新。

5）/storm/errors/<component-id>/e<sequential-id>：它存储运行过程中每个组件上发生的错误信息。<sequential-id> 是一个递增的序列号，每个组件最多只会保留最近的 10 条错误信息。它的内容在运行过程中是不变的（可能会被删除）。

2. Storm 中怎么使用这些元数据

了解了存储在 ZooKeeper 中的数据，我们自然想知道 Storm 是如何使用这些元数据的。例如，这些数据何时被写入、更新或删除，这些数据都是由哪种类型的节点（Nimbus、Supervisor、Worker 或者 Executor）来维护的。接下来，我们就简单介绍一下这些关系，希望读者能够对 Storm 的整体设计实现有更深一层的认识。带上这些知识，能让你的 Storm 源代码之路更加轻松愉快。

首先来看一下总体交互图，如图 5-7 所示。

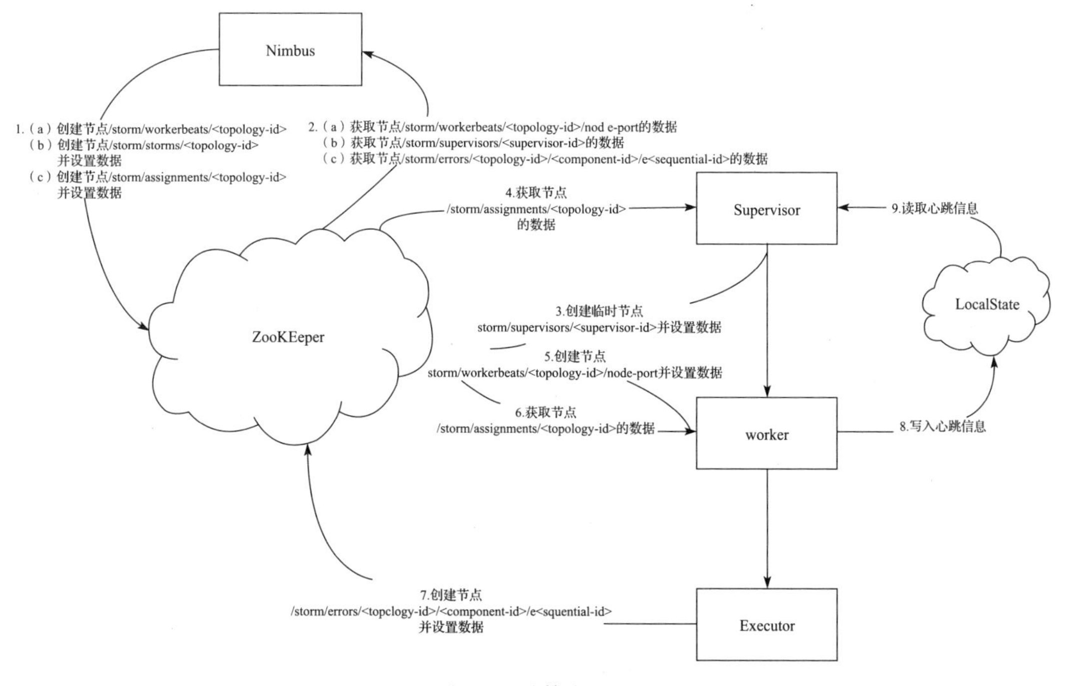

图 5-7　总体交互图

图 5-7 描述了 Storm 中每个节点与 ZooKeeper 内源数据之间的依赖关系，详细介绍如下。

（1）Nimbus

Nimbus 需要在 ZooKeeper 中创建元数据，也需要从 ZooKeeper 中获取元数据。下面简述图 5-7 中箭头 1 和箭头 2 的作用。

箭头 1 表示由 Nimbus 创建的路径，包括 /storm/workerbeats/<topology-id>、/storm/storms/<topology-id>、/storm/assignments/<topology-id>。

其中，对于路径 a，Nimbus 只会创建路径，不会设置路径（数据是由 Worker 设置的，后面会介绍）；对于路径 b 和 c，Nimbus 在创建它们的时候就会设置数据。a 和 b 只会在提交新 Topology 时创建，且 b 中的数据设置好后就不再变化，c 则在第一次为该 Topology 进行任务分配的时候创建，若任务分配计划有变，Nimbus 就会更新其内容。

箭头 2 表示 Nimbus 需要获取的数据的路径，包括 /storm/workerbeats/<topology-id>/node-port、/storm/supervisors/<supervisor-id>、/storm/erros/<topology-id>/<component-id>/e<sequential-id>。

Nimbus 需要从路径 a 读取当前已经被分配的 Worker 的运行状态。根据该信息，Nimbus 可以得知哪些 Worker 状态正常，哪些需要被重新调度，同时还会获取到该 Worker 上所有 Executor 的统计信息。这些信息会通过 UI 呈现给用户。集群中可以动态增减机器，机器的增减会引起 ZooKeeper 中元数据的变化。Nimbus 通过不断获取这些元数据来调整任务分配，所有 Storm 具有良好的可扩展性。当 Nimbus 死掉的时候，其他节点可以继续工作，但是不能提交新的 Topology，也不能重新进行任务分配和调整，因此 Nimbus 目前依然存在单点问题。

（2）Supervisor

和 Nimbus 类似，Supervisor 也需要通过 ZooKeeper 来创建、获取元数据。除此之外，Supervisor 还通过监控指定的本地文件来检测由它启动的所有 Worker 的状态。下面简述图 5-7 中箭头 3、箭头 4 和箭头 9 的作用。

箭头 3 表示 Supervisor 在 ZooKeeper 中创建的路径是 /storm/supervisors/<supervisor-id>。新节点加入时，会在该路径下创建一个节点。值得注意的是，该节点是一个临时节点（创建 ZooKeeper 节点的另一种模式），也就是说只要 Supervisor 和 ZooKeeper 连接稳定存在，该节点就一直存在，一旦连接断开，该节点则会被自动删除。该目录下的节点列表代表了目前活跃的机器。这保证了 Nimbus 能够及时得知当前集群中机器的状态，这是 Nimbus 可以进行任务分配的基础，也是 Storm 具有容错性以及可扩展性的基础。

箭头 4 表示 Supervisor 需要获取数据的路径是 /storm/assignments/<topology-id>。我们知道它是 Nimbus 写入的对 Topology 的任务分配信息，Supervisor 从该路径可以获取到 Nimbus 分配给它的所有任务。Supervisor 在本地保存上次的分配信息。对比这两部分信息我们可以得知分配信息是否有所变化。若发生变化，则需要关闭被移除任务所对应的 Worker，并启动新的 Worker 执行新分配的任务。Nimbus 会尽量保持任务分配的稳定性，我们将在第 7 章中进行详细分析。

箭头9表示Supervisor会从LocalState（相关内容见第4章）中获取由它启动的所有Worker的心跳信息。Supervisor会每隔一段时间检查一次这些心跳信息，若发现某个Worker在这段时间内没有更新心跳信息，表明该Worker当前的运行状态出了问题。这时Supervisor就会杀掉这个Worker，原本分配给这个Worker的任务也会被Nimbus重新分配。

（3）Worker

Worker也需要利用ZooKeeper来创建、获取元数据，同时它还要利用本地文件来记录自己的心跳信息。

下面简述图5-7中箭头5、箭头6和箭头8的作用。

箭头5表示Worker在ZooKeeper中创建的路径是/storm/workerbeats/<topology-id>/node-port。在Worker启动时，将创建一个与之对应的节点，相当于对自身进行注册。需要注意的是，Nimbus在Topology被提交时只会创建路径/storm/workerbeats/<topology-id>，而不会设置数据。数据则留到Worker启动之后由Worker创建。这样安排的目的之一是为了避免多个Worker同时创建路径时所导致的冲突。

箭头6表示Worker需要获取数据的路径是/storm/assignments/<topology-id>，Worker会从这些任务中取出分配给它的任务并执行。

箭头8表示Worker在LocalState中保存的心跳信息。LocalState实际上将这些信息保存在本地文件中，Worker用这些信息与Supervisor保持心跳，每隔几秒钟需要更新一次心跳信息。Worker与Supervisor属于不同进程，因而Storm采用本地文件的方式来传递心跳。

（4）Executor

Executor只会利用ZooKeeper来记录自己的运行错误信息，下面简述图5-7中箭头7的作用。箭头7表示Executor在ZooKeeper中创建的路径是/storm/error/<topology-id>/<component-id>/e<sequential-id>。每个Executor会在运行过程中记录发生的错误。

3. 小结

从前面的描述中可以得知，Nimbus、Supervisor以及Worker两两之间都需要维持心跳信息，它们的心跳关系如下。

Nimbus和Supervisor之间通过/storm/supervisors/<supervisor-id>路径对应的数据进行心跳保持。Supervisor创建这个路径时采用的是临时节点模式，所以只要Supervisor死掉，对应路径的数据就会被删除，Nimbus就会将原本分配给该Supervisor的任务重新分配。

Worker和Nimbus之间通过/storm/workerbeats/<topology-id>/node-port中的数据进行心跳保持。Nimbus会每隔一段时间获取该路径下的数据。同时Nimbus还会在它的内存中保存上一次的信息。如果发现某个Worker的心跳信息有一段时间没有更新，就认为该Worker已经死掉了，Nimbubs会对任务进行重新分配，将分配至该Worker的任务分配给其他Worker。

Worker与Supervisor之间通过本地文件（基于LocalState）进行心跳保持。

5.2.5 Storm 与 Hadoop 比较

我们都知道，没有可以解决一切问题的银弹——每个产品都有其适用的领域，Storm 也是如此。

在 Twitter 推广 Storm 时，一度将 Storm 宣传为实时处理系统版的 Hadoop，正是希望借助大名鼎鼎的 Hadoop 来提升自己的知名度。所以我们不得不将其与 Hadoop 进行比较，并分析 Apache Storm 的优势与劣势。

首先，Apache Storm 是一个实时处理系统，因此它强调的是通过不断运行的 Topology，对实时流入的数据进行处理，只不过利用分布式集群中的多个节点，提高数据流处理能力，提高吞吐量和实时性。在实时性上，由于最初的设计问题，Storm 肯定优于 Hadoop，这是 Storm 的设计初衷，同时也是 Storm 的最大优势。

其次，Apache Storm 是一个纯粹的计算引擎和框架，也就是说它不负责数据的分布式存储。而 Hadoop 中的核心组件 HDFS 则是分布式存储的解决方案。也就是说 Hadoop 提供了一整套的分布式存储与计算的解决方案，但是 Storm 只专注于实时计算，因此如果需要存储数据，我们常常要使用其他的数据库或者文件系统与 Storm 进行整合，比如 Cassandra、HBase 等。

另外，Apache Storm 的计算模型更适用于对数据进行较为简单的处理，如果在大批量数据之间有过多的关联，则并不是很容易处理，否则可能需要借助第三方的数据库来缓存数据，但这样会影响整体系统的性能。这个问题导致我们常常将 Apache Storm 与其他的分布式计算产品进行整合。比如我们偏向于使用 Apache Storm 对数据进行简单的实时处理，然后定时使用 Hadoop 或者 Spark 等高吞吐量的批处理系统对积累的数据进行完整的计算与处理。Apache Storm 也提供了 DRPC 功能，能帮助我们整合 Apache Storm 和 Hadoop/Spark 的计算结果，得到最后的计算结果，并返回给用户。

因此，我们往往无法只使用一个产品来完成数据分析的全部任务，如何在合适的场景选择、使用并组合合适的开源产品，在实际工程中是非常重要的。

为了让读者充分认识到 Hadoop 和 Storm 的不同之处，这里我们罗列一下 Hadoop 和 Storm 的区别，以帮助读者更好地在合适的场景选择合适的产品，如表 5-1 所示。

表 5-1 Hadoop 和 Storm 的区别

对 比	Hadoop	Storm
数据来源	基本来自于 HDFS 或者其他数据库，基本是 TB 级别成批送入。	实时数据流，以单个元组为单位
处理过程	严格的 Map/Reduce 模型 需要自己手动组成流模型	Spout/Bolt 流模型，更为灵活
是否结束	基于任务型的处理方式，所以最后会结束	计算拓扑不会结束，会一直对流入的数据进行计算。
处理速度	由于数据来源问题，因此实时性较差。	数据流模式，处理速度快，实时性好
适用场景	数据挖掘等需要一次性处理大批量数据的场景。结果复杂，需要依赖于大量数据相互之间的关系（更多的是时序关系）的处理流程	实时数据处理，不适用于对累积的数据进行数据挖掘，因为无法处理所有数据。

5.3 有保证的消息处理

Storm 自己最引以为豪的一点就是它的消息处理机制。Storm 设计了一套机制，保证每一个元组在集群中必定可以被处理一次，并且只会被处理一次。现在就让我们来分析一下 Storm 的消息机制，看看 Storm 是如何实现消息处理的，这对我们也会有很大的借鉴意义。

5.3.1 完全处理与元组树

在 Storm 中有一个概念，叫做“处理完成”。想要讲清楚什么是处理完成我们必须要阐述一下元组树（Tuple Tree）的概念。

首先，我们来看一个简单的 Storm 的例子，如代码清单 5-6 所示。

代码清单 5-6　Storm 保障元组示例

```
1 TopologyBuilder builder = new TopologyBuilder();
2 builder.setSpout("sentences", new KestrelSpout("kestrel.backtype.com",
3                   22133,
4                   "sentence_queue",
5                  new StringScheme()));
6 builder.setBolt("split", new SplitSentence(), 10)
7         .shuffleGrouping("sentences");
8 builder.setBolt("count", new WordCount(), 20)
9         .fieldsGrouping("split", new Fields("word"));
```

该 Topology 会从 Kestrel 队列中读取数据，并将读取出来的句子分割成单词，然后利用另一个 Bolt 实现单词计数。Spout 输出一个元组（包含一个句子），SplitSentence 这个 Bolt 就会输出一批与之对应的元组（每个元组包含一个分割后的单词），然后每个单词元组通过 WordCount 会生成一个包含计数的新元组。

最后我们可以将这些元组看成从 Spout 输出的元组开始形成的一棵由元组组成的树。假设 Spout 输出的语句是“ the quick brown fox jumps over the lazy dog”，那么这个元组树就会如图 5-8 所示。

Storm 认为，只有一个 Spout 元组经过 Bolt 产生的新元组全部都被处理成功了，这个 Spout 元组才是处理成功的。如果某个 Spout 元组在特定时间内没有完全处理，那么 Storm 就认为这个 Spout 元组处理失败，就会将这个元组重播到整个 Topology 中。

5.3.2 元组的唯一标识

在 Storm 中，为了实现有保证的消息处理，我们必须跟踪每一个 Spout 元组的处理情况，知道所有由某个 Spout 元组派生出的新元组。Storm 使用的方法是给每一个元组赋予一个 msgId，也就是消息的唯一 ID。ISpout 的接口定义如代码清单 5-7 所示。

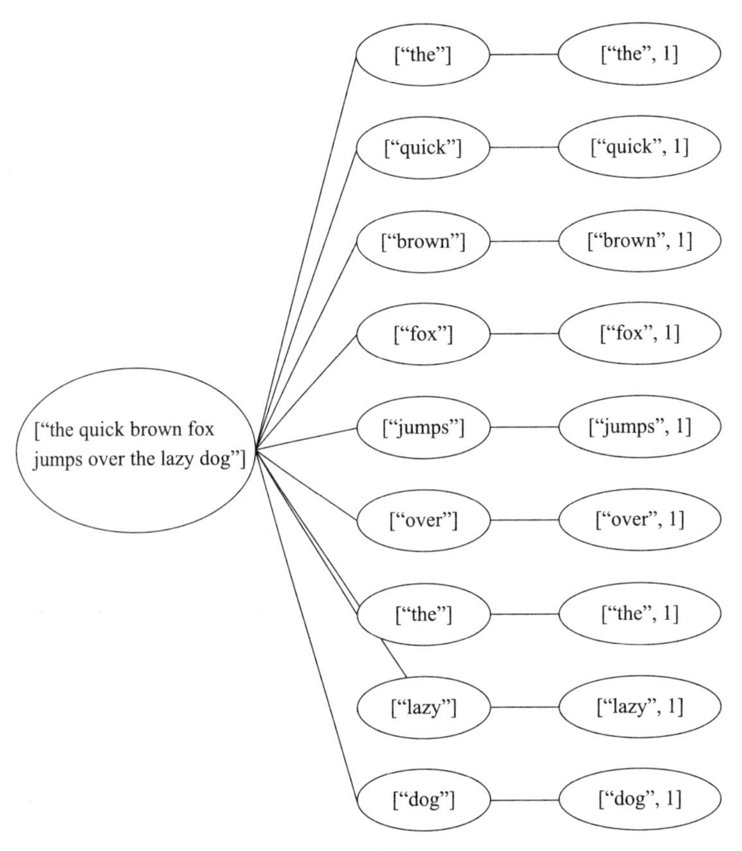

图 5-8 消息图

代码清单 5-7 ISpout 的接口定义

```
1  public interface ISpout extends Serializable {
2      void open(Map conf, TopologyContext context, SpoutOutputCollector collector);
3      void close();
4      void nextTuple();
5      void ack(Object msgId);
6      void fail(Object msgId);
7  }
```

我们使用 UML 类图可以更清晰地看出这个类的接口，如图 5-9 所示。

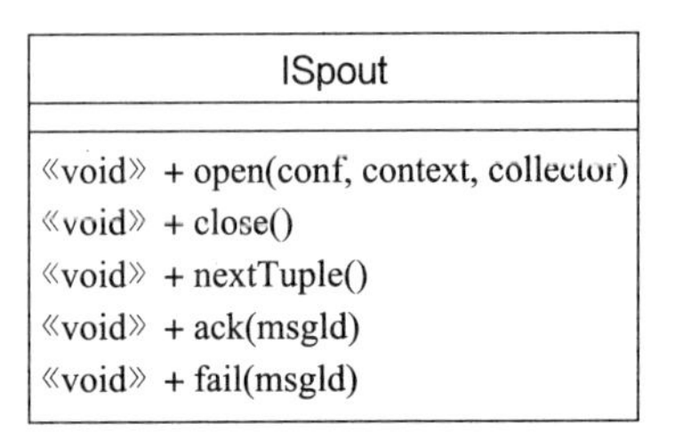

图 5-9 ISpout 类图

我们可以看到在 ISpout 的 open 方法中有一个参数名为 collector，这个参数的类型是 SpoutOutputCollector。我们需要实现这个接口，并在 nextTuple 方法中利用这个 collector 的 emit 方法向 Topology 发射新元组：

```
_collector.emit(new Values("field1", "field2", 3) , msgId);
```

我们可以看到这个方法有两个参数：第 1 个参数是元组的内容，这个元组包含 3 个元素，分别是两个字符串和一个数字；第 2 个参数是元组的 msgId，也就是元组的唯一 ID。所以 msgId 的生成全部取决于 Spout 的实现者。只要 Spout 的实现保证每个 msgId 都是唯一的，那么每个 Spout 元组就会有一个唯一的 Id。

那么现在的问题是，后续的 Bolt 如何向 Spout 回馈特定元组的处理情况呢？我们又从何知道哪些元组是由某个 Spout 元组派生的呢？

5.3.3　确认和失败

为了回答上一节的问题，让我们先来看看 Storm 的可靠性 API，也就是 Storm 的确认（Ack）和失败（Fail）机制。下面我们展示一段 Storm 的示例代码，这段代码是代码清单 5-6 中 SplitSentence Bolt 的实现，如代码清单 5-8 所示。

代码清单 5-8　SplitSentence Bolt 的实现

```
 1 public class SplitSentence extends BaseRichBolt {
 2         OutputCollector _collector;
 3
 4         public void prepare(Map conf, TopologyContext context,
                             OutputCollector collector) {
 5             _collector = collector;
 6         }
 7
 8         public void execute(Tuple tuple) {
 9             String sentence = tuple.getString(0);
10             for(String word: sentence.split(" ")) {
11                 _collector.emit(tuple, new Values(word));
12             }
13             _collector.ack(tuple);
14         }
15
16         public void declareOutputFields(OutputFieldsDeclarer declarer) {
17                                         declarer.declare(new Fields("word"));
18         }
19 }
```

首先每个 Bolt 的 execute 都会接收到一个元组，这个元组就是上一个 Spout 或者 Bolt 发出的待处理的元组。接着我们处理元组后会使用 Values 的构造函数构造一个新元组。但是为了将某个元组和其派生的元组关联起来（Bolt 接收到的元组和处理这个元组后产生的新元组），OutputCollector 对象提供了另一个方法，这个方法可以接收两个元组，一个是父元组，一个是处理之后产生的元组。Storm 会将父元组的 msgId 写入到用户新生成的元组中，然后再将新元组发射出去。这样一来，我们可以想象，只要所有的 Bolt 都遵循这个原则，那么所有的派生自某个 Spout 元组的元组都会有相同的 msgId，因此我们可以根据这个 msgId 来判断哪些元组是派生自同一个 Spout 元组的。

但是这样还不够，因为我们必须要向 Spout 回馈信息，告诉 Spout 这个元组处理成功还是失败。因此 Storm 在 OutputCollector 上提供了一个新的方法，叫做 ack，就像代码清单 5-8 中那样，处理成功后会在元组上调用 ack，这样就相当于向 Spout 报告某个 msgId 对应的元组已经处理成功。

所以 Storm 完全利用 emit 时提供上一级的元组来形成元组之间的连接（关系）。但是我们依然可以只使用 emit 提交一个新元组，而不与原来的元组关联：

```
_collector.emit(new Values(word));
```

但是这样，新元组就不会进入 Spout 元组的元组树，也就没有人来关心这个元组是否处理成功，这个元组成功失败与否都不会影响 Spout 元组的完全处理。

除此以外，还有一种情况是某个元组可能依赖于多个元组，如图 5-10 所示。

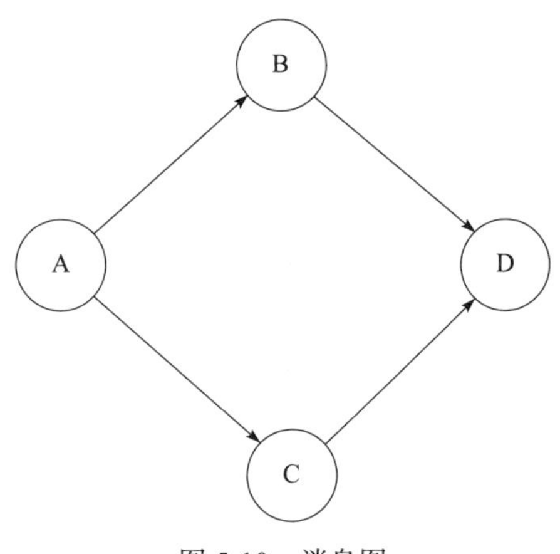

图 5-10 消息图

我们根据 B 和 C 生成 D，因此 D 必须同时与 B 与 C 关联，否则可能无法确保所有的 Spout 元组都被跟踪（B 和 C 可能派生自不同的 Spout）。为此，OutputCollector 提供了另一个版本的 emit 方法，如代码清单 5-9 所示。

代码清单 5-9 跟踪元组

```
1 List<Tuple> anchors = new ArrayList<Tuple>();
2 anchors.add(tuple1);
3 anchors.add(tuple2);
4 _collector.emit(anchors, new Values(1, 2, 3));
```

该方法的第一个参数不再是一个元组，而是一个元组列表。Storm 会自动将新元组和这个元组列表关联起来。如果新元组处理失败，那么这两个元组都会收到一个失败反馈，进而反馈到其对应的 Spout 元组上。

但是如果每个 Bolt 都需要这样处理的话，就会对开发者造成许多不必要的负担。为了方便开发者，Apache Storm 提供了一个名为 BaseBasicBolt 的类，该类是 BaseRichBolt 类的进一步扩展，我们使用 BaseBasicBolt 来重写 SplitSentence 类，如代码清单 5-10 所示。

代码清单 5-10 SplitSentence 实现

```
1 public class SplitSentence extends BaseBasicBolt {
2         public void execute(Tuple tuple, BasicOutputCollector collector) {
3             String sentence = tuple.getString(0);
4             for(String word: sentence.split(" ")) {
5                 collector.emit(new Values(word));
```

```
6             }
7         }
8
9         public void declareOutputFields(OutputFieldsDeclarer declarer) {
10            declarer.declare(new Fields("word"));
11        }
12    }
```

我们可以看到有两个变化。第一个变化，这里有一个 OutputCollector 的实现类叫做 BasicOutputCollector，而且这个对象是在 execute 方法中传递进来的。第二个变化就是 emit 时我们不需要提供父元组，并且也没有显示的 ack 调用。那么这个类做了什么呢？

其实很简单。这个类在每次 execute 时都会构造一个新的 collector 对象，这个 collector 对象和传递进来的元组提前进行了关联，因此如果用户使用这个 collector 对象发射元组，那么新元组就会和父元组自动关联起来。另外，在 execute 结束后，该类会自动在 tuple 上调用 ack，向 Spout 回馈一个确认信息。如果用户想要回馈失败信息，只需要自己手动调用 collector 的 fail 方法即可。

所以，显而易见的是，该类通过一层包装，帮助用户自动完成元组的关联和确认，只有用户需要向 Spout 回馈失败消息时才需要手动调用 fail，这将会节省相当多的代码量。

5.3.4　高效实现

在 Storm 中有一系列没有暴露给用户的隐藏任务，我们称之为“acker”，顾名思义就是用来跟踪 Spout 元组的确认情况。

我们来思考一下如何实现 Storm 中这个消息处理机制。我们可以将元组之间的关系看成一个 DAG（有向无环图），如图 5-11 所示。

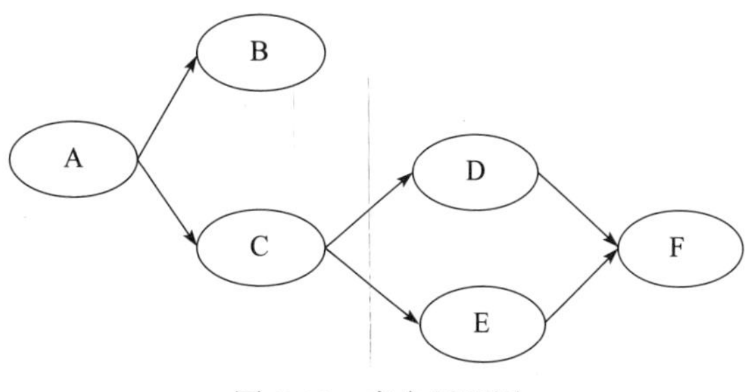

图 5-11　有向无环图

图 5-11 中，A 是一个 Spout 发出的元组，B 和 C 是处理 A 得到的元组，D 和 E 是处理 C 得到的元组，F 是处理 D、E 后得到的元组。这样一来，我们就建立起了元组之间的关系。现在我们这样处理，每发出一个元组就在该元组后面增加一个新的元组，每确认一个元组（派生自其的元组全部确认），就将该元组从这个图中标记为已处理。如果整个图中的所有元组全部标记为已处理，那么就表示 A 这个元组已经完全处理了。

但是这样有一个很大的问题。因为整个分布式系统中的元组数量非常庞大，如果每个 acker 任务中要为每一个 Spout 元组维护这一棵树，代价相当高昂。那么我们有什么办法可以巧妙高效地实现这个处理机制呢？

Storm 的作者想到了一个方法，并很好地解决了这个问题。首先他为每一个元组都随机生成一个 64 位的随机 id（不同于 Spout 的 msgId），然后在 acker 进程中维护一张映射表，这张映射表的键是 Spout 的 id，值是一个 64 位整数，我们姑且将其称为特征值。某个 Spout 每派生一个元组，就会将这个 Spout 的特征值更新为特征值与新元组 id 的异或。同时，如果某个元组被确认成功，那么我们又会将这个元组的 id 与 Spout 的特征值做异或，并更新特征值。

我们可以想象一下，在这个算法中，如果所有的元组都被处理完成了，那么这个 Spout 的特征值必定为 0。所以一旦特征值为 0 就表示这个 Spout 已经完全处理了。所以这是一个巧妙的方法，在跟踪元组处理情况的同时又大大节省了内存开销。只不过适应这个算法的随机数算法需要经过特殊的设计（元组的 id 是随机生成的）。

5.4 本章小结

本章主要以 Storm 为例，探讨了实际的分布式实时处理系统。

首先我们介绍了 Hadoop，并重点讨论了 Hadoop 的 MapReduce 计算模型，同时也提出了分布式计算系统的一个基本思路——分治法。最后我们讨论了 Hadoop 的局限性，因此需要其他的系统来配合 Hadoop 应付复杂的应用场景。

接着我们介绍了 Apache Storm。首先简述了 Storm 的发展历史，然后阐述了 Storm 的计算模型，并重点讨论了其中的几个关键概念。最后介绍了 Storm 的架构，并分析了 Storm 与 Hadoop 之间的优劣，阐述了同时使用 Hadoop 与 Storm，取长补短的思路。

最后我们重点讨论了 Storm 的消息处理方法，阐述了 Storm 中的消息处理方法，并讲解了 Storm 的可靠性 API，讨论如何在 Storm 中确保元组一定被处理完成。最后我们介绍了 Storm 中显示可靠消息处理的关键算法——随机数与异或结合的算法。

相信读完本章之后，读者会对分布式实时处理系统以及 Storm 有更加深入的理解。

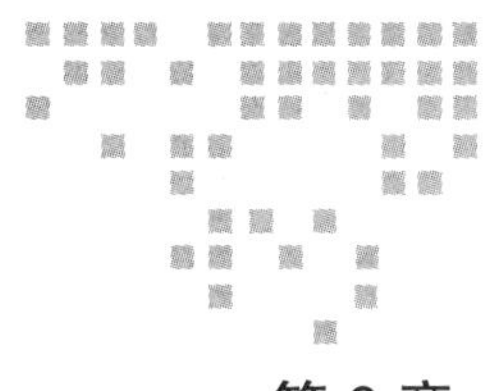

第 6 章 Chapter 6

实时处理系统编程接口设计

本章开始，我们就来看看如何实现一个实时处理系统。本章将会讲解一下实时处理系统的高层接口，让用户了解系统各个组件之间的关系。

6.1 总体架构设计

在本书中，我们将一起从头编写一套完整的基于 C/C++ 的高性能实时处理系统。我们会从整体到细节、从基础到复杂、从底层到高层，逐一实现一套具备完整功能的实时处理系统，这其中包括基本的分布式节点、底层通信系统、拓扑结构、高层次控制器、分布式远程过程调用的设计以及高层次抽象元语等功能的设计与实现。这些概念现在看起来可能还十分生疏，不过没关系，随着我们系统设计与架构实现的逐渐深入，这些看起来十分“抽象”的概念和组件实现也就不是什么难题了。与此同时，我们会在系统架构设计和代码编写实战的过程中，对其中涉及的知识点逐一进行详细讲解，尽可能让读者对我们所开发的高性能实时处理系统有一个全方位立体的理解和认识。现在让我们先来讲解 Hurricane 的总体架构设计。

6.1.1 Hurricane 与 Storm 比较

我们已经在前面的章节中零星地提到过 Hurricane——没错！在本书中，我们把这套全新的高性能分布式实时处理系统命名为 Hurricane，该单词与 Storm 涵义类似，但略有不同，维基百科对 Hurricane 的解释是“ A storm that has very strong fast winds and that moves over water.”，即“在水面高速移动的飓风（storm)”。不同的实时处理系统实现都有自己的风格，比如 Apache Storm 和 Alibaba JStorm，我们在本书中实现的系统也有自己的风格。不过相比这些实现，Apache Storm 使用混合式编程语言编程（主要用 Clojure 和 Java 编写），JStorm 则主要使用 Java 编写。而在本书中，Hurricane 使用 C++（包含 C++ 11 标准）进行编写。因此，我们不仅会讲解整套实时处理系统内部实现的原理和架构设计，还会针对 C++ 语言的特性，抽丝剥茧地讲解使用 C++ 编写现代分布式系统的原理。

需要注意的是，笔者将本书设计与开发的系统大致分为 2 个子系统，它们分别如下。

1）Hurricane：基于 C/C++ 编写的实时处理系统的核心。

2）Meshy：基于 C/C++ 编写的高性能网络库，主要实现可靠的 TCP/IP 传输和消息队列，为 Hurricane 实时处理系统核心提供底层网络传输基础。

在我们开始之前，我们先对 Hurricane 和 Storm 做一个简单的对比。

1）Storm 主要使用 Clojure 和 Java 开发，Hurricane 实时处理系统则使用 C++ 开发。Storm 采用 Clojure 开发主要是因为 Clojure 的开发效率较高，且可以方便与 Java 进行互操作，Java 目前是在分布式计算领域中运用最为广泛的语言之一。Hurricane 实时处理系统主要着眼于性能和底层的技术实现问题，希望在通过抽象层次保证一定的开发效率的前提下最大化地提升系统的执行效率，因此采用 C++ 开发。

2）目前，Storm 节点之前通信使用 Thrift，而 Hurricane 实时处理系统则是自己实现私有协议。使用 Thrift 可以非常方便地进行消息通信，但由于 Thrift 自身过于庞大，而且无法和我们的网络层集成，因此我们选择自己实现私有协议。

3）Storm 并不注重节点之间 I/O 性能，而 Hurricane 实时处理系统则基于 Meshy 实现了高性能 I/O。Meshy 是我们自己开发的异步 I/O 框架，确保了传输层的性能。

4）Storm 使用 Zookeeper 存储集群元数据，而 Hurricane 实时处理系统目前暂时将元数据存储在每个节点内部，并通过同步指令同步元数据。

5）Storm 使用标准输入输出流作为多语言接口的基础，而 Hurricane 实时处理系统则封装了基础的 C 语言接口，直接与各种语言进行互操作，在多语言接口上，Storm 的多语言接口开发难度较低，但是 Hurricane 实时处理系统的多语言接口性能强于 Storm。

现在，我们先从高层次总体架构设计开始，看看如何设计我们的分布式实时处理系统。

6.1.2 总体架构

本节主要讲解 Hurricane 的总体架构。总体架构如图 6-1 所示。

其中，Spout 是消息源，拓扑结构中所有的数据都来自消息源，而消息源也是拓扑结构中消息流的源头。

Bolt 是消息处理单元，负责接收来自消息源或数据处理单元的数据流，并对数据进行逻辑处理，然后转发到下一个消息处理单元，基本封装了所有的数据处理逻辑。

SpoutExecutor 是一个线程，是所有消息源的执行者，每一个 SpoutExecutor 负责执行一个消息源。

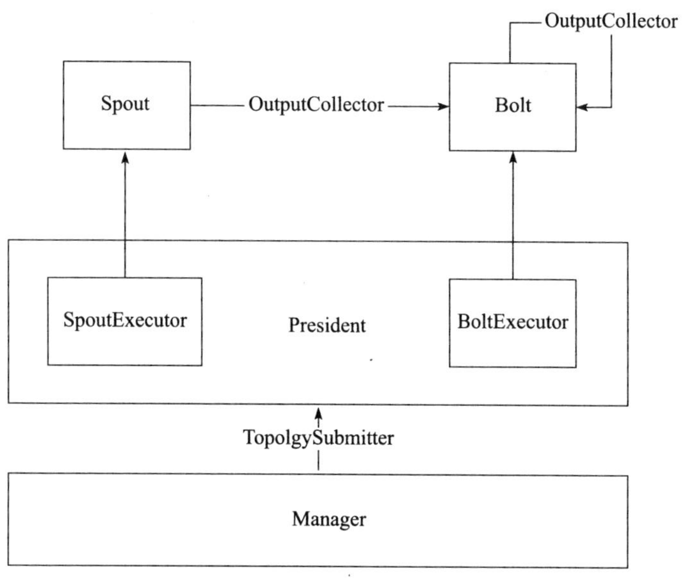

图 6-1　Hurricane 架构图

而 BoltExecutor 也是一个线程，是所有消息处理单元的执行者，每个 BoltExecutor 负责执行一个消息处理单元。

SpoutExecutor 会永不停息地运行，而 BoltExecutor 则会等到数据到来才启动。

Manager 是单个节点任务的管理者，负责创建执行器对象，与中心节点通信，并接收来自其他节点的数据，将这些数据分发到对应的 Bolt 中，让 Bolt 进行处理。

President 是整个集群的中心节点，负责收集用户的请求，并将用户定义的拓扑结果发送给正在运行的其他各 Manager，同时也会通过向各 Manager 收集信息，了解各节点的执行情况，同时为每个 Executor 分配对应的任务。

我们可以借助类型之间的关系，从另一个侧面来描述 Hurricane 实时处理系统，如图 6-2 所示。

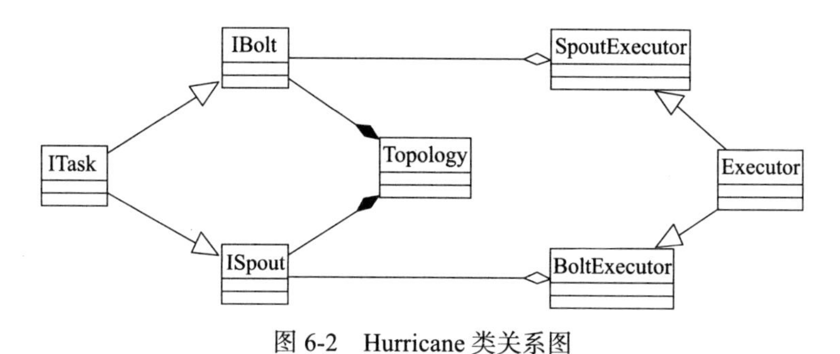

图 6-2　Hurricane 类关系图

图 6-2 中 ITask 是抽象任务接口，IBolt 和 ISpout 是分布式消息处理单元和消息源。而

Topology 则由多个互相连接的消息处理单元和消息源组成。

右侧是执行器，每个节点都会定义一系列执行器 Executor，执行器分为 SpoutExecutor 和 BoltExecutor，分别只执行特殊的任务。

所以整个系统的核心就是如何构建任务，并将该任务分配到多个节点上同时运行，消息源和消息处理单元只不过是特定的抽象模型。

6.1.3 任务接口

接下来，我们看一个最重要的接口：ITask。该接口的 UML 类图如图 6-3 所示。

ITask 是对所有计算任务的抽象，无论是消息源还是消息处理器，它们都是任务，因此都会继承自这个接口。ITask 接口的定义如代码清单 6-1 所示。

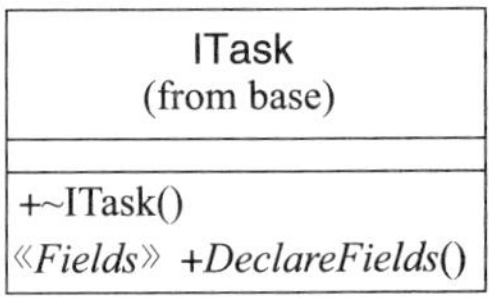

ITask
(from base)

+~ITask()
«Fields» +DeclareFields()

图 6-3 ITask 类图

代码清单 6-1 ITask 接口定义

```
1 class ITask
2 {
3 public:
4     virtual ~ITask() {}
5
6     virtual Fields DeclareFields() const = 0;
7 };
```

ITask 接口非常简单。

第 4 行是一个虚析构函数（所有需要被继承的类都要有虚析构函数）。所谓虚析构函数，就是带 virtual 标记的析构函数。在 C++ 中，虚函数是多态的基础。只有虚函数才支持函数调用的动态绑定，普通的函数只能进行静态绑定。

而虚析构函数和普通的虚函数不太一样。普通的虚函数是根据实际对象的类型执行特定版本的函数（这就是所谓的动态绑定）。而虚析构函数则是根据实际的对象类型从该类型出发，直到其继承树的根部类型为止，依次调用所有的析构函数（和构造函数调用顺序相反）。如果析构函数没有 virtual 标记，那么在销毁对象时，由于没有动态绑定，所有编译器不知道某个指针或引用指向的实际对象类型，可能导致实际对象的析构函数没有被执行（只执行了父类的析构函数）。因此，所有需要继承的类都建议设置一个虚析构函数，除非该类确定不会被继承。

第 6 行是 DeclareFields 方法，该方法会返回一个 Fields 对象。而 Fields 类型的定义如下：

```
typedef std::vector<std::string> Fields;
```

显而易见，这只是一个字符串向量的别名而已。这个函数的作用顾名思义，是用来声明任务的字段名。每个任务都会输出一系列的数据，而 Fields 对象就是用来为这些数据命名。

6.2　消息源接口设计

消息源的作用是产生消息，将元组发送到拓扑结构中，建立计算拓扑中的流。每个消息源都会创建出一条自己的流。其接口设计如代码清单 6-2 所示。

代码清单 6-2　ISpout 接口定义

```
 1 namespace hurricane
 2 {
 3
 4         namespace spout
 5         {
 6
 7         class ISpout : public base::ITask
 8         {
 9         public:
10             virtual void Open(base::OutputCollector& outputCollector) = 0;
11             virtual void Close() = 0;
12             virtual void Execute() = 0;
13
14             virtual ISpout* Clone() const = 0;
15         };
16
17     }
18 }
```

该接口的 UML 图如图 6-4 所示。

ISpout (from spout)
+Clone(): ISpout* +Open(outputCollector: OutputCollector): void +Close(): void +Execute(values: Values): void

图 6-4　ISpout 类图

一个消息源是一个 ITask 的实例，也就是一个具体的任务。消息源定义在名称空间 hurricane::spout 中。

其中 Open 负责打开并初始化一个新的消息源，并将 OutputCollector 也就是一个消息处理器对象传递给该方法。OutputCollector 是 Hurricane 的数据收集器，负责收集数据并将数据传到其他的 Bolt 节点，由于数据传输牵涉到网络层，这里为了避免让用户关心过于底层的问题，因此我们使用 OutputCollector 进行了一层封装。至于 OutputCollector 的实现将会在后面讲解，网络层实现将会在讲网络通信传输时详细阐述。

Close 成员函数则用于关闭该消息源，在拓扑结构停止运行时会被调用，以清理消息源对象使用的环境资源。

Execute 成员函数是最重要的函数。任务执行器会不断执行该任务，并通过该任务不断向拓扑结构中输入数据。所以消息源是拓扑结构中所有消息流的起点。

该成员还有一个 Clone 成员函数，用于在堆上产生对象自身的一份副本，并将复制对象的指针返回。任务执行器会使用该方法来根据用户定义的 Spout 复制生成任务。

6.3 消息处理器接口设计

消息处理器用于接收上一个任务发送出来的消息，并对消息进行处理加工，再将处理结果发送到下一个消息处理器中，是一个典型的“输入 – 计算 – 输出”的执行单元。

消息处理器的接口如代码清单 6-3 所示。

代码清单 6-3 IBolt 接口定义

```
1  namespace hurricane
2  {
3
4      namespace bolt
5      {
6
7          class IBolt : public base::ITask
8          {
9          public:
10             virtual void Prepare(base::OutputCollector& outputCollector) = 0;
11             virtual void Cleanup() = 0;
12             virtual void Execute(const base::Values& values) = 0;
13
14             virtual IBolt* Clone() const = 0;
15         };
16
17     }
18 }
```

消息处理器的接口和消息源的接口非常类似。我们将其定义在 hurricane::bolt 名称空间中。

该接口的 UML 图如图 6-5 所示。

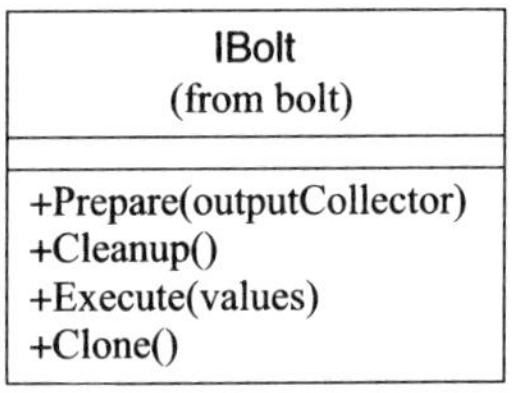

IBolt
(from bolt)

+Prepare(outputCollector)
+Cleanup()
+Execute(values)
+Clone()

图 6-5 IBolt 类图

第 1 个成员函数是 Prepare，作用是在任务启动之前对任务对象进行初始化，和消息源中的 Open 极为相似，在整个任务的生命周期内只会被调用一次。

第 2 个成员函数是 Cleanup。作用是在拓扑结构停止时对任务的资源进行清理。在整个任务的声明周期内也只会被调用一次。

第 3 个成员函数是 Execute，该函数和消息源中的 Execute 一样，会被不断执行。但是和消息源中的 Exeucte 不同，消息源中的 Execute 会被主动反复执行，而消息处理器中的 Execute 则属于被动执行——只有在其他的处理节点的数据到来时才会调用该成员函数，因此在没有数据到来时，数据处理器往往处于阻塞状态。

最后一个函数是 Clone 函数，该函数的作用和数据源中的 Clone 函数一样，用于复制任务对象。

6.4　数据收集器设计

数据收集器的作用较为单一，负责进行数据传递，因此其接口也比较简单，如代码清单 6-2 所示。

代码清单 6-4　OutputCollector 接口定义

```
1  namespace hurricane
2  {
3
4      namespace base
5      {
6
7          class OutputCollector
8          {
9          public:
10             struct Strategy
11             {
12                 enum Values
13                 {
14                     Global = 0,
15                     Random = 1,
16                     Group = 2
17                 };
18             };
19
20             OutputCollector(const std::string& src, int strategy) :
21                 _src(src), _strategy(strategy), _commander(nullptr) {}
22
23             virtual void Emit(const Values& values);
24             void SetCommander(hurricane::message::ManagerCommander* commander)
25             {
26                 if ( _commander )
27                 {
28                     delete _commander;
29                 }
30
31                 _commander = commander;
32             }
33
34             void SetTaskIndex(int taskIndex)
35             {
36                 _taskIndex = taskIndex;
37             }
38
39             void SetGroupField(int groupField)
40             {
41                 _groupField = groupField;
42             }
43
```

```
44              int GetGroupField() const
45              {
46                  return _groupField;
47              }
48
49              virtual void RandomDestination() = 0;
50              virtual void GroupDestination() = 0;
51
52          private:
53              std::string _src;
54              int32_t _strategy;
55              int32_t _taskIndex;
56              hurricane::message::ManagerCommander* _commander;
57              int32_t _groupField;
58          };
59
60      }
61  }
```

该接口的UML类图如图6-6所示。

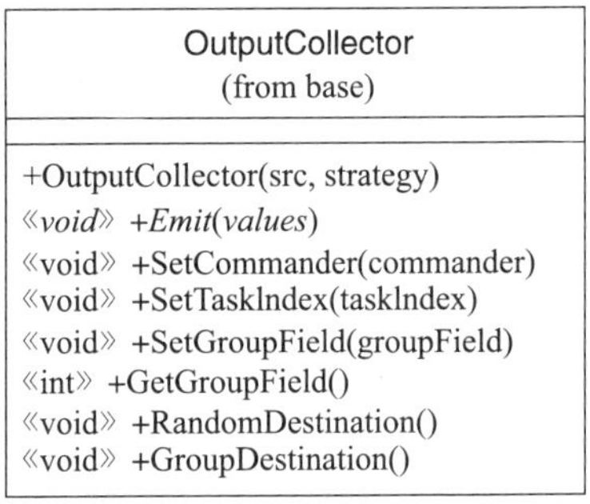

OutputCollector
(from base)

+OutputCollector(src, strategy)
《void》 +*Emit(values)*
《void》 +SetCommander(commander)
《void》 +SetTaskIndex(taskIndex)
《void》 +SetGroupField(groupField)
《int》 +GetGroupField()
《void》 +RandomDestination()
《void》 +GroupDestination()

图6-6 OuptutCollector类图

OutputCollector的接口定义在hurricane::base中，是Hurricane的基础类型之一。

第10行定义了一个结构体名为Strategy，包含了一个名为Values的枚举类型。Strategy指的是数据收集器的发送策略。目前我们定义了3种数据发送策略，分别为Global、Random和Group。

第1种策略是Global，即全局发送策略，在Output-Collector初始化的时候就确定向一个固定的数据处理单元发送数据，在整个拓扑结构的运行过程中都不会改变。这是一种最简单的数据发送策略。

第2种策略是Random，顾名思义就是随机发送，这种策略会在每次发送时都从合法的下一批目标节点中随机选择一个并发送到该数据处理单元。也是一种常用的策略。不过，由于每次都要和整个集群的中央节点通信以获得下一个消息处理单元的位置，所以效率相对于第一种策略较低。

第3种策略是Group。Group策略是一种分组发送策略，这种策略会预先指定一个字段，在发送数据时，每次都会将字段相同的数据发送到某个固定的数据处理单元中。这种方式在第一次发送数据的时候会向集群的中央节点请求获取发送目标的位置，之后由于这个位置固定了，因此不会再请求。所以对性能影响不大。

第20行开始是消息收集器的构造函数。该构造函数包含两个参数：一个是消息收集器来源的任务名称，可能是消息源名称，也可能是消息处理器名称；第二个参数是消息发送策略。目前支持的3种策略（全局发送、随机发送、分组发送）前面已经阐述过，这里就不过多赘述了。

第23行是Emit函数，该函数的作用是发送一个元组。具体实现中会根据数据收集器的发送策略发送元组数据。

第24行是SetCommander函数，作用是设置一个命令执行器。命令执行器的作用是与网络上的其他节点进行通信。这里我们已经将所有的原始数据抽象为高层的命令，而将通信层的复杂细节隐藏在底层。至于Commander的具体实现将会在后面的章节中介绍。

构造函数包含一个参数，该参数表示数据收集器的数据源。一般由执行器构造数据收集器并传递给任务。这样数据收集器就会去拓扑结构中查询网络结构，并根据用户预定义的分发策略，将数据传输到正确的位置。

第34行用于设置taskIndex。taskIndex是该OutputCollector每次发送元组数据时目的地的任务编号。我们知道一个Manager会管理多个任务，而Commander只关联到了某个Manager节点，但是将数据分发给哪个任务是不知道的，因此我们需要使用taskIndex来做定位。Manager的位置和taskIndex的关系就像主机名和端口号，决定了发送的目标任务。

第39行用于设置groupField。groupField给分组策略使用。分组策略需要根据这个groupField将数据发送到某个固定的数据处理单元。groupField是字段在任务定义中的字段编号，这个字段编号结合字段列表就可以确定是哪一个字段。

第44行是GetGroupField函数，也就是获取分组字段编号。

第49行是RandomDestination函数，这是一个纯虚函数。该函数在随机策略中实现随机选择目的消息处理单元的功能，如何实现交给数据收集器的子类来决定。

初级虚函数是一种特殊的虚函数，这种虚函数不包含实现，只有声明。包含纯虚函数的类我们称之为抽象类，这种类是无法建立对象实例的。如果想要创建对象实例，我们必须继承这个类，并在子类中实现这个纯虚函数。当然，子类也可以选择不实现纯虚函数，但如果不实现，那么子类也会是一个抽象类，无法创建对象实例，直到有一个子类实现了所有的纯虚函数为止。纯虚函数一般用来定义接口。

第50行是GroupDestination函数，用来根据字段选择元组发送的目标消息处理单元。

第53 ~ 57行分别定义了需要的成员变量。其中：

1）_src是发送源的名称。

2）_strategy是策略编号。

3）_taskIndex是目标任务编号。

4）_commander是命令发送器，默认为空指针。

5）_groupField用在分组策略中，指定了分组使用的字段编号。

6.5 元组接口设计

上面讲了数据的产生者、数据的处理者以及数据的传递者。那么在拓扑结构中，数据到底如何表示呢？在拓扑结构中，我们使用元组的形式来表示数据。

所谓元组就是一个数据的有序集合，其中的每个数据都可以是任意的特定类型，而元组可以无限增长。这种形式可以表示任意数据，比如一个元组本身就是一个数组，而两个元组配合（一个元组表示字段，一个元组表示数据）可以用来形成字典。因此元组在拓扑结构中是最重要的数据结构。

在介绍元组之前我们来介绍一下值——代表任意类型的数据，其接口大致如代码清单 6-5 所示。

Value 的接口类图如图 6-7 所示。

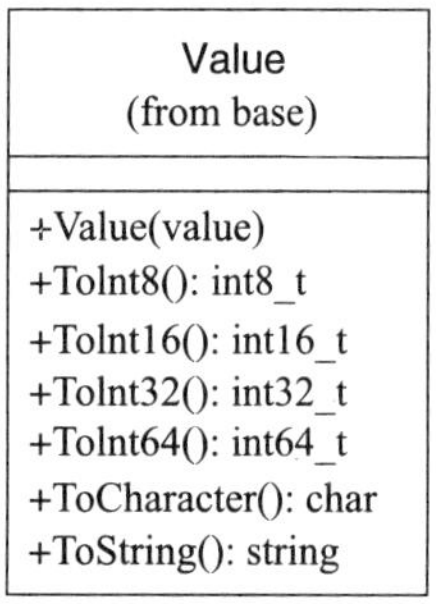

Value (from base)
+Value(value) +ToInt8(): int8_t +ToInt16(): int16_t +ToInt32(): int32_t +ToInt64(): int64_t +ToCharacter(): char +ToString(): string

图 6-7 Value 类图

这里所有的类型都定义在 hurricane::base 名称空间中。我们来逐行解释代码。

第 6 行定义了一个异常类型 TypeMismatchException，该类继承自 std::exception，是标准的异常类型。

第 9 行是构造函数，该构造函数包含一个 message 参数，该参数是异常的消息，会在抛出异常后输出到控制台上。

第 13 行我们重载了 what 函数，该函数是 exception 类型的虚函数，系统用这个函数获取异常的文本消息。我们将构造函数的消息直接返回。注意这里使用了 noexcept 和 override。noexcept 表示该函数不会抛出异常，这样有利于编译器进行函数调用优化。override 表示该函数是覆盖了一个父类的虚函数，如果不是覆盖了一个函数就会报错。这两个都是 C++11 中新加的关键字。

显而易见，所谓的值就是可以容纳任意类型数据的变量，我们往往通过 union 联合体结合类型的枚举量来存储这类变量。

第 19 行定义了唯一的成员变量，表示用户异常的说明文字。

第 22 行定义了 Value 类型，该类型表示一个可以存储任意类型的值，我们详细看一下类型定义。

第 25 行定义了一个名为 Type 的枚举类。

> 提示 枚举类是 C++11 中新加入的特性。和传统的枚举相比，枚举类会使用枚举类类型名称来做命名空间约束。比如我们想要引用 Type 中名为 Boolean 的值，需要使用 Value::Type::Boolean，而不能用 Value::Type。另外，枚举类也不能和整数值之间进行任何类型转换，这样可以确保代码更加规范，不会像 C 中的枚举那样出现很多问题。

这里面一共定义了 9 个枚举值，分别代表以下 9 种类型。

1）Boolean：布尔类型。

2）Character：字符类型。

3）Int8：8 位有符号整数。

4）Int16：16 位有符号整数。

5）Int32：32 位有符号整数。

6）Int64：64 位有符号整数。

7）Float：单精度浮点数。

8）Double：双精度浮点数。

9）String：字符串。

第 38 行我们定义了一个联合体 InnerValue，联合体内包含了以下 8 个变量。

1）booleanValue：表示布尔值。

2）characterValue：表示字符值。

3）int8Value：表示 8 位有符号整数值。

4）int16Value：表示 16 位有符号整数值。

5）int32Value：表示 32 位有符号整数值。

6）int64Value：表示 64 位有符号整数值。

7）floatValue：表示单精度浮点数。

8）doubleValue：表示双精度浮点数。

联合体的优点在于所有的值共用一片存储空间，因此不会引起额外的空间存储消耗。

现在我们来看一下第 137 行开始的代码。_type 表示该 Value 的类型，_value 表示该 Value 对象的实际值。最后 _stringValue 表示一个字符串值，当然只有当 _type 的值为 Type::String 时该值才是有效的。我们将其分离出来的原因是，并不是所有编译器都支持将一个复杂的非 POD 对象放在联合体中，这样更有利于可移植性。

现在来看从 50 行开始的代码，这部分代码雷同之处非常多，其实就是从一个普通的值转换成 Value，这里我们支持前文提及的所有类型，包括布尔类型、字符类型、各种长度的有符号整数、单精度和双精度浮点数以及字符串。

从 99 行开始是转换函数，可以将 Value 的值转换成实际的值。如果值的类型不匹配，则直接抛出 TypeMismatchException 异常。

代码清单 6-5　Values 定义

```
1 namespace hurricane
2 {
3     namespace base
4     {
5
6         class TypeMismatchException : std::exception
```

```
 7          {
 8          public:
 9              TypeMismatchException(const std::string& message) :
10                  _message(message) {}
11
12
13              const char* what() const noexcept override
14              {
15                  return _message.c_str();
16              }
17
18          private:
19              std::string _message;
20          };
21
22          class Value
23          {
24          public:
25              enum class Type
26              {
27                  Boolean,
28                  Character,
29                  Int8,
30                  Int16,
31                  Int32,
32                  Int64,
33                  Float,
34                  Double,
35                  String
36              };
37
38              union InnerValue
39              {
40                  bool booleanValue;
41                  char characterValue;
42                  int8_t int8Value;
43                  int16_t int16Value;
44                  int32_t int32Value;
45                  int64_t int64Value;
46                  float floatValue;
47                  double doubleValue;
48              };
49
50              Value(bool value) : _type(Type::Boolean)
51              {
52                  _value.booleanValue = value;
53              }
54
55              Value(char value) : _type(Type::Character)
56              {
```

```
57                _value.characterValue = value;
58            }
59
60            Value(int8_t value) : _type(Type::Int8)
61            {
62                _value.int8Value = value;
63            }
64
65            Value(int16_t value) : _type(Type::Int16)
66            {
67                _value.int16Value = value;
68            }
69
70            Value(int32_t value) : _type(Type::Int32)
71            {
72                _value.int32Value = value;
73            }
74
75            Value(int64_t value) : _type(Type::Int64)
76            {
77                _value.int64Value = value;
78            }
79
80            Value(float value) : _type(Type::Float)
81            {
82                _value.floatValue = value;
83            }
84
85            Value(double value) : _type(Type::Double)
86            {
87                _value.doubleValue = value;
88            }
89
90            Value(const std::string& value) : _type(Type::String)
91            {
92                _stringValue = value;
93            }
94
95            Value(const char* value) : Value(std::string(value))
96            {
97            }
98
99            bool ToBoolean() const
100           {
101               if ( _type != Type::Boolean )
102               {
103                   throw TypeMismatchException("The type of value is not
                          boolean");
104               }
105           }
```

```
106
107             int8_t ToInt8() const
108             {
109                 if ( _type != Type::Int8 )
110                 {
111                     throw TypeMismatchException("The type of value is
                                                    not int8");
112                 }
113
114                 return _value.int8Value;
115             }
116
117             int16_t ToInt16() const
118             {
119                 if ( _type != Type::Int16 )
120                 {
121                     throw TypeMismatchException("The type of value is
                                                    not int16");
122                 }
123
124                 return _value.int16Value;
125             }
126
127             int32_t ToInt32() const
128             {
129                 if ( _type != Type::Int32 )
130                 {
131                     throw TypeMismatchException("The type of value is
                                                    not int32");
132                 }
133
134                 return _value.int32Value;
135             }
136
137             int64_t ToInt64() const
138             {
139                 if ( _type != Type::Int64 )
140                 {
141                     throw TypeMismatchException("The type of value is
                                                    not int64");
142                 }
143
144                 return _value.int64Value;
145             }
146
147             char ToCharacter() const
148             {
149                 if ( _type != Type::Character )
150                 {
151                     throw TypeMismatchException("The type of value is
```

```
                                                    not character");
152                 }
153
154                 return _value.characterValue;
155             }
156
157             const std::string& ToString() const
158             {
159                 if ( _type != Type::String )
160                 {
161                     throw TypeMismatchException("The type of value is
                                                    not string");
162                 }
163
164                 return _stringValue;
165             }
166
167         private:
168             Type _type;
169             InnerValue _value;
170             std::string _stringValue;
171         };
172 };
```

该类型的接口应该支持任意基础类型和值类型之间的转换，因此这方面的接口略为繁杂。而元组就是一个由值组成的有序序列，其定义如代码清单 6-6 所示。

代码清单 6-6　元组接口定义

```
 1 class Values : public std::vector<Value>
 2 {
 3     public:
 4     Values() = default;
 5     Values(std::initializer_list<Value> values) : std::vector<Value>(values)
 6     {
 7     }
 8
 9     Value& operator[](size_t index)
10     {
11         return std::vector<Value>::operator[](index);
12     }
13
14     const Value& operator[](size_t index) const
15     {
16         return std::vector<Value>::operator[](index);
17     }
18 };
```

该类继承自 Value 的向量类。其接口和向量类也很相似，有一个默认构造函数，一个初始化列表构造函数，以及索引操作符。其使用方法和普通向量一模一样。其接口类图如图 6-8 所示。

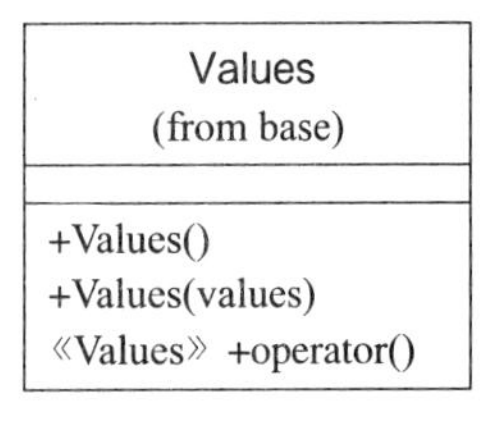

图 6-8 Values 类图

这里我们使用了初始化列表这种技术，这种技术也是 C++ 11 里面引入的新语法。这种语法比较好的地方在于可以使用 C++ 11 的统一初始化表达式来初始化变量。比如我们的 Value 可以这样初始化：

auto value = { 10, 'hello', 20.0 };

我们可以像使用脚本语言一样，用语法糖定义变量，编写代码会更加方便。

6.6 序列化接口设计

不同语言以及编译器的数据内存布局结构很有可能不一样，因此我们需要设计序列化接口，以支持数据在不同的平台间可以传输，而且其格式与平台无关。

我们使用 Writable 来帮助我们完成序列化和反序列化。

Writable 的基本接口如代码清单 6-7 所示。

代码清单 6-7 Writable 接口定义

```
1 class Writable
2 {
3     public:
4         virtual int32_t Read(ByteArrayReader& reader, Variant& variant) = 0;
5         virtual int32_t Write(ByteArrayWriter& writer, const
                                   Variant& variant) = 0;
6 };
```

接口类图如图 6-9 所示。

Writble 负责使用 Read 读取数据并将数据存放在对象内部，或者使用 Write 将对象内部数据输出到二进制流中。所有的类型都需要继承并实现 Writable 类型。

图 6-9 Writable 类图

最后，我们只需要将 Values 对象转换成一个个的 Variant，并使用 Writable 的实例来逐个序列化这些数据对象即可。

6.7　本章小结

本章介绍了 Hurricane 实时处理系统中与用户密切相关的一些接口，并阐述了这些接口的关系，以及接口中成员函数的作用。现在，读者应该已经对 Hurricane 实时处理系统的架构有一个大致的认识，本章的作用就是为之后的编程实战打下基础。

Chapter 7 第 7 章

服务组件设计与实现

上一章我们重点讨论了分布式计算系统的整体接口，对计算系统的上层实现有了大致的了解，而本章则关注如何实现 Hurricane 中的服务组件。所谓服务组件就是消息源、消息处理器，以及负责执行任务的执行器类。

7.1 Executor 设计与实现

我们首先来看一下如何实现执行器。

执行器是 Manager 中最重要的组成部分。每一个 Manager 都包含了多个 Executor，这些 Executor 可以执行 President 分配的特定任务，并接收从其他的 Executor 传递过来的各种数据，在特定的时候启动并执行任务处理数据。

接下来我们先看一些用于实现 Executor 的必要技术。

7.1.1 事件驱动的消息队列

首先来看 Executor 最关键的部分——基于消息队列的事件驱动机制。

大家都知道，每一个 Executor 其实是一个线程，而管理多线程任务中，最令人头疼的就是线程之间的通信。为了解决这个问题，也有大量的工具与框架来帮助我们。而本节就是提出一种解决通信问题的方法，那就是使用消息队列来进行线程间通信。图 7-1 是利用消息队列实现事件驱动的原理图。

从图 7-1 中我们可以看出该机制的工作原理。这种机制其实就是一个无穷循环，其他线程会将消息发送到该线程专用的消息队列中，而工作线程不断循环从消息队列中获取消息，并将消息转换成我们的事件对象。每个事件会有一个编码或一个名字，我们可以通过这个编码或者名字找出每个事件的事件处理函数（由用户提前注册的事件），接着执行事件即可。

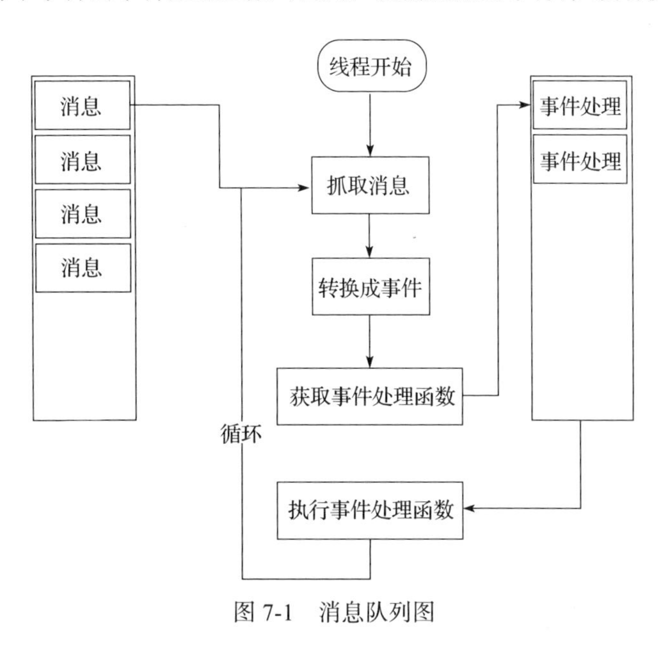

图 7-1　消息队列图

我们来看一下我们的事件驱动实现（该消息队列直接使用了 Windows 下的系统消息队列，是 Windows 中消息队列的实现版本）。

1. 消息定义

首先，我们来看一下系统中如何定义消息，如代码清单 7-1 所示。

代码清单 7-1　消息定义

```
1  class Message
2  {
3      public:
4          struct Type
5          {
6              enum
7              {
8                  Stop = 0
9              };
10         };
11
12         Message(int32_t type) : _type(type)
13         {
14         }
15
16         virtual ~Message()
17         {
```

```
18         }
19
20         int32_t GetType() const
21         {
22             return _type;
23         }
24
25         void SetType(int32_t type)
26         {
27             _type = type;
28         }
29
30     private:
31         int32_t _type;
32 };
```

其 UML 类图如图 7-2 所示。

首先，我们定义了一个结构体，该结构体中包含一个枚举类型，这个枚举类型定义了所有的消息类型，作为示例我们定义了一个 Stop 消息，并为该消息赋予了一个数字 0，作为这个消息的唯一代码。

接着我们为消息定义了唯一的成员变量——_type，代表消息的类型。所有具体的消息类型都应该继承自该消息类，并且不同的类型需要不同的消息类型，防止消息发生冲突。除此以外，消息的具体实现和数据传输方式就交给具体实现去解决了。

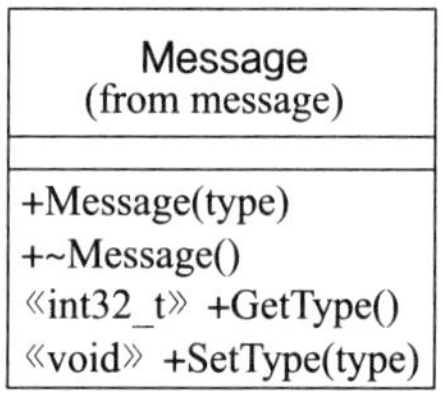

Message
(from message)

+Message(type)
+~Message()
《int32_t》 +GetType()
《void》 +SetType(type)

图 7-2 Message 类图

2. 消息队列接口

我们先来看一下消息队列的接口，如代码清单 7-2 所示。

代码清单 7-2 消息队列接口

```
1  class MessageLoop
2  {
3      public:
4          typedef std::function<void(Message*)> MessageHandler;
5
6          MessageLoop();
7          MessageLoop(const MessageLoop&) = delete;
8          const MessageLoop& operator=(const MessageLoop&) = delete;
9
10         template <class ObjectType, class MethodType>
11         void MessageMap(int messageType, ObjectType* self, MethodType method)
12         {
13             MessageMap(messageType, std::bind(method, self,
                           std::placeholders::_1));
14         }
15
16         void MessageMap(int messageType, MessageHandler handler)
```

```
17          {
18              _messageHandlers.insert({ messageType, handler });
19          }
20
21          void Run();
22          void Stop();
23          void PostMessage(Message* message);
24
25      private:
26          std::map<int, MessageHandler> _messageHandlers;
27          uint64_t _threadId;
28      };
```

接口 UML 类图如图 7-3 所示。

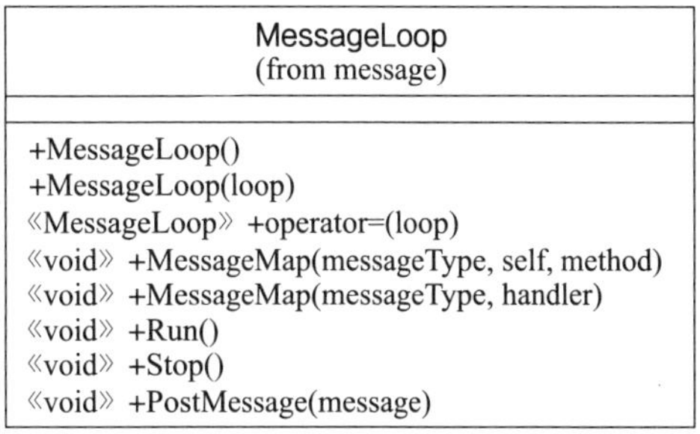

MessageLoop
(from message)

+MessageLoop()
+MessageLoop(loop)
《MessageLoop》 +operator=(loop)
《void》 +MessageMap(messageType, self, method)
《void》 +MessageMap(messageType, handler)
《void》 +Run()
《void》 +Stop()
《void》 +PostMessage(message)

图 7-3 MessageLoop 类图

我们来看一下这个接口定义。

第一个 MessageHandler 是消息的处理函数的类型定义。我们这里使用了 C++ 11 的 std::function 类型作为回调函数的类型，因为该类型既可以存储函数指针，也可以存储 Lambda 表达式，是 C++ 11 中非常便利的一个类型。

接下来是构造函数和析构函数，就不再细说了。

接着我们使用 delete 操作符将复制构造函数和赋值操作符去掉，因为每个消息队列都是不可复制的。

接着就是最重要的 MessageMap，该函数用于实现某个消息类型和消息处理函数之间的映射关系。首先，我们将消息类型和消息处理函数的 std::function 包装存放在一个映射表中，然后我们可以根据消息类型索引得到消息处理函数。最后我们只要执行获取到的 function 对象即可。

Run 负责启动消息队列，Stop 用于停止消息队列，而 PostMessage 则用于向消息队列投递消息。

除此以外，我们还是用一个 MessageLoopManager 来统一管理消息循环。MessageLoopManager 定义如代码清单 7-3 所示。

代码清单 7-3 消息队列管理器

```
1 class MessageLoopManager
2 {
3 public:
4     static MessageLoopManager& GetInstance()
5     {
6         static MessageLoopManager manager;
7
```

```
 8          return manager;
 9      }
10
11      MessageLoopManager(const MessageLoopManager&) = delete;
12      const MessageLoopManager& operator=(const MessageLoopManager&) = delete;
13
14      void Register(const std::string& name, MessageLoop* loop)
15      {
16          _messageLoops.insert({ name, std::shared_ptr<MessageLoop>(loop) });
17      }
18
19      void PostMessage(const std::string& name, Message* message)
20      {
21          auto messageLoopPair = _messageLoops.find(name);
22          if ( messageLoopPair != _messageLoops.end() )
23          {
24              messageLoopPair->second->PostMessage(message);
25          }
26      }
27
28  private:
29      MessageLoopManager() {}
30
31      std::map<std::string, std::shared_ptr<MessageLoop>> _messageLoops;
32  };
```

接口 UML 是图如图 7-4 所示。

MessageLoopManager (from message)
《MessageLoopManager》 +GetInstance() -MessageLoopManager() 《void》 +Register(name loop) 《void》 +PostMessage(name message)

图 7-4　MessageLoopManager 类图

该类的作用就是解耦合。我们将所有的消息队列存放到一个映射表中，这样每一个名字就可以对应某一个消息队列。

用户使用 Register 函数注册消息队列，注册的时候只需要提供队列名和队列实例即可。

PostMessage 则用于传递消息。我们只需要使用消息队列的名称就可以将消息投递到对应的消息队列了。

最后我们使用 GetInstance 将该类型单例化。这种使用函数局部的静态变量是 C++ 中的常用技巧，用于解决初始化依赖问题。

3. 消息队列实现

接下来我们看一下消息队列的实现，如代码清单 7-4 所示。

代码清单 7-4　消息队列实现

```
1 MessageLoop::MessageLoop()
2 {
3     _threadId = GetCurrentThreadId();
4 }
```

```
5
6  void MessageLoop::Run()
7  {
8      MSG msg;
9
10     while ( GetMessage(&msg, 0, 0, 0) )
11     {
12         auto handler = _messageHandlers.find(msg.message);
13
14         if ( handler != _messageHandlers.end() )
15         {
16             handler->second((Message*)(msg.wParam));
17         }
18
19         DispatchMessage(&msg);
20
21         if ( msg.message == Message::Type::Stop )
22         {
23             break;
24         }
25     }
26 }
```

消息队列的实现非常简单。核心就是使用 Windows 的 PostThreadMessage 向对应的线程投递消息，并在 Run 函数的无限循环中使用 GetMessage 获取消息，并解析消息，执行消息。如果接收到了 Stop 类型的消息，那么整个循环停止，消息队列结束。

7.1.2　动态装载技术

Executor 需要动态加载 DLL 或者共享库来加载用户定义的 Topology。接下来我们介绍如何动态装载 DLL 和共享库。

1. Linux 动态装载 so

像 Windows 调用库文件一样，在 Linux 下，也有相应的 API 因为加载库文件而存在。它们主要是以下几个函数，如表 7-1 所示。

表 7-1　函数及说明

函数名	功能描述
dlopen	打开对象文件，使其可被程序访问
dlsym	获取执行了 dlopen 函数的对象文件中的函数的地址
dlerror	该函数没有参数，它会在发生前面的错误时返回一个字符串，同时将其从内存中清空；在没有错误发生时返回 NULL
dlclose	关闭目标文件。如果无须再调用共享对象的话，应用程序可以调用该方法来通知操作系统不再需要句柄和对象引用了。它完全是按引用来计数的，所以同一个共享对象的多个用户相互间不会发生冲突（只要还有一个用户在使用它，它就会待在内存中）。任何通过已关闭的对象的 dlsym 解析的符号都将不再可用

接下来我们看一下示例代码，如代码清单 7-5 所示。

代码清单 7-5 Linux 动态装载

```
1  #include <stdio.h>
2  #include <dlfcn.h>
3
4  int main(int argc, char *argv[])
5  {
6      void * libm_handle = NULL;
7      float (*cosf_method)(float);
8      char *errorInfo;
9      float result;
10
11     /* dlopen 函数还会自动解析共享库中的依赖项。这样，如果你打开了一个依赖于其他共享库的
          对象，它就会自动加载该对象 */
12     // 函数返回一个句柄，该句柄用于后续的 API 调用
13     libm_handle = dlopen("libm.so", RTLD_LAZY );
14     /* 如果返回 NULL 句柄，表示无法找到对象文件，过程结束。否则的话，将会得到对象的一个
          句柄，可以进一步询问对象 */
15     if (!libm_handle)
16     {
17         /* 如果返回 NULL 句柄，通过 dlerror 方法可以取得无法访问对象的原因 */
18         printf("Open Error:%s.\n",dlerror());
19         return 0;
20     }
21
22     /* 使用 dlsym 函数，尝试解析新打开的对象文件中的符号。你将会得到一个有效的指向该符号
          的指针，或者得到一个 NULL 并返回一个错误 */
23     cosf_method = dlsym(libm_handle,"cosf");
24     errorInfo = dlerror();/* 调用 dlerror 方法，返回错误信息的同时，内存中的错误信息
                                  被清空 */
25     if (errorInfo != NULL)
26     {
27         printf("Dlsym Error:%s.\n",errorInfo);
28         return 0;
29     }
30
31     // 执行 cosf 方法
32     result = (*cosf_method)(0.0);
33     printf("result = %f.\n",result);
34
35     // 调用 ELF 对象中的目标函数后，通过调用 dlclose 来关闭对它的访问
36     dlclose(libm_handle);
37
38     return 0;
39 }
```

代码中非常清楚，我们使用 dlopen 打开共享库文件，使用 dlsym 解析符号，并映射到我们的进程空间中，使用 dlclose 关闭共享库，并使用 dlerror 获取出错信息。

2. Windows 动态装载 DLL

下面我们给出动态装载的示例代码，如代码清单 7-6 所示。

代码清单 7-6 Windows 动态装载

```
1  //加载 DLL
2  HINSTANCE hInstance = LoadLibrary("CnBlogsDLL.dll");
3  //定义显示学生信息的方法
4  typedef int (*ShowStudentInfo)(Student * );
5
6  ShowStudentInfo showStudentInfo = (ShowStudentInfo)GetProcAddress(hInstance,
                                         "ShowStudentInfo");
7
8  Student stud;
9  memset(&stud, 0x00, sizeof(Student));
10 stud.Age = 100;
11 memcpy(stud.Name,"WGC",sizeof(stud.Name));
12
13 int age = showStudentInfo(&stud);
```

该代码的核心在于 LoadLibrary，该函数用于装载一个动态链接库。

装载完成后，我们需要使用 GetProceAddress 将 DLL 中的某个函数映射到我们的进程地址空间中。ShowStudentInfo 就是我们在 DLL 中定义的示例函数。

最后，我们调用本地的函数，就相当于调用 DLL 中的函数了。

7.1.3 Executor 实现

前面我们讲完了 Executor 的基础，现在我们来看一下 Executor 类的实现，首先是 SpoutExecutor，如代码清单 7-7 所示。

代码清单 7-7 Executor 定义

```
1  template <class TaskType>
2  class Executor
3  {
4  public:
5      enum class Status
6      {
7          Stopping,
8          Running
9      };
10
11     Executor() : _status(Status::Stopping)
12     {
13     }
14
15     virtual ~Executor() {}
16
```

```
17     void StartTask(const std::string& taskName, TaskType* task)
18     {
19         _taskName = taskName;
20         _task = std::shared_ptr<TaskType>(task);
21
22         _thread = std::thread(std::bind(&Executor::StartThread, this));
23     }
24
25     virtual void StopTask()
26     {
27         _messageLoop.Stop();
28     }
29
30     Status GetStatus() const
31     {
32         return _status;
33     }
34
35     const std::string& GetTaskName() const
36     {
37         return _taskName;
38     }
39
40 protected:
41     virtual void OnCreate() = 0;
42     virtual void OnStop() = 0;
43     std::shared_ptr<TaskType> _task;
44     hurricane::message::MessageLoop _messageLoop;
45
46 private:
47     void StartThread()
48     {
49         _status = Status::Running;
50
51         OnCreate();
52         _messageLoop.Run();
53         OnStop();
54
55         _status = Status::Stopping;
56     }
57
58     std::thread _thread;
59     Status _status;
60     std::string _taskName;
61 };
```

该接口的类图如图 7-5 所示。

正如我们所见，我们的 Executor 是一个模板类，这是为了便于我们日后针对不同类型的任务实现不同的 Executor。

其中 Status 表示执行器的状态，某个执行器可能在执行任务，此时其状态为 Running，否则为 Stopping。

StartTask 则负责启动任务。其实就是设置一下任务名，保存用户传递的任务，并创建一个新的线程，准备执行任务。该线程的入口是 StartThread，该函数实现我们随后再看。

接着是 StopTask。停止方法很简单，就是执行消息队列的 Stop 方法。

后面的 GetTaskName 和 GetStatus 的作用都很简单，就不再赘述了。

这里最重要的就是 StartThread 方法。该方法首先设置任务状态，并调用 OnCreate 初始化任务执行器，接着执行消息队列的 Run 方法，启动消息队列。一旦消息队列结束就执行 OnStop 停止执行器，并将状态设置为 Stopping，然后等待 Manager 的下一次调度。

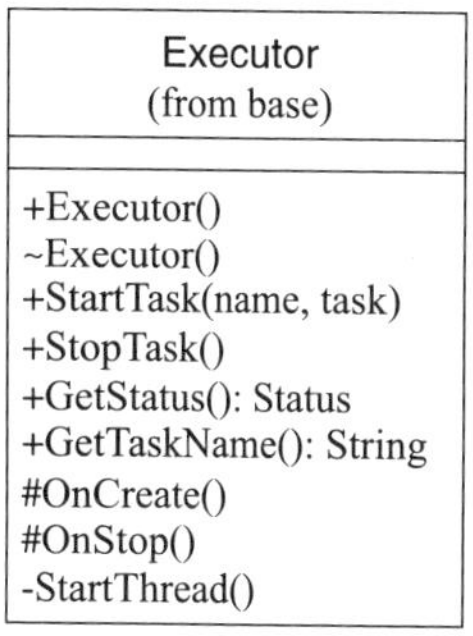

Executor (from base)
+Executor() ~Executor() +StartTask(name, task) +StopTask() +GetStatus(): Status +GetTaskName(): String #OnCreate() #OnStop() -StartThread()

图 7-5　Executor 类图

7.2　Task 设计与实现

接着就是如何实现具体的 Executor，分别执行消息源和消息处理器。

首先来看 SpoutExecutor 的接口，如代码清单 7-8 所示。

代码清单 7-8　SpoutExecutor 定义

```
 1 class SpoutExecutor : public base::Executor<spout::ISpout>
 2 {
 3 public:
 4     SpoutExecutor() :
 5         base::Executor<spout::ISpout>(), _needToStop(false)
 6     {
 7     }
 8
 9     void StopTask() override;
10     void OnCreate() override;
11     void OnStop() override;
12
13 private:
14     topology::ITopology* _topology;
15     bool _needToStop;
16 };
```

该接口类图如图 7-6 所示。

而 Bolt 的接口与之类似，我们可以看到，每一个具体的 Executor 只需要集成 Executor 接口并实现相应的虚函数即可。

本章的最后我们用图 7-7 来从执行任务的角度看一下 Hurricane 的整体框架。

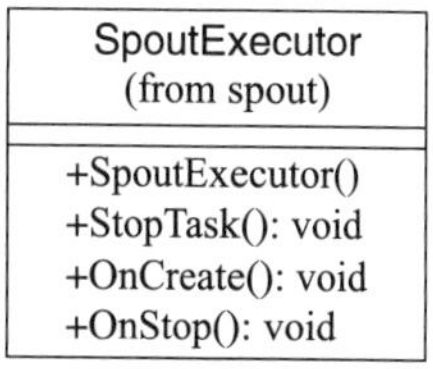

SpoutExecutor (from spout)
+SpoutExecutor() +StopTask(): void +OnCreate(): void +OnStop(): void

图 7-6　SpoutExecutor 类图

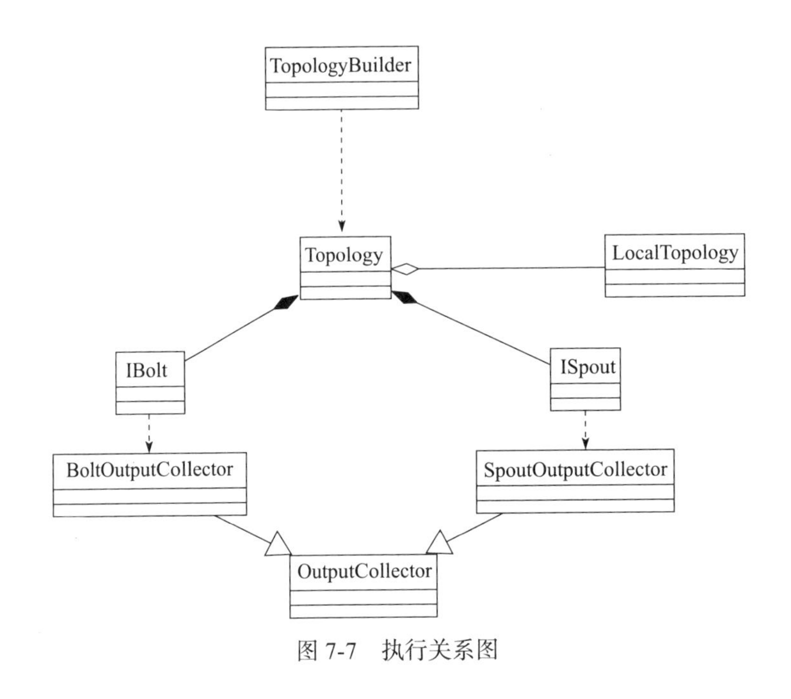

图 7-7 执行关系图

7.3 本章小结

在本章中，我们主要探讨了服务组件的设计与实现方法。首先，我们了解了 Executor 的设计与实现，它的作用是进行网络之间端对端的通信，并执行某一类特定任务。接着我们探讨了服务组件中十分重要的一环：动态装载技术。在这一节中，我们不仅了解了在 Linux 平台上如何实现共享库的加载，还实现了在 Windows 上 DLL 的动态加载，这样 Hurricane 服务可以在运行时加载我们指定的任务而不用重新编译或启动进程。接着我们又探讨了二进制接口的定义。最后，我们探讨了任务的设计与实现。其中，我们主要解释了 SpoutExecutor 中如何处理并执行 Spout 任务，以及任务与 Executor 之间的交互。通过本章的讲解，读者应当已经掌握了实时处理系统中主要服务组件的内部细节。

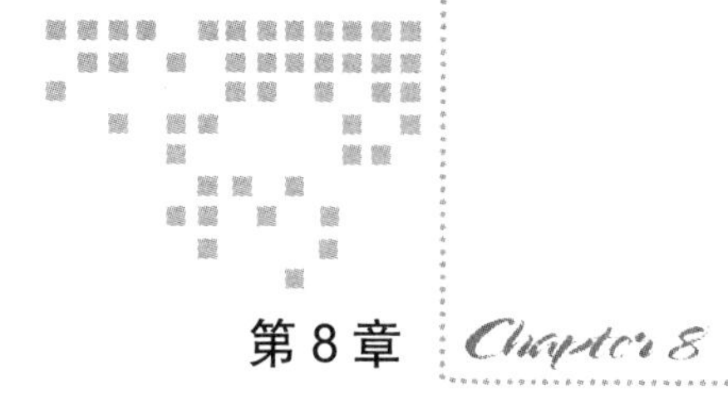

第 8 章 Chapter 8

管理服务设计与实现

8.1 President 功能与设计

President 的作用与 Apache Storm 中的 Nimbus 类似，负责对整个集群进行管理，包括但不仅限于以下功能。

1）负责集群的启动与调度。

2）负责监视 Manager 的执行情况（正常执行或者宕机）。

3）负责向 Manager 分配任务。

4）负责根据集群的执行情况，决定消息分发策略的执行方式。

简而言之，President 与 Manager 的关系如图 8-1 所示。

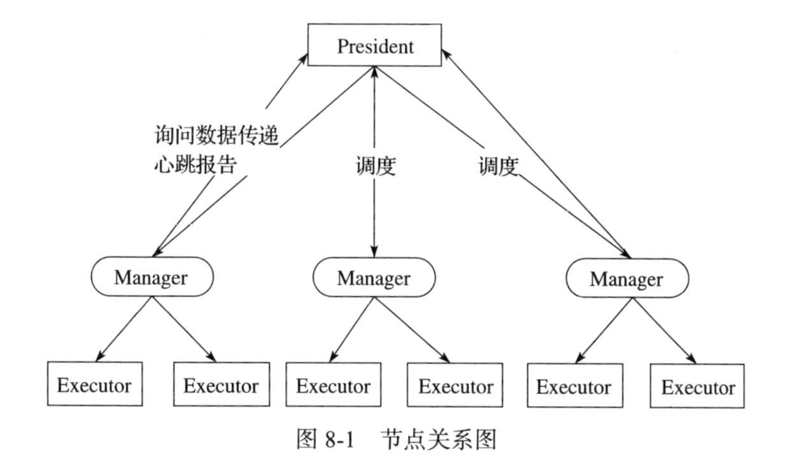

图 8-1　节点关系图

从图 8-1 中我们可以了解到，President 在整个集群管理服务的顶层，它承担着管理整个集群的工作，与 President 直接进行交互的管理节点是 Manager。需要注意的是，我们在这里设计的 President 并不采用主动推送获取节点状态，而是通过 Manager 主动将其状态通知 President，然后 President 负责对各个 Manager 节点进行调度。接着，Manager 负责对各个 Executor 进行管理和调度。从图 8-1 中可以看出，我们在这里采用了与其他分布式实时处理系统类似的分册管理架构设计。有关各个节点和层次之间通信的细节，我们会在后续章节中进行详细的讲解，并辅以编程实战实现这些底层通信层。

在这里，我们需要首先考虑一个问题：既然 President 和 Manager 都承担着大量节点的管理任务，那么对于服务器来说，如果它们发生故障，我们该怎么处理呢？事实上，我们需要将 President 和 Manager 设计成“快速失败”（fail fast）和“无状态”（stateless）的服务器管理节点。我们有许多方法让节点满足这些特性，比较简单的方法是使用守护进程（daemon）来实现，当节点由于某些原因宕机时，守护进程会在很短时间内将这些节点重新启动起来。这样一来，我们的这个问题就可以妥善解决了。

那么，在 President 或 Manager 管理节点宕机的时候，工作节点是否还能继续工作呢？我们在 Hurricane 实时处理系统中将这种情况处理成“仍然继续工作”。因此，短暂的管理节点无效状态不应该影响到工作节点的运行。需要注意的是，我们处理这种情况的方式与传统的数据批处理系统（比如 Hadoop）不同：它们的处理方法是停止所有任务。

在发生 President 或 Manager 管理节点宕机的情况下，我们的工作节点可以继续执行之前分配的任务，但是在宕机间隔中，就没有管理器分配后续任务了，这种情况是在我们的设计情况下可能会发生的，属于已知的情况之一。读者需要注意到这一点。

8.2 President 实现

现在我们来看一下 President 的实现问题。这需要我们一块块解释和 President 相关的代码。我们分别从以下几个部分来看一下 President 的实现。

1）简单的网络通信实现：为了保证我们的程序可以运行，在实现高效的网络通信层之前，我们需要使用 Socket 实现基本的通信层，以确保节点之间可以正常通信。

2）Topology 装载实现：如何装载用户部署的 Topology。

3）Manager 管理调度实现：如何在 President 中管理调度 President。

Presidcnt 和 Manager 的整体架构如图 8-2 所示。

其中 Manager 和 President 都包含一个 NetListener 类负责监听网络请求，并使用 CommandDispatcher 对象来帮助分发任务。Manager 和 President 各包含一个 Commander，用于向其他节点发送命令，并获得反馈，而这两个 Commander 正是基于 NetConnector 实现的。

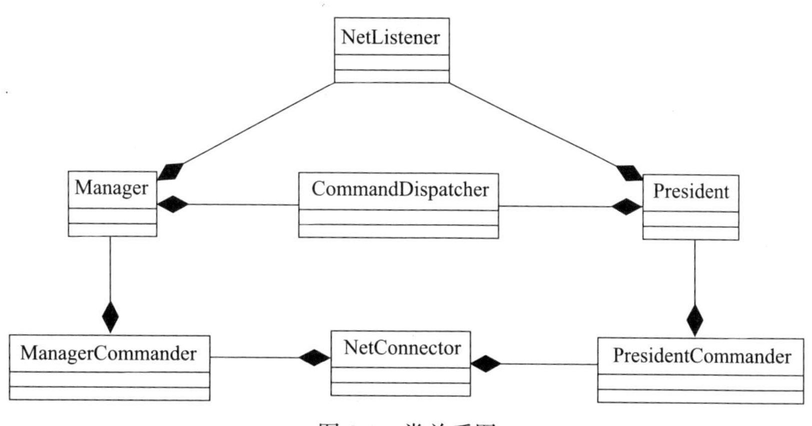

图 8-2　类关系图

8.2.1　简单的网络通信实现

首先我们来看看节点之间通信的基础——网络监听器的实现。

网络监听器的声明如代码清单 8-1 所示。

代码清单 8-1　NetListener 定义

```
 1 typedef std::function<void(std::shared_ptr<TcpConnection> connection,
 2     const char* buffer, int32_t size)>
 3         DataReceiver;
 4
 5 class NetListener
 6 {
 7 public:
 8     NetListener(const hurricane::base::NetAddress& host) :
 9             _host(host)
10     {
11     }
12
13     const hurricane::base::NetAddress& GetHost() const
14     {
15         return _host;
16     }
17
18     void SetHost(const hurricane::base::NetAddress& host)
19     {
20         _host = host;
21     }
22
23     void StartListen();
24
25     void DataThreadMain(std::shared_ptr<TcpConnection> connection);
26     void OnData(DataReceiver receiver)
27     {
```

```
28          _receiver = receiver;
29      }
30
31  private:
32      hurricane::base::NetAddress _host;
33      std::shared_ptr<TcpServer> _server;
34      DataReceiver _receiver;
35  };
```

该类型 UML 类图如图 8-3 所示。

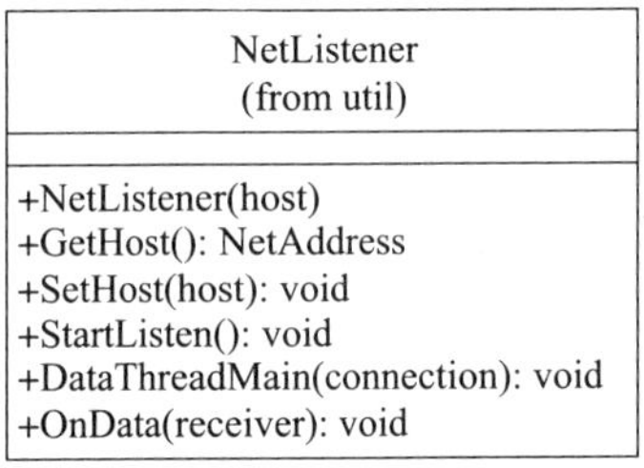

NetListener
(from util)

+NetListener(host)
+GetHost(): NetAddress
+SetHost(host): void
+StartListen(): void
+DataThreadMain(connection): void
+OnData(receiver): void

图 8-3 NetListener 类图

第 1 行，我们定义了一个函数类型，这里使用了 std::function 来定义函数类型。

std::function 类型是在 C++ 11 标准中新增加的类型，该类型支持绑定函数指针、函数对象以及 C++ 11 中的新特性——Lambda 表达式。这个新的模板类型语法较为特殊，其类型定义语法如下：

```
std::function< 返回类型 （参数列表 ）>。
```

比如，如果我们想要定义一个返回类型为 int，参数列表为 int a, float b 的函数，那么我们使用这个模板类来定义函数类型的语句如下：

```
std::function<void (int a, float b)>。
```

对函数指针熟悉的读者可以看出，在 C++11 中这个新类型的定义语法比 C 中的函数指针更为简单直观，而且支持更多的类型（只要可以当作一个函数调用，并且参数列表和返回类型匹配即可）。我们后面的代码中会大量使用该类型。

“Lambda 表达式”（Lambda Expression）是一个匿名函数，Lambda 表达式基于数学中的 λ 演算得名，直接对应于其中的 Lambda 抽象（Lambda Abstraction），是一个匿名函数，即没有函数名的函数。Lambda 表达式可以表示闭包（注意和数学传统意义上的不同）。

很多高级语言里都引入了 Lambda 表达式的概念。以往 C++ 需要传入一个函数的时候，必须事先进行声明，视情况可以声明为一个普通函数然后传入函数指针，或者声明一个函数对象，然后传入一个对象。

但这种传统方法太过复杂，一个简单的遍历输出就需要声明一个类或者函数，本来用于简化语法的东西却使语法大大复杂化。

因此 C++11 标准中提出了 Lambda 表达式，其语法如下所示。

```
[函数对象参数](操作符重载函数参数) mutable 或 exception 声明 -> 返回值类型 {函数体}
```

下面对该语法的各部分进行介绍。

1）[函数对象参数]，标识一个 Lambda 的开始，这部分必须存在，不能省略。函数对象参数是传递给编译器自动生成的函数对象类的构造函数的。函数对象参数只能使用那些到定义 Lambda 为止时 Lambda 所在作用范围内可见的局部变量（包括 Lambda 所在类的 this）。函数对象参数有以下形式。

① 空。没有使用任何函数对象参数。

② =。函数体内可以使用 Lambda 所在作用范围内所有可见的局部变量（包括 Lambda 所在类的 this），并且是值传递方式（相当于编译器自动为我们按值传递了所有局部变量）。

③ &。函数体内可以使用 Lambda 所在作用范围内所有可见的局部变量（包括 Lambda 所在类的 this），并且是引用传递方式（相当于编译器自动为我们按引用传递了所有局部变量）。

④ this。函数体内可以使用 Lambda 所在类中的成员变量。

⑤ 将 a 按值进行传递。按值进行传递时，函数体内不能修改传递进来的 a 的副本，因为默认情况下函数是 const 的。要修改传递进来的 a 的副本，可以添加 mutable 修饰符。

⑥ &a。将 a 按引用进行传递。

⑦ a, &b。将 a 按值进行传递，b 按引用进行传递。

⑧ =, &a, &b。除 a 和 b 按引用进行传递外，其他参数都按值进行传递。

⑨ &, a, b。除 a 和 b 按值进行传递外，其他参数都按引用进行传递。

2）（操作符重载函数参数），标识重载的 () 操作符的参数，没有参数时，这部分可以省略。参数可以通过按值（如 (a, b)）和按引用（如 (&a, &b)）两种方式进行传递。

3）mutable 或 exception 声明，这部分可以省略。按值传递函数对象参数时，加上 mutable 修饰符后，可以修改按值传递进来的副本（注意，是能修改副本，而不是值本身）。exception 声明用于指定函数抛出的异常，如抛出整数类型的异常，可以使用 throw(int)。

4）-> 返回值类型，标识函数返回值的类型，当返回值为 void，或者函数体中只有一处 return 的地方（此时编译器可以自动推断出返回值类型）时，这部分可以省略。

5）{ 函数体 }，标识函数的实现，这部分不能省略，但函数体可以为空。

比如，如果要定义一个计算两数之和的 Lambda 表达式，我们可以这样写：

```
[](int a, int b) -> int { return a + b; }
```

由于 Lambda 表达式的类型无法用普通的类型定义描述，因此在存储 Lambda 表达式时我们会使用 C++ 11 的新关键字 auto 来帮助我们自动完成类型推测：

```
auto add = [](int a, int b) -> int { return a + b; };
```

如果想要调用，只要像函数一样调用这个变量即可：

```
cout << add(1, 2) << endl;
```

我们也可以使用之前写的 std::function 来指明类型：

```
std::function<int(int, int)> = [](int a, int b) -> int { return a + b; };
```

我们使用 std::function 定义了一个数据接收的处理函数，其返回类型为 void，参数列表为 (std::shared_ptr<TcpConnection>, const char* buffer, int32_t)，该类型名称为 DataReceiver。

从第 5 行开始，我们开始定义 NetListener 类。这个类是一个基于 TCP/IP 套接字的网络消息监听类，可以帮助我们进行网络监听。

第 8 行是构造函数，这个构造函数只有一个参数，即需要监听的网络地址。这个网络地址通常包含两个属性，一个是主机名，另一个是端口。因此我们可以通过这个构造函数构造一个在特定主机和端口号上监听的网络监听器。

第 13 行是 GetHost 函数，用于获取该监听器监听的网络地址。

第 18 行是 SetHost 函数，用于设置监听器监听的网络地址。

第 23 行是 StartListen 函数，用于启动网络监听器，开始监听网络。

第 25 行是 DataThreadMain 函数，是网络监听器的线程入口，一旦使用 StartListen 启动网络监听器，就会创建一个新线程，并进入该函数，监听网络上的消息。

第 26 行是 OnData 函数，用于帮助用户注册监听数据消息的回调函数，当网络监听器接收到消息时，会调用用户注册的回调函数，具体的使用方法我们将会在 Manager 和 President 的实现中看到。

接下来就看看 NetListener 的具体实现，如代码清单 8-2 所示。

代码清单 8-2 NetListener 实现

```
 1 const int DATA_BUFFER_SIZE = 65535;
 2
 3 void NetListener::StartListen()
 4 {
 5     _server = std::make_shared<TcpServer>();
 6
 7     _server->Listen(_host.GetHost(), _host.GetPort());
 8
 9     while ( 1 )
10     {
```

```
11          std::shared_ptr<TcpConnection> connection =
                std::shared_ptr<TcpConnection>(_server->Accept());
12
13          std::cerr << "A client is connected" << std::endl;
14
15          std::thread dataThread(std::bind(&NetListener::DataThreadMain,
                this, std::placeholders::_1),
16              connection);
17          dataThread.detach();
18      }
19  }
20
21  void NetListener::DataThreadMain(std::shared_ptr<TcpConnection> connection)
22  {
23      std::cerr << connection << std::endl;
24      int32_t _lostTime = 0;
25
26      try {
27          char buffer[DATA_BUFFER_SIZE];
28          while ( 1 )
29          {
30              int32_t length = connection->Receive(buffer, DATA_BUFFER_SIZE);
31
32              if ( !length )
33              {
34                  std::this_thread::sleep_for(std::chrono ::milliseconds(1000));
35                  _lostTime ++;
36
37                  if ( _lostTime < 10 )
38                  {
39                      continue;
40                  }
41                  else
42                  {
43                      break;
44                  }
45              }
46              else
47              {
48                  _lostTime = 0;
49              }
50
51              _receiver(connection, buffer, length);
52          }
53      }
54      catch ( const std::exception& e )
55      {
56          std::cerr << e.what() << std::endl;
57      }
58  }
```

第 1 行，我们定义了 DATA_BUFFER_SIZE 常量。这个常量是网络监听器中使用的数据缓冲区的大小。我们在这里将缓冲区长度设置为 65 535 是有特殊原因的。我们都知道，网络中的数据都是使用 IP 报文发送的，而 IP 报文中表示数据长度的字段为 2 字节，也就是 16 位，因此能表示的最大长度是 65 535。

第 3 行，我们定义了 StartListen 函数。该函数第一步是创建一个新的 TcpServer 对象，并将其保存到一个 std::shared_ptr 智能指针中。

第 7 行，我们调用 TcpServer 的 Listen 函数，进行监听。这里我们要获取网络地址的主机地址和端口号，这样 TcpServer 就会在这两个端口上开始监听。

第 9 行开始是一个无限循环。这个循环用来监听端口，准备接受连接。

第 11 行，调用 TcpServer 的 Accept 函数，等待客户端连接到服务器。该函数会一直阻塞，直到有客户端连接到服务器，该函数会返回一个 TcpConnection 指针，表示客户端连接。我们将其包装在一个智能指针中，并保存在 connection 变量中。

第 15 行，启动一个新线程，该线程的入口函数是 NetListener 类的 DataThreadMain 函数。读者需要注意的是，由于 &NetListener::DataThreadMain 是一个成员指针，因此本身并没有指向任何对象，因此我们需要使用 std::bind 函数，将 DataThreadMain 函数和对象自身关联起来。同时我们传递一个新的参数 connection 到 DataThreadMain 中。

第 17 行，我们将当前线程与新创建的线程剥离。这样做我们就不必用当前线程去等待新线程的执行。

第 21 行开始，我们定义 DataThreadMain 函数，该函数是监听线程的入口函数。我们在 StartListener 中创建线程之后就会进入这个函数。

第 24 行，我们定义 _lostTime，并将其值设置为 0。这个变量用于记录连接无法连接服务器（丢失连接）的次数，如果连续超过某个阈值，就会采取特殊措施。

第 27 行，这里定义了数据缓冲区，用于接收来自网络的数据。

第 28 行，这里进入无限循环。

第 30 行，使用 connection 对象的 Receive 方法接收来自服务器的数据。

第 32 行，检查接收到的数据长度是否为 0。如果数据长度等于 0，说明该接口无法使用，而 Connector 对象也会失效。

第 34 行，我们使用 thread 对象的 sleep_for 让当前线程等待一定时间，接着将失败次数加 1。如果测试次数大于 10，那么会告知上层关闭连接。

最后我们捕捉并向上层报告异常。

接下来看一下 NetConnector 的声明，该类负责连接到另一个进程上的 NetListener 并与之通信，代码如代码清单 8-3 所示。

代码清单 8-3　NetConnector 定义

```
1  class NetConnector
2  {
```

```
 3 public:
 4     NetConnector(const hurricane::base::NetAddress& host) :
 5         _host(host)
 6     {
 7     }
 8
 9     const hurricane::base::NetAddress& GetHost() const
10     {
11         return _host;
12     }
13
14     void SetHost(const hurricane::base::NetAddress& host)
15     {
16         _host = host;
17     }
18
19     void Connect();
20     int32_t SendAndReceive(const char* buffer, int32_t size, char*
           resultBuffer, int32_t resultSize);
21
22 private:
23     hurricane::base::NetAddress _host;
24     std::shared_ptr<TcpClient> _client;
25 };
```

该类接口的 UML 类图如图 8-4 所示。

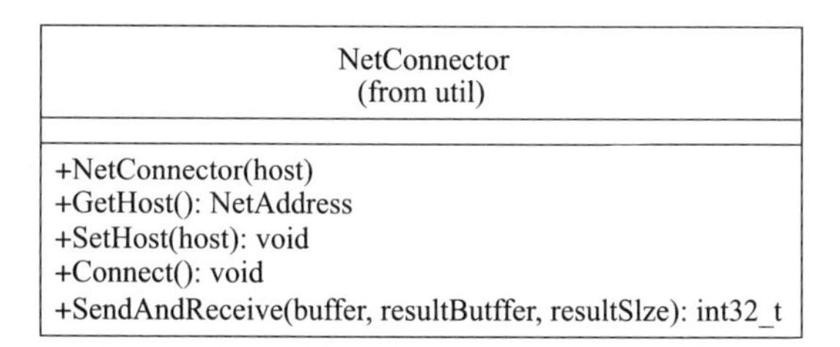

图 8-4　NetConnector 类图

第 20 行中，定义了函数 SendAndReceive。

接下来，我们来看一下网络连接接口。NetConnector 的实现如代码清单 8-4 所示。

代码清单 8-4　NetConnector 实现

```
1 void NetConnector::Connect()
2 {
3     _client = std::make_shared<TcpClient>();
4
5     _client->Connect(_host.GetHost(), _host.GetPort());
6 }
7
8 int32_t NetConnector::SendAndReceive(const char * buffer, int32_t size,
```

```
        char* resultBuffer, int32_t resultSize)
 9  {
10      _client->Send(buffer, size);
11      return _client->Receive(resultBuffer, resultSize);
12  }
```

该函数负责连接到某个消息服务器上并与之通信。该函数包含 4 个参数，分别是输入缓冲区、缓冲区大小、输出缓冲区、和输出缓冲区大小。

该函数负责与另一个节点的 NetListener 收发消息。这个函数是同步的，只有等到服务器发送回复消息才会结束，否则会一直阻塞。

8.2.2 Topology 装载实现

第 7 章中讲解了加载的基本原理，本小节我们将会展示一下实际的系统中如何从本地装载一个动态库，如代码清单 8-5 所示。

代码清单 8-5 动态装载 Topology

```
 1  #ifdef OS_WIN32
 2  #include <Windows.h>
 3  #elif ( defined(OS_LINUX) )
 4  #include <dlfcn.h>
 5  #endif
 6
 7  #include "hurricane/topology/ITopology.h"
 8
 9  using hurricane::topology::ITopology;
10
11  namespace hurricane
12  {
13      namespace base
14      {
15  #ifdef OS_WIN32
16          ITopology* LoadTopolgoy(const std::string& fileName)
17          {
18              HINSTANCE hInstance = LoadLibrary(fileName.c_str());
19
20              typedef ITopology* (TopologyGetter)();
21
22              TopologyGetter GetTopology = (TopologyGetter)GetProcAddress(
23                  hInstance, "GetTopology");
24
25              ITopology* topology = GetTopology();
26
27              return topology;
28          }
29
30  #elif ( defined(OS_LINUX) )
```

```
31              ITopology* LoadTopolgoy(const std::string& fileName)
32              {
33                  void * libm_handle = NULL;
34                  typedef ITopology* (TopologyGetter)();
35                  char *errorInfo;
36
37
38                  /* dlopen 函数还会自动解析共享库中的依赖项。这样，如果用户打开了一个依赖于
                        其他共享库的对象，它就会自动加载它们 */
39                  //函数返回一个句柄，该句柄用于后续的 API 调用
40                  libm_handle = dlopen(fileName.c_str(), RTLD_LAZY);
41                  /* 如果返回 NULL 句柄，表示无法找到对象文件，过程结束。否则将会得到对象的
                        一个句柄，可以进一步询问对象 */
42                  if ( !libm_handle )
43                  {
44                      /* 如果返回 NULL 句柄，通过 dlerror 方法可以取得无法访问对象的原因 */
45                      printf("Open Error:%s.\n", dlerror());
46                      return 0;
47                  }
48
49                  /* 使用 dlsym 函数，尝试解析新打开的对象文件中的符号。用户将会得到一个有效
                        的指向该符号的指针，或者得到一个 NULL 并返回一个错误 */
50                  TopologyGetter GetTopology = dlsym(libm_handle, "GetTopology");
51                  errorInfo = dlerror();/* 调用 dlerror 方法，返回错误信息的同时，内存中
                                              的错误信息被清空 */
52                  if ( errorInfo != NULL )
53                  {
54                      printf("Dlsym Error:%s.\n", errorInfo);
55                      return 0;
56                  }
57
58                  //执行 GetTopology 方法
59                  ITopology* topology = GetTopology();
60
61                  /* 调用 ELF 对象中的目标函数后，通过调用 dlclose 来关闭对它的访问 */
62                  dlclose(libm_handle);
63
64                  return topology;
65
66              }
67      #endif
68          }
69      }
```

第 1 行，判断当前系统，如果当前系统编译时带有 OS_WIN32 这个宏，那么就会包含 Windows.h；如果编译时带有 OS_LINUX 这个宏，就会包含 dlfcn.h 这个头文件。

第 7 行，我们包含 ITopology.h 头文件，导入 ITopology 的类声明。

第 13 行，这里开始的代码全部放在名称空间 hurricane::base 中。首先通过宏判断当前系

统是否为 Windows，如果是 Windows，则定义函数 LoadTopology，该函数的参数是一个文件名，表示外部 DLL 文件位置。

第 18 行，我们使用 LoadLibrary 从用户指定的目录中装载一个动态链接库，并将返回的动态链接库句柄保存下来。

第 20 行，我们这里定义了一个函数指针，该函数指针的返回类型为 ITopology*，而参数列表为空，类型名是 TopologyGetter，准备开始关联实际的构造函数。

第 22 行，我们使用 GetProcAddress 进行地址映射，将 DLL 中名为 GetTopology 的函数导出，并将其地址映射到当前的进程中。GetProcAddress 返回的指针就是该函数在当前进程空间中的地址，我们将其转换成 TopologyGetter 类型。

第 25 行，执行 GetTopology，构建出用户指定的拓扑结构。

第 27 行，返回拓扑结构。

这里我们可以发现，只要用户在动态链接库中定义了函数 GetTopology，并且返回类型是 ITopology*，那么我们就可以找到这个函数并调用该函数。

第 30 行，如果编译时定义了 OS_LINUX，则包含下面的代码，用于在 Linux 中装载拓扑结构。

第 31 行，函数定义，和前面的函数定义一样。

第 33 行，定义一个共享库句柄，目前的值为空。

第 34 行，定义 TopologyGetter 类型，用于随后转型。

第 35 行，定义错误信息，用于填充 Linux 系统错误，获取错误消息。

第 40 行，使用 dlopen 打开共享库。此处我们会使用 RTLD_LASY，启动惰性加载模式，这样可以加快加载时的速度。我们将句柄保存到 libm_handle 中。

第 42 行，判断当前句柄是否是一个非法句柄，如果是非法句柄说明打开共享库失败，我们使用 dlerror 获取动态库装载的错误信息，并使用 printf 输出。接着直接返回。

第 50 行，使用 dlsym 解析共享库中的符号，这里我们传递一个“GetTopology”字符串，表示获取 GetTopology 的符号地址，并将符号地址保存在 GetTopology 变量中。GetTopology 是一个函数指针，这在上面已经阐述过了。

第 51 行，使用 dlerror 获取错误信息，如果错误信息不为 NULL，说明共享库符号解析失败，这里使用 printf 输出提示信息并返回，否则继续。

第 59 行，调用 GetTopology 构建拓扑结构，并记录到 topology 变量中。

第 62 行，调用 dlcose 函数关闭句柄。这个时候函数已经完成映射，因此共享库句柄可以直接关闭。

第 64 行，返回构建完成的 Topology 对象。

8.2.3 Manager 管理调度实现

现在我们来看一下 Manager 管理调度的代码，如代码清单 8-6 所示。

代码清单 8-6　管理调度

```
1  ITopology* topology = GetTopology();
2
3  std::map<std::string, Node> managers;
4  std::map<std::string, Tasks> spoutTasks;
5  std::map<std::string, Tasks> boltTasks;
6  std::map <std::pair <std::string, std::string> ,
7  std::pair < Node, int >> fieldDestinations;
```

第 1 行，使用 GetTopology 从文件中装载拓扑结构，并将拓扑结构保存在 topology 变量里。

第 3 行，定义 Manager 的集合，这是一个映射表结构，每一个 Manager 的机器名对应一个 Node（节点）对象。

第 4 行，定义 Spout 任务，这也是一个映射表，用于记录每个 Manager 上的消息源任务分配情况。如果对应的执行器没有任务运行，就用一个空字符串表示。

第 5 行，定义了 boltTasks 变量，这也是一个映射表，保存了 Manager 上所有消息源任务的分配情况，如果对应的执行器没有任务运行，就用一个空字符串表示。

第 6 ~ 7 行，定义了 fieldDestinations 变量。这个变量比较复杂，其本身也是一个映射表，这个映射表的键是一个键值对，值也是一个键值对，键对应了数据源或者数据处理单元的任务名称和字段名称，值则对应了 Supervisor 节点和执行器编号。

接下来定义网络监听器：

```
NetListener netListener(NIMBUS_ADDRESS);
CommandDispatcher dispatcher;
```

第 1 行，定义 NetListener 对象，并且监听 NIMBUS_ADDRESS 这个地址。

第 2 行，定义 CommandDispatcher，该对象负责将网络消息转换成命令并转发到各个处理函数，属于上层接口。

接下来我们来看一下 Manager 里是如何处理来自 Manager 的命令，并协调 Manager 进行工作的。首先来看一下对节点加入消息的处理，如代码清单 8-7 所示。

代码清单 8-7　Manager 消息处理

```
1  Dispatcher
2      .OnCommand(Command::Type::Join,
3              [&](hurricane::base::Variants args, std::shared_
                   ptr<TcpConnection> src) -> void
4      {
5          std::string managerName = args[0].GetStringValue();
6
7          //Create manager node
8          Node manager(managerName, SUPERVISOR_ADDRESSES.at(managerName));
9          manager.SetStatus(Node::Status::Alived);
10         managers[managerName] = manager;
11
```

```
12          //Create empty tasks
13          spoutTasks[managerName] = Tasks(EXECUTOR_CAPACITY);
14          boltTasks[managerName] = Tasks(EXECUTOR_CAPACITY);
15
16          Command command(Command::Type::Response,
17          {
18              std::string("president")
19          });
20
21          ByteArray commandBytes = command.ToDataPackage().Serialize();
22          src->Send(commandBytes.data(), commandBytes.size());
23
24          if ( managers.size() == SUPERVISOR_ADDRESSES.size() )
25          {
26              std::cout << "All managers started" << std::endl;
27              dispatchTasks(managers, spoutTasks, boltTasks, topology);
28          }
```

第2行，使用OnCommand来监听命令，这里监听的是Command命令。同时使用Lambda表达式定义一个回调函数，用于处理Join命令。该Lambda表达式包含了两个参数，第一个参数是命令中附带的参数合集，属于Variants类型；另一个参数是src，表示命令源的TCP连接对象。

第5行，获取第1个参数，并将其转换为字符串，该参数是想要加入集群的Manager的主机名。

第8行，构造Manager节点，节点名使用客户端传递过来的主机名，然后为其分配一个网络地址，准备与其进行通信。

第9行，将Manager节点的状态设置为Alived，表示该Manager目前处于活跃状态。如果Manager宕机，那么这个状态就会变为Dead。

第13行与14行，创建空的任务列表，因为刚初始化完成的节点不会执行任何任务。

第16行，创建一个新的命令对象，作为该命令的返回值。返回值只有一个值，就是中央节点的主机名。

第21行，先使用ToDataPackage成员函数，将命令转换成用于序列化的数据包对象。接着使用数据包对象的Serialize成员函数，将数据包的数据序列化成字节流，并将字节数组保存在commandBytes数组对象中。

第22行，使用src的Send成员函数，将响应数据发回给Manager。这样我们就完成了对加入集群的响应。

第27行，对新加入的节点进行任务分配。分配任务在新的节点上执行。

总而言之，Join负责处理Manager加入集群时的行为。Manager加入进群后，President需要向Manager收集Executor的信息，以便于抉择如何将任务分配到哪个节点的哪个Executor中。

这样一来我们就完成了对加入集群命令的处理。

接下来我们来看一下对 Alive 命令的处理，如代码清单 8-8 所示。

代码清单 8-8 Alive 命令处理

```
1  .OnCommand(Command::Type::Alive,
2              [&](hurricane::base::Variants args, std::shared_
                   ptr<TcpConnection> src) -> void
3  {
4      std::string managerName = args[0].GetStringValue();
5      managers[managerName].Alive();
6
7      Command command(Command::Type::Response,
8      {
9          std::string("president")
10     });
11
12     ByteArray commandBytes = command.ToDataPackage().Serialize();
13     src->Send(commandBytes.data(), commandBytes.size());
14 })
```

第 1 行，监听 Alive 命令。第二个参数和第三个参数依然和之前使用的一样。

第 4 行，从参数的第一项中获取 Manager 的主机名。

第 5 行，利用主机名检索到对应的节点对象，并调用 Alive 方法为其节点维护连接信息。

第 7 行，创建一个新的命令对象，作为该命令的返回值。返回值只有一个值，就是中央节点的主机名。

第 12 行，先使用 ToDataPackage 成员函数，将命令转换成用于序列化的数据包对象。接着使用数据包对象的 Serialize 成员函数，将数据包的数据序列化成字节流，并将字节数组保存在 commandBytes 数组对象中。

第 13 行，使用 src 的 Send 成员函数，将响应数据发回给 Manager。这样我们就完成了对加入集群的响应。

总而言之，该事件用于处理 Manager 的心跳事件。我们都知道计算机集群中任何计算机都可能宕机，如果一个计算节点宕机，那么我们需要将其上执行的任务进行再次分配，因此我们需要不断接受计算节点的心跳信息，并据此判定计算节点是否宕机。

最后我们来看一下业务层以下的部分，也就是 NetListener 的消息处理，如代码清单 8-9 所示。

代码清单 8-9 NetListener 消息处理

```
1  netListener.OnData([&](std::shared_ptr<TcpConnection> connection,
2          const char* buffer, int32_t size) -> void
3  {
4      ByteArray receivedData(buffer, size);
5      DataPackage receivedPackage;
```

```
 6     receivedPackage.Deserialize(receivedData);
 7
 8     Command command(receivedPackage);
 9     command.SetSrc(connection);
10
11     dispatcher.Dispatch(command);
12 });
13
14 netListener.StartListen();
```

第 1 行，定义该网络通信层的 data 事件，回调函数是一个 Lambda 表达式，该表达式第 1 个参数是客户端的 TCP 连接，第 2 个参数是数据缓冲区首地址，第 3 个参数是数据长度。

第 4 行，我们利用收到的数据构建一个信息的字节数组对象，保存在 receivedData 中。

第 5 行，定义一个数据包对象。

第 6 行，调用数据包的 Deserialize，将收到的二进制数据反序列化，这样就可以生成本地内存的数据结构。

第 8 行，创建新命令，命令的内容就是刚刚设置的数据包。

第 9 行，将命令的来源设置为客户端连接，这是为了在做命令分发时，让分发器知道每个命令的来源信息。

第 11 行，使用 dispatcher 分发命令。

第 14 行，调用 nextListener 的 StartListen 启动监听器。

这里我们负责接收计算节点的消息，并将消息翻译成命令，并使用 dispatcher 负责命令分发，执行消息对应的命令。最后我们启动监听线程即可。

Manager 的实现与第 7 章非常相似。

我们先来看看 Manager 节点的初始化，如代码清单 8-10 所示。

代码清单 8-10　Manager 节点初始化

```
 1 ITopology* topology = GetTopology();
 2
 3 std::string managerName(argv[1]);
 4 std::cerr << "Manager " << managerName << " started" << std::endl;
 5
 6 std::thread aliveThread(AliveThreadMain, managerName);
 7 aliveThread.detach();
 8
 9 Manager manager(topology);
10
11 NetListener netListener(SUPERVISOR_ADDRESSES.at(managerName));
12 CommandDispatcher dispatcher;
```

第 1 行，我们使用 GetTopology 初始化 Topology，从外部文件中装载 Topology 实例。

第 3 行，我们初始化 Manager 的节点名称，节点名称由集群的启动脚本读取配置文件，在 Manager 启动的时候通过传参实现。

第 6 行，我们启动一个新的线程，这个线程的入口函数是 AliveThreadMain，参数是 Manager 的节点名称。这个线程的作用是作为一个单独的执行流，每隔一段时间向 President 节点发送心跳信息，告知 President 这个 Manager 是否在正常工作。

第 7 行，我们将主线程与新创建的线程剥离，这样主线程就不必在执行结束的时候去等待子线程了。如果没有使用 detach 函数，那么在程序结束时程序会抛出一个异常。

第 9 行，创建一个 Manager 对象，该对象内部存储了 Manager 的大部分元数据，以及执行器等数据，我们随后会详细介绍该对象。

第 11 行，创建一个 NetListener 对象，负责进行网络监听，所有其他节点与 Manager 之间的数据通信都通过这个 NetListener 对象完成，包括消息处理单元的元组数据推送也需要通过这个 NetListener 监听并分发给其他节点。

第 12 行，创建一个 CommandDispatcher 对象，负责分发命令，并调用命令对应的回调函数。这是业务层的一个高层抽象。

接下来我们看一下 AliveThreadMain 函数的定义，如代码清单 8-11 所示。

代码清单 8-11　AliveThreadMain 定义

```
 1 void AliveThreadMain(const std::string& name)
 2 {
 3     ManagerCommander commander(NIMBUS_ADDRESS, name);
 4     commander.Join();
 5
 6     while ( 1 )
 7     {
 8         commander.Alive();
 9         std::this_thread::sleep_for(std::chrono::milliseconds(1000));
10     }
11 }
```

函数第 3 行，创建一个 ManagerCommander 对象，并使用该对象连接到 NIMBUS_ADDRESS 指定的中央节点上，这样就与中央节点之间建立起了通信关系。

接着函数的第 4 行，我们使用 commander 的 Join 方法向 President 节点发送一个加入集群请求，这样 President 就会将该 Manager 记录在自己的节点列表中，并可以向 Manager 发送命令，如分配任务、启动终止等。

第 6 行开始是一个无限循环。

无限循环中，第 8 行，我们执行 commander 的 Alive 方法。该方法会向 President 节点发送一个心跳信息，告知 President 节点该 Manager 节点的存活情况。同时也可以主动携带部分信息发送给 President，用来进行 Manager 主动的数据同步。

接下来我们看一下 Manager 对几个命令的处理方式，首先是 StartBolt 命令，如代码清单 8-12 所示。

代码清单 8-12　StartBolt 实现

```
1  dispatcher
2  .OnCommand(Command::Type::StartBolt,
3      [&](hurricane::base::Variants args, std::shared_ptr<TcpConnection> src)
          -> void
4  {
5      Command command(Command::Type::Response,
6      {
7          std::string(managerName)
8      });
9
10     std::string taskName = args[0].GetStringValue();
11     int executorIndex = args[1].GetIntValue();
12
13     std::cout << "Start Bolt" << std::endl;
14     std::cout << "Bolt name: " << taskName << std::endl;
15     std::cout << "Executor index: " << executorIndex << std::endl;
16
17     manager.StartBolt(taskName, executorIndex);
18
19     ByteArray commandBytes = command.ToDataPackage().Serialize();
20     src->Send(commandBytes.data(), commandBytes.size());
21 })
```

第 2 行，我们定义了一个 Command 的回调，命令类型是 Command::Type::StartBolt。

第 3 行，定义了一个 Lambda 表达式，作为该命令的回调处理函数。该函数的第 1 个参数是命令的参数列表，第 2 个参数是命令的发送方，一般就是集群的 President 节点。

第 5 行，定义了一个 Command 对象，这个 Command 对象是对命令发送方的响应。目前这个对象只有一个参数，也就是 Manager 的节点名称。

第 10 行，从参数列表中获取第 1 个参数，也就是任务的名称，这里由于是启动消息处理单元，所以肯定是消息处理单元的名称。

第 11 行，从参数列表中获取第 2 个参数，是执行器的编号，用于告知 Manager 节点启动哪一个执行器来执行消息处理单元。

第 17 行，调用 manager 的 StartBolt 成员函数，并传递任务名称和执行器的编号，让 Manager 内的特定执行器开始执行某个任务。

第 19 行，先使用 ToDataPackage 成员函数，将命令转换成用于序列化的数据包对象。接着使用数据包对象的 Serialize 成员函数，将数据包的数据序列化成字节流，并将字节数组保存在 commandBytes 数组对象中。

第 20 行，使用 src 的 Send 成员函数，将响应数据发回给 Manager。这样我们就完成了对启动消息处理单元的响应。

接下来看一下 Manager 节点对 StartSpout 命令的处理，如代码清单 8-13 所示。

代码清单 8-13　StartSpout 实现

```
1  .OnCommand(Command::Type::StartSpout,
2  [&](hurricane::base::Variants args, std::shared_ptr<TcpConnection> src)
       -> void
3  {
4      Command command(Command::Type::Response,
5      {
6          std::string(managerName)
7      });
8
9      std::string taskName = args[0].GetStringValue();
10     int executorIndex = args[1].GetIntValue();
11
12     std::cout << "Start Spout" << std::endl;
13     std::cout << "Spout name: " << taskName  << std::endl;
14     std::cout << "Executor index: " << executorIndex  << std::endl;
15
16     manager.StartSpout(taskName, executorIndex);
17
18     ByteArray commandBytes = command.ToDataPackage().Serialize();
19     src->Send(commandBytes.data(), commandBytes.size());
20 })
```

第 1 行，调用 OnCommand 定义 StartSpout 的处理回调函数。

第 2 行，定义了 Lambda 表达式，其参数列表和 StartBolt 的参数列表一样，也是命令的参数列表，以及发送方的 TcpConnection 对象。

第 4 行，定义了一个命令对象，该对象是 StartSpout 的响应对象，目前参数只有 Manager 的节点名称。

第 9 行，从参数列表中获取第 1 个参数，并转换成字符串对象，表示需要启动的任务名称，也就是消息源名称。

第 10 行，从参数列表中获取第 2 个参数，该参数表示执行消息源的执行器编号。

第 16 行，调用 manager 的 StartSpout 成员函数，并传递两个参数，分别是消息源名称与用于执行消息源的执行器编号。

第 18 行，先使用 ToDataPackage 成员函数，将命令转换成用于序列化的数据包对象。接着使用数据包对象的 Serialize 成员函数，将数据包的数据序列化成字节流，并将字节数组保存在 commandBytes 数组对象中。

第 19 行，使用 src 的 Send 成员函数，将响应数据发回给 Manager。这样我们就完成了对启动消息源的响应。

最后我们看一下 Manager 如何响应 Manager 之间的数据传递。消息源和消息处理单元之间发送数据元组的时候不会经过 President 节点，而是直接将数据发送到目标节点，因此我们需要单独定义一个回调函数用于处理数据元组事件，如代码清单 8-14 所示。

代码清单 8-14　数据处理实现

```
1  .OnCommand(Command::Type::Data,
2  [&](Variants args, std::shared_ptr<TcpConnection> src) -> void
3  {
4
5      std::string srcManagerName = args[0].GetStringValue();
6      args.erase(args.begin());
7      int32_t taskIndex = args[0].GetIntValue();
8      args.erase(args.begin());
9
10     Values values;
11     for ( auto& arg : args )
12     {
13         values.push_back(Value::FromVariant(arg));
14     }
15
16     manager.PostValues(taskIndex, values);
17
18     Command command(Command::Type::Response,
19     {
20         std::string(managerName)
21     });
22
23     ByteArray commandBytes = command.ToDataPackage().Serialize();
24     src->Send(commandBytes.data(), commandBytes.size());
25 });
```

第 1 行，用 OnCommand 函数定义 Data 命令的回调函数。

第 2 行，定义 Lambda 表达式，也就是 Data 命令的回调函数。该函数同样也是两个参数，分别是命令的参数列表和命令发起方的 TcpConnection 对象。

第 5 行，从参数列表中获取第 1 个参数，并将其转换成字符串，表示来源 Manager 的节点名称（因为元组数据都是直接从 Manager 节点到另一个 Manager 节点的）。

第 6 行，我们从参数列表中移除第 1 个参数（因为已经解析过了）。

第 7 行，我们从参数列表中获取剩余参数的第 1 个参数，并转换成数字，表示需要让 Manager 将数据分发到某个具体的任务。

第 8 行，从参数列表中移除第 1 个参数。

第 10 行，我们定义一个 Values 对象，这个对象需要被传递给特定的消息处理单元。

第 11 行开始，我们将参数列表中的剩余参数解析成元组中的数据。由于我们之前已经删除了前面的参数，因此现在的参数列表就是元组数据列表。我们只需要将参数逐个使用 Value 的 FromVaraint 方法将值插入到 Values 元组中即可。

第 16 行，我们使用 manager 的 PostValues，该函数有两个参数，第一个参数是需要发送到的执行器编号，第二个参数是待发送的元组。该函数负责进行元组的分发。

第 18 行，我们创建一个响应命令对象。

第 23 行，先使用 ToDataPackage 成员函数，将命令转换成用于序列化的数据包对象。接着使用数据包对象的 Serialize 成员函数，将数据包的数据序列化成字节流，并将字节数组保存在 commandBytes 数组对象中。

第 24 行，使用 src 的 Send 成员函数，将响应数据发回给 Manager。这样我们就完成了对消息发送的响应。

8.2.4　序列化实现

事实上，在网络中进行数据传输需要考虑很多问题。我们需要将本地语言中的数据转换成网络中的数据流，并且需要注意许多底层的细节问题。为了解决序列化的问题，我们实现了 DataPackage 类，该类支持对 C++ 中所有的标准类型以及字符串类进行序列化和反序列化，同时提供了相当便捷的接口，让开发者免于处理与类型以及序列化相关的细节，如代码清单 8-15 所示。

代码清单 8-15　DataPackage 类

```
 1 #pragma once
 2 
 3 #include <iostream>
 4 #include <sstream>
 5 #include <string>
 6 #include <cstdint>
 7 #include <map>
 8 #include <memory>
 9 #include <vector>
10 #include "hurricane/base/ByteArray.h"
11 #include "hurricane/base/Variant.h"
12 
13 namespace hurricane
14 {
15     namespace base
16     {
17         class Writable
18         {
19         public:
20             virtual int32_t Read(ByteArrayReader& reader, Variant& variant) = 0;
21             virtual int32_t Write(ByteArrayWriter& writer, const Variant&
                                    variant) = 0;
22         };
23 
24         class IntWritable : public Writable
25         {
26         public:
27             int32_t Read(ByteArrayReader& reader, Variant& variant) override
28             {
29                 int32_t intValue = reader.readInt32BE();
30                 variant.SetIntValue(intValue);
```

```
31
32                  return sizeof(int32_t);
33              }
34
35              int32_t Write(ByteArrayWriter& writer, const Variant& variant)
                            override
36              {
37                  int value = variant.GetIntValue();
38                  writer.writeInt32BE(value);
39
40                  return sizeof(int32_t);
41              }
42          };
43
44          class StringWritable : public Writable
45          {
46          public:
47              int32_t Read(ByteArrayReader& reader, Variant& variant) override
48              {
49                  int32_t size = Reader.ReadInt32BE();
50
51                  ByteArray bytes = reader.ReadData(size);
52
53                  variant.SetStringValue(bytes.ToStdString());
54
55                  return sizeof(int32_t) + bytes.size();
56              }
57
58              int32_t Write(ByteArrayWriter& writer, const Variant& variant)
                            override
59              {
60                  std::string value = variant.GetStringValue();
61
62                  writer.WriteInt32BE(int32_t(value.size()));
63                  writer.Write(value.c_str(), value.size());
64                  return sizeof(int32_t) + value.size();
65              }
66          };
67
68          extern std::map<int8_t, std::shared_ptr<Writable>> Writables;
69
70          class DataPackage
71          {
72          public:
73              DataPackage() : _version(0)
74              {}
75
76              void AddVariant(const Variant& variant)
77              {
78                  _variants.push_back(variant);
```

```
79            }
80
81            const Variants& GetVariants() const
82            {
83                return _variants;
84            }
85
86            ByteArray Serialize()
87            {
88                ByteArray body = SerializeBody();
89                ByteArray head = SerializeHead(body.size());
90
91                return head + body;
92            }
93
94            void Deserialize(const ByteArray& data)
95            {
96                ByteArrayReader reader(data);
97
98                DeserializeHead(reader);
99                DeserializeBody(reader);
100           }
101
102       private:
103           ByteArray SerializeBody()
104           {
105               ByteArrayWriter bodyWriter;
106               for ( const Variant& variant : _variants )
107               {
108                   SerializeVariant(bodyWriter, variant);
109               }
110               return bodyWriter.ToByteArray();
111           }
112
113           ByteArray SerializeHead(int32_t bodySize)
114           {
115               ByteArrayWriter headWriter;
116               _length = sizeof(int32_t) + sizeof(_version) + bodySize;
117               headWriter.Write(_length);
118               headWriter.WriteInt32BE(_version);
119               ByteArray head = headWriter.ToByteArray();
120
121               return head;
122           }
123
124           void DeserializeHead(ByteArrayReader& reader)
125           {
126               _length = Reader.readInt32BE();
127               _version = Reader.read<int8_t>();
128           }
```

```
129
130             void DeserializeBody(ByteArrayReader& reader)
131             {
132                 while ( reader.tell() < _length )
133                 {
134                     Variant variant = DeserializeVariant(reader);
135                     _variants.push_back(variant);
136                 }
137             }
138
139             Variant DeserializeVariant(ByteArrayReader& reader)
140             {
141                 Variant variant;
142
143                 if ( reader.tell() >= _length )
144                 {
145                     return variant;
146                 }
147
148                 int8_t typeCode = reader.Read<int8_t>();
149                 std::shared_ptr<Writable> writable = Writables[typeCode];
150                 writable->Read(reader, variant);
151
152                 return variant;
153             }
154
155             void SerializeVariant(ByteArrayWriter& writer, const Variant&
                                      variant)
156             {
157                 Variant::Type type = variant.GetType();
158                 int8_t typeCode = Variant::TypeCodes[type];
159                 std::shared_ptr<Writable> writable = Writables[typeCode];
160
161                 writer.Write<int8_t>(typeCode);
162                 writable->Write(writer, variant);
163             }
164
165             int8_t _version;
166             int32_t _length;
167             std::vector<Variant> _variants;
168         };
169
170     }
171 }
```

这段代码里定义了不少类，其中我们定义了 Writable 的一些子类，包括 IntWritable 和 StringWrtiable，类图如图 8-4 所示。

第 17 行，定义了 Writable，这是所有 Writable 类型的基类，也就是所有持久化类的接口类。所有需要进行序列化的类都需要继承自该类型。

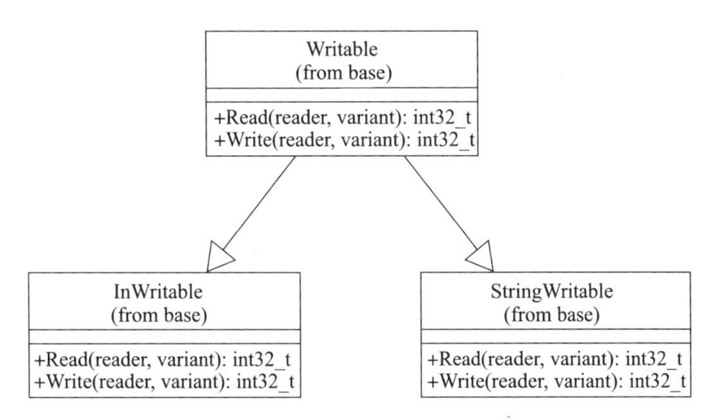

图 8-5　Writable 类图

第 20 行，定义了 Read 函数，这里 Read 函数是纯虚函数，因此这是一个接口，需要子类来继承实现。

第 21 行，定义了 Write 函数。Write 也是纯虚函数，由子类继承并实现该接口。

第 24 行，定义了一个 Writable 的继承类——IntWritable。第 27 行覆盖并实现了 Read 接口。第 29 行，我们使用 ByteArray 的 Read 成员函数从 ByteArray 中读取一个整数，并将返回值复制到 intValue 中。第 30 行，使用 SetIntValue 设置整型的值。

第 32 行，我们返回 int32_t 的长度。注意，每个 Wrtiable 都需要返回一个长度，告知序列化工具，这样序列化工具可以自动向后移动固定位数。

第 35 行，我们定义了 Write 函数，该函数从 Variant 对象中获取整型数值，并将结果写入到二进制流中。接着返回写入的数据长度，让序列化工具自己判断向后移动几位。

第 44 行，从该行开始是 StringWritable 类，这个类和 IntWritable 非常类似，只不过输入输出都是字符串，所以这里不过多赘述。

第 68 行，定义了一个映射表，名为 Writables，该映射表是一个整数值和 Writable 对象之间的映射表，整数值是类型的唯一编码。每个类型都会有一个唯一编码，这个编码在序列化和反序列化的时候都会有用，具体作用在后面解释 DataPackage 代码时会详细说明。

第 70 行，是 DataPackage 类。DataPackage 类是对网络数据包的封装，负责序列化和反序列化数据。

一个数据包包括两个部分，分别是数据包头和数据包体。其中数据包头包括以下两个字段。

1）包长度：表示整个数据包的字节数，包括包头的所有字段（包括长度自身）与包体。

2）版本号：表示数据包协议版本号，目前为 0。

数据包体则是一个 Variant 的数组。Hurricane 中将网络节点之间所有的数据传输都描述成 Variant 的数组。

而 DataPackage 类就具备将数据包序列化成字节流，或者从字节流反序列化成数据包的功能。现在我们来详细描述一下 DataPackage 的方法。

第 73 行，是 DataPackage 的构造函数，该构造函数没有任何参数，只会将版本号初始化为 0。

第 76 行，AddVariant，该函数的参数是一个 Variant 对象，作用是将 Variant 对象存储添加到数组末尾。因此第 78 行我们使用 _variants 的 push_back 方法，将 Variant 对象添加到这个动态数组的末尾。

第 81 行，GetVariants，作用是返回内部的 Variant 数组。

第 86 行，Serialize，作用是将数据包序列化成字节流。第 88 行调用 SerializeBody 先将内部存储的变量数组转换成字节流。第 89 行调用 SerializeHead 生成数据包头的字节流。最后我们将包头和包体的字节流拼接在一起并返回。

第 94 行，Deserialize，作用是将字节流反序列化成数据包。第 96 行，我们基于 data 字节流构造 ByteArrayReader 对象，并将该对象传递给 DeserializeHead 和 DeserializeBody 函数，反序列化数据包头和数据包体。

第 103 行，SerializeBody，作用是将数据包中的 Variant 数组序列化成字节流。第 105 行，初始化 ByteArrayWriter 对象，该对象用于将各种类型的数据写入字节流，并生成字节数组。最后我们调用 bodyWriter 的 ToByteArray 方法将 bodyWriter 中的数据转换成字节数组。

第 113 行，SerializeHead，作用是将数据包的消息头序列化成字节数组。该函数有一个参数，表示数据包头的字节数。第 115 行，构造一个 ByteArrayWriter 对象，名为 headWriter，用于生成数据包头。第 116 行，计算消息包所需占用的字节数。目前消息包头包含的字段有包长度和版本号，因此消息包头占用的字节数可以计算出来，然后加上消息体的字节数，就可以计算出整个消息包的字节数。

第 117 行，输出数据包字节数。第 118 行，输出版本号。第 119 行，使用 ToByteArray 获取数据包头的字节数组，最后我们返回该字节数组即可。

第 124 行，DeserializeHead，用于反序列化数据包头。我们调用 ByteArrayReader 的 reader 方法从中读取相应的数据即可，目前根据数据包格式只有数据包长度和数据协议版本。

第 130 行，DeserializeBody，用于反序列化数据包体。

需要注意的是，我们在进行大于 1 字节的整数读写的时候使用了 ReadInt16BE/ReadInt32BE/ReadInt64BE/WriteInt16BE/WriteInt32BE/WriteInt64BE，因为在网络中所有的数据都是默认大端传输的，因此我们需要将数据转化为大端。至于这些接口的实现方法，将在第 11 章中有所论述。

8.3 本章小结

本章我们介绍了管理服务的相关设计与实现，包括 President 的内部设计实现，以及 Manager 的设计实现，并介绍了如何实现节点之间简单的网络通信，同时通过心跳信息保证集群的高可用性。最后我们介绍了 Hurricane 中关键的序列化实现。

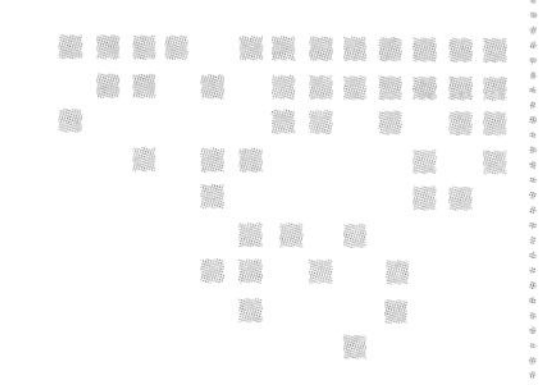

第9章 Chapter 9

实时处理系统编程接口实现

前面两章我们讨论了管理服务和任务执行器的通用实现，本章我们将会阐述如何实现具体的任务执行器，并如何实现之前定义的实时处理系统的高层接口。最后会以 WordCount（单词统计）作为示例。

WordCount 是非常经典的数据统计入门示例。其作用正如其名，就是统计文本中所有单词的出现次数。

来看一下用户应该如何具体实现我们提供的接口，并如何运用我们提供的工具。

我们来回顾一下我们给用户提供的一些接口。

1）ISpout：消息源接口，负责产生消息，是所有数据流的源头。

2）IBolt：消息处理单元，负责处理消息，是数据处理逻辑的封装。

3）TopologyBuilder：拓扑结构构建工具，用于帮助我们构建拓扑结构，可以用来设置消息源与消息处理单元的参数以及数据发送的网络结构。

4）OutputCollector：数据收集器，负责收集数据。有两种具体实现，分别是 BoltOuptutCollector 和 SpoutOutputCollector，分别帮助消息源和消息处理单元来收集数据。这些数据收集器均支持多种数据发送策略，目前支持 3 种策略，分别是全局发送策略、随机发送策略和字段分组发送策略。

5）Value：可以存储任意类型的数据类，是元组中最基本的元素。用户可以使用 C++ 中任意的基本类型以及 std::string 初始化该类型。

6）Values：Value 对象的有序序列，也就是所谓的元组，是各个计算节点之间数据传输的基本单位。用户可以使用统一初始化列表进行初始化。

7）Fields：字段列表，其实就是字符串向量的同名定义。一般在 DelareFields 函数中使用。

上面就是我们提供给用户的基础接口和工具。接下来我们将会阐述这些任务是如何执行的，以及如何继承实现这些接口。

9.1 消息源接口实现

首先需要讨论的是消息源的接口实现。我们都知道消息源是拓扑结构中数据流的起点，也是数据流的创造者。因此消息源应该是一个自驱动的对象，也就是会不断地自发执行。

但是我们又知道，计算系统的数据肯定会来自于其他系统，会通过各种 I/O 途径收集数据，因此消息源的阻塞来自于 I/O 阻塞，而不是执行器自发的等待。但是执行器也需要接收来自外部的事件，以在特定时候停止任务，因此其实现方式和消息处理单元稍有不同。我们就来看一下如何在执行器基类上实现具体的消息源。

9.1.1 消息源执行器

首先我们来看一下消息源执行器的定义，消息源执行器的定义决定了消息源应该如何执行。我们先来看一下类的声明，如代码清单 9-1 所示。

代码清单 9-1 SpoutExecutor 定义

```
1  namespace hurricane
2  {
3
4      namespace topology
5      {
6          class ITopology;
7      }
8
9      namespace message
10     {
11         class ManagerCommander;
12     }
13
14     namespace spout
15     {
16
17         class SpoutOutputCollector;
18
19         class SpoutExecutor : public base::Executor<spout::ISpout>
20         {
21         public:
22             SpoutExecutor() :
23                 base::Executor<spout::ISpout>(), _needToStop(false)
24             {
25             }
26
```

```
27              void StopTask() override;
28              void OnCreate() override;
29              void OnStop() override;
30
31              void SetExecutorIndex(int executorIndex)
32              {
33                  _executorIndex = executorIndex;
34              }
35
36              void SetCommander(message::ManagerCommander* commander);
37              void RandomDestination(SpoutOutputCollector* outputCollector);
38              void GroupDestination(SpoutOutputCollector* outputCollector,
                                     int fieldIndex);
39
40          private:
41              topology::ITopology* _topology;
42              bool _needToStop;
43              message::ManagerCommander* _commander;
44              int _executorIndex;
45          };
46
47      }
48  }
```

该类型的 UML 类图如图 9-1 所示。

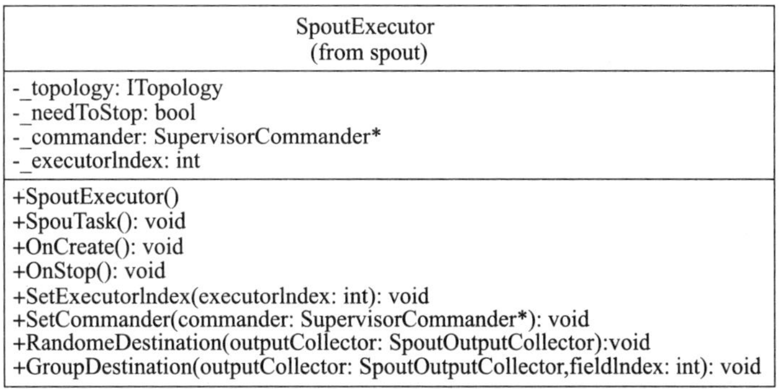

SpoutExecutor (from spout)
-_topology: ITopology -_needToStop: bool -_commander: SupervisorCommander* -_executorIndex: int
+SpoutExecutor() +SpouTask(): void +OnCreate(): void +OnStop(): void +SetExecutorIndex(executorIndex: int): void +SetCommander(commander: SupervisorCommander*): void +RandomeDestination(outputCollector: SpoutOutputCollector):void +GroupDestination(outputCollector: SpoutOutputCollector,fieldIndex: int): void

图 9-1　SpoutExecutor 类图

第 19 行，我们定义了 SpoutExecutor 类，这就是消息源执行器类，然后我们继承了 Executor<spout::ISpout> 这个执行器的通用模板类。

第 22 行，定义了 SpoutExecutor 的构造函数。该构造函数没有任何参数，作用是初始化成员变量。这里我们除了调用父类的构造函数以外，还将 _needToStop 成员变量设置为 false。

第 27 行，覆盖定义 StopTask 成员函数。

第 28 行，覆盖定义 OnCreate 成员函数。

第 29 行，覆盖定义 OnStop 成员函数。

第31行，定义了SetExecutorIndex函数。该函数负责设置_executorIndex属性。_executorIndex表示该执行器在其所属的Manager中的执行器编号，由对应的Manager在初始化SpoutExecutor时调用。

第36行，设置该Executor当前的命令执行器。这个命令执行器将会直接向外部发送命令，而不经过Manager的干涉。

第37行，RandomDestination，随机数据发送策略的实现。如果用户将数据发送策略定义为Random，那么OutputCollector每次发送数据之前都会调用这个成员函数来询问发送到的网络位置（包括地址和执行器编号）。

第38行，GroupDestination，字段分组数据发送策略的实现。如果用户将数据发送策略定义为Group，那么OutputCollector每次发送数据之前都会调用这个成员函数来询问发送到的网络位置（包括地址和执行器编号）。如果某个字段的目标已经存在，那么该函数就直接返回位置，否则需要发送命令询问President。

除了我们需要实现的特定接口以外，我们会发现我们存储了一些额外的信息，如下所示。

1）_topology：正在执行的拓扑结构。

2）_commander：命令执行器，用于和其他的节点进行消息通信。

3）_needToStop：是否需要中断的标记，决定了任务是否需要中断。

我们来看一下具体的函数实现，如代码清单9-2所示。

代码清单9-2　SpoutExecutor实现

```
 1 #include "hurricane/spout/SpoutExecutor.h"
 2 #include "hurricane/base/OutputCollector.h"
 3 #include "hurricane/message/ManagerCommander.h"
 4 #include "SpoutOutputCollector.h"
 5 
 6 #include <iostream>
 7 #include <string>
 8 
 9 namespace hurricane
10 {
11     namespace spout
12     {
13         void SpoutExecutor::StopTask()
14         {
15             _needToStop = true;
16             Executor::StopTask();
17         }
18 
19         void SpoutExecutor::OnCreate()
20         {
21             std::cout << "Start Spout Task" << std::endl;
22             _needToStop = false;
```

```
23
24          base::OutputCollector outputCollector;
25          if ( task->GetStrategy == Task::Strategy::Global )
26          {
27              outputCollector = base::SpoutOutputCollector(GetTaskName()),
                    Task::Strategy::Global); RandomDestination(&outputCollector);
28          })
29
30          _task->Open(outputCollector);
31
32          while ( !_needToStop )
33          {
34              _task->Execute();
35          }
36
37          _task->Close();
38      }
39
40      void SpoutExecutor::OnStop()
41      {
42          std::cout << "Stop Spout Task" << std::endl;
43      }
44
45      void SpoutExecutor::SetCommander(message::ManagerCommander * commander)
46
47      {
48          _commander = commander;
49      }
50
51      void SpoutExecutor::RandomDestination(SpoutOutputCollector * outputCollector)
52
53      {
54          std::string host;
55          int32_t port;
56          int32_t destIndex;
57
58          _commander->RandomDestination("spout", _executorIndex, &host, &port,
                                         &destIndex);
59          outputCollector->SetCommander(new message::ManagerCommander(
60              base::NetAddress(host, port), _commander->GetManagerName()));
61          outputCollector->SetTaskIndex(destIndex);
62      }
63
64      void SpoutExecutor::GroupDestination(SpoutOutputCollector *
            outputCollector, int fieldIndex)
65
66      {
67          std::string host;
68          int32_t port;
69          int32_t destIndex;
70
```

```
71                _commander->GroupDestination("spout", _executorIndex,
72                    &host, &port, &destIndex, fieldIndex);
73                outputCollector->SetCommander(new message::ManagerCommander(
74                    base::NetAddress(host, port), _commander->GetManagerName()));
75                outputCollector->SetTaskIndex(destIndex);
76            }
77        }
78 }
```

第 19 行，定义了 OnCreate 成员函数。该函数在创建执行器的时候会被执行，用于创建执行任务所需环境，初始化各种资源。

第 22 行，将 _needToStop 设置为 false。这样后面的大循环就永远不会停止。

第 24 行，构造 outputCollector 对象，这是一个数据收集器，我们每次初始化一个任务都需要创建一个新的数据收集器，并设置数据收集器的相关参数。

第 25 行，检测如果任务定义中，数据发送策略是全局发送策略，则该任务的发送目标是可以在执行器启动之前就决定了的。因此我们在这里直接构造新的 OutputCollector，并在构造函数里指明我们使用 SpoutOutputCollector，并初始化数据收集器中的任务名和发送策略。

接着我们马上调用 RandomDestination，向 President 获取该消息源的下一个目标。由于这里我们制定的是全局发送策略，所以只需要运行前随机指定一个目标即可，不需要每次都去请求，因此是所有的策略中最简单、效率最高的一种。

第 30 行，执行任务的 Open 成员函数，传递 outputCollector 帮助任务进行初始化。

第 32 行，进入一个无限循环，只要 _needToStop 不为真，那么这个循环不会结束。这个循环不断执行任务的 Execute 方法。这样消息源会不断主动执行并且产生数据，通过数据收集器（Open 中传递给消息源）发送到后面的数据处理单元。

第 40 行，OnStop，停止执行消息源。这里只是一个覆盖示例，其实不需要执行什么任务。

第 45 行，SetCommander，设置一个命令工具，我们需要通过这个命令工具和其他的网络节点之间进行直接通信。

第 51 行，RandomDestination，随机选择数据发送目标。该函数只有一个参数，就是 OutputCollector，即数据收集器，函数内部会根据实际参数初始化这个数据收集器。

第 54 ~ 56 行，定义了目标主机名、目标端口号和目标的执行器编号。

第 58 行，调用命令执行器的 RandomDestination 成员函数，该函数有以下 5 个参数。

1）第 1 个参数是任务类型，可以是 spout 或者 bolt，用于区分任务类型。

2）第 2 个参数是执行器编号，用于指定本执行器在当前的 Manager 中的编号。

3）第 3 个参数是目标主机名，即发送目标的网络地址。

4）第 4 个参数是目标端口号，即目标服务监听的端口号。

5）第 5 个参数是目标执行器编号，用于指定需要发送的目标节点的执行器编号。

接着我们获取到了下一个发送目标，于是使用数据收集器的 SetCommander，并创建一个 ManagerCommander 对象，其参数是目标的网络地址（包括主机名与端口号），以及当前执行器所在的 Manager 节点名称。

第 61 行，设置数据收集器的目标任务编号。

第 64 行，GroupDestination，分组选择数据发送目标。该函数只有一个参数，就是 OutputCollector，即数据收集器，函数内部会根据实际参数初始化这个数据收集器。

第 67 ~ 69 行，定义了目标主机名、目标端口号和目标的执行器编号。

第 71 行，调用命令执行器的 GroupDestination 成员函数，该函数有以下 5 个参数。

1）第 1 个参数是任务类型，可以是 spout 或者 bolt，用于区分任务类型。

2）第 2 个参数是执行器编号，用于指定本执行器在当前的 Manager 中的编号。

3）第 3 个参数是目标主机名，即发送目标的网络地址。

4）第 4 个参数是目标端口号，即目标服务监听的端口号。

5）第 5 个参数是目标执行器编号，用于指定需要发送的目标节点的执行器编号。

接着我们获取到了下一个发送目标，于是使用数据收集器的 SetCommander，并创建一个 ManagerCommander 对象，其参数是目标的网络地址（包括主机名与端口号），以及当前执行器所在的 Manager 节点名称。

第 75 行，设置数据收集器的目标任务编号。

仔细阅读执行器的 Execute 部分代码，我们可以看到我们会先将 _needToStop 设置为真，表示任务需要结束，然后创建一个 OutputCollector，并告知 OutputCollector 需要执行的任务，最后使用一个无穷循环，在需要结束时结束循环，并结束任务。

因此我们可以看出，平时我们一直处于循环之中，并不处理消息，我们只在每次结束循环时去检查一次停止标记，而这种方法我们可以泛化，也就是每次循环都执行任务和解析消息，这样就可以一边应付事件，一边完成任务收发。

9.1.2　WordCount 实现实例

我们来看一下如何在单词计数中实现一个消息源 Spout。

我们定义 TextGenerateSpout 负责生成消息，如代码清单 9-3 所示。

代码清单 9-3　TextGenerateSpout

```
1 class TextGenerateSpout : public ISpout
2 {
3 public:
4     ISpout* Clone() override
5     {
6         return new TextGenerateSpout(*this);
7     }
```

```
 8
 9      void Open(OutputCollector& outputCollector) override
10      {
11          _outputCollector = &outputCollector;
12      }
13
14      void Close() override
15      {
16      }
17
18      void Execute() override
19      {
20
21          std::this_thread::sleep_for(std::chrono::milliseconds(1000));
22      }
23
24      Fields DeclareFields() const override
25      {
26          return { "text" };
27      }
28
29  private:
30      OutputCollector* _outputCollector;
31  };
```

该类的 UML 类图如图 9-2 所示。

这个类的核心就是 Execute 和 DeclareFields。Execute 方法负责生成一个固定的字符串，并通过 outputCollector 向拓扑结构中发送消息。

这里我们为了避免数据发送太快，使用了 sleep_for 来休眠线程，并使用 C++11 的 chrono 设置毫秒级时间。

Text Generate Spout (from spout)
+_outputCollector: OutputCollector
+Clone(): ISpout* +Open(outputCollector: OutputCollector):void +Close(): void +Execute(values: Values): void +DeclareFields()

图 9-2　Text Generate Spout 类图

chrono 是 C++ 11 中新的时间库，该库源于 Boost，也就是 TR1，现在是 C++ 11 正式标准。

如果想要使用 chrono 库，需要包含 chrono 这个头文件。所有的实现都在 std::chrono 这个命名空间下。这个库中只有 3 个概念，一个是 duration，一个是 time_point，最后一个是 clock。

1）std::chrono::duration：表示一段时间，如 2 个小时。

2）std::chrono::time_point：表示某个具体时间，如今天 12 点。

3）std::chrono::system_clock：表示系统时间，可以将时间转换成各种单位。

而 DeclareFields 方法则返回一个字段向量，表示向量中的字段名。

9.2　消息处理单元接口实现

讨论完消息处理器后我们来看一下消息处理单元。

消息处理单元和消息源不太一样，属于被动执行的任务，因此消息处理单元需要向消息队列中注册自己的事件，并遵循消息循环的标准，基于消息循环的事件实现消息处理单元的执行。

9.2.1　消息处理单元执行器

接着我们来看一下消息处理单元的定义，消息处理单元的定义决定了消息源应该如何执行。我们先来看一下类的声明，如代码清单 9-4 所示。

代码清单 9-4　消息处理单元执行器声明

```
1  namespace hurricane
2  {
3
4      namespace topology
5      {
6          class ITopology;
7      }
8
9      namespace bolt
10     {
11
12         class BoltMessageLoop;
13         class BoltOutputCollector;
14
15         namespace message
16         {
17             class ManagerCommander;
18         }
19
20         class BoltExecutor : public base::Executor<bolt::IBolt>
21         {
22         public:
23             BoltExecutor() : base::Executor<bolt::IBolt>()
24             {
25             }
26
27             void SetExecutorIndex(int executorIndex)
28             {
29                 _executorIndex = executorIndex;
30             }
31
32             void SendData(const base::Values& values);
33             void OnData(const base::Values& values);
34
```

```
35                void OnCreate() override;
36                void OnStop() override;
37
38                void SetCommander(message::ManagerCommander* commander)
39                {
40                    _commander = commander;
41                }
42                void RandomDestination(BoltOutputCollector* outputCollector);
43                void GroupDestination(BoltOutputCollector* outputCollector, int
                                      fieldIndex);
44
45            private:
46                topology::ITopology* _topology;
47                message::ManagerCommander* _commander;
48                int32_t _executorIndex;
49            };
50
51        }
52    }
```

该类的 UML 类图如图 9-3 所示。

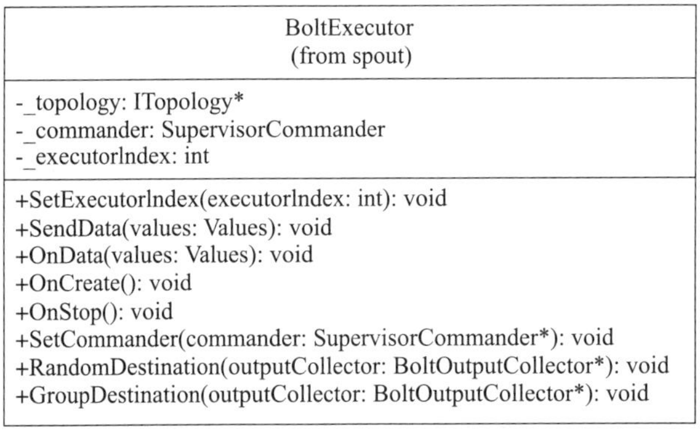

BoltExecutor (from spout)
-_topology: ITopology* -_commander: SupervisorCommander -_executorIndex: int
+SetExecutorIndex(executorIndex: int): void +SendData(values: Values): void +OnData(values: Values): void +OnCreate(): void +OnStop(): void +SetCommander(commander: SupervisorCommander*): void +RandomDestination(outputCollector: BoltOutputCollector*): void +GroupDestination(outputCollector: BoltOutputCollector*): void

图 9-3 BoltExecutor 类图

第 20 行，我们定义了 BoltExecutor 类，这就是消息处理单元执行器类，然后我们继承了 Executor<boltt::IBolt> 这个执行器的通用模板类。

第 23 行，定义了 BoltExecutor 的构造函数。该构造函数没有任何参数，作用是初始化成员变量。只需要调用父类的构造函数即可。

第 27 行，定义了 SetExecutorIndex 函数。该函数负责设置 _executorIndex 属性。_executorIndex 表示该执行器在其所属的 Manager 中的执行器编号，由对应的 Manager 在初始化 BoltExecutor 时调用。

第 35 行，覆盖定义 OnCreate 成员函数。

第 36 行，覆盖定义 OnStop 成员函数。

第 38 行，设置该 Executor 当前的命令执行器。这个命令执行器将会直接向外部发送命令，而不经过 Manager 的干涉。

第 42 行，RandomDestination，随机数据发送策略的实现。如果用户将数据发送策略定义为 Random，那么 OuputCollector 每次发送数据之前都会调用这个成员函数来询问发送到的网络位置（包括地址和执行器编号）。

第 43 行，GroupDestination，字段分组数据发送策略的实现。如果用户将数据发送策略定义为 Group，那么 OuputCollector 每次发送数据之前都会调用这个成员函数来询问发送到的网络位置（包括地址和执行器编号）。如果某个字段的目标已经存在，那么该函数就直接返回位置，否则需要发送命令询问 President。

除了我们需要实现的特定接口以外，我们会发现我们存储了一些额外的信息，如下所示。

1）_topology：正在执行的拓扑结构。

2）_commander：命令执行器，用于和其他的节点进行消息通信。

3）_executorIndex：该执行器所对应的在其所属的 Manager 内的编号。

我们来看一下具体的函数实现，如代码清单 9-5 所示。

代码清单 9-5　BoltExecutor 具体实现

```
 1 namespace hurricane
 2 {
 3
 4     namespace bolt
 5     {
 6         BoltExecutor::BoltExecutor() : base::Executor<bolt::IBolt>()
 7         {
 8             MessageMap(BoltMessage::MessageType::Data,
 9                 this, &BoltExecutor::OnData);
10         }
11
12         void BoltExecutor::SendData(const base::Values& values)
13         {
14             while ( !_messageLoop )
15             {
16                 std::this_thread::sleep_for(std::chrono::milliseconds(1000));
17             }
18
19             _messageLoop->PostMessage(new BoltMessage(values));
20         }
21
22         void BoltExecutor::OnData(const base::Values & values)
23         {
24             _task->Execute(values);
25         }
26
27         void BoltExecutor::OnCreate()
28         {
```

```
29                std::cout << "Start Bolt Task" << std::endl;
30
31                BoltOutputCollector outputCollector(GetTaskName());
32                if ( task->GetStrategy() == Task::Strategy::Global )
33                {
34                    outputCollector = BoltOutputCollector (GetTaskName(),
                          Task::Strategy::Global);
35                    RandomDestination(&outputCollector);
36                })
37
38                _task->Prepare(outputCollector);
39            }
40
41            void BoltExecutor::OnStop()
42            {
43                std::cout << "Stop Bolt Task" << std::endl;
44
45                _task->Cleanup();
46            }
47
48            void BoltExecutor::RandomDestination(BoltOutputCollector * outputCollector)
49            {
50                std::string host;
51                int32_t port;
52                int32_t destIndex;
53
54                _commander->RandomDestination("bolt", _executorIndex, &host,
                                                  &port, &destIndex);
55                outputCollector->SetCommander(new message::ManagerCommander(
56                    base::NetAddress(host, port), _commander->GetManagerName()));
57                outputCollector->SetTaskIndex(destIndex);
58            }
59
60            void BoltExecutor::GroupDestination(BoltOutputCollector * outputCollector,
                  int fieldIndex)
61            {
62                std::string host;
63                int32_t port;
64                int32_t destIndex;
65
66                _commander->GroupDestination("bolt", _executorIndex,
67                    &host, &port, &destIndex, fieldIndex);
68                outputCollector->SetCommander(new message::ManagerCommander(
69                    base::NetAddress(host, port), _commander->GetManagerName()));
70                outputCollector->SetTaskIndex(destIndex);
71            }
72
73        }
74
75    }
```

第6行，定义了默认构造函数，里面做了消息的注册，这部分代码下一节会详细讨论。

第12行，定义了SendData函数，该函数的作用是发送数据。具体实现在下一节中详细讨论。

第22行，定义了OnData函数，该函数的作用是处理数据消息，调用消息处理单元的Execute方法处理元组。

第27行，定义了OnCreate函数，处理初始化事件。第31行，我们根据数据处理单元任务名称创建一个OutputCollector对象。这里使用的是BoltOutputCollector，是OutputCollector的一个具体实现。

如果用户使用的策略是全局策略，那么一开始就可以确定传输数据的目的地，因此我们现在要来看一下如何得到传输数据的目的地。

这里我们马上调用RandomDestination，向President获取该消息源的下一个目标。由于这里我们制定的是全局发送策略，所以只需要运行前随机指定一个目标即可，不需要每次都去请求，因此是所有的策略中最简单、效率最高的一种。

第38行，执行任务的Prepare成员函数，传递outputCollector帮助任务进行初始化。

第41行，OnStop，停止执行消息处理单元。这里需要调用消息处理单元的Cleanup函数，以便于消息处理单元清理资源。

第48行，RandomDestination，随机选择数据发送目标。该函数只有一个参数，就是OutputCollector，即数据收集器，函数内部会根据实际参数初始化这个数据收集器。

第50 ~ 52行，定义了目标主机名、目标端口号和目标的执行器编号。

第54行，调用命令执行器的RandomDestination成员函数，该函数有以下5个参数。

1）第1个参数是任务类型，可以是spout或者bolt，用于区分任务类型。

2）第2个参数是执行器编号，用于指定本执行器在当前的Manager中的编号。

3）第3个参数是目标主机名，即发送目标的网络地址。

4）第4个参数是目标端口号，即目标服务监听的端口号。

5）第5个参数是目标执行器编号，用于指定需要发送的目标节点的执行器编号。

接着我们获取到了下一个发送目标，于是使用数据收集器的SetCommander，并创建一个ManagerCommander对象，其参数是目标的网络地址（包括主机名与端口号），以及当前执行器所在的Manager节点名称。

第57行，设置数据收集器的目标任务编号。

第60行，GroupDestination，分组选择数据发送目标。该函数只有一个参数，就是OutputCollector，即数据收集器，函数内部会根据实际参数初始化这个数据收集器。

第62 ~ 64行，定义了目标主机名、目标端口号和目标的执行器编号。

第66行，调用命令执行器的GroupDestination成员函数，该函数有以下5个参数。

1）第1个参数是任务类型，可以是spout或者bolt，用于区分任务类型。

2）第2个参数是执行器编号，用于指定本执行器在当前的Manager中的编号。

3）第 3 个参数是目标主机名，即发送目标的网络地址。

4）第 4 个参数是目标端口号，即目标服务监听的端口号。

5）第 5 个参数是目标执行器编号，用于指定需要发送的目标节点的执行器编号。

接着我们获取到了下一个发送目标，于是使用数据收集器的 SetCommander，并创建一个 ManagerCommander 对象，其参数是目标的网络地址（包括主机名与端口号），以及当前执行器所在的 Manager 节点名称。

第 70 行，设置数据收集器的目标任务编号。

9.2.2 事件处理

现在我们来看一下如何注册处理事件，首先是注册事件，如代码清单 9-6 所示。

代码清单 9-6　注册事件处理

```
1 BoltExecutor::BoltExecutor() : base::Executor<bolt::IBolt>()
2 {
3     MessageMap(BoltMessage::MessageType::Data,
4         this, &BoltExecutor::OnData);
5 }
```

注册事件我们会调用 MessageMap 函数。前文已经讨论过 MessageMap 的实现，我们这里再回顾一下，如代码清单 9-7 所示。

代码清单 9-7　消息映射实现

```
1 template <class ObjectType, class MethodType>
2 void MessageMap(int messageType, ObjectType* self, MethodType method)
3 {
4     MessageMap(messageType, std::bind(method, self, std::placeholders::_1));
5 }
```

在 MessageMap 中，我们会调用另一个 MessageMap 函数，在这之前，我们使用 C++11 的 std::bind 函数，将成员函数和对象的 this 指针绑定在一起，并使用 std::placeholders::_1 作为占位符，表示这里空余一个参数。这样就可以将一个成员函数转换成 std::function 对象。

而实际的 MessageMap 函数定义如代码清单 9-8 所示。

代码清单 9-8　消息映射快速方式

```
1 void MessageMap(int messageType, MessageHandler handler)
2 {
3     _messageHandlers.insert({ messageType, handler });
4 }
```

这里我们将 MessageHandler 类型的 std::function 对象插入到一个消息处理函数集合的映射表中，并将消息类型指定为 messageType，将处理函数指定为用户传入的 MessageHandler

对象。

我们来看一下 MessageHandler 的定义：

```
typedef std::function<void(Message*)> MessageHandler;
```

我们可以看到，这个类型其实是 std::function<void(Message*>) 的别名，所以其返回类型是 void，参数列表是一个 Message 对象的指针。

那么消息的发送方如何触发 Data 事件呢？我们来看一下 SendData 方法，如代码清单 9-9 所示。

代码清单 9-9 SendData 实现

```
1  void BoltExecutor::SendData(const base::Values& values)
2  {
3      while ( !_messageLoop )
4      {
5          std::this_thread::sleep_for(std::chrono::milliseconds(1000));
6      }
7
8      _messageLoop->PostMessage(new BoltMessage(values));
9  }
```

第 3 行是一个 while 循环，如果 _messageLoop（消息循环）已经初始化成功了，那么我们就跳出循环，执行消息循环的 PostMessage，该成员函数是线程安全的。PostMessage 会将消息发送到线程的消息队列中，然后线程会主动从消息队列中获取消息，如果是 Data 消息，就会触发刚刚我们关联的那个 OnData 成员函数。

我们再来看一下 BoltMessage 的类型定义，如代码清单 9-10 所示。

代码清单 9-10 BoltMessage 类型定义

```
1  namespace hurricane
2  {
3
4      namespace bolt
5      {
6
7          class BoltMessage : public message::Message
8          {
9          public:
10             struct MessageType
11             {
12                 enum
13                 {
14                     Data = 0x1000
15                 };
16             };
17
18             BoltMessage(const base::Values& values) :
```

```
19                  message::Message(MessageType::Data), _values(values)
20              {
21              }
22
23              const base::Values& GetValues() const
24              {
25                  return _values;
26              }
27
28              void SetValues(const base::Values& values)
29              {
30                  _values = values;
31              }
32
33          private:
34              base::Values _values;
35          };
36      }
37
38  }
```

BoltMessage 这个类的 UML 类图如图 9-4 所示。

BoltMessage (from bolt)
-_values: Values
+BoltMessage(values: Values) +GetValues(): Values +SetValues(values: Values): void

图 9-4　BoltMessage 类图

第 7 行，我们定义了 BoltMessage 类型，该类型继承自 message::Message。

第 10 行，定义了 MessageType 类型，里面定义了一个名为 Data 的枚举量。

第 18 行，定义了 BoltMessage 构造函数，该构造函数会调用基类构造函数，并使用 MessageType::Data 作为消息类型，同时使用 values 参数初始化 _values 成员变量。

第 23 行，定义了 Getvalues 函数，可以获取对象内部的元组。

第 28 行，定义了 SetValues 函数，用于设置对象内部的元组。

第 34 行，定义了一个成员变量 _values，这就是消息内部存储的元组对象。

我们将 Data 类型的消息关联到事件执行器的 OnData 方法上，也就是说一旦收到数据消息推送，就会调用该事件。

接着我们看一下 OnData 中如何处理，如代码清单 9-11 所示。

代码清单 9-11　OnData 实现

```
1  void BoltExecutor::OnData(message::Message* message)
2  {
3      BoltMessage* boltMessage = dynamic_cast<BoltMessage*>(message);
4      task->Execute(boltMessage->GetValues());
5
6      delete message;
7  }
```

首先，我们将消息转换为 Bolt 专用的消息格式，然后执行任务的 execute 成员函数，最后删除消息。这样一来，我们就可以使用执行器管理消息处理单元的执行情况，并在数据到来时激活消息处理单元进行处理，这样简单方便、优雅高效。

9.2.3　WordCount 实现实例

讲完了消息源的实现方法之后，我们来看一下如何在 WordCount 中实现消息处理器。

首先来看分词器，如代码清单 9-12 所示。

代码清单 9-12　WordCount 示例

```
1  //单词分割
2  class WordSplitBolt : public IBolt
3  {
4  public:
5      WordSplitBolt* Clone() const override
6      {
7          return new WordSplitBolt(*this);
8      }
9
10     void Prepare(OutputCollector& outputCollector) override
11     {
12         _outputCollector = &outputCollector;
13     }
14
15     void Cleanup() override
16     {
17     }
18
19     void Execute(const Values& values) override
20     {
21         try
22         {
23             std::string text = values[0].ToString();
24             std::list<std::string> words = split(text, ' ');
25
26             for ( const std::string& word : words )
27             {
28                 _outputCollector->Emit(
29                 { word, 1 });
30             }
31         }
32         catch ( std::exception e )
33         {
34             std::cerr << e.what() << std::endl;
35         }
36     }
37
38     Fields DeclareFields() const override
```

```
39      {
40          return
41          { "word", "count" };
42      }
43
44  private:
45      OutputCollector* _outputCollector;
46  };
```

WordSplitBolt 这个类的 UML 类图如图 9-5 所示。

分词器负责分割单词并将分割后的单词列表发送到下一个节点。

该分词器在 Execute 中调用 split 函数将字符串分割为一个个单词。现在我们来看一下 split 函数的实现，如代码清单 9-13 所示。

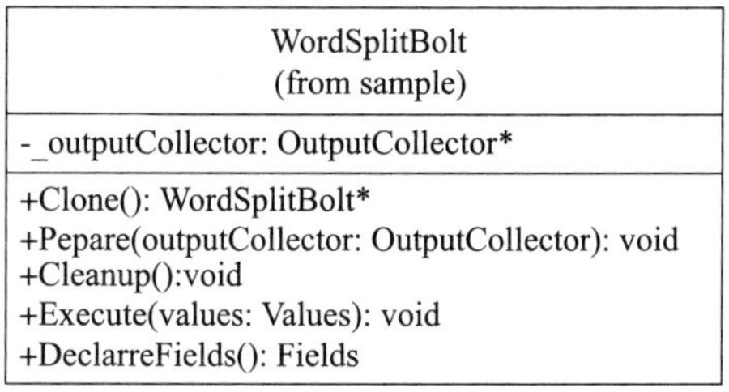

WordSplitBolt (from sample)
-_outputCollector: OutputCollector*
+Clone(): WordSplitBolt* +Pepare(outputCollector: OutputCollector): void +Cleanup():void +Execute(values: Values): void +DeclarreFields(): Fields

图 9-5　WordSplitBolt 类图

代码清单 9-13　split 函数定义

```
 1  #include "util/String.h"
 2
 3  using std::list;
 4  using std::string;
 5
 6  list<string> split(const string& value, char seperator)
 7  {
 8      list<string> splitedStrings;
 9
10      size_t currentPos = 0;
11      while ( 1 )
12      {
13          size_t nextPos = value.find(seperator, currentPos);
14          if ( nextPos == string::npos )
15          {
16              string currentString = value.substr(currentPos);
17              if ( currentString != "" )
18              {
19                  splitedStrings.push_back(currentString);
20              }
21
22              break;
23          }
24
25          string currentString = value.substr(currentPos, nextPos - currentPos);
26          splitedStrings.push_back(currentString);
27          currentPos = nextPos + 1;
28      }
29
```

```
30      return splitedStrings;
31  }
```

接着将分割后的单词分为多个元组发送出去，每个元组有两个字段，分别代表单词和出现次数。

最后使用 DeclareFields 来实现字段声明。

然后是单词统计单元，如代码清单 9-14 所示。

代码清单 9-14　WordCountBolt 定义

```
 1 class WordCountBolt : public IBolt
 2 {
 3 public:
 4     WordCountBolt* Clone() const override
 5     {
 6         return new WordCountBolt(*this);
 7     }
 8 
 9     void Prepare(OutputCollector& outputCollector) override
10     {
11         _outputCollector = &outputCollector;
12     }
13 
14     void Cleanup() override
15     {
16     }
17 
18     void Execute(const Values& values) override
19     {
20         std::string word = values[0].ToString();
21         int count = values[1].ToInt32();
22 
23         // 单词计数
24         auto wordCountIter = _wordCounts.find(word);
25         if ( wordCountIter == _wordCounts.end() )
26         {
27             _wordCounts.insert({ word, 0 });
28             wordCountIter = _wordCounts.find(word);
29         }
30         wordCountIter->second += count;
31 
32         std::ostringstream formatter;
33         formatter << "word: " << word << "; current count: " << count << ";
               total count: " << wordCountIter->second;
34         std::cerr << formatter.str() << std::endl;
35     }
36 
37     Fields DeclareFields() const override
38     {
```

```
39            return {};
40        }
41
42    private:
43        outputCollector* _outputCollector;
44        std::map<std::string, int> _wordCounts;
45    };
```

WordCountBolt 这个类的 UML 类图如图 9-6 所示。

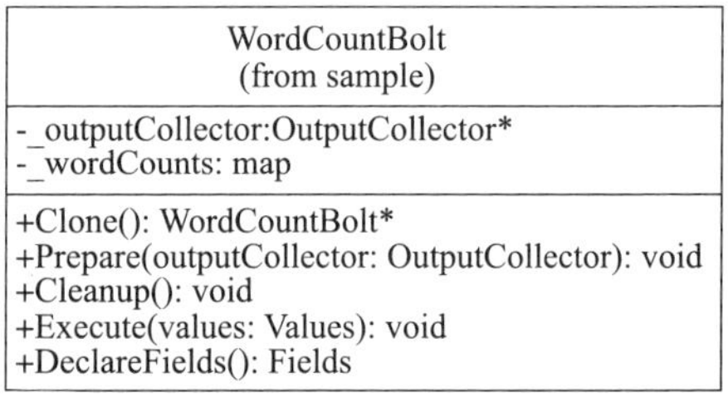

该消息处理单元首先从元组中取出第 1 个值，转换成字符串（单词），然后取出第 2 个值，转换成数字（出现次数）。

接着我们从单词次数的映射表中找出该单元之前的出现次数，并将当前的出现次数与之前的统计结果累加，计算出新的出现次数后执行单词统计。

WordCountBolt
(from sample)

-_outputCollector:OutputCollector*
-_wordCounts: map

+Clone(): WordCountBolt*
+Prepare(outputCollector: OutputCollector): void
+Cleanup(): void
+Execute(values: Values): void
+DeclareFields(): Fields

图 9-6　WordCountBolt 类图

由于我们这里直接使用迭代器修改数值，所以计算完之后单词的出现次数就被修改了，不需要显示，将值存储回映射表中。

最后我们格式化输出的消息，并将当前单词的出现次数输出出来，就完成任务了。

由于该消息处理单元不会向外发送数据，因此我们不需要返回任何字段名称。

9.3　数据收集器实现

现在我们来考虑如何实现数据收集器。数据收集器不仅关系到数据的发送，而且关系到数据的发送策略。

9.3.1　分发策略

现在我们有 3 种具体的 OutputCollector 实现，分别对应于 3 种策略，即随机分发策略、固定分发策略和按字段分发策略。

1. 随机分发

第一种是随机分发，这个非常简单，使用这种方法时，OutputCollector 对象每次都会通过 Toplogy 获取一个新的数据发送器，并发送数据，而数据传输器已经和某个节点关联，因此其过程如代码清单 9-15 所示。

代码清单 9-15　随机分发策略实现

```
1  .OnCommand(Command::Type::RandomDestination,
2              [&](hurricane::base::Variants args, std::shared_ptr<TcpConnection>
                   src) -> void
```

```
3  {
4          std::string managerName = args[0].GetStringValue();
5          std::string srcType = args[1].GetStringValue();
6          int srcIndex = args[2].GetIntValue();
7
8          if ( srcType == "spout" )
9          {
10             std::string spoutName = spoutTasks[managerName][srcIndex];
11
12             std::string nextBoltName;
13             auto &network = topology->GetNetwork();
14             int destIndex = rand() % tasks.size();
15             int currentIndex = 0;
16             for ( auto& taskName : network[spoutName] )
17             {
18                 if ( destIndex == currentIndex )
19                 {
20                     destIndex = currentIndex;
21                 }
22
23                 nextBoltName = taskName;
24             }
25
26             int taskDestIndex = rand() % DEFAULT_BOLT_EXECUTOR_COUNT;
27
28             currentIndex = 0;
29             int destIndex = 0;
30             std::string hostName;
31             for ( auto& boltTasksPair : boltTasks )
32             {
33                 int taskIndex = 0;
34                 std::string managerName = boltTasksPair.first;
35                 for ( auto & taskName : boltTasksPair.second )
36                 {
37                     if ( taskName == nextBoltName )
38                     {
39                         if ( currentIndx == taskDestIndex )
40                         {
41                             destIndex = taskIndex;
42                             hostName = managerName;
43                             break;
44                         }
45
46                         currentIndex ++;
47                         taskIndex ++;
48                     }
49                 }
50             }
51
52             Command command(Command::Type::Response,
53             {
```

```
54                std::string("president"),
55                managers[hostName].GetAddress().GetHost(),
56                managers[hostName].GetAddress().GetPort()
57                destIndex
58            });
59
60            ByteArray commandBytes = command.ToDataPackage().Serialize();
61            src->Send(commandBytes.data(), commandBytes.size());
62        }
63        else if ( srcType = "bolt" )
64        {
65            std::string boltName = boltTasks[managerName][srcIndex];
66
67            std::string nextBoltName;
68            auto &network = topology->GetNetwork();
69            int destIndex = rand() % tasks.size();
70            int currentIndex = 0;
71            for ( auto& taskName : network[boltName] )
72            {
73                if ( destIndex == currentIndex )
74                {
75                    destIndex = currentIndex;
76                }
77
78                nextBoltName = taskName;
79            }
80
81            int taskDestIndex = rand() % DEFAULT_BOLT_EXECUTOR_COUNT;
82
83            currentIndex = 0;
84            int destIndex = 0;
85            std::string hostName;
86            for ( auto& boltTasksPair : boltTasks )
87            {
88                int taskIndex = 0;
89                std::string managerName = boltTasksPair.first;
90                for ( auto & taskName : boltTasksPair.second )
91                {
92                    if ( taskName == nextBoltName )
93                    {
94                        if ( currentIndx == taskDestIndex )
95                        {
96                            destIndex = taskIndex;
97                            hostName = managerName;
98                            break;
99                        }
100
101                       currentIndex ++;
102                       taskIndex ++;
103                   }
104               }
```

```
105                }
106
107                Command command(Command::Type::Response,
108                {
109                    std::string("president"),
110                    managers[hostName].GetAddress().GetHost(),
111                    managers[hostName].GetAddress().GetPort()
112                    destIndex
113                });
114
115                ByteArray commandBytes = command.ToDataPackage().Serialize();
116                src->Send(commandBytes.data(), commandBytes.size());
117            }
118    });
```

这里我们直接使用OnCommand定义命令的处理函数。该函数第1个参数是RandomDestination，用来指定处理的命令。第2个参数是该命令的参数列表。

第4行，我们先取出Manager的节点名称和来源任务的节点名称。然后我们检查一下来源类型，消息源和消息处理单元需要分开处理。

第8行，如果是消息源，我们通过任务分配表得到消息源名称。

第13～26行，我们通过消息源名称从计算拓扑的网络中获取消息源的下一个目标。由于消息源的下一个目标可能有多个，所以这里我们使用rand函数生成一个伪随机数，随机选择一个节点作为目标节点。这也就是随机发送的含义所在了。

第31行开始，我们尝试从消息处理单元的任务列表中选择一个消息处理单元的任务（因为某个类型的消息处理单元可能有多个）。这里我们是根据随机的任务编号来随机选定的。

第52行开始，我们构造一个新的命令对象，该对象第1个参数是节点名称，第2个参数是目的主机号，第3个参数是目的端口号，最后一个是任务编号。这样我们就可以将数据发送到指定的节点的特定任务中。

第60行，最后我们将命令转化成DataPacakge，并转化成字节流发送出去即可。

第63行，如果是消息处理单元，我们就转而从消息处理单元的任务分配表中找出消息处理单元的名称，并检索出其目的节点列表。

第67行之后的步骤和消息源完全一样，也是随机选择一个目的地并发送命令。

2. 固定分发

这种情况下，每个节点的目标节点在拓扑结构启动时就已经定义好了，因此我们一开始就可以使用Executor设置其网络传输器。实际上就是直接使用了RandomDestination。

3. 按字段分发

这种情况下，我们每次都要检查目前是否已经发送某个字段。如果发送过了，说明该字段目的节点已经确定，否则需要向Topology获取，相当于上面两个版本的混合版本，如代码清单9-16所示。

代码清单 9-16　按字段分发策略

```
1   .OnCommand(Command::Type::GroupDestination,
2           [&](hurricane::base::Variants args, std::shared_ptr<TcpConnection> src)
                -> void
3   {
4           std::string managerName = args[0].GetStringValue();
5           std::string srcType = args[1].GetStringValue();
6           int srcIndex = args[2].GetIntValue();
7           int fieldIndex = args[3].GetIntValue();
8           std::string field;
9
10          if ( srcType == "spout" )
11          {
12              std::string spoutName = spoutTasks[managerName][srcIndex];
13              std::string  = topology->GetSpouts().at(spoutName)->DeclareFields()
                    [fieldIndex];
14              auto result = GetFieldDestination(fieldDestinations,
15                  std::make_pair(spoutName, field));
16
17
18              Command command(Command::Type::Response,
19              {
20                  std::string("president"),
21                  result.first.GetAddress().GetHost(),
22                  result.first.GetAddress().GetPort(),
23                  result.second
24              });
25
26              ByteArray commandBytes = command.ToDataPackage().Serialize();
27              src->Send(commandBytes.data(), commandBytes.size());
28          }
29          else if ( srcType == "bolt" )
30          {
31              std::string boltName = boltTasks[managerName][srcIndex];
32              std::string  = topology->GetBolts().at(boltName)->DeclareFields()
                    [fieldIndex];
33              auto result = GetFieldDestination(fieldDestinations,
34                  std::make_pair(spoutName, field));
35
36              Command command(Command::Type::Response,
37              {
38                  std::string("president"),
39                  result.first.GetAddress().GetHost(),
40                  result.first.GetAddress().GetPort(),
41                  result.second
42              });
43
44              ByteArray commandBytes = command.ToDataPackage().Serialize();
45              src->Send(commandBytes.data(), commandBytes.size());
46          }
```

```
47
48          if ( srcType == "spout" )
49          {
50          }
51          else if ( srcType = "bolt" )
52          {
53              std::string boltName = boltTasks[managerName][srcIndex];
54
55              std::string nextBoltName;
56              auto &network = topology->GetNetwork();
57              int destIndex = rand() % tasks.size();
58              int currentIndex = 0;
59              for ( auto& taskName : network[boltName] )
60              {
61                  if ( destIndex == currentIndex )
62                  {
63                      destIndex = currentIndex;
64                  }
65
66                  nextBoltName = taskName;
67              }
68
69              int taskDestIndex = rand() % DEFAULT_BOLT_EXECUTOR_COUNT;
70
71              currentIndex = 0;
72              int destIndex = 0;
73              std::string hostName;
74              for ( auto& boltTasksPair : boltTasks )
75              {
76                  int taskIndex = 0;
77                  std::string managerName = boltTasksPair.first;
78                  for ( auto & taskName : boltTasksPair.second )
79                  {
80                      if ( taskName == nextBoltName )
81                      {
82                          if ( currentIndx == taskDestIndex )
83                          {
84                              destIndex = taskIndex;
85                              hostName = managerName;
86                              break;
87                          }
88
89                          currentIndex ++;
90                          taskIndex ++;
91                      }
92                  }
93              }
94
95              Command command(Command::Type::Response,
96              {
```

```
 97                 std::string("president"),
 98                 managers[hostName].GetAddress().GetHost(),
 99                 managers[hostName].GetAddress().GetPort()
100                 destIndex
101             });
102
103             ByteArray commandBytes = command.ToDataPackage().Serialize();
104             src->Send(commandBytes.data(), commandBytes.size());
105         }
106     });
```

相对于随机发送，按字段发送有点复杂。

第 1 行，这里我们直接使用 OnCommand 定义命令的处理函数。该函数第 1 个参数是 GroupDestination，用来指定处理的命令。第 2 个参数是该命令的参数列表。

这里参数列表包含 4 个参数，分别是 Manager 节点名称、来源任务名称、来源任务编号和字段编号。

第 10 行，我们检查一下来源类型，消息源和消息处理单元需要分开处理。

如果是消息源，转到代码第 12 行，通过任务分配表得到消息源名称。

第 13 行，从计算拓扑中根据消息源名称找出定义时使用的消息源对象，并使用 DeclareFields 方法获得消息源字段集合。

第 14 行，使用字段索引获得分组使用的字段名。

第 15 行，我们从一个映射表中获取该字段对应的目的地任务编号。如果存在，这说明这个分组的目的地已经确定，我们直接发送出去即可。

否则我们需要走一遍随机分组的过程，随机获得一个目的地的任务信息，然后才能得到目的主机名、目的端口号、目的任务名、任务编号这些信息。

最后我们将命令转化成 DataPackage，并转化成字节流发送出去即可。

如果是消息处理单元，我们就转而从消息处理单元的任务分配表中找出消息处理单元的名称，并检索出其目的节点列表。之后的步骤和消息源完全一样。

9.3.2 传输层实现

传输层实现其实就是 NetConnector，我们来看一下代码清单 9-17。

代码清单 9-17 NetConnector 定义

```
1 class NetConnector {
2 public:
3     NetConnector(const hurricane::base::NetAddress& host) :
4         _host(host) {
5     }
6
7     const hurricane::base::NetAddress& GetHost() const {
8         return _host;
```

```
 9      }
10
11      void SetHost(const hurricane::base::NetAddress& host) {
12          _host = host;
13      }
14
15      void Connect();
16      int32_t SendAndReceive(const char* buffer, int32_t size, char*
                               resultBuffer, int32_t resultSize);
17
18  private:
19      hurricane::base::NetAddress _host;
20      std::shared_ptr<TcpClient> _client;
21  };
22
23  void NetConnector::Connect()
24  {
25      _client = std::make_shared<TcpClient>();
26
27      _client->Connect(_host.GetHost(), _host.GetPort());
28  }
29
30  int32_t NetConnector::SendAndReceive(const char * buffer, int32_t size,
                                        char* resultBuffer, int32_t resultSize)
31  {
32      _client->Send(buffer, size);
33      return _client->Receive(resultBuffer, resultSize);
34  }
```

NetConnector 这个类的 UML 类图如图 9-7 所示。

NetConnector (from util)
-_host: NetAddress -_client: TcpClient*
+NetConnector(NetAddress host) +GetHost(): NetAddress +SetHost(host: NetAddress) +Connect(): void +SendAndReceive(buffer: char*, size: nt32_t, resultBuffer, char*, resultSize: int32_t): int32_t

图 9-7 NetConnector 类图

第 3 行，定义了构造函数，构造函数会根据主机名构造出一个网络连接器。

第 7 行和第 11 行，定义了主机名的设置器和获取器。

第 15 行，声明了 Connect 成员函数，用于连接远程服务器。

第 16 行，声明了 SendAndReceive 成员函数。该方法用于同步地向远程服务器发送消息并等待消息回馈。

第 23 行，我们实现了 Connect 成员函数。我们构造一个 TCP 客户端对象，并调用 TCP 客户端的 Connect 方法连接到服务器上。

第 30 行，我们定义了 SendAndReceive 成员函数，该函数先通过 TCP 客户端对象将用户数据发送出去，然后使用客户端接收来自服务器的消息回馈，并转换成字节数组返回给用户。

不过这里需要注意的是，NetConnector 是基于事件的接口，因此这种方式可以和异步 I/O 结合工作，异步 I/O 将会在随后的章节进行讲解。

9.4 本章小结

本章我们总结了实时处理系统的编程接口，介绍了消息源和消息处理单元的接口。

接着我们实现了消息源执行器的部分功能，并成功实现了使用消息源执行器执行消息源。接着实现了 WordCount 中的消息源，以此为示例演示了消息源接口的使用方法。

然后我们实现了消息处理单元执行器的部分功能，整合了简单的消息处理单元，并介绍了消息处理单元执行器如何利用基于事件处理的通信框架来接收数据并处理数据。最后以 WordCount 中的消息处理单元为例，演示了消息处理单元接口的使用方法。

最后我们介绍了如何实现一个简单的数据收集器，并介绍了如何实现随机分发、固定分发、按字段分发 3 种主要的分发策略。最后介绍了简单的传输层实现方案，并提出了基于事件的通信接口，为之后的工作打下了基础。

第 10 章 Chapter 10

可靠消息处理

在构建基于网络的系统时，我们常常需要考虑到网络中断或者数据丢失等极端情况，以提高系统的稳定性。但是想做到这一点，往往需要付出极大的努力，而分布式系统中，则需要对此做更多的处理和预防。

而在 Hurricane 实时处理系统中，我们也面临这个问题，如何确保数据不丢失，如果数据丢失，那么我们应该如何在数据丢失时进行补救呢？计算的过程中我们又如何考虑哪些数据需要重新计算，哪些不需要？

本章主要讲解 Hurricane 实时处理系统如何实现可靠的消息处理。

在 Hurricane 实时处理系统中，可靠的消息处理指的是确保所有元组都可以处理，而且永远只处理一次。在一个小型系统中，想要确保这一点非常简单，但是如果是在一个大型的复杂的分布式系统中，就需要设计一个良好的机制来确保这种特性，因为分布式系统中数据量非常大，如果要跟踪每一个正在处理的数据，其消耗将是非常惊人，而且得不偿失的。

从本章开始，我们正式来探讨如何以高效的方式来实现这种框架。

10.1 基本概念

首先我们需要阐述一些基本概念，解释清楚什么是完全处理，并且讲解一下失败重发机制。

10.1.1 完全处理

让我们来看下面这段程序，这是最早所见的 WordCount 程序的实现改进，如代码清单 10-1 所示。

代码清单 10-1 WordCount 改进

```
1 TopologyBuilder builder;
2 Builder.SetSpout("sentences", new SentenceSpout);
3 Builder.SetBolt("splitBolt" new SplitBolt)
4     .ShuffleGrouping("sentences");
5 Builder.SetBolt("countBolt", new WordCountBolt)
6     .FieldsGrouping("splitBolt", Fields("word"));
```

第 1 行，我们构造了一个 TopologyBuilder 对象。该对象用于构建拓扑结构。

第 2 行，创建了一个 SentenceSpout 对象，并将其任务名设置为 sentences。

第 3 行，创建了一个新的 SplitBolt 对象，并将其任务名设置为 splitBolt，接着使用 ShuffleGrouping 将 sentences 中的元组指定全部随机发送到 splitBolt 中。

第 4 行，创建了一个新的 WordCountBolt 对象，并将其任务名设置为 countBolt，接着使用 FieldsGrouping 将 splitBolt 中的元组全部发送到 countBolt 中，这里使用了按字段分组，依据的字段是 word 字段。

我们可以看到这是一个构建 Topology 的例子，虽然我们不牵扯到执行服务。

代码中 SentenceSpout 产生数据流，然后 SplitBolt 和 WordCountBolt 则负责接收数据并进行数据处理，其中 SplitBolt 负责分割单词，而 WordCountBolt 则进行单词计数。

所以所有数据由 SentenceSpout 产生，先流入 SplitBolt，然后再流入 WordCountBolt。我们可以画出如图 10-1 所示的网络拓扑结构。

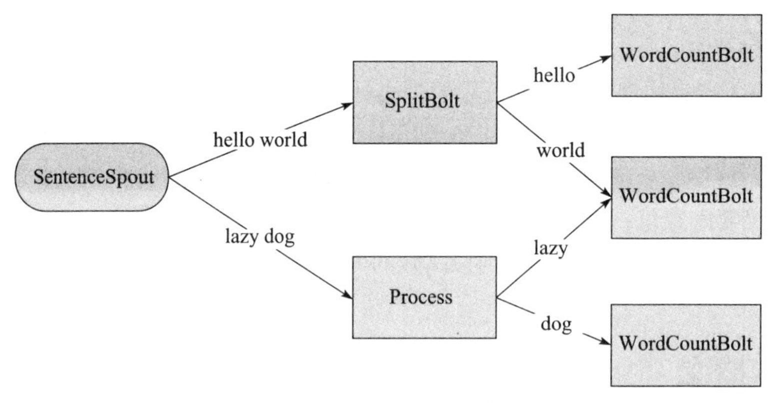

图 10-1 WordCount 网络图

我们可以看到，每个 Spout 产生的元组在 SplitBolt 中会被分成多个元组，也就是说产生了分支，现在整个流程看起来像一棵树，我们暂时就将其形象地称为元组树——由一个元组产生的树。

那么什么是完全处理呢？所谓完全处理指的是一个 Spout 产生的元组，其产生的元组树中的所有元组都得到了正确处理。

在这里还有另外一个问题，那就是如果后续元组处理超过一定时间（用户可以设置的一个阈值），Hurricane 实时处理系统也会认为整个处理过程失败。

10.1.2　失败与重发

所以我们会假设任何的计算都可能失败。那么我们怎么得知计算处理失败呢？这就需要建立一套失败与反馈机制，我们的基本思想如下。

1）以一个数据流为计算单位，一旦一套数据流中的任意一个节点计算失败，整个数据流也就计算失败。

2）建立成功与失败反馈机制，无论某个节点计算成功或失败，都应该向数据流报告状态。如果成功，则继续计算，如果失败，那么就会认为整个数据流失败。

3）一旦数据流失败，数据流的创造者（某个 Spout）就应该重发该数据流的起点（元组），所有节点重新对该数据流进行处理。这里要注意，我们不会缓存任何中间计算状态，一旦失败，一切重来。这样的优点是可以降低整个机制的复杂性。

当然还有一种情况上一小节中也提到了，一旦一个数据流的处理时间超过某个阈值我们也会认为处理失败，重发数据流。

10.2　接口设计

上一节阐述了关于完全处理以及失败重发的基本概念，本节来看一下为了支持失败重发机制，我们要对消息源和消息处理单元的接口做出哪些修改。

首先是消息源 ISpout 的修改如代码清单 10-2 所示。

代码清单 10-2　ISpout 接口设计

```
 1 class ISpout
 2 {
 3     virtual ISpout* Clone();
 4 
 5     void Open(OutputCollector& outputCollector);
 6     void Close();
 7     void Execute();
 8 
 9     void Ack(int32_t msgId);
10     void Fail(int32_t msgId);
11 }
```

ISpout 接口的 UML 类图如图 10-2 所示。

我们可以看到新增了两个成员函数，一个是 Ack，一个是 Fail，这两个函数都有一个名为 msgId 的参数。整个机制是，消息源 Spout 每产生一个元组，都会生成一个代表数据流的唯一 id，然后携带在该元组和其产生的所有元组中，拥有相同的 msgId 的元组属于同一个数据流的元组。

如果某个 msgId 的元组全部处理完成，那么就会使用该 msgId 调用 Spout 的 Ack 方法，这个时候整个数据流处理完成，因此 Spout 就可以释放与该数据流相关的所有资源。

同样，如果有任何一个中间处理过程失败，都会使用该 msgId 调用 Fail 方法。Spout 得知失败消息后就会立即释放之前的数据流并重发数据。至于如何处理重发的数据，是否缓存计算结果就是中间的 Bolt 自己的行为了。

ISpout (from spout)
+Clone() : ISpout* +Open (outputCollector : OutputCollector) : void +Close() : void +Execute (values : Values) : void +Ack (msgld:int32_t) : void +Fail (msgld:int32_t) : void

图 10-2　ISpout 类图

此外，我们还需要修改消息源数据收集器的接口，在 Emit 成员函数中添加一个 msgId 参数，所以现在 SpoutOutputCollector 的声明如代码清单 10-3 所示。

代码清单 10-3　SpoutOutputCollector 定义

```
 1  #pragma once
 2
 3  #include "hurricane/base/OutputCollector.h"
 4  #include "hurricane/base/Values.h"
 5  namespace hurricane
 6  {
 7      class SpoutExecutor;
 8
 9      namespace spout
10      {
11          class SpoutOutputCollector : public base::OutputCollector
12          {
13          public:
14                  SpoutOutputCollector(const std::string& src, int strategy, Spout
                                        Executor* executor) :
15                  base::OutputCollector(src, strategy), _executor(executor)
16              {
17              }
18
19              virtual void RandomDestination() override;
20              virtual void GroupDestination() override;
21              void Emit(const base::Values& values, int msgId);
22
23          private:
24              SpoutExecutor* _executor;
25          };
26      }
27  }
```

SpoutOutputCollector 这个类的 UML 类图如图 10-3 所示。

SpoutOutputCollector (from spout)
+_executor : SpoutExecutor*
+SpoutOutputCollector (src : string,strategy : int,executor : SpoutExecutor*) +RandomDestination() : void +GroupDestination() : void +Emit (values:Values,msgId:int32_t) : void

图 10-3　SpoutOutputCollector 类图

在修改消息源接口的同时，我们还需要修改消息处理单元的接口，因为消息处理单元要向数据流报告状态。具体的方法是修改消息处理单元的数据收集器的接口，在接口上增加两个成员函数，如代码清单 10-4 所示。

代码清单 10-4　BoltOutputCollector 定义

```
 1 namespace hurricane
 2 {
 3     namespace bolt
 4     {
 5         class BoltExecutor;
 6
 7         class BoltOutputCollector : public base::OutputCollector
 8         {
 9         public:
10             BoltOutputCollector(const std::string& src, int strategy, BoltEx
                                   ecutor* executor) :
11                 base::OutputCollector(src, strategy), _executor(executor)
12             {
13             }
14
15             virtual void RandomDestination() override;
16             virtual void GroupDestination() override;
17
18             void Ack(const Values& values);
19             void Fail(const Values& values);
20
21         private:
22             BoltExecutor* _executor;
23         };
24     }
25 }
```

BoltOutputCollector 这个类的 UML 类图如图 10-4 所示。

其中，Ack 用于回复某个元组处理成功，而 Fail 则回复某个元组处理失败。

那么这些接口该如何使用呢？我们以 WordCount 为例来进行演示。

首先是 TextGenerateSpout 的实现，如代码清单 10-5 所示。

Bolt]OutputCollector (from bolt)
+_executor : BoltExecutor*
+BoltOutputCollector (src : string,strategy : int,executor : BoltExecutor*) +RandomDestination() : void +GroupDestination() : void +Ack (values : Values) : void +Fail (values : Values) : void

图 10-4 BoltOutputCollector 类图

代码清单 10-5 TextGenerateSpout 实现

```
1  void Execute() override
2  {
3      int msgId = generateMsgId();
4      _outputCollector->Emit({ "The cBioPortal for Cancer Genomics provides v
           isualization, analysis, and download of large-scale cancer genomics
           data sets. The cBioPortal is free software: you can redistribute it
           and/or modify it under the terms of the GNU Affero General Public License,
           version 3, as published by the Free Software Foundation" }, msgId);
5      std::this_thread::sleep_for(std::chrono::milliseconds(1000));
6  }
```

第 1 行，我们定义了 Execute 函数。

第 3 行，调用 generateMsgId 函数，生成一个消息 id，这个消息 id 是每个消息源元组唯一的。

第 5 行，调用了 C++11 的 sleep_for 函数，并将睡眠时间设定为 1 000ms。

接着是 WordSplitBolt 的实现，如代码清单 10-6 所示。

代码清单 10-6 WordSplitBolt 实现

```
1  void Execute(const Values& values) override
2  {
3      try
4      {
5      std::string text = values[0].ToString();
6      std::list<std::string> words = split(text, ' ');
7
8      for ( const std::string& word : words )
9      {
10         _outputCollector->Emit({ word, 1 });
11         }
12         _outputCollector->Ack(values);
13     }
14     catch ( std::exception e )
15     {
16         std::cerr << e.what() << std::endl;
17        _outputCollector->Fail(values);
18     }
19 }
```

第 5 行，我们从元组中获取第 1 个元素，并转换成字符串，这就是需要统计的原文。

第 6 行，我们调用 split 函数将文本分割为一个个单词，并将其保存为单词链表。

第 8 行开始，我们遍历所有的单词，对于每个单词，我们都使用数据收集器对象发动一个单词，并配上 1 的计数。接着我们调用数据收集器的 Ack 函数来确认元组已经完成处理。

接着，在从 14 行开始的异常处理块中，我们首先输出异常信息。然后在数据收集器上调用 Fail，报告元组处理失败。

我们可以看到只不过是在数据处理结束后执行一下 Ack 或者 Fail 而已，整个过程并不复杂。

10.3 具体实现

上面只是接口层，现在的核心问题是我们如何实现这些接口。实现方法有很多种，我们在此讨论一种低效但是简单直观的方法，同时讨论一种稍显复杂但是高效节约资源的方法。

10.3.1 简单实现

我们再来看一下一个拓扑结构的图（见图 10-5）：

我们可以看到一个拓扑结构其实就是一个有向无环图。因此我们可以为每个元组生成一个唯一 id，在每一个数据收集器中记录当前元组后续元组的状态，并记录上一个节点，如代码清单 10-7 所示。

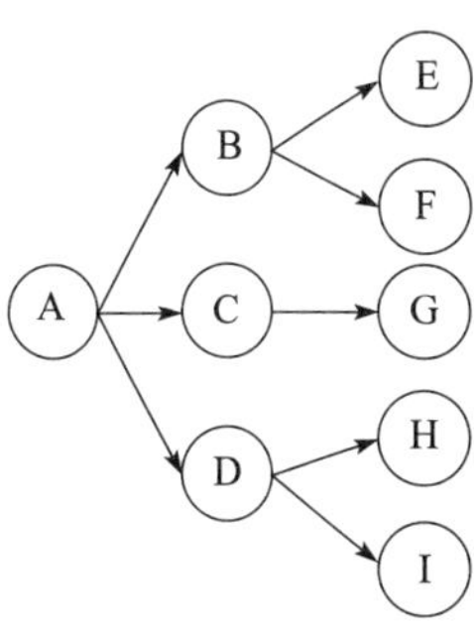

图 10-5 元组拓扑结构

代码清单 10-7 状态记录变量

```
1  std::map<int32_t, std::map<int32_t, int32_t>> _ackStatusMap;
2  std::map<int32_t, int32_t> _parents;
3  std::map<int32_t, NetAddress> _parentAddresses;
```

第 1 行定义了一个 _ackStatusMap。这个映射表用来记录每个元组产生的其他元组的状态。

第 2 行定义了一个 _parents，这个映射表记录了每个元组的父元组。

第 3 行定义了 _parentAddresses，这个映射表记录了每个父元组的地址。

而 Ack 和 Fail 则是向上一级父节点汇报状态，如代码清单 10-8 所示。

代码清单 10-8 Ack 和 Fail 实现

```
1  void Ack(int32_t tupleId, int32_t msgId)
2  {
3      Command command(Command::Type::Ack, { _tupleId, _msgId });
4
5      NetConnector netConnector;
6      netConnector.Connect(_parentAddress[tupleId]);
7
8      netConnector.SendAndReceive(command);
```

```
 9  }
10
11  void Fail(int32_t tupleId, int32_t msgId)
12  {
13      Command command(Command::Type::Fail, { _msgId });
14
15      NetConnector netConnector;
16      netConnector.Connect(_parentAddress[tupleId]);
17
18      netConnector.SendAndReceive(command);
19  }
```

第 1 行，我们定义了 Ack 函数。该函数有两个参数，一个是元组的 id，另一个是消息的 id。

第 3 行，创建了一个命令对象，命令类型是 Ack，表示确认命令，参数是元组的 id 和消息 id。

第 5 行，创建了一个 netConnector 对象。

第 6 行，调用 netConnector 的 Connect 成员函数，连接到父元组所在的 Manager 上。

第 8 行，发送确认命令。这样确认过程就写好了。

从第 13 行开始是 Fail 函数定义。流程和 ack 很像。

第 15 行，创建了一个 netConnector 对象。

第 16 行，调用 netConnector 的 Connect 成员函数，连接到父元组所在的 Manager 上。

第 18 行，发送确认命令。这样报告失败过程就写好了。

当接收到 Ack 事件时，节点检查是否已经收到来自所有子元组的 Ack，如果已经接收到，则主动调用 Ack 向上一级汇报，如代码清单 10-9 所示。

代码清单 10-9　OnAck 实现

```
 1  void OnAck (
 2      hurricane::base::Variants args)
 3  {
 4      int32_t tupleId = args.Get(0).ToInt();
 5      int32_t msgId = args.Get(1).ToInt();
 6      int32_t curTupleId = args.Get(2).ToInt();
 7
 8      _ackStatusMap[curTupleId][tupleId] = 1;
 9      _ackCount[curTupleId] ++;
10
11      if ( _ackCount[curTupleId] == _ackStatusMap[curTupleId].size() )
12      {
13          Ack(curTupleId, msgId);
14      }
15  }
```

第 4 行，从命令中取出第 1 个参数，并将其转换为整数，这是需要确认的元组 id。

第 5 行，从命令中取出第 2 个参数，并将其转换为证书，这是消息 id。

第 6 行，从命令中取出第 3 个参数，并将其转换为整数，这是当前的元组 id。

第 8 行，将 _ackStatusMap 中对应的元素设置为 1，表示该元组已经确认完成。

第 9 行，将 _ackCount 中对应的技术加 1，增加已经完成的元组计数。

第 11 行，判断一下当前元组产生的所有元组是不是都已经完成，如果已经完成，则调用 ack 确认当前元组已经完成。

这样通过层层递归，我们就可以实现一个简单朴素的状态回馈机制。

10.3.2 高效实现

上面的方法虽然简单直观，但是存在一个问题：在实际的生产环境中，数据量特别大，整个系统中常常有成百上千个元组，如果每个元组都记录状态，那么会消耗极大的存储资源，是非常浪费的。

那么我们有什么优化措施呢？

这种方法其实在前面的章节讨论过，就是所谓的异或运算法。

首先，我们为某个消息流的每个元组生成一个 64 位的 ackId。

接着，我们在 SpoutOuputCollector 中实现一个事件，接收所有的 ackId，如代码清单 10-10 所示。

代码清单 10-10　OnAck 实现

```
1 SpoutCollector::OnAck(hurricane::base::Variants args)
2 {
3     int32_t ackId = args[0]->ToInt();
4     int32_t msgId = args[1]->ToInt();
5
6     _source->Ack(ackId, msgId);
7 }
```

第 3 行，取出第 1 个参数，转换成整型，这就是确认 id。

第 4 行，取出第 2 个参数，转换成整型，这就是元组 id。

第 6 行，向源消息来源确认收到该消息。

现在实现 BoltOutputCollector 的 Ack 函数，如代码清单 10-11 所示。

代码清单 10-11　Ack 函数实现

```
1 BoltOutputCollector::Ack(const Values& tuple, int32_t msgId)
2 {
3     Command command(Command::Type::Ack, { _ackId, _msgId });
4
5     NetConnector netConnector;
6     netConnector.Connect(_parentAddress[tuple.address]);
7
```

```
8      netConnector.SendAndReceive(command);
9  }
```

第 3 行，创建一个命令对象，类型为 Ack，参数为确认 id 和消息 id。

第 5 行，创建了一个 netConnector 对象。

第 6 行，调用 netConnector 的 Connect 成员函数，连接到父元组所在的 Manager 上。

第 8 行，发送确认命令。这样确认过程就写好了。

完善 Spout 的事件处理，如代码清单 10-12 所示。

代码清单 10-12　Spout 的 Ack 实现

```
 1 void Spout::Ack(int32_t ackId, int32_t msgId)
 2 {
 3     uint64_t ackValue = _ackValues[msgId];
 4     ackValue ^= ackId;
 5     if ( ackValue == 0 )
 6     {
 7         _ackValues.erase(msgId);
 8         _tuples.erase(msgId);
 9     }
10     else
11     {
12         _ackValues[msgId] = ackValue;
13     }
14 }
```

第 3 行，获取消息所属的 ackId 的运算结果。

第 4 行，我们将运算结果与当前的 ackId 做异或运算。

第 5 行，判断一下 ackValue 是否为 0，如果为 0，则移除该 msgId，说明这个消息已经处理完成，注意这里要从 _ackValues 和 _tuples 中同时移除。

第 12 行，如果不为 0，则赋值回去，继续运算。

我们可以看到，每次生成一个元组我们都会向 Spout 回馈一个 ackId（唯一的），而如果 ack 确认了，也会向 Spout 回馈一个 ackId，如果所有的任务都确认成功了，那么最后 Spout 中存储的值就会变成 0。

除此之外我们还要设置一个超时事件，如代码清单 10-13 所示。

代码清单 10-13　超时事件处理

```
1 void Spout::OnTimeout(Message* message)
2 {
3     for ( auto pair : _tuples )
4     {
5         int32_t time = time(0) - pair.second.time;
6         if ( time > RESEND_TIMEOUT )
7         {
8             const Values& values = pair.second.values;
```

```
 9                 _Resend(values);
10             }
11         }
12 }
```

这里我们会遍历所有元组，计算出所有元组发送到现在为止的时间。如果超过一个时间阈值，那么就重新发送元组。这样我们就实现了超时重发。

如果超时，说明我们需要重发该元组。

10.4　本章小结

本章我们介绍了可靠消息处理的概念与框架，并介绍了如何实现一个可靠消息处理框架。

首先我们阐述了关于完全处理的概念，并介绍了失败重发的机制。接着我们探讨了可靠消息处理需要对原有接口做出的改动。

接下来我们开始讨论具体的实现方案。我们首先介绍了通俗但是低效的实现方案，并突出了其中的递归处理思想。最后我们介绍了 Storm 中使用异或运算的高效实现方案，并使用该方案重新实现了可靠消息处理框架。

Chapter 11 第11章

通信系统设计与实现

我们已经在前面的章节中介绍了Hurricane实时处理系统的消息源、消息处理单元的设计与实现方法，那么接下来映入眼帘的一个问题就是，这些分布式系统节点如何互相进行通信？作为一个分布式系统，其本质仍然是一个基于网络构建的应用程序（集合），因此仍然需要网络基础框架的支持才能实现消息通信功能。

对于正在编写的Hurricane实时处理系统来说，我们可能会在实际生产环境中遇到如下情况。

1）每个节点（消息源、消息处理单元）会同时处理多个来自不同对端的连接，在本章中，我们将使用Socket来处理这些连接。

2）每个节点可能会同时处理Socket监听和连接。比如消息处理单元Bolt，它既要能够接收对端发送过来的数据，还要能够将处理结束的数据发送给下游的节点，以便于后续节点执行计算任务。

3）在整个分布式系统中可能会同时处理TCP和UDP请求。在前面的章节中，我们曾提到过TCP和UDP连接的异同，为了实现消息的可靠传输，我们将在本章中着重讲解如何使用TCP来实现可靠的消息传递。

4）每个节点会同时监听多个端口或多种不同类型的服务。比如同时处理业务数据和提供审计管理数据。

在本章中，我们将以跨平台的I/O复用为主题进行讲解，并进行编程实战。当然了，但凡涉及跨平台，总会碰到这样那样的问题，相较于我们之前编写的高层应用层代码，通信层更加底层，而且会涉及系统API调用，因此我们会在讲解完一些基本概念后，分别介绍Windows I/O Completion Port和Linux epoll，并辅以编程实战。

11.1　I/O 多路复用方案解析

在本章开头曾提到过我们会讲解 Linux epoll 并辅以编程实战，那么在讲解 epoll 之前，我们先来看看 select 和 poll，以及为什么会在后来衍生出 epoll 这项技术，为什么要使用 epoll。虽然不同操作系统环境下实现 I/O 多路复用的方法不尽相同，但是从理论上大致都有类似的发展路线，我们先从 Linux 开始，然后逐步讲解 Windows 和 UNIX 平台下的 I/O 多路复用技术和实现方法。

11.1.1　基本网络编程接口

如果我们要构建一个最基本的网络应用程序：它能够接收对端发送过来的数据或将数据发送给对端，那么我们最先想到的应该是以下几个基本网络编程接口。

1）socket()：创建 Socket 描述符，在执行任何操作以前，我们需要调用该接口创建 Socket 描述符，以供其他接口使用。

2）bind()：通过 socket() 接口创建的 Socket 描述符只存在于其协议族的空间，并没有分配一个具体的协议地址（这里指 IPv4/IPv6 和端口号的组合），而该接口用来将一组固定的地址绑定到 Socket 描述符上。

3）listen()：监听某个 Socket 端口，用来接收对端发送的数据。一般来说，我们只在 TCP 服务器端使用该接口创建端口监听。

4）accept()：该接口返回由操作系统内核生成的一个全新的 Socket 描述符，用来在 TCP 服务器端表示与对端的 TCP 连接。

5）recv()：接收对端发送的数据，从接收缓冲区复制数据。

6）connect()：创建与 TCP 服务器之间的 Socket 连接。

7）send()：向对端发送数据，操作系统内核会将用户数据复制到 TCP 套接口的发送缓冲区中，然后将数据发送出去。

提示　读者如果想要了解更多相关知识，请参阅《UNIX 网络编程第一卷》。

我们在上面罗列了一系列常见的网络编程接口。现在，我们来思考一套简单的服务器 / 客户端应用程序：客户端向服务器发送一个请求（request），服务器在收到请求后向对端发送回复（response），如图 11-1 所示。

图 11-1 中整个流程如下。

1）服务器线程调用 socket 创建一个套接字。

2）服务器调用 bind 函数，绑定某个地址上的某个端口。

3）服务器调用 listen 函数，监听之前绑定的端口。

4）服务器调用 accept 函数，准备接受来自某个客户端的请求。

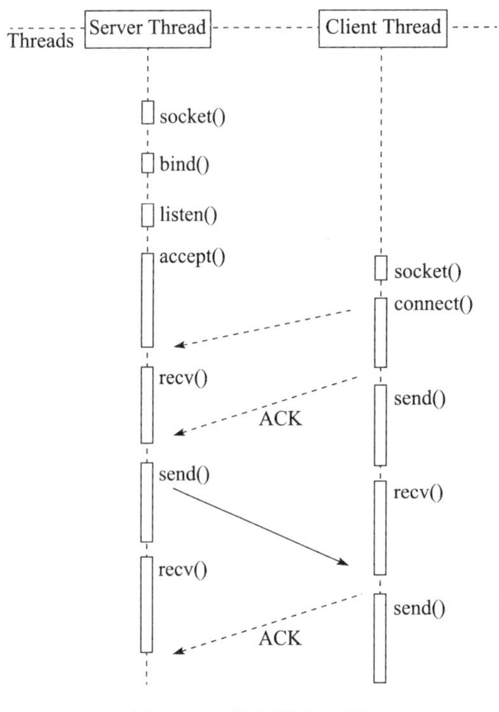

图 11-1 服务器交互图

5）客户端调用 socket 函数，创建客户端的套接字。

6）客户端调用 connect 函数，连接到某个服务器上，收到服务器的确认反馈。

7）服务器接收到新的连接，处理连接，并接收来自客户端的数据。

8）客户端通过 send 向服务器发送数据，并通过 recv 接收来自服务器的消息。

9）服务器接收完数据，向客户端发送数据。

10）客户端接收到数据，处理数据，继续向服务器发送数据。

11）最后就是服务器和客户端的不断交互（表现为互相收发数据）。

嗯，就目前来说，我们的服务器和客户端程序运行得都没有什么问题。不过作为一个服务器程序，至少要能够同时处理多个客户端发送的请求。但是，现在的程序模型显然无法办到。要知道，几乎所有的 I/O 接口（包括 socket() 接口）都是阻塞（blocked）的，除非特殊指定。

提示 所谓阻塞型接口是指系统调用（一般是 I/O 接口）不返回调用结果并让当前线程一直阻塞，只有当该系统调用获得结果或者超时出错时才返回。

在这里我们仅仅是简单向发送请求的客户端返回了一个响应，那如果考虑到服务器程序的业务逻辑和多客户端处理的复杂性，我们该怎么办？

通过多线程来解决这个问题看起来似乎可行，我们可以把不同的客户端连接放在不同线程来处理，同时使用线程池来管理所有线程，使用连接池来管理所有连接。

提示 “线程池”旨在减少创建和销毁线程的频率，其维持一定合理数量的线程，并让空闲的线程重新承担新的执行任务。“连接池”是维持连接的缓存池，尽量重用已有的连接，减少创建和关闭连接的频率。

“线程池”和“连接池”技术都可以很好地降低系统开销，被广泛应用在很多大型系统中，如 WebSphere、Tomcat 和各种数据库等。

但是，“线程池”和“连接池”技术也只是在一定程度上缓解了频繁调用 I/O 接口带来的资源占用。而且，所谓“池”始终有其上限，当请求大大超过上限时，“池”构成的系统对外界的响应并不比没有池的时候效果好多少。所以使用“池”必须考虑其面临的响应规模，并根据响应规模调整“池”的大小。

对应上例中所面临的可能同时出现的上千甚至上万次的客户端请求，“线程池”或“连接池”或许可以缓解部分压力，但是不能解决所有问题。

因此，Hurricane 实时处理系统的应用复杂度并不适合这种方案。

11.1.2 非阻塞的服务器程序

以上面临的很多问题，一定程度是 I/O 接口的阻塞特性导致的。多线程是一个解决方案，还有一个方案就是使用非阻塞的接口。

非阻塞的接口相比于阻塞型接口的显著差异在于，在被调用之后立即返回。使用如下的函数可以将某句柄 fd 设为非阻塞状态。

```
fcntl( fd, F_SETFL, O_NONBLOCK );
```

下面将给出只用一个线程，但能够同时从多个连接中检测数据是否送达，并且接收数据的方法，如图 11-2 所示。

在非阻塞状态下，recv() 接口在被调用后立即返回，返回值代表了不同的含义。如在本例中：recv() 返回值大于 0，表示接收数据完毕，返回值即是接收到的字节数。

1）recv() 返回 0，表示连接已经正常断开。

2）recv() 返回 –1，且 errno 等于 EAGAIN，表示 recv 操作还没执行完成。

3）recv() 返回 –1，且 errno 不等于 EAGAIN，表示 recv 操作遇到系统错误 errno。

可以看到服务器线程可以通过循环调用 recv() 接口，可以在单个线程内实现对所有连接的数据接收工作。

但是上述模型绝不被推荐。因为，循环调用 recv() 将大幅度推高 CPU 占用率；此外，在这个方案中，recv() 更多的是起到检测“操作是否完成”的作用，实际操作系统提供了更为高效的检测“操作是否完成”作用的接口，如 select()。

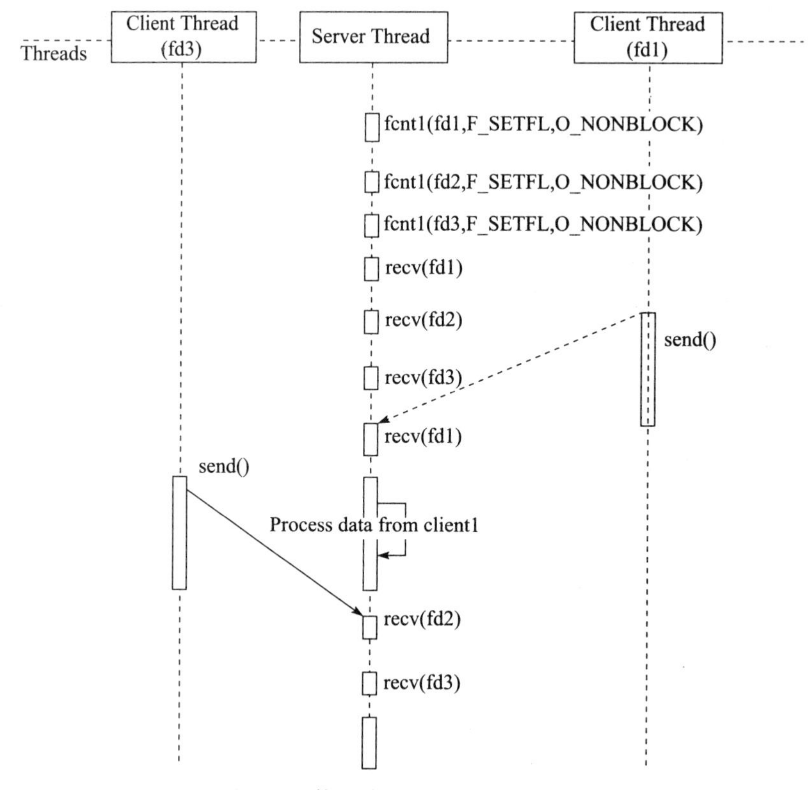

图 11-2　使用非阻塞的接收数据模型

11.1.3　使用 select() 接口的基于事件驱动的服务器模型

大部分 UNIX/Linux 都支持 select 函数，该函数用于探测多个文件句柄的状态变化。下面给出 select 接口的原型，如代码清单 11-1 所示。

代码清单 11-1　select 接口原型

```
1  FD_ZERO(int fd, fd_set* fds)
2  FD_SET(int fd, fd_set* fds)
3  FD_ISSET(int fd, fd_set* fds)
4  FD_CLR(int fd, fd_set* fds)
5  int select(int nfds, fd_set *readfds, fd_set *writefds, fd_set *exceptfds,
               struct timeval *timeout)
```

这里，fd_set 类型可以简单地理解为按 bit 位标记句柄的队列，例如，要在某 fd_set 中标记一个值为 16 的句柄，则该 fd_set 的第 16 个 bit 位被标记为 1。具体的置位、验证可使用

FD_SET、FD_ISSET 等宏实现。在 select() 函数中，readfds、writefds 和 exceptfds 同时作为输入参数和输出参数。如果输入的 readfds 标记了 16 号句柄，则 select() 将检测 16 号句柄是否可读。在 select() 返回后，可以通过检查 readfds 是否标记 16 号句柄，来判断该“可读”事件是否发生。另外，用户可以设置 timeout 时间。

下面将重新模拟上例中从多个客户端接收数据的模型，如图 11-3 所示。

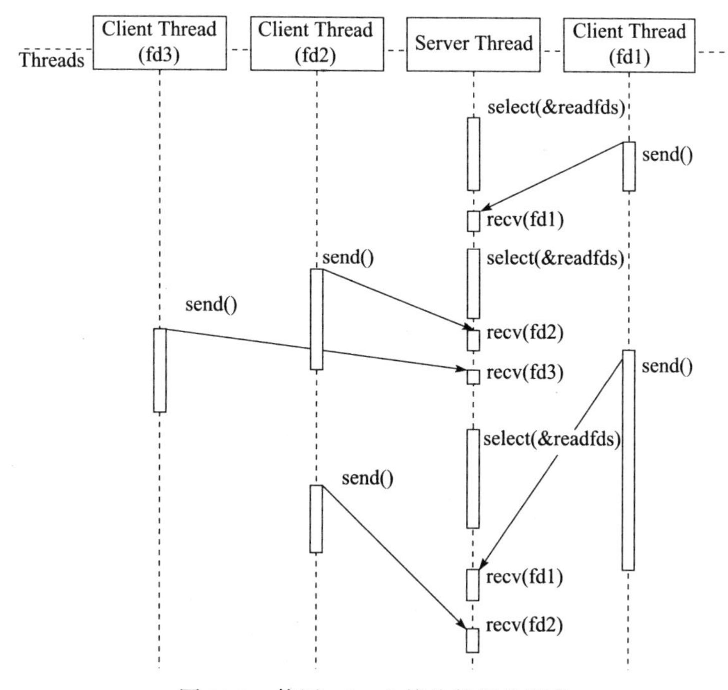

图 11-3　使用 select() 接收数据的模型

上述模型只是描述了使用 select() 接口同时从多个客户端接收数据的过程，由于 select() 接口可以同时对多个句柄进行读状态、写状态和错误状态的探测，所以可以很容易构建为多个客户端提供独立问答服务的服务器系统，具体逻辑如图 11-4 所示。

这里需要指出的是，客户端的一个 connect() 操作，将在服务器端激发一个“可读事件”，所以 select() 也能探测来自客户端的 connect() 行为。

上述模型中，最关键的地方是如何动态维护 select() 的 3 个参数 readfds、writefds 和 exceptfds。作为输入参数，readfds 应该标记所有的需要探测的“可读事件”的句柄，其中永远包括那个探测 connect() 的“母”句柄；同时，writefds 和 exceptfds 应该标记所有需要探测的“可写事件”和“错误事件”的句柄（使用 FD_SET() 标记）。

作为输出参数，readfds、writefds 和 exceptfds 中保存了 select() 捕捉到的所有事件的句柄值。程序员需要检查的所有的标记位（使用 FD_ISSET() 检查），以确定到底哪些句柄发生了事件。

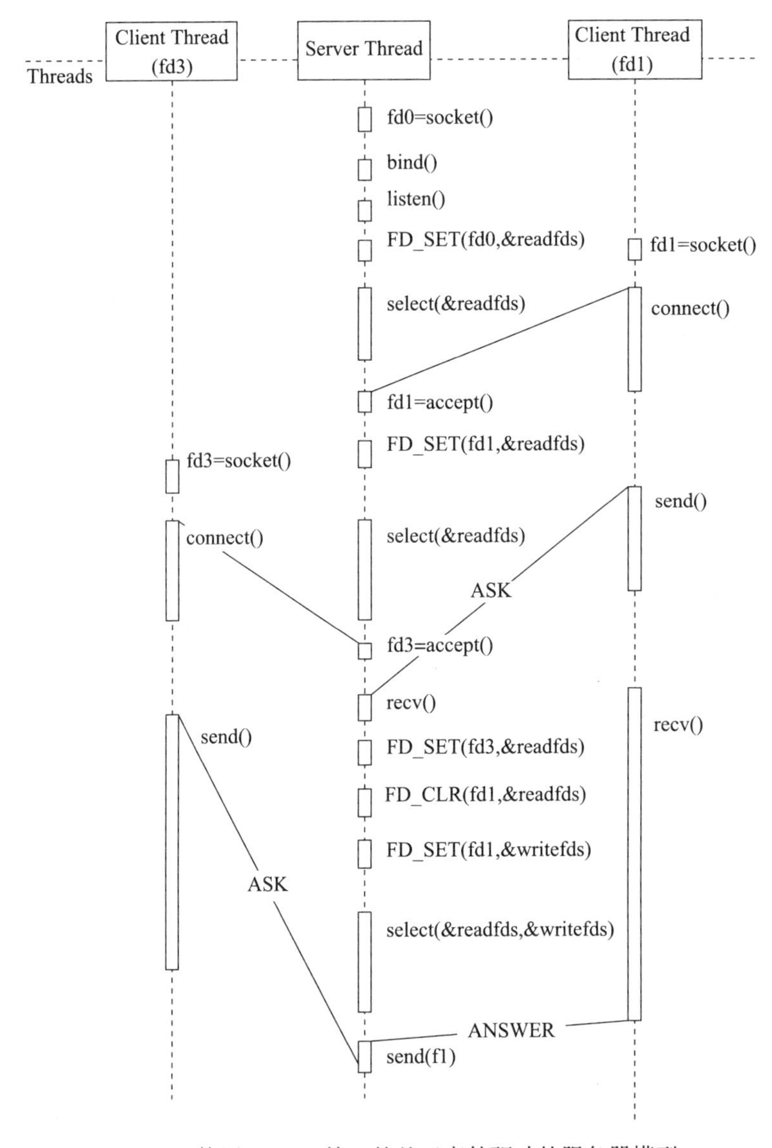

图 11-4 使用 select() 接口的基于事件驱动的服务器模型

上述模型主要模拟的是“一问一答”的服务流程，所以，如果 select() 发现某句柄捕捉到了“可读事件”，服务器程序应及时做 recv() 操作，并根据接收到的数据准备好待发送数据，并将对应的句柄值加入 writefds，准备下一次的“可写事件”的 select() 探测。同样，如果 select() 发现某句柄捕捉到“可写事件”，则程序应及时做 send() 操作，并准备好下一次的“可读事件”探测准备。上述模型中的一个执行周期如图 11-5 所示。

这种模型的特征在于每一个执行周期都会探测一次或一组事件，一个特定的事件会触发某个特定的响应。我们可以将这种模型归类为“事件驱动模型”。

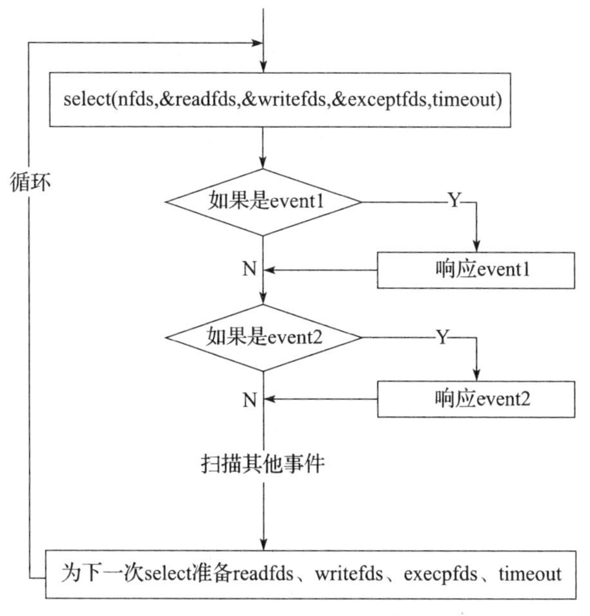

图 11-5　一个执行周期

相比其他模型，使用 select() 的事件驱动模型只用单线程（进程）执行，占用资源少，不消耗太多 CPU，同时能够为多客户端提供服务。如果试图建立一个简单的事件驱动的服务器程序，这个模型有一定的参考价值。

但这个模型依旧有着很多问题。

首先，select() 接口并不是实现“事件驱动”的最好选择。因为当需要探测的句柄值较大时，select() 接口本身需要消耗大量时间去轮询各个句柄。很多操作系统提供了更为高效的接口，如 Linux 提供了 epoll，BSD 提供了 kqueue，Solaris 提供了 /dev/poll，等等。如果需要实现更高效的服务器程序，更推荐类似 epoll 这样的接口。遗憾的是不同的操作系统特供的 epoll 接口有很大差异，所以使用类似于 epoll 的接口来实现具有较好跨平台能力的服务器会比较困难。

其次，该模型将事件探测和事件响应夹杂在一起，一旦事件响应的执行体庞大，则对整个模型是灾难性的。例如，庞大的执行体将直接导致另一个响应事件的执行体迟迟得不到执行，并在很大程度上降低了事件探测的及时性。

11.1.4　使用 epoll 实现异步事件通知模型

除了传统的 select 和 poll 以外，在 Linux 中引入了一种新的基于事件驱动的异步模型：epoll。这种模型我们曾在前面的章节中进行过简要介绍，现在我们将更详细地介绍这种模型，并使用该模型来实现我们的传输层通信。现在我们来看一下如何使用 epoll 实现异步事件通知模型。

1. 基础知识

之前在第 5 章中我们已经讨论过 epoll，读者应该已经了解了 epoll 的基本概念和 epoll 中的那几个函数。我们这里就先来回顾一下 epoll 中的那几个接口。这些接口如下。

（1）epoll_create

第一个函数是 epoll_create，该函数有一个参数，但是新版本的 Linux 内核中已经没有什么作用了，可以忽略，一般调用 epoll_create(0) 即可。该函数会返回一个 epoll 专用的文件描述符，用于操作 epoll 的行为。

（2）epoll_ctl

创建完 epoll 之后，我们需要使用 epoll_ctl 来处理 epoll 中的事件。该函数原型如下：

```
int epoll_ctl(int epfd, int op, int fd, struct epoll_event *event);
```

其中第 1 个参数就是 epoll 描述符，第 2 个参数 op 表示要执行的动作，可能值有以下 3 个宏。

1）EPOLL_CTL_ADD：注册新的 fd 到 epfd 中。

2）EPOLL_CTL_MOD：修改已经注册的 fd 的监听事件。

3）EPOLL_CTL_DEL：从 epfd 中删除一个 fd。

第 3 个参数是要监听的文件描述符，第 4 个参数是要监听的事件，事件的结构体定义如代码清单 11-2 所示：

代码清单 11-2　epoll_event 定义

```
1 struct epoll_event
2 {
3     __uint32_t events;
4     epoll_data_t data;
5 };
```

events 表示事件类型，而 data 则是用户自定义数据。我们来看看 epoll 支持哪些事件类型。

1）EPOLLIN：表示对应的文件描述符可以读（包括对端 Socket 正常关闭）。

2）EPOLLOUT：表示对应的文件描述符可以写。

3）EPOLLPRI：表示对应的文件描述符有紧急的数据可读（这里应该表示有带外数据到来）。

4）EPOLLERR：表示对应的文件描述符发生错误。

5）EPOLLHUP：表示对应的文件描述符被挂断。

6）EPOLLET：将 EPOLL 设为边缘触发（EdgeTriggered）模式，这是相对于水平触发（Level Triggered）来说的。

7）EPOLLONESHOT：只监听一次事件，当监听完这次事件之后，如果还需要继续监听这个 Socket，需要再次把这个 Socket 加入到 epoll 队列里。

epoll 对文件描述符的操作有以下两种模式。

1）LT（LevelTriggered）：水平触发。

2）ET（EdgeTriggered）：边缘触发。

其中 LT 是默认模式，这种模式下 epoll 相当于一个高效率的 poll。而 ET 模式是 epoll 的高效模式。

对于 LT 水平触发模式下的文件描述符，当 epoll_wait 检测到其上有时间发生并将此时间通知应用程序后，应用程序可以不立即处理该事件。这样，当应用程序下一次调用 epoll_wait 的时候，epoll_wait 还会再次向应用程序通知此事件，直到该事件被处理为止。

对于 ET 边缘触发模式下的文件描述符，当 epoll_wait 检测到其上有事件发生并将此事件通知应用程序后，应用程序必须立即处理这个事件，因为后续的 epoll_wait 调用将不再向应用程序通知这一事件。可见，ET 边缘触发模式在很大程度上降低了同一个 epoll 事件被重复触发的次数，因此效率比 LT 水平触发模式高。

我们可以看到 epoll 支持的事件类型还是相当多的。而且由于在 Linux 中一切皆文件，因此所有的 Linux 系统调用对象都是一个文件描述符，因此 epoll 可以支持 Linux 中的所有的设备（包括文件、Socket、管道等）。

（3）epoll_wait

该函数用于等待事件发生。其原型如下：

```
int epoll_wait(int epfd, struct epoll_event * events, int maxevents, int timeout);
```

该函数的第一个参数是描述符，第二个参数是一个事件数组，需要用户实现分配内存，第 3 个参数是等待的最大事件数量，最后一个参数是超时事件，这和我们模型中的 wait 方法很类似。

因此，在 epoll 中，最重要的概念就是事件循环。我们需要不断调用 epoll_wait 去等待用户的请求，当用户的请求到来的时候，再去处理用户的事件。

2. epoll 编码技巧

（1）epoll 的两种模式：LT 和 ET

两者的差异在于 LT 水平触发模式下只要某个 Socket 处于 readable/writable 状态，无论什么时候进行 epoll_wait 都会返回该 Socket。而 ET 边缘触发模式下只有某个 Socket 从 unreadable 变为 readable 或从 unwritable 变为 writable 时，epoll_wait 才会返回该 Socket。

所以，在 epoll 的 ET 边缘模式下，正确的读写方式如下。

1）读：只要可读，就一直读，直到返回 0，或者 errno = EAGAIN。

2）写：只要可写，就一直写，直到数据发送完，或者 errno = EAGAIN。

正确的读取数据方式如代码清单 11-3 所示。

代码清单 11-3　数据读取

```
1  n = 0;
2
3  while ((nread = read(fd, buf + n, BUFSIZ-1)) > 0)
4  {
5      n += nread;
6  }
7
8  if (nread == -1 && errno != EAGAIN)
9  {
10     perror("read error");
11 }
```

正确的数据写入方式如代码清单 11-4 所示。

代码清单 11-4　数据写入

```
1  int nwrite, data_size = strlen(buf);
2
3  n = data_size;
4  while (n > 0)
5  {
6      nwrite = write(fd, buf + data_size - n, n);
7      if (nwrite < n)
8      {
9          if (nwrite == -1 && errno != EAGAIN)
10         {
11             perror("write error");
12         }
13         break;
14     }
15     n -= nwrite;
16 }
```

（2）accept 技巧

1）阻塞模式 accept 存在的问题。**考虑这种情况**：TCP 连接被客户端夭折，即在服务器调用 accept 之前，客户端主动发送 RST 终止连接，导致刚刚建立的连接从就绪队列中移出，如果套接口被设置成阻塞模式，服务器就会一直阻塞在 accept 调用上，直到其他某个客户端建立一个新的连接为止。但是在此期间，服务器单纯地阻塞在 accept 调用上，就绪队列中的其他描述符都得不到处理。

解决办法：把监听套接口设置为非阻塞，当客户端在服务器调用 accept 之前中止某个连接时，accept 调用可以立即返回 –1，这时源自 Berkeley 的实现会在内核中处理该事件，并不会将该事件通知给 epoll，而其他实现把 errno 设置为 ECONNABORTED 或者 EPROTO 错误，我们应该忽略这两个错误。

2）ET 模式下 accept 存在的问题。**考虑这种情况**：多个连接同时到达，服务器的 TCP

就绪队列瞬间积累多个就绪连接，由于是边缘触发模式，epoll 只会通知一次，accept 只处理一个连接，导致 TCP 就绪队列中剩下的连接都得不到处理。

解决办法：用 while 循环包住 accept 调用，处理完 TCP 就绪队列中的所有连接后再退出循环。如何知道是否处理完就绪队列中的所有连接呢？ accept 返回 -1 并且 errno 设置为 EAGAIN 就表示所有连接都处理完。

综合以上两种情况，服务器应该使用非阻塞的 accept，accept 在 ET 模式下的正确使用方式如代码清单 11-5 所示。

代码清单 11-5 accept 使用方法

```
1 while ((conn_sock = accept(listenfd,(struct sockaddr *) &remote, (size_t
        *)&addrlen)) > 0)
2 {
3     handle_client(conn_sock);
4 }
5 if (conn_sock == -1)
6 {
7     if (errno != EAGAIN && errno != ECONNABORTED && errno != EPROTO &&
          errno != EINTR)
8     perror("accept");
9 }
```

11.2 基础工具

正所谓，“工欲善其事，必先利其器”。在我们正式开工以前，还需要一些基础工具来帮助我们搭建部分基础组件。这些基础工具包括消息队列、线程池、缓冲区抽象、事件循环和日志工具。现在，我们针对这些基础工具分别进行一些解释和分析。

（1）消息队列

消息队列是事件模型的基础。事件模型的核心在于可以由一方通知另一方有事件到来，因此比较好的底层抽象就是消息队列。这样事件等待者可以等待消息队列中的消息并处理，而事件触发者只需要向消息队列中放入消息即可。

此外，消息队列在生产者 – 消费者模式这种计算模型中非常重要，是生产者和消费者之间数据传递的枢纽。

（2）线程池

前文已经论述过，线程池是优化系统性能的一个很好的方式。通过不断复用已经创建好的线程，可以减少系统在线程创建方面的开销，尤其是对于那些需要响应用户请求，并进行高速实时计算的系统来说，这一点尤为重要。

（3）缓冲区抽象

众所皆知，在 C++ 中进行二进制数据处理是一件非常惬意也非常危险的事情。因为二进制数据在 C++ 中可以直接作为一个字符数组来处理，因此我们可以直接控制二进制数据中的每一字节。但同时由于C++没有为数组提供更多的接口支持，因此操纵数组变成了一件非常麻烦而危险的事情。同时系统中的大端小端问题也会令系统开发者头疼。

因此我们需要一个缓冲区抽象，一是帮助我们解决二进制操作中某些不便和不安全的问题，二是支持大小端转换，以适应网络请求中数据的传输标准，即在网络中所有数据都使用大端传递。

（4）事件循环

在事件模型中，系统的所有交互都会变成这么一个流程。

1）A等待一个事件。

2）B触发事件。

3）A执行事件处理函数。

但如果自己去写一个循环来处理这些事件是非常笨拙的。如果有一个合适的封装，将会极大提高我们的开发效率，并增强代码可读性。因此，我们需要事件循环的封装。

（5）日志工具

所有系统都需要使用日志，通过程序的日志输出，查看系统的运行状况，在错误时可以根据系统日志来排查错误。而C++中并没有日志支持，因此我们希望加入一个日志工具，同时又采用异步模型，确保日志处理尽量不要影响系统性能。

11.2.1 线程工具

现在我们来看一下与线程相关的工具。在我们后续的编程实战过程中，避免不了会使用到线程或线程池来完成我们所需的工作。在高性能软件系统的开发中，线程是必不可少的工具之一，我们能通过线程来尽可能利用软硬件资源。因此，我们有必要先编写一些可靠的基于线程开发的线程安全的消息队列和线程池。现在，让我们一起来了解一下具体实现的方法，我们会在代码后详解这些用到的技术。

1. 线程安全的消息队列

在基于事件的系统中最为重要的就是消息队列，我们来看一下如何实现一个线程安全的消息队列，以支持多线程之间的消息通信，如代码清单11-6所示。

代码清单11-6 线程安全的消息队列实现

```
 1 #include <queue>
 2 #include <mutex>
 3 #include <condition_variable>
 4
 5
 6 namespace meshy {
 7     template<class Type>
 8     class ConcurrentQueue {
 9         ConcurrentQueue &operator=(const ConcurrentQueue &) = delete;
10
```

```
11          ConcurrentQueue(const ConcurrentQueue &other) = delete;
12
13      public:
14          ConcurrentQueue() : _queue(), _mutex(), _condition() { }
15
16          virtual ~ConcurrentQueue() { }
17
18          void Push(Type record) {
19              std::lock_guard <std::mutex> lock(_mutex);
20              _queue.push(record);
21              _condition.notify_one();
22          }
23
24          bool Pop(Type &record, bool isBlocked = true) {
25              if (isBlocked) {
26                  std::unique_lock <std::mutex> lock(_mutex);
27                  while (_queue.empty()) {
28                      _condition.wait(lock);
29                  }
30              }
31              else //If user wants to retrieve data in non-blocking mode
32              {
33                  std::lock_guard <std::mutex> lock(_mutex);
34                  if (_queue.empty()) {
35                      return false;
36                  }
37              }
38
39              record = std::move(_queue.front());
40              _queue.pop();
41              return true;
42          }
43
44          int32_t Size() {
45              std::lock_guard <std::mutex> lock(_mutex);
46              return _queue.size();
47          }
48
49          bool Empty() {
50              std::lock_guard <std::mutex> lock(_mutex);
51              return _queue.empty();
52          }
53
54      private:
55          std::queue <Type> _queue;
56          mutable std::mutex _mutex;
57          std::condition_variable _condition;
58      };
59
60  }
```

我们来看一下 ConcurrentQueue 的类声明。

第 9 行，我们使用 delete 修饰符声明了赋值操作符，作用是禁用赋值操作。

第 11 行，使用 delete 修饰符声明了复制构造函数，作用是禁用复制操作。

第 14 行，声明构造函数，构造函数中我们初始化队列、互斥锁和条件量。

第 16 行，定义析构函数，这里使用虚析构函数保证继承的时候能够正确销毁所有对象。

第 18 行，定义了 Push 成员函数，作用是将记录加入到队列中。这里我们使用互斥锁和条件量来进行同步。当加入记录成功时通过 notify_one 来激活某个等待的线程。

第 24 行，定义了 Pop 成员函数。首先判断是否是阻塞模式，如果是阻塞模式，则循环等待队列非空（有元素）为止。如果是非阻塞模式，检查一下队列中是否有元素，如果没有则返回 false。如果有元素，则从队列中取出元素，并使用 std::move 触发移动构造函数，将其赋值给用户传递的值，接着我们将该元素从队列中删除，并返回 true。

第 44 行，定义了 Size 成员函数，该成员函数负责返回队列的长度。

第 49 行，定义了 Empty 成员函数，该成员函数负责检测队列是否为空。

2. 线程池

我们还需要线程池来帮助提升性能。

线程池的声明代码如代码清单 11-7 所示。

代码清单 11-7 线程池定义

```
 1 #ifndef NET_FRAME_THREAD_POOL_H
 2 #define NET_FRAME_THREAD_POOL_H
 3 
 4 #include "utils/concurrent_queue.h"
 5 
 6 #include <vector>
 7 #include <queue>
 8 #include <memory>
 9 #include <thread>
10 #include <mutex>
11 #include <condition_variable>
12 #include <future>
13 #include <functional>
14 #include <stdexcept>
15 
16 #define MIN_THREADS 10
17 
18 namespace meshy {
19     template<class Type>
20     class ThreadPool {
21         ThreadPool &operator=(const ThreadPool &) = delete;
22 
23         ThreadPool(const ThreadPool &other) = delete;
24 
```

```
25      public:
26          ThreadPool(int32_t threads, std::function<void(Type &record)> handler);
27
28          virtual ~ThreadPool();
29
30          void Submit(Type record);
31
32      private:
33
34      private:
35          bool _shutdown;
36          int32_t _threads;
37          std::function<void(Type &record)> _handler;
38          std::vector <std::thread> _workers;
39          ConcurrentQueue <Type> _tasks;
40      };
41
42  }
43  #include "template/utils/thread_pool.tcc"
44
45  #endif //NET_FRAME_THREAD_POOL_H
```

第 21 行，我们使用 delete 修饰符删除复制操作符。

第 23 行，使用 delete 修饰符删除复制构造函数。

第 26 行，定义了 ThreadPool 的构造函数。

第 28 行，定义虚析构函数。

第 30 行，定义了 Submit 函数，用于提交一个记录，并由线程池中的工作线程进行处理。

第 37 行，定义了 _handler，表示记录的工作线程处理函数。

第 38 行，定义了 thread 类型的动态数组，数组中存放所有的工作线程。

这里需要注意的是，我们在 43 行包含了一个名为 thread_pool.tcc 的头文件，这个头文件的作用其实是线程池的实现。由于 C++ 中模板的限制，无法将声明和实现分离，因此为了分离声明和实现，我们采取了一种与传统开发模式相反的方法，将实现代码写在一个名为 .tcc 的文件中，意为模板实现 C++ 代码，然后在头文件的末尾去包含这个 .tcc 文件。这种方法在 g++ 的 STL 库中广为运用。

现在我们来看一下 tcc 代码中的实现部分，如代码清单 11-8 所示。

代码清单 11-8　线程池实现

```
1  #pragma once
2
3
4  namespace meshy {
5
6      template<class Type>
7      ThreadPool<Type>::ThreadPool(int32_t threads, std::function<void(Type
```

```
                                          &record)> handler)
 8            : _shutdown(false),
 9              _threads(threads),
10              _handler(handler),
11              _workers(),
12              _tasks() {
13        if (_threads < MIN_THREADS)
14            _threads = MIN_THREADS;
15
16        for (int32_t i = 0; i < _threads; ++i)
17            _workers.emplace_back(
18                    [this] {
19                        while (!_shutdown) {
20                            Type record;
21                            _tasks.Pop(record, true);
22                            _handler(record);
23                        }
24                    }
25            );
26    }
27
28    template<class Type>
29    ThreadPool<Type>::~ThreadPool() {
30        for (std::thread &worker: _workers)
31            worker.join();
32    }
33
34    template<class Type>
35    void ThreadPool<Type>::Submit(Type record) {
36        _tasks.Push(record);
37    }
38
39 }
```

第 7 行，定义了 ThreadPool 的构造函数，该构造函数有两个参数，一个是线程数量，另一个是工作线程的处理函数。我们会根据用户指定的数字，创建特定数量的工作线程。然后循环创建所有的工作线程。每个工作线程的任务就是尝试从队列中获取数据，如果数据到来则执行用户指定的处理函数。

第 29 行，定义了析构函数。析构函数中我们会遍历所有线程并逐一等待，直到所有线程结束为止。

第 35 行，定义了 Submit 成员函数，该函数很简单，直接将一个记录对象放入任务队列中即可。

11.2.2 日志工具

为了实现高性能的日志工具，我们必须确保日志 I/O 全部处于一个独立线程，而不会影响后续操作。因此，实际上日志记录就是其他线程向日志线程发送日志消息，这样一来，事件循环模型就变得非常必要了。

我们先来看一下日志组件之间的关系，如图 11-6 所示。

我们可以从图 11-6 中看出来，所有外部线程都不会直接操作日志文件。我们的做法是让其他线程将需要输出的日志内容放到一个线程安全的队列中，然后由日志记录器工作线程不断从队列中获取数据并输出。

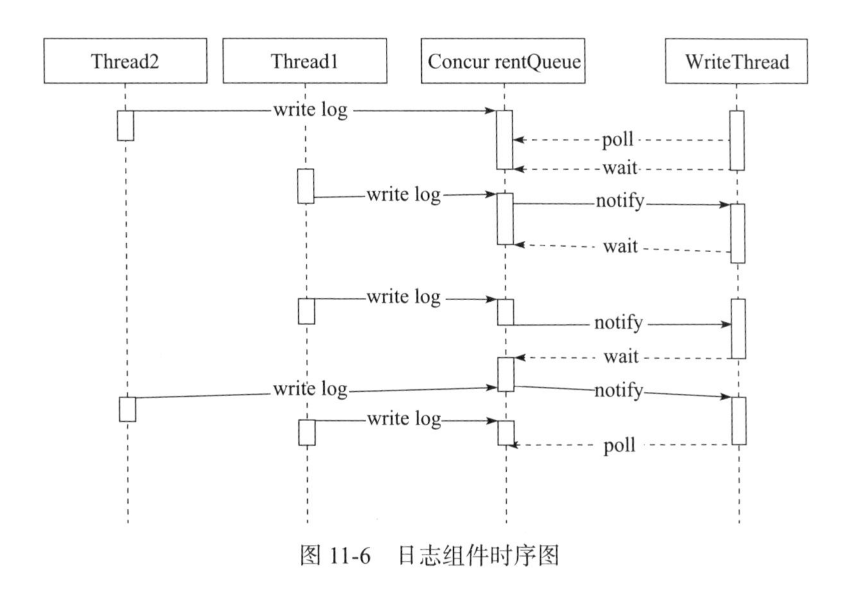

图 11-6　日志组件时序图

1. 事件循环

首先来看一下事件队列的实现，如代码清单 11-9 所示。

代码清单 11-9　事件队列定义

```
 1 #pragma once
 2
 3 #include "bytearray.h"
 4 #include <string>
 5 #include <mutex>
 6 #include <condition_variable>
 7 #include <chrono>
 8 #include <memory>
 9
10 namespace meshy
11 {
12
13     class IStream;
14
15     class BaseEvent
16     {
```

```
17    public:
18        BaseEvent() { }
19
20        BaseEvent(const std::string &type, const ByteArray &data,
21                  IStream *stream) :
22                _type(type), _data(data), _stream(stream)
23        {
24        }
25
26        void SetData(const ByteArray &data)
27        {
28            _data = data;
29        }
30
31        const ByteArray &GetData() const
32        {
33            return _data;
34        }
35
36        void SetType(const std::string &type)
37        {
38            _type = type;
39        }
40
41        const std::string &GetType() const
42        {
43            return _type;
44        }
45
46        void SetStream(IStream *stream)
47        {
48            _stream = stream;
49        }
50
51        IStream *GetStream() const
52        {
53            return _stream;
54        }
55
56    private:
57        std::string _type;
58        ByteArray _data;
59        IStream* _stream;
60    };
61
62    class EventQueue {
63    public:
64        EventQueue(int timeout = 0) : _timeout(timeout) { }
65
66        void PostEvent(BaseEvent *event)
```

```
67          {
68              std::unique_lock <std::mutex> locker(_mutex);
69
70              _events.push_back(std::shared_ptr<BaseEvent>(event));
71          }
72
73          std::shared_ptr <BaseEvent> GetEvent()
74          {
75              std::unique_lock <std::mutex> locker(_mutex);
76
77              if (_events.empty())
78              {
79                  if (_timeout == 0)
80                  {
81                      return nullptr;
82                  }
83
84                  _waitCondition.wait_for(locker, std::chrono::milliseconds(_
                        timeout));
85              }
86
87              if (!_events.empty())
88              {
89                  std::shared_ptr <BaseEvent> event = _events.front();
90                  _events.erase(_events.begin());
91
92                  return event;
93              }
94
95              return nullptr;
96          }
97
98      private:
99          std::vector <std::shared_ptr<BaseEvent>> _events;
100         std::mutex _mutex;
101         std::condition_variable _waitCondition;
102         //ms
103         int32_t _timeout;
104     };
105
106 }
```

第 15 行，我们定义了 BaseEvent 类。

第 20 行定义了一个有参数的构造函数，该函数有 3 个参数，第 1 个参数是事件类型，第 2 个参数是事件数据，第 3 个参数是事件对应的数据流。

第 26 行和 31 行定义了 _data 成员的设置器和获取器。

第 36 行和 41 行定义了 _type 成员的设置器和获取器。

第 46 行和 51 行定义了 _stream 成员的设置器和获取器。

第 64 行定义了 EventQueue 构造函数，这是我们的事件队列类。

第 66 行定义了 PostEvent 函数，该函数会将事件加入事件队列中。

第 73 行定义了 GetEvent 函数，该函数首先检查队列中是否有元素，如果队列为空则在条件量上等待。该函数有一个超时设定，如果等待超过某个时间则不再获取元素，直接返回。如果队列中有元素则取出数据并返回事件。

然后是事件循环实现，如代码清单 11-10 所示。

代码清单 11-10 事件循环实现

```
 1 #pragma once
 2 
 3 #include "loop.h"
 4 #include <memory>
 5 
 6 
 7 namespace meshy {
 8     class EventQueue;
 9 
10     class BaseEvent;
11 
12     class EventQueueLoop : public Loop
13     {
14     public:
15         EventQueueLoop(EventQueue *queue);
16 
17     protected:
18         virtual void _Run();
19 
20         virtual void OnEvent(std::shared_ptr <BaseEvent> event) = 0;
21 
22     private:
23         EventQueue *_queue;
24     };
25 }
```

事件循环的接口非常简单。第 20 行定义了一个 OnEvent 事件，用于指定触发某个事件时的回调函数。第 23 行定义了我们自己编写的事件队列。

2. 日志实现

现在我们来看一下如何基于消息队列实现一个日志管理类。

首先是声明，如代码清单 11-11 所示。

代码清单 11-11 日志接口定义

```
 1 #ifndef NET_FRAME_LOGGER_H
 2 #define NET_FRAME_LOGGER_H
 3 
```

```
 4 #include "utils/concurrent_queue.h"
 5 #include <memory>
 6 #include <thread>
 7 #include <queue>
 8 #include <string>
 9 #include <fstream>
10
11 namespace meshy {
12
13     enum Priority {
14         DEBUG,
15         STATE,
16         INFO,
17         WARNING,
18         FAULT
19     };
20
21     class Logger {
22         Logger &operator=(const Logger &) = delete;
23
24         Logger(const Logger &other) = delete;
25
26     public:
27         static Logger *Get();
28
29         void SetPriority(Priority priority);
30
31         Priority GetPriority();
32
33         void WriteLog(Priority priority, const std::string &log);
34
35     private:
36         Logger(Priority priority);
37
38         virtual ~Logger();
39
40         void _InitializeFileStream();
41
42         void _WriteThread();
43
44     private:
45         ConcurrentQueue <std::string> _queue;
46         std::ofstream *_fileStream;
47         Priority _priority;
48         bool _shutdown;
49     };
50
51 #define TRACE_DEBUG(LOG_CONTENT) Logger::Get()->WriteLog(DEBUG, LOG_ CONTENT);
52 #define TRACE_STATE(LOG_CONTENT) Logger::Get()->WriteLog(STATE, LOG_ CONTENT);
53 #define TRACE_INFO(LOG_CONTENT) Logger::Get()->WriteLog(INFO, LOG_CONTENT);
```

```
54 #define TRACE_WARNING(LOG_CONTENT) Logger::Get()->WriteLog(WARNING, LOG_ CONTENT);
55 #define TRACE_ERROR(LOG_CONTENT) Logger::Get()->WriteLog(FAULT, LOG_ CONTENT);
56
57 }
58
59 #endif //NET_FRAME_LOGGER_H
```

第13行，我们定义了一个枚举类型，表示日志输出的优先级，分别如下。

1）DEBUG：代表“调试”日志等级，通常我们使用这个日志等级打印调试时所需的日志。

2）STATE：代表“状态”日志等级，我们通常使用这个日志等级打印那些较为重要的日志信息，如服务器节点处理的消息数量等。

3）INFO：代表“普通”日志等级，我们通常使用这个日志等级打印那些重要的日志信息，如服务器节点接收和处理的关键消息和数据。

4）WARNING：代表“警告”日志等级，我们通常使用这个日志等级打印那些可能是错误或警告的日志信息。

5）FAULT：代表“致命错误”日志等级，当节点发生了错误，或者处理逻辑发生了意外错误，我们使用这个日志等级打印日志信息。通常来说，这些日志信息十分关键和重要，因为这是我们修正错误和改善服务质量的关键信息。

第21行，定义了Logger这个日志工具类。

第22行和24行，我们使用delete修饰符删除了Logger的构造函数赋值操作符。

第27行，定义了一个获取日志器的静态方法。

第29行和31行用于设置获取优先级。这里优先级的设置会影响日志输出。如果日志输出的优先级低于该优先级则不会输出。

第33行，定义了WriteLog函数，用于按特定优先级输出日志。

第36行，定义了Logger构造函数，由于我们采用单例模式，因此这里我们将构造函数设置为private，防止其他类不小心构造出Logger类。

第38行，定义虚析构函数。

第40行，定义了_InitializeFileStream，用于初始化日志文件流。

第42行，定义了_WriteThread，这是负责输出的线程函数。

接着是具体的实现，如代码清单11-12所示。

代码清单11-12 日志模块实现

```
1 #include "utils/logger.h"
2 #include "utils/time.h"
3 #include <iostream>
4 #include <sstream>
5
6 namespace meshy {
7     const std::string PRIORITY_STRING[] =
```

```
8            {
9                    "DEBUG",
10                   "CONFIG",
11                   "INFO",
12                   "WARNING",
13                   "ERROR"
14           };
15
16    Logger *Logger::Get() {
17        static Logger logger(DEBUG);
18        return &logger;
19    }
20
21    Logger::Logger(Priority priority) : _queue(), _fileStream(nullptr), _
          shutdown(false) {
22        _priority = priority;
23        _InitializeFileStream();
24        auto func = std::bind(&Logger::_WriteThread, this);
25        std::thread writeThread(func);
26        writeThread.detach();
27    }
28
29    Logger::~Logger() {
30        _shutdown = true;
31
32        if (nullptr != _fileStream) {
33            _fileStream->close();
34            delete _fileStream;
35            _fileStream = nullptr;
36        }
37    }
38
39    void Logger::SetPriority(Priority priority) {
40        _priority = priority;
41    }
42
43    Priority Logger::GetPriority() {
44        return _priority;
45    }
46
47    void Logger::_InitializeFileStream() {
48        // Prepare fileName
49        std::string fileName = "logs/Hurricane_log.log";
50
51        // Initialize file stream
52        _fileStream = new std::ofstream();
53        std::ios_base::openmode mode = std::ios_base::out;
54        mode |= std::ios_base::trunc;
55        _fileStream->open(fileName, mode);
56
```

```
57          // Error handling
58          if (!_fileStream->is_open()) {
59              // Print error information
60              std::ostringstream ss_error;
61              ss_error << "FATAL ERROR:  could not open log file: [" << fileName << "]";
62              ss_error << "\n\t\t std::ios_base state = " << _fileStream- >rdstate();
63              std::cerr << ss_error.str().c_str() << std::endl << std::flush;
64
65              // Cleanup
66              _fileStream->close();
67              delete _fileStream;
68              _fileStream = nullptr;
69          }
70      }
71
72      void Logger::WriteLog(Priority priority, const std::string &log) {
73          if (priority < _priority)
74              return;
75
76          std::stringstream stream;
77          stream << HurricaneUtils::GetCurrentTimeStamp()
78          << " [" << PRIORITY_STRING[priority] << "] "
79          << log;
80
81          _queue.Push(stream.str());
82      }
83
84      void Logger::_WriteThread() {
85          while (!_shutdown) {
86              std::string log;
87              _queue.Pop(log, true);
88
89              std::cout << log << std::endl;
90
91              if (_fileStream)
92                  *_fileStream << log << std::endl;
93          }
94      }
95  }
```

第 7 行，定义了优先级的描述文字，分别对应 5 个优先级。

第 16 行，定义了 Get 函数，用于获取日志工具的单例。

第 21 行，定义了 Logger 构造函数。函数中我们先初始化优先级，然后初始化文件系统。接着使用 std::bind 将输出线程与对象的 this 指针绑定。然后启动线程，并将线程设置为 detach 模式。

第 29 行，定义了析构函数，函数首先将 _shutdown 设置为 true，让整个日志线程停止。当线程停止之后，我们关闭文件流，并删除文件流。

第 47 行，定义文件系统的初始化函数。首先创建一个输出文件流，并将文件模式设置为截断（不保留之前的数据），同时调用 open 方法打开文件流。接着检查文件是否打开，如果尚未开启，则输出错误信息并且退出。

第 72 行，定义了 WriteLog 成员函数。首先判断当前用户想要输出的优先级是否小于预设优先级，若小于我们预设的优先级则退出，否则我们拼组字符串并放入队列。

第 84 行，定义了 WriteThread 成员函数，这个函数是一个独立的线程，负责不断从队列中取数据并将数据写入到日志文件中。

11.3 传输层实现

在我们构建的基础工具之上，结合之前学习的知识，我们可以开始构建 TP 传输层了。首先，我们以之前介绍过的 epoll 为例，介绍异步 TP 传输层的实现方法。

11.3.1 Reactor 模式

我们来解释一下 Reactor 模式的概念。图 11-7 很好地介绍了 Reactor 模式的基本模型。

图 11-7 中由 3 个部分组成：最左侧是一个或者多个并发输入源；中间是一个服务处理单元，负责进行服务的分发；最右侧是请求处理单元，负责实际的处理任务。

其在结构上非常类似于生产者 - 消费者模式，在生产者 - 消费者模式中，会有一个或者多个生产者将事件放入一个消息队列中，然后一个或者多个消费者主动从队列中提取消息，并进行处理。而 Reactor 模式没有涉及队列这种缓冲机制，而是使用服务处理器直接来分配任务。

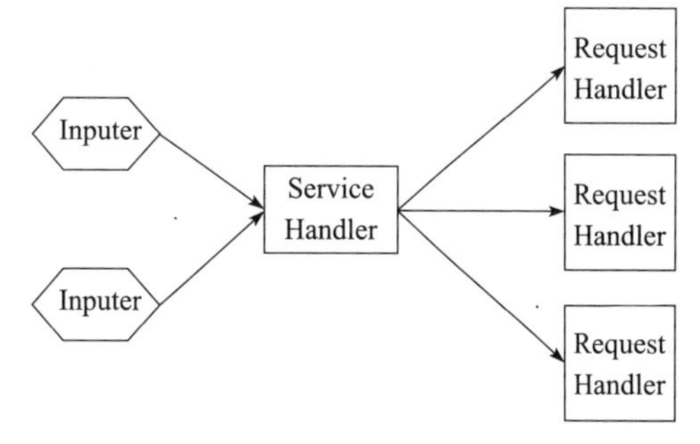

图 11-7 Reactor 模式图

具体实现是，请求处理器先在服务处理单元中注册，然后服务单元将用户的并发请求根据请求类型和请求处理器注册信息（不同的请求处理器对不同类型的事件感兴趣），将具体的请求分发给合适的请求处理器进行处理。请求处理器在没有任务时只需要处于休眠状态，等待任务分发器分发任务即可。

因此，在 Reactor 模式中，我们需要抽象出输入、请求分发单元和请求处理单元，并分别实现。

Reactor 模式的优点如下。

1）解耦合：分离各个模块的职责，将输入输出、分发和计算完全分开。

2）高度模块化与可复用性：由于不同的类的职责更为专注，因此也可以提升类的可复用性。

3）提升并发性能：传统的一个线程一个 I/O 的做法会导致性能非常低下，而 Reactor 模式适用于 I/O 线程复用模型，可以极大提高 I/O 性能。

有利必有弊，Reactor 模式也有其缺陷，主要问题是其模型复杂，而且需要系统底层的异步通信接口支持。

我们以之前介绍过的 epoll 为例，介绍异步 TP 传输层的实现方法。

11.3.2 定义抽象 TP 传输层

在使用 epoll 实现实际的传输层之前，先让我们来看一下如何定义一个抽象传输层，这个抽象传输层是传输层实现的接口层。

接口层中一共有以下几个通用的类或者接口。

1）Socket：通用的套接字层，用于封装本地套接字。同时会在析构时自动关闭套接字，避免资源泄漏。

2）DataSink：通用的数据接收层，当传输层接收到数据时，会通过用户定义的 DataSink 对象传输到外部。

3）IStream：通用的数据流层，代表所有可以读 / 写的字节流类的接口。

4）IConnectable：一个接口，表示可以连接到其他服务器。

5）BasicServer：基本的服务器类，继承了 Socket 类，因为每个服务器自身至少绑定一个套接字。此外，还有几个额外的方法，是服务器才会用到的方法。

6）BasicStream：基本的数据流类，继承了 IStream 接口和 Socket 类。此外，实现了 DataSink 的设置和获取接口。

这几个类之间的关系如图 11-8 所示。

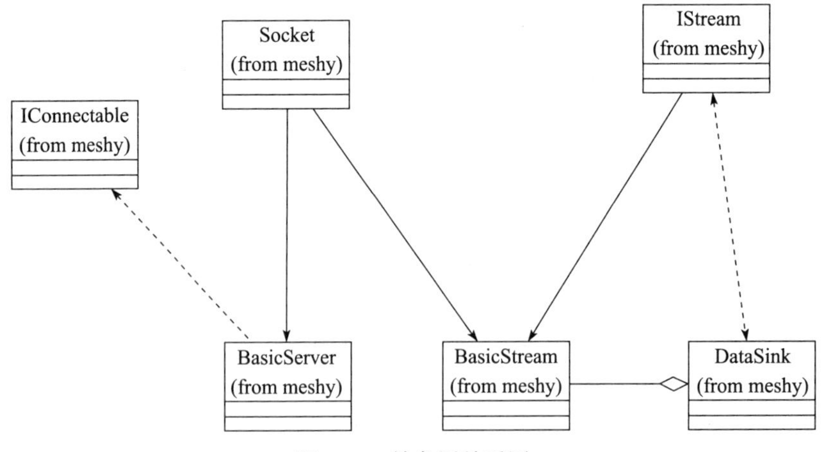

图 11-8 抽象层关系图

接下来详细介绍这几个接口。

1. Socket

Socket 层代码如代码清单 11-13 所示。

代码清单 11-13　Socket 类定义

```
 1 class Socket {
 2     public:
 3         Socket() : _nativeSocket(0) { }
 4
 5         Socket(NativeSocket nativeSocket) : _nativeSocket(nativeSocket)
 6 { }
 7         virtual ~Socket() {
 8 #ifdef OS_WIN32
 9             closesocket(_nativeSocket);
10 #else
11             close(_nativeSocket);
12 #endif
13         }
14
15         NativeSocket GetNativeSocket() const {
16             return _nativeSocket;
17         }
18
19         void SetNativeSocket(NativeSocket nativeSocket) {
20             _nativeSocket = nativeSocket;
21         }
22
23     private:
24         NativeSocket _nativeSocket;
25     };
```

现在详细解释这几个接口。

1）Socket：构造函数，负责构造 Socket。用户可以传递一个外部 Socket 交由 Socket 自动管理。

2）~Socket：析构函数，Socket 析构时会将托管的 Socket 关闭。

3）GetNativeSocket：获取本地套接字。

4）SetNativeSocket：设置本地套接字。

2. IStream

IStream 定义如代码清单 11-14 所示。

代码清单 11-14　IStream 定义

```
1 class IStream {
2 public:
3     virtual int32_t Receive(char* buffer, int32_t bufferSize, int32_t& readSize) = 0;
4     virtual int32_t Send(const ByteArray& byteArray) = 0;
5
6     virtual void SetDataSink(DataSink* dataSink) = 0;
7     virtual DataSink* GetDataSink() = 0;
8 };
```

现在详细解释这几个接口。

1）Receive：接收数据，用户指定一个缓冲区，数据流将读取的数据填充到缓冲区中。

2）Send：发送数据，将用户传递的字节数组发送到对端。

3）SetDataSink：设置数据收集器。

4）GetDataSink：获取数据收集器。

3. IConnectable

IConnectable 定义如代码清单 11-15 所示。

代码清单 11-15 IConnectable 定义

```
1 class IConnectable
2 {
3 public:
4     virtual void Connect(const std::string& host, int32_t port) = 0;
5 };
```

该类型只有一个接口 Connect。该接口有 2 个参数，第 1 个参数是远程主机名，第 2 个参数是远程服务端口。用于连接到指定主机上的特定服务。

4. BasicStream

BasicStream 定义如代码清单 11-16 所示。

代码清单 11-16 BasicStream 定义

```
 1 class BasicStream : public IStream, public Socket {
 2 public:
 3     BasicStream() = default;
 4     BasicStream(NativeSocket nativeSocket) : Socket(nativeSocket) {}
 5 
 6     BasicStream(const BasicStream& stream) = delete;
 7 
 8     virtual void SetDataSink(DataSink* dataSink) {
 9         _dataSink = dataSink;
10     }
11 
12     virtual DataSink* GetDataSink() {
13         return _dataSink;
14     }
15 
16     virtual const DataSink* GetDataSink() const {
17         return _dataSink;
18     }
19 
20 private:
21     DataSink* _dataSink;
22 };
```

该类有以下几个接口。

1）BasicStream：构造函数，构造数据流。用户可以传递套接字，如果用户指定了套接字，将会在该套接字基础上建立数据流。

2）SetDataSink：设置数据收集器。

3）GetDataSink：获取数据收集器。

5. BasicServer

BasicServer 定义如代码清单 11-17 所示。

代码清单 11-17　BasicServer 定义

```
1  template<class ConnectionType>
2  class BasicServer : public Socket {
3  public:
4      BasicServer() { }
5
6      virtual int32_t Bind(const std::string host, int port) = 0;
7      virtual int32_t Listen(DataSink* dataSink, int backlog) = 0;
8      virtual ConnectionType Accept(int32_t listenfd) = 0;
9  };
```

该类有以下几个接口。

1）BasicServer：构造函数，构造服务器对象。

2）Bind：绑定端口，用户指定主机名和端口号，服务器对象与之绑定。

3）Listen：监听端口，监听用户绑定的端口。

4）Accept：接收请求，并返回一个与客户端连接的连接对象。

6. 传输层编码字节序问题

对于不同 CPU 来说，其会有不同的字节序规定，因此使用不同 CPU 的平台之间的数据相互传递很有可能会出错。因此，在 TCP/IP 协议里面规定网络中所有数据都采用大端字节序，也就是高字节在前，低字节在后，为此我们提供了相关的工具来解决字节序的转换问题。同时为了保证平台可移植性，我们在底层代码上进行了封装。代码如代码清单 11-18 所示。

代码清单 11-18　字节序处理

```
1  #ifndef NET_FRAMEWORK_EXENDIAN_H
2  #define NET_FRAMEWORK_EXENDIAN_H
3
4  #include <cstdint>
5  #if (defined(WIN32) || defined(_WIN32) || defined(__WIN32__)) && !defined(__
   MINGW32__)
6  #include <Winsock2.h>
7  #else
8  #include <endian.h>
9  #endif
```

```
10
11 namespace meshy
12 {
13     inline uint64_t ConvertHostToNetworkLongLongLong(uint64_t hostll)
14     {
15 #if (defined(WIN32) || defined(_WIN32) || defined(__WIN32__)) && !defined(__
       MINGW32__)
16         return htonll(hostll);
17 #else
18         return htobe64(hostll);
19 #endif
20     }
21
22     inline uint32_t ConvertHostToNetworkLong(uint32_t hostl)
23     {
24 #if (defined(WIN32) || defined(_WIN32) || defined(__WIN32__)) && !defined(__
       MINGW32__)
25         return htonl(hostl);
26 #else
27         return htobe32(hostl);
28 #endif
29     }
30
31     inline uint16_t ConvertHostToNetworkShort(uint16_t hosts)
32     {
33 #if (defined(WIN32) || defined(_WIN32) || defined(__WIN32__)) && !defined(__
       MINGW32__)
34         return htons(hosts);
35 #else
36         return htobe16(hosts);
37 #endif
38     }
39
40     inline uint64_t ConvertNetworkToHostLongLong(uint64_t networkll)
41     {
42 #if (defined(WIN32) || defined(_WIN32) || defined(__WIN32__)) && !defined(__
       MINGW32__)
43         return ntohll(networkll);
44 #else
45         return be64toh(networkll);
46 #endif
47     }
48
49     inline uint32_t ConvertNetworkToHostLong(uint32_t networkl)
50     {
51 #if (defined(WIN32) || defined(_WIN32) || defined(__WIN32__)) && !defined(__
       MINGW32__)
52         return ntohl(networkl);
53 #else
54         return be32toh(networkl);
55 #endif
```

```
56      }
57
58      inline uint16_t ConvertNetworkToHostShort(uint16_t networks)
59      {
60  #if (defined(WIN32) || defined(_WIN32) || defined(__WIN32__)) && !defined(__
        MINGW32__)
61          return ntohs(networks);
62  #else
63          return be16toh(networks);
64  #endif
65      }
66  }
67
68  #endif //NET_FRAMEWORK_EXENDIAN_H
```

我们一共定义了以下几个函数。

1）ConvertHostToNetworkLongLongLong：将本地字节序的 64 位整数转换为网络字节序。

2）ConvertHostToNetworkLong：将本地字节序的 32 位整数转换为网络字节序。

3）ConvertHostToNetworkShort：将本地字节序的 16 位整数转换为网络字节序。

4）ConvertNetworkToHostLongLong：将网络字节序的 64 位整数转换为本地字节序。

5）ConvertNetworkToHostLong：将网络字节序的 32 位整数转换为本地字节序。

6）ConvertNetworkToHostShort：将网络字节序的 16 位整数转换为本地字节序。

这里需要注意的是，我们使用 #ifdef 分离了 Linux 的实现版本和 Windows 的实现版本，因为在这两种系统中完成该任务的接口是不同的。

11.3.3　实现基于 epoll 的 TP 传输层

现在我们将会使用 epoll 来实现传输层，epoll 的实现有以下几个类。

1)EPollLoop：epoll 的事件循环类，负责不断监听来自 epoll 的事件，并对事件进行处理。

2）EPollServer：epoll 的服务器类，继承了 BasicServer，并且将连接类型指定为 EPoll-Connection。

3）EPollStream：epoll 的数据流类，继承了 BasicStream。

4）EPollConnection：epoll 的连接类，继承了 EPollStream。

5）EPollClient：epoll 的客户端类，继承了 EPollStream，并实现了 IConnectable 接口。

接下来详细介绍这几个类的实现。

1. EpollLoop

EPollLoop 声明代码如代码清单 11-19 所示。

代码清单 11-19　EPollLoop 定义

```
1  #ifndef NET_FRAME_EPOLLLOOP_H
2  #define NET_FRAME_EPOLLLOOP_H
3
```

```
 4 #include "loop.h"
 5 #include "epoll/EPollConnection.h"
 6 #include "epoll/EPollStream.h"
 7 #include "epoll/EPollServer.h"
 8 #include "epoll/EPollClient.h"
 9 #include "net.h"
10 #include "DataSink.h"
11 #include <map>
12 #include <memory>
13 #include <thread>
14 #include <string>
15
16 #include "linux/net_linux.h"
17 #include "linux/common.h"
18 #include <sys/epoll.h>
19
20
21 namespace meshy {
22
23     class EventQueue;
24
25     class EPollServer;
26
27     class EPollLoop : public Loop {
28     public:
29         static EPollLoop* Get();
30
31         virtual ~EPollLoop() override;
32
33         void AddServer(NativeSocket socket, EPollServer* server);
34         void AddStream(EPollStreamPtr stream);
35
36         int32_t AddEpollEvents(int32_t events, int32_t fd);
37         int32_t ModifyEpollEvents(int32_t events, int32_t fd);
38
39     protected:
40         EPollLoop();
41
42         virtual void _Run() override;
43
44     private:
45         void _Initialize();
46
47         void _EPollThread();
48
49         void _HandleEvent(int32_t eventfd, struct epoll_event* events, int32_t nfds);
50
51         int32_t _Accept(int32_t eventfd, int32_t listenfd);
52
53         void _Read(int32_t eventfd, int32_t fd, uint32_t events);
54
```

```
55          void _Enqueue(EPollStreamPtr connection, const char* buf, int64_t nread);
56
57      private:
58          int32_t _eventfd;
59          bool _shutdown;
60
61          std::map<NativeSocket, EPollServer*> _servers;
62          std::map <NativeSocket, EPollStreamPtr> _streams;
63      };
64  }
65
66  #endif //HURRICANE_EPOLLLOOP_H
```

第 27 行，定义了 EPollLoop 类。该类继承自 Loop 类。

第 29 行，定义了 Get 成员函数，该函数是一个静态函数，其作用是获取 EPollLoop 对象唯一实例，因此 EPollLoop 是典型的单例模式。

第 31 行，定义了析构函数，用于销毁 EPollLoop 对象。

第 33 行，定义了 AddServer 成员函数，该函数有 2 个参数，第 1 个参数是服务器的套接字，第 2 个参数是 EPoll 的服务器对象指针，其作用是在事件循环中监听 socket 套接字，并将触发的消息转发给 server。

第 34 行，AddStream 函数，其作用是将一个流对象的指针添加到 Loop 中。这样 Loop 会帮助流对象监听输入与输出事件，一旦有输入输出到来会通过回调函数通知流对象。

第 36 行，AddEpollEvents 函数，其作用是在 Loop 中添加一个 Epoll 事件，这是对 epoll_ctl 的简单封装。

第 37 行，ModifyEpollEvents 函数，其作用是改变 Loop 中监听的 Epoll 事件，这也是对 epoll_ctl 的简单封装。

第 40 行，定义了 EPollLoop 的构造函数。这里需要注意的是，由于我们采用了单例模式，因此我们这里将构造函数设定成私有的，防止外部的其他类不小心构造出新的 EPollLoop 对象，保证全局绝对只有一个 EPollLoop 对象。

第 42 行，定义了 _Run 成员函数，该函数是覆盖了 Loop 的 _Run 成员函数，因此调用 Start 启动循环时可以执行我们自己的启动函数。

第 45 行，定义了 _Initialize 成员函数，负责初始化 EPollLoop 对象，完成资源和事件初始化。

第 47 行，定义了 _EPollThread 成员函数，该函数是循环线程的主函数，整个循环都会运行在这个线程主函数中。

第 49 行，定义了 _HandleEvent 成员函数，该函数的作用是用来处理特定的 EPoll 事件，并对事件进行合理响应。

第 51 行，定义了 _Accept 函数，该函数的作用是响应 epoll 中的服务器 accept 事件，创建与客户端的连接。

第 53 行，定义了 _Read 函数，该函数的作用是响应 epoll 中数据流的读取事件，对原始数据进行特殊处理，并通知事件所属的流对象来从流中读取数据。

第 55 行，定义了 _Enqueue 函数，该函数负责将读取到的内容发送到系统的数据读取队列中，通知数据监听方来获取处理后的数据。

第 58 行，是 epoll 的文件描述符。

第 59 行，表示是否需要关机。

第 61 行，定义了 _servers 对象，作用是存储套接字与服务器之间的关系，容易通过套接字找出其对应的服务器对象。

第 62 行，定义了 _streams 对象，一是相当于统一管理所有的流，二是便于使用套接字来寻找其对应的流对象。

现在我们来看一下 EPollLoop 的定义，如代码清单 11-20 ~ 代码清单 11-32 所示。

代码清单 11-20　EPollLoop 实现

```
 1 #include "epoll/EpollLoop.h"
 2 #include "utils/logger.h"
 3 #include <signal.h>
 4 #include <cassert>
 5
 6 namespace meshy {
 7     using namespace std::placeholders;
 8
 9     EPollLoop* EPollLoop::Get()
10     {
11         static EPollLoop epollLoop;
12         return &epollLoop;
13     }
```

第 9 行，我们定义了 Get 函数，用于获取单例。

第 11 行定义了 EPollLoop 对象。这里我们定义了一个局部静态变量，该变量是线程安全的，而且永远只会初始化一次。

第 12 行我们将该对象的地址返回，这样就完成了单例的构造和获取。

代码清单 11-21　构造函数实现

```
15     EPollLoop::EPollLoop()
16     {
17         TRACE_DEBUG("EPollLoop::EPollLoop");
18
19         // TODO: temproray approach to avoid crash
20         sigset_t set;
21         sigemptyset(&set);
22         sigaddset(&set, SIGPIPE);
23         sigprocmask(SIG_BLOCK, &set, NULL);
24
```

```
25          _Initialize();
26      }
```

第 15 行，定义了 EPollLoop 的构造函数。

第 20 行，定义了一个 sigset_t，用于对进程的信号处理进行设置。

第 21 行，调用 sigemptyset 清空信号设置。

第 22 行，调用了 sigaddset 函数，将 SIGPIPE 添加到了信号设置中，并在 23 行将该信号忽略。

第 25 行，调用了 _Initialize 函数，初始化事件循环。

代码清单 11-22 初始化实现

```
28      EPollLoop::~EPollLoop()
29      {
30          _shutdown = true;
31      }
```

第 28 行，定义了 EPollLoop 的析构函数。

第 30 行，将 _shutdown 设置为 true。

代码清单 11-23 AddServer 实现

```
33      void EPollLoop::AddServer(NativeSocket socket, EPollServer* server)
34      {
35          _servers.insert({socket, server});
36      }
```

第 33 行，定义了 AddServer 成员函数。

第 34 行，将服务器套接字和服务器指针插入到服务器列表中。

代码清单 11-24 AddStream 实现

```
38      void EPollLoop::AddStream(EPollStreamPtr stream)
39      {
40          _streams[stream->GetNativeSocket()] = stream;
41      }
```

第 38 行，定义了 AddStream 成员函数。

第 40 行，将流对象的指针存储到 _streams 映射表中。

代码清单 11-25 AddEpollEvents 实现

```
43      int32_t EPollLoop::AddEpollEvents(int32_t events, int32_t fd)
44      {
45          NativeSocketEvent ev;
46          ev.events = events;
47          ev.data.fd = fd;
```

```
48
49          return epoll_ctl(_eventfd, EPOLL_CTL_ADD, fd, &ev);
50      }
```

第 43 行，定义了 AddEpollEvents 成员函数。

第 45 行，定义 EPoll 的事件结构体变量。

第 46 行，将用户指定的事件赋予事件对象的 events 属性。

第 47 行，将 fd 赋予事件对象的 data 属性。

代码清单 11-26 ModifyEpollEvents 实现

```
52      int32_t EPollLoop::ModifyEpollEvents(int32_t events, int32_t fd)
53      {
54          NativeSocketEvent ev;
55          ev.events = events;
56          ev.data.fd = fd;
57
58          return epoll_ctl(_eventfd, EPOLL_CTL_MOD, fd, &ev);
59      }
```

第 54 ~ 56 行和 AddEpollEvents 一样，初始化事件结构体变量。

第 58 行，我们调用 epoll_ctl 函数来修改当前描述符的监听事件集合。

代码清单 11-27 _Initialize 实现

```
61      void EPollLoop::_Initialize()
62      {
63          _eventfd = epoll_create(MAX_EVENT_COUNT);
64          if (_eventfd == -1) {
65              TRACE_ERROR("FATAL epoll_create failed!");
66              assert(0);
67          }
68      }
```

第 63 行，我们调用 epoll_create 函数来创建 epoll 的文件描述符。

第 64 ~ 66 行，对 epoll_create 执行失败的情况进行异常处理。

代码清单 11-28 _Run 实现

```
70      void EPollLoop::_Run()
71      {
72          auto func = std::bind(&EPollLoop::_EPollThread, this);
73          std::thread listenThread(func);
74          listenThread.detach();
75      }
```

第 70 行，定义了 _Run 成员函数。

第 72 行，我们使用 std::bind 将 _EPollThread 成员函数和事件的 this 指针绑定在一起，并使用该函数创建一个线程。

第 74 行，调用 detach 将主线程从子线程剥离。

代码清单 11-29　_EPollThread 实现

```
77      void EPollLoop::_EPollThread()
78      {
79          TRACE_DEBUG("_EPollThread");
80          NativeSocketEvent events[MAX_EVENT_COUNT];
81
82          while (!_shutdown) {
83              int32_t nfds;
84              nfds = epoll_wait(_eventfd, events, MAX_EVENT_COUNT, -1);
85              if (-1 == nfds) {
86                  TRACE_ERROR("FATAL epoll_wait failed!");
87                  exit(EXIT_FAILURE);
88              }
89
90              _HandleEvent(_eventfd, events, nfds);
91          }
92      }
```

现在来看构造函数。构造函数中第 80 行，定义了一个事件数组，表示可以同时接收的事件集合。

接着 82 行，进入一个无限循环，直到 _sutdown 变量为 false 为止。

第 83 行，定义了一个事件描述符结构体变量。

第 84 行，调用 epoll_wait 等待内核事件发生。

第 85 ~ 87 行，是对等待失败的错误处理。

第 90 行，调用 _HandleEvent 完成事件处理。

代码清单 11-30　_HandleEvent 实现

```
94      void EPollLoop::_HandleEvent(int32_t eventfd, NativeSocketEvent*
                                     events, int32_t nfds)
95      {
96          for (int i = 0; i < nfds; ++i) {
97              int32_t fd;
98              fd = events[i].data.fd;
99
100             if (_servers.find(fd) != _servers.end()) {
101                 _Accept(eventfd, fd);
102                 continue;
103             }
104
105             int32_t n = 0;
106             if (events[i].events & EPOLLIN) {
107                 _Read(eventfd, fd, events[i].events);
108             }
```

```
109
110              if (events[i].events & EPOLLOUT) {
111              }
112          }
113      }
```

第 98 行，使用一个循环来遍历我们接收到的事件。先从事件的数据中取出 fd，也就是事件对应的描述符。

第 100 行，我们根据描述符寻找已经存在的服务器，如果服务器存在，则调用 _Accept 来接受其他客户端的请求。

第 102 行，如果找到响应的服务器，那么调用 continue 进入下一轮。

第 106 行，判断当前事件是否为读取数据事件，若为数据读取事件，那么调用 _Read 从文件描述符对应的设备中读取数据。

代码清单 11-31 _Accept 实现

```
115      int32_t EPollLoop::_Accept(int32_t eventfd, int32_t listenfd)
116      {
117          TRACE_DEBUG("_Accept");
118          EPollServer* server = _servers.find(listenfd)->second;
119          EPollConnectionPtr connection = server->Accept(eventfd);
120
121          if (connection != nullptr) {
122              _streams[connection->GetNativeSocket()] = connection;
123          }
124      }
125
126      void EPollLoop::_Read(int32_t eventfd, int32_t fd, uint32_t events)
127      {
128          TRACE_DEBUG("_Read");
129
130          EPollStreamPtr stream = _streams[fd];
131
132          char buffer[BUFSIZ];
133          int32_t readSize;
134          int32_t nread = stream->Receive(buffer, BUFSIZ, readSize);
135
136          stream->SetEvents(events);
137
138          if ((nread == -1 && errno != EAGAIN) || readSize == 0) {
139              _streams.erase(fd);
140
141              // Print error message
142              char message[50];
143              sprintf(message, "errno: %d: %s, nread: %d, n: %d", errno,
                         strerror(errno), nread, readSize);
144              TRACE_WARNING(message);
145              return;
```

```
146            }
147
148            //Write buf to the receive queue.
149            _Enqueue(stream, buffer, readSize);
150        }
```

第 130 行，我们根据用户传递的文件描述符来获取数据流对象。

第 132 ~ 134 行，我们从流中读取数据，并将数据存放在一个临时缓冲区中。

第 136 行，我们将当前的事件状态保存在流对象中，使得下次处理流对象时可以正确还原状态。

第 138 行，当异常情况发生时，我们会关闭连接。

第 149 行，调用 _Enqueue 函数将数据缓冲区推送到事件队列中，交由其他的事件队列系统来专门管理待处理的数据缓冲区。

代码清单 11-32　_Enqueue 实现

```
152        void EPollLoop::_Enqueue(EPollStreamPtr stream, const char* buf, int64_t nread)
153        {
154            TRACE_DEBUG("_Enqueue");
155            if (stream->GetDataSink()) {
156                TRACE_DEBUG("_Enqueue, datasink registered.");
157                stream->GetDataSink()->OnDataIndication(stream.get(), buf, nread);
158            }
159        }
160
161    }
```

第 155 行，从流对象中获取数据收集对象。如果不存在则返回。

第 157 行，调用数据收集对象的 OnDataIndication 成员函数，将数据流的指针、缓冲区以及缓冲区长度这些数据传递给数据收集对象。

2. EPollServer

类声明如代码清单 11-33 所示。

代码清单 11-33　EpollServer 定义

```
 1  #ifndef NET_FRAMEWORK_EPOLLSERVER_H
 2  #define NET_FRAMEWORK_EPOLLSERVER_H
 3
 4  #include "net.h"
 5  #include "PackageDataSink.h"
 6  #include "epoll/EPollConnection.h"
 7
 8
 9  namespace meshy {
10
11      class EPollServer : public BasicServer<EPollConnectionPtr> {
```

```
12      public:
13          EPollServer() { }
14          virtual ~EPollServer() { }
15
16          int32_t Bind(const std::string host, int32_t port) override;
17          int32_t Listen(DataSink* dataSink, int32_t backlog = 20) override;
18
19          EPollConnectionPtr Accept(int32_t sockfd);
20
21          void SetDataSink(DataSink* dataSink)
22          {
23              _dataSink = dataSink;
24          }
25
26          DataSink* GetDataSink()
27          {
28              return _dataSink;
29          }
30
31      private:
32          DataSink* _dataSink;
33      };
34
35  }
36  #endif //NET_FRAMEWORK_EPOLLSERVER_H
```

第 11 行，我们定义了 EPollServer 类，该类继承了 BasicServer 类。这是 EPoll 版本的服务器类。

第 16 行，我们覆盖了 BasicServer 的 Bind 成员函数。

第 17 行，覆盖了 Listen 方法。

第 19 行，我们定义了 Accept 成员函数，该成员函数供 EPollLoop 使用，用于接受并建立客户端连接。

第 21 行，我们定义了 SetDataSink 成员函数，用于设置数据收集器。

第 26 行，我们定义了 GetDataSink 成员函数，用于获取数据收集器。

第 32 行，我们定义了 _dataSink 成员变量，这就是我们的数据收集器，当有数据到来的时候我们会通过这个对象将数据发送到上层。

接下来我们看一下实现代码，如代码清单 11-34 所示。

代码清单 11-34　EPollServer 实现

```
1 #include "epoll/EPollServer.h"
2 #include "epoll/EPollLoop.h"
3 #include "utils/common_utils.h"
4 #include "utils/logger.h"
5 #include <cstdint>
6 #include <cassert>
```

```
 7 #include <epoll/EpollLoop.h>
 8
 9 #ifndef DISABLE_ASSERT
10 #ifdef assert
11 #undef assert
12 #endif
13
14 #define assert(x)
15 #endif
16
17 namespace meshy {
18     int32_t EPollServer::_Bind(const std::string& host, int32_t port) {
19         int32_t listenfd;
20         if ((listenfd = socket(AF_INET, SOCK_STREAM, 0)) < 0) {
21             TRACE_ERROR("Create socket failed!");
22             exit(1);
23         }
24
25         SetNativeSocket(listenfd);
26         int32_t option = 1;
27         setsockopt(listenfd, SOL_SOCKET, SO_REUSEADDR, &option, sizeof(option));
28
29         //make socket non-blocking
30         meshy::SetNonBlocking(listenfd);
31
32         NativeSocketAddress addr;
33         bzero(&addr, sizeof(addr));
34         addr.sin_family = AF_INET;
35         addr.sin_port = htons(port);
36         addr.sin_addr.s_addr = inet_addr(host.c_str());
37
38         int32_t errorCode = bind(listenfd, (struct sockaddr *) &addr, sizeof(addr));
39         if (errorCode < 0) {
40             TRACE_ERROR("Bind socket failed!");
41             assert(0);
42             return errorCode;
43         }
44
45
46     }
47
48     int32_t EPollServer::Listen(const std::string& host, int32_t port, int32_t backlog) {
49         _Bind(host, port);
50
51         int32_t listenfd = GetNativeSocket();
52
53         int32_t errorCode = listen(listenfd, backlog);
54         if (-1 == errorCode) {
55             TRACE_ERROR("Listen socket failed!");
56             assert(0);
```

```
57                return errorCode;
58            }
59
60            errorCode = EPollLoop::Get()->AddEpollEvents(EPOLLIN, listenfd);
61
62            if (errorCode == -1) {
63                TRACE_ERROR("FATAL epoll_ctl: listen_sock!");
64                assert(0);
65                return errorCode;
66            }
67
68            EPollLoop::Get()->AddServer(listenfd, this);
69        }
70
71        EPollConnectionPtr EPollServer::Accept(int32_t sockfd) {
72            int32_t conn_sock;
73            int32_t addrlen;
74            int32_t remote;
75
76            int32_t listenfd = GetNativeSocket();
77            while ((conn_sock = accept(listenfd, (struct sockaddr *) &remote,
78                                   (socklen_t * ) & addrlen)) > 0) {
79                meshy::SetNonBlocking(conn_sock);
80
81                NativeSocketEvent ev;
82                ev.events = EPOLLIN | EPOLLET;
83                ev.data.fd = conn_sock;
84
85                if (epoll_ctl(sockfd, EPOLL_CTL_ADD, conn_sock, &ev) == -1) {
86                    perror("epoll_ctl: add");
87                    exit(EXIT_FAILURE);
88                }
89
90                EPollConnectionPtr connection = std::make_shared<EPollConnection>(conn_
                      sock);
91                if ( _connectHandler ) {
92                    _connectHandler(connection.get());
93                }
94
95                return connection;
96            } //while
97
98            if (conn_sock == -1) {
99                if (errno != EAGAIN && errno != ECONNABORTED
100                   && errno != EPROTO && errno != EINTR)
101                   perror("accept");
102           }
103
104           return EPollConnectionPtr(nullptr);
105       }
106   }
```

第 18 行，我们定义了 _Bind 函数。该函数有 2 个参数，第 1 个参数是主机名，第 2 个参数是端口号。我们首先调用 socket 来生成一个服务器套接字，然后将该套接字设置成 Socket 对象的套接字。接着我们调用 SetNonBlocking 将服务器套接字设置为非阻塞模式。然后我们使用 htons 和 inet_addr 设置套接字的主机名和端口号。然后使用 bind 函数将套接字和套接字绑定。

第 48 行，我们定义 Listen 成员函数，该函数负责启动监听服务。该函数首先调用 _Bind 函数来绑定主机名和端口号，然后调用 listen 启动监听。如果监听成功则将该套接字加入到 EPoll 循环事件中。最后将自身作为服务器添加到 EPollLoop 中。

第 71 行，我们定义 Accept 来接收请求。首先该函数调用 accept 来获得一个连接，然后调用 SetNonBlocing 将该连接套接字设置为非阻塞模式。接着我们定义 EPoll 事件，将事件初始化为 EPOLLIN，并使用 ET 模式，最后将连接放入 EPoll 事件的 data 字段中。接着使用 epoll_ctl 来将连接的套接字加入到 EPoll 的监听队列中。最后我们使用连接套接字创建连接对象。如果用户定义了连接事件的回调函数，则调用该回调函数。最后返回连接即可。如果创建连接失败则返回一个空连接。

3. EpollStream

完成 EPollServer 后，现在我们来编写 EPollStream 类，该类是数据流抽象，是 EPoll-Connection 和 EPollClient 的基类。类声明如代码清单 11-35 所示。

代码清单 11-35 EPollStream 定义

```
 1 #ifndef NET_FRAMEWORK_EPOLLSTREAM_H
 2 #define NET_FRAMEWORK_EPOLLSTREAM_H
 3
 4 #include <iostream>
 5 #include <string>
 6 #include <sys/types.h>
 7 #include <sys/socket.h>
 8 #include <sys/time.h>
 9 #include <netinet/in.h>
10 #include <arpa/inet.h>
11 #include <errno.h>
12 #include "linux/net_linux.h"
13 #include "net.h"
14
15
16 namespace meshy {
17     class EPollLoop;
18
19     class EPollStream : public BasicStream {
20     public:
21         EPollStream(NativeSocket nativeSocket) :
22                 BasicStream(nativeSocket) {}
23
24         virtual ~EPollStream() { }
```

```
25
26          EPollStream(const EPollStream &stream) = delete;
27
28          virtual int32_t Receive(char *buffer, int32_t bufferSize, int32_t
                                    &readSize) override;
29          virtual int32_t Send(const ByteArray &byteArray) override;
30
31          uint32_t GetEvents() const {
32              return _events;
33          }
34
35          void SetEvents(uint32_t events) {
36              _events = events;
37          }
38
39      private:
40          uint32_t _events;
41      };
42
43      typedef std::shared_ptr <EPollStream> EPollStreamPtr;
44  }
45
46  #endif //NET_FRAMEWORK_EPOLLSTREAM_H
```

第 21 行，定义了构造函数，构造函数接收一个套接字作为参数。

第 24 行，定义了虚析构函数。

第 26 行，使用 delete 修饰符删除了复制构造函数。

第 28 行，覆盖了 Receive 函数，用于接收数据。

第 29 行，覆盖了 Send 函数，用于发送数据。

第 31 ~ 37 行，定义了事件的设置器和获取器。

完成类声明后，我们来完成类的定义。类定义如代码清单 11-36 所示。

代码清单 11-36　EPollStream 实现

```
 1  #include "epoll/EPollStream.h"
 2
 3  #include "epoll/EpollLoop.h"
 4  #include "utils/logger.h"
 5  #include <unistd.h>
 6  #include "bytearray.h"
 7
 8  namespace meshy {
 9      int32_t EPollStream::Receive(char *buffer, int32_t bufferSize, int32_t &readSize) {
10          readSize = 0;
11          int32_t nread = 0;
12          NativeSocketEvent ev;
13
14          while ((nread = read(GetNativeSocket(), buffer + readSize, bufferSize
```

```
                    - 1)) > 0) {
15                  readSize += nread;
16              }
17
18              return nread;
19          }
20
21          int32_t EPollStream::Send(const meshy::ByteArray& byteArray) {
22              TRACE_DEBUG("EPollConnection::Send");
23
24              struct epoll_event ev;
25              NativeSocket clientSocket = GetNativeSocket();
26
27              if ( EPollLoop::Get()->ModifyEpollEvents(_events | EPOLLOUT, clientSocket) ) {
28                  // TODO: MARK ERASE
29                  TRACE_ERROR("FATAL epoll_ctl: mod failed!");
30              }
31
32              const char *buf = byteArray.data();
33              int32_t size = byteArray.size();
34              int32_t n = size;
35
36              while (n > 0) {
37                  int32_t nwrite;
38                  nwrite = write(clientSocket, buf + size - n, n);
39                  if (nwrite < n) {
40                      if (nwrite == -1 && errno != EAGAIN) {
41                          TRACE_ERROR("FATAL write data to peer failed!");
42                      }
43                      break;
44                  }
45                  n -= nwrite;
46              }
47
48              return 0;
49          }
50      }
```

第 9 行，定义了 Receive 函数，该函数不断从套接字中读取数据，直到读取到的数据长度小于等于 0 为止。停止的时候表示数据已经读取完或者数据读取过程出错。

第 21 行，定义了 Send 函数。该函数首先调用 GetNativeSocket 获取数据流的套接字，然后使用 ModifyEpollEvents 来修改 epoll 的监听事件，为监听事件加上 EPOLLOUT。接着我们从字节数组中获取缓冲区与长度，并分批次写入到套接字中。最后返回。

4. EPollConnection

完成 EPollStream 数据流后，我们在 EPollStream 的基础上实现连接类。该类声明如代码清单 11-37 所示。

代码清单 11-37 EPollConnection 定义

```
 1 #ifndef CPPSTORM_EPOLL_H
 2 #define CPPSTORM_EPOLL_H
 3
 4 #include <iostream>
 5 #include <string>
 6 #include <sys/types.h>
 7 #include <sys/socket.h>
 8 //#include <sys/event.h>
 9 #include <sys/time.h>
10 #include <netinet/in.h>
11 #include <arpa/inet.h>
12 #include <errno.h>
13 #include "linux/net_linux.h"
14 #include "net.h"
15
16 #include "epoll/EpollStream.h"
17
18
19 namespace meshy {
20     class EPollLoop;
21
22     class EPollConnection : public EPollStream {
23     public:
24         EPollConnection(NativeSocket nativeSocket) :
25                 EPollStream(nativeSocket) { }
26         virtual ~EPollConnection() { }
27
28         EPollConnection(const EPollConnection& connection) = delete;
29     };
30
31     typedef std::shared_ptr <EPollConnection> EPollConnectionPtr;
32
33 }
#endif //CPPSTORM_EPOLL_H
```

第 24 行，定义了构造函数，构造函数接收一个套接字表示连接的套接字。这里我们直接调用 EPollStream 完成构造。同时我们定义一个虚析构函数。

第 28 行，使用 delete 修饰符删除复制构造函数。

代码很简单，我们可以发现，该类型只是简单继承了 EPollStream，目前没有任何扩展。

5. EPollClient

完成了连接代码后，我们需要来看一下如何利用 epoll 实现客户端。因此我们来看一下客户端的声明代码，如代码清单 11-38 所示。

代码清单 11-38 EpollClient 定义

```
 1 #ifndef NET_FRAMEWORK_EPOLLCLIENT_H
 2 #define NET_FRAMEWORK_EPOLLCLIENT_H
```

```
3
4  #include "epoll/EPollStream.h"
5  #include "net.h"
6  #include "DataSink.h"
7
8  #include <memory>
9
10 namespace meshy {
11
12     class EPollClient;
13
14     typedef std::shared_ptr<EPollClient> EPollClientPtr;
15
16 class EPollClient : public EPollStream, public IConnectable {
17 public:
18     EPollClient(const EPollClient& client) = delete;
19     virtual ~EPollClient() { }
20
21     virtual int32_t Receive(char* buffer, int32_t bufferSize, int32_t& readSize)
          override;
22     virtual int32_t Send(const ByteArray& byteArray) override;
23
24     uint32_t GetEvents() const {
25         return _events;
26     }
27
28     void SetEvents(uint32_t events) {
29         _events = events;
30     }
31
32     void Connect(const std::string& host, int32_t port) override;
33     static EPollClientPtr Connect(const std::string& ip, int32_t port, DataSink*
                                        dataSink);
34
35 private:
36     EPollClient(NativeSocket clientSocket) :
37             EPollStream(clientSocket){
38         this->SetNativeSocket(clientSocket);
39     }
40
41 private:
42     uint32_t _events;
43 };
44
45
46 }
47
48 #endif //NET_FRAMEWORK_EPOLLCLIENT_H
```

第 16 行，定义了 EPollClient 类，该类继承自 EPollStream 和 IConnectable。表示这个类

是一个可以主动发起连接的数据流。

第 18 行，使用 delete 修饰符删除 EPollClient 的复制构造函数，禁止复制。

第 19 行，声明虚析构函数。

第 21 行，声明 Receive 函数，该函数负责接收数据。

第 22 行，声明 Send 函数，该函数负责发送数据。

第 24 行到 30 行是 epoll 事件的设置器和获取器。

第 32 行，实现了 Connect 函数。

第 33 行，是连接的一个回调函数。

第 36 行，实现了客户端的构造函数。构造函数中只是简单地将客户端套接字记录下来而已。

看完声明代码之后我们来看一下实现代码，如代码清单 11-39 所示。

代码清单 11-39　EPollClient 实现

```
 1  #include <unistd.h>
 2  #include <utils/logger.h>
 3  #include "epoll/EPollClient.h"
 4  #include "utils/common_utils.h"
 5  #include "epoll/EpollLoop.h"
 6
 7  namespace meshy {
 8      void EPollClient::Connect(const std::string& host, int port) {
 9          struct sockaddr_in serv_addr;
10
11          bzero((char *) &serv_addr, sizeof(serv_addr));
12          serv_addr.sin_family = AF_INET;
13          serv_addr.sin_addr.s_addr = inet_addr(host.c_str());
14          serv_addr.sin_port = htons(port);
15
16          meshy::SetNonBlocking(GetNativeSocket());
17
18          connect(GetNativeSocket(), (struct sockaddr *) &serv_addr, sizeof(serv_
                addr));
19      }
20
21      EPollClientPtr EPollClient::Connect(const std::string &ip, int32_t port,
                                             DataSink* dataSink) {
22          int32_t clientSocket = socket(AF_INET, SOCK_STREAM, IPPROTO_TCP);
23
24          //Connect
25          EPollClientPtr client = EPollClientPtr(new EPollClient(clientSocket));
26          client->SetDataSink(dataSink);
27          client->Connect(ip, port);
28
29          //TODO: Add to epoll loop
30          EPollLoop *ePollLoop = EPollLoop::Get();
```

```
31
32         client->_events = EPOLLIN | EPOLLET;
33         if ( ePollLoop->AddEpollEvents(client->_events, clientSocket) == -1 ) {
34             perror("epoll_ctl: add");
35             exit(EXIT_FAILURE);
36         }
37
38         ePollLoop->AddStream(client);
39
40         return client;
41     }
42
43     int32_t EPollClient::Receive(char *buffer, int32_t bufferSize, int32_t &readSize) {
44         readSize = 0;
45         int32_t nread = 0;
46         NativeSocketEvent ev;
47
48         while ((nread = read(GetNativeSocket(), buffer + readSize, bufferSize - 1))
                   > 0) {
49             readSize += nread;
50         }
51
52         return nread;
53     }
54
55     int32_t EPollClient::Send(const meshy::ByteArray& byteArray) {
56         TRACE_DEBUG("EPollConnection::Send");
57
58         struct epoll_event ev;
59         NativeSocket clientSocket = GetNativeSocket();
60
61         if ( EPollLoop::Get()->ModifyEpollEvents(_events | EPOLLOUT, clientSocket) ) {
62             // TODO: MARK ERASE
63             TRACE_ERROR("FATAL epoll_ctl: mod failed!");
64         }
65
66         const char *buf = byteArray.data();
67         int32_t size = byteArray.size();
68         int32_t n = size;
69
70         while (n > 0) {
71             int32_t nwrite;
72             nwrite = write(clientSocket, buf + size - n, n);
73             if (nwrite < n) {
74                 if (nwrite == -1 && errno != EAGAIN) {
75                     TRACE_ERROR("FATAL write data to peer failed!");
76                 }
77                 break;
78             }
79             n -= nwrite;
```

```
80            }
81
82            return 0;
83        }
84  }
```

第 8 行，定义了 Connect 函数，该函数负责向服务器发起连接。函数中先使用 inet_addr 和 htons 初始化服务器地址，接着调用 SetNonBlocking 将套接字设定为非阻塞，最后调用 connect 连接到服务器上。

第 21 行，定义了名为 Connect 的静态函数，用户需要调用该函数来连接到服务器。该函数包含一个参数，表示数据到来时的回调函数。首先创建一个客户端套接字，然后调用 EPollClient 的构造函数生成客户端对象，接着调用 SetDataSink 将数据接收器赋予客户端。最后调用 Connect 完成连接。连接之后我们获取 EPollLoop 并使用 AddEpollEvents 将新创建的客户端套接字绑定到 epoll 中。最后我们将客户端作为数据流添加到消息循环中，以便于管理。

第 43 行，定义了接收事件。这里我们不断从连接套接字中读取数据，直到 nread 小于等于 0 为止。

第 55 行，我们定义了发送事件。我们调用 ModifyEpollEvents 为客户端加上 EPOLLOUT 的事件监听。接着我们循环分组将用户发送的字节数组中的数据发送出去，直到发送的字节数为 0 为止。

6. 总结

我们来看一下 epoll 各组件之间的时序图，理解 epoll 组件之间的关系。

首先是服务器的时序图，如图 11-9 所示。

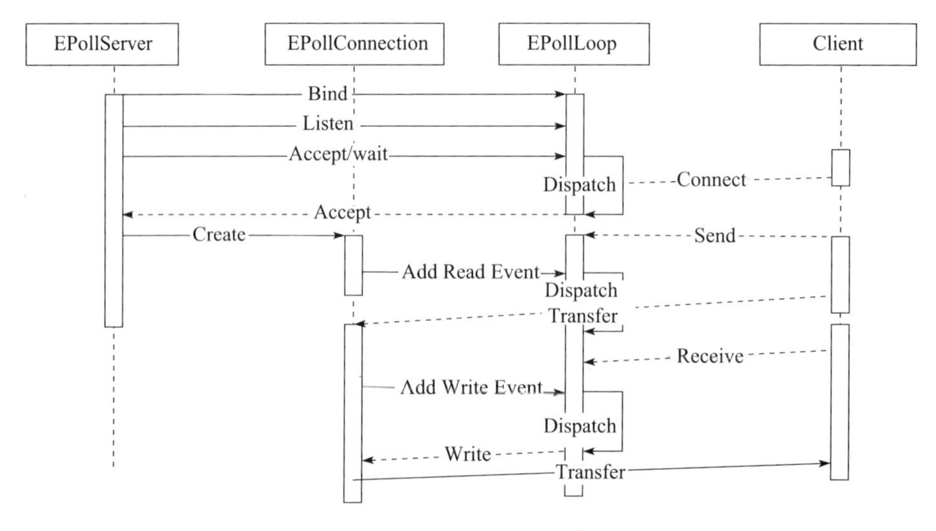

图 11-9 EPoll 服务器时序图

我们可以看到 EPollServer 和 EPollConnection 的任务就是等待 EPollLoop 分发任务，并进行处理。EPollLoop 会告知 EPollServer 和 EPollConnection 事件或者数据到来，由这些类自己完成任务。

然后是客户端时序图，如图 11-10 所示。

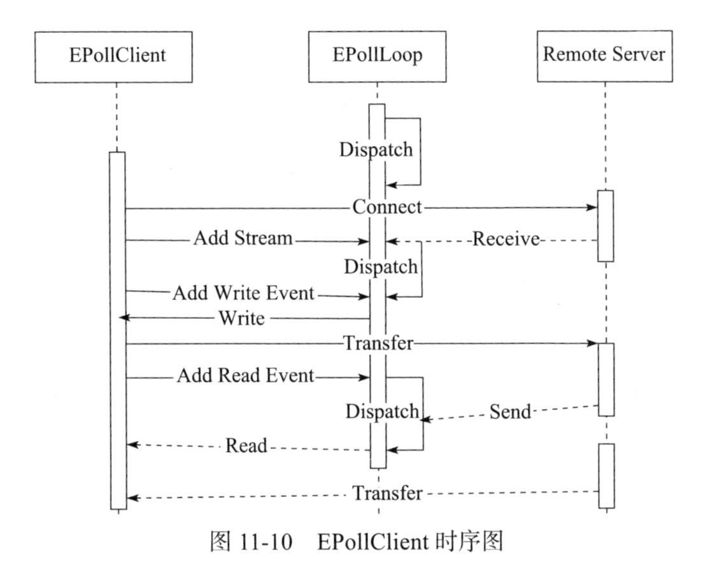

图 11-10　EPollClient 时序图

图 11-10 中，我们可以看到 EPollLoop 的作用就是事件通知，其他任务都需要其他组件自行完成。

最后，我们可以从图 11-11 中看清楚 epoll 实现中各个组件的职责和关系。

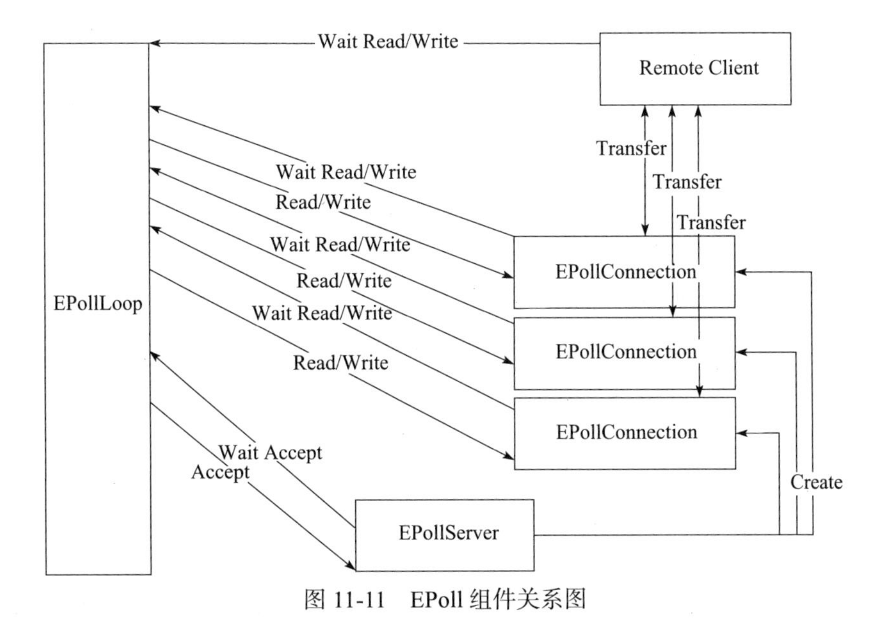

图 11-11　EPoll 组件关系图

11.3.4 实现基于 IOCP 的 TP 传输层

由于 epoll 是 Linux 独有的内核接口，因此不具有可移植性。为了解决这个问题，需要在不同平台实现不同的传输层。鉴于许多用户会使用 Windows，因此我们现在使用 Windows 的 IOCP 来实现我们的 TP 传输层。

1. IOCP 简介

在本节当中，我们主要是把 IOCP（I/O Completion Port，I/O 完成端口）中所提及的概念做一个基本性的总结。IOCP 的基本架构图如图 11-12 所示。

如图 11-12 所示，在 IOCP 中，主要有以下的参与者。

1）完成端口：是一个 FIFO 队列，操作系统的 I/O 子系统在 I/O 操作完成后，会把相应的 I/O packet 放入该队列。

2）等待者线程队列：通过调用 GetQueuedCompletionStatus API，在完成端口上等待取下一个 I/O packet。

3）执行者线程组：已经从完成端口上获得 I/O packet，在占用 CPU 进行处理。

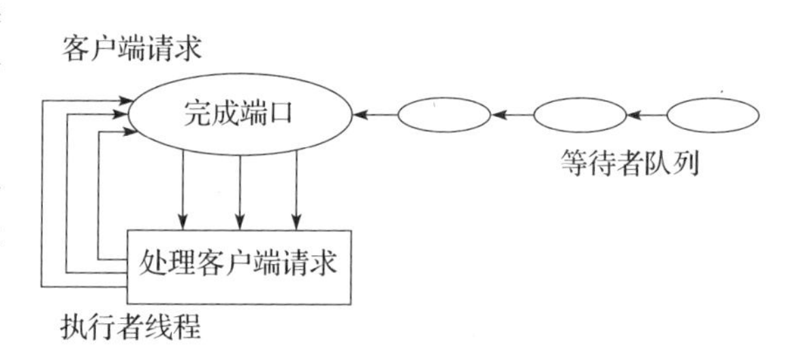

图 11-12 IOCP 原理图

除了以上 3 种类型的参与者。我们还应该注意以下两个关联关系。

1）I/O Handle 与完成端口相关联：任何期望使用 IOCP 的方式来处理 I/O 请求的线程，必须将相应的 I/O Handle 与该完成端口相关联。需要指出的是，这里的 I/O Handle，可以是 File 的 Handle，或者是 Socket 的 Handle。

2）线程与完成端口相关联：任何调用 GetQueuedCompletionStatus API 的线程，都将与该完成端口相关联。在任何给定的时候，该线程只能与一个完成端口相关联，以最后一次调用的 GetQueuedCompletionStatus 为准。

（1）IOCP 开发的几个概念

1）服务器的吞吐量问题。我们都知道，基于 IOCP 的开发是异步 I/O 的，也正是这一技术的本质，决定了 IOCP 所实现的服务器的高吞吐量。

我们举一个极其简化的例子来说明这一问题。在网络服务器的开发过程中，影响其性能吞吐量的有很多因素，在这里，我们只是把关注点放在两个方面，即网络 I/O 速度与 Disk I/O 速度。我们假设：在一个千兆的网络环境下，我们的网络传输速度的极限是 125 M/s，而 Disk I/O 的速度是 10 M/s。在这样的前提下，慢速的 Disk 设备会成为我们整个应用的瓶颈。我们假设线程 A 负责从网络上读取数据，然后将这些数据写入 Disk。如果对 Disk 的写入是同步的，那么线程 A 在等待写完 Disk 的过程是不能再从网络上接收数据的，在写入 Disk 的时间内，我们可以认为这时候 Server 的吞吐量为 0（没有接受新的客户端请求）。对于这样的同步读写 Disk，一些的解决方案是通过增加线程数来增加服务器处理的吞吐量，即当线程 A

从网络上接收数据后，驱动另外单独的线程来完成读写 Disk 任务。这样的方案缺点是：需要线程间的合作，需要线程间的切换（这是另一个我们要讨论的问题）。而 IOCP 的异步 I/O 本质，就是通过操作系统内核的支持，允许线程 A 以非阻塞的方式向 I/O 子系统投递 I/O 请求，而后马上从网络上读取下一个客户端请求。这样，结果是：在不增加线程数的情况下，IOCP 大大增加了服务器的吞吐量。说到这里，听起来感觉很像是 DMA。的确，许多软件的实现技术在本质上与硬件的实现技术是相通的。另外一个典型的例子是硬件的流水线技术。同样，在软件领域，也有很著名的应用。现在，我们回过头来，继续看一下 IOCP 编程当中的问题。

2）线程间的切换问题。服务器的实现，通过引入 IOCP，会大大减少 Thread 切换带来的额外开销。我们都知道，对于服务器性能的一个重要的评估指标就是 System/Context Switches，即单位时间内线程的切换次数。如果在每秒内，线程的切换次数在千的数量级上，这就意味着你的服务器性能值得商榷。Context Switches/s 应该越小越好。说到这里，我们来重新审视一下 IOCP。

完成端口的线程并发量可以在创建该完成端口时指定（即 NumberOfConcurrentThreads 参数）。该并发量限制了与该完成端口相关联的可运行线程的数目（就是前面我在 IOCP 简介中提到的执行者线程组的最大数目）。当与该完成端口相关联的可运行线程的总数目达到了该并发量，系统就会阻塞任何与该完成端口相关联的后续线程的执行，直到与该完成端口相关联的可运行线程数目下降到小于该并发量为止。最有效的假想是发生在有完成包在队列中等待，而没有等待被满足，因为此时完成端口达到了其并发量的极限。此时，一个正在运行中的线程调用 GetQueuedCompletionStatus 时，它就会立刻从队列中取走该完成包。这样就不存在着环境的切换，因为该处于运行中的线程就会连续不断地从队列中取走完成包，而其他的线程就不能运行了。

完成端口的线程并发量的建议值就是系统 CPU 的数目。在这里，要区分清楚的是，完成端口的线程并发量与为完成端口创建的工作者线程数是没有任何关系的，工作者线程数的数目，完全取决于整个应用的设计（当然这个不宜过大，否则失去了 IOCP 的本意 :)）。

3）IOCP 开发过程中的消息乱序问题。使用 IOCP 开发的问题在于它的复杂。我们都知道，在使用 TCP 时，TCP 协议本身保证了消息传递的次序性，这大大降低了上层应用的复杂性。

如图 11-13 所示，3 个线程同时从 IOCP 中读取 Msg1、Msg2 与 Msg3。由于 TCP 本身消息传递的有序性，在 IOCP 队列内，Msg1-Msg2-Msg3 保证了有序性。3 个线程分别从 IOCP 中取出 Msg1、Msg2 与 Msg3，然后 3 个线程都会将各自取到的消息投递到逻辑层处理。在逻辑处理层的实现，我们不应该假定 Msg1-Msg2-Msg3 顺序，原因其实很简单，在 Time 1 ~ Time 2 的时间段内，3 个线程被操作系统调度的先后次序是不确定的，所以在到达逻辑处理层，Msg1、Msg2 与 Msg3 的次序也就是不确定的。所以，逻辑处理层的实现，必须考虑消息乱序的情况，必须考虑多线程环境下的程序实现。

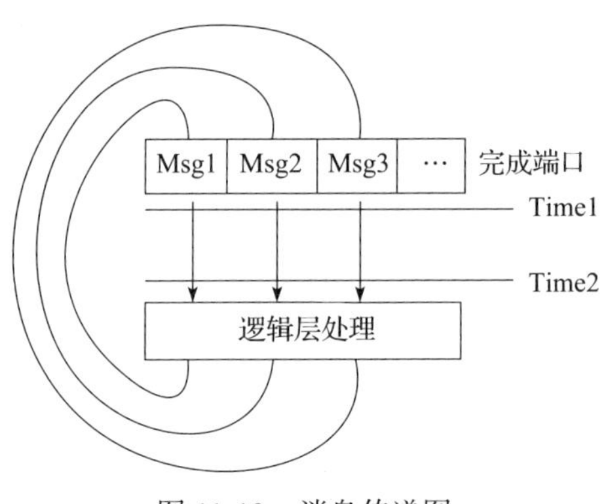

图 11-13 消息传递图

在这里，我把消息乱序的问题单列了出来。其实在 IOCP 的开发过程中，相比于同步的方式，应该还有其他更多的难题需要解决，这也是与 Select 方式相比 IOCP 的缺点，实现复杂度高。

那么，在了解了 IOCP 的主要特点之后，理解 IOCP 与 epoll 之间的区别是很重要的，它们的底层思想有些类似，但是从宏观的角度上看，它们各自的抽象层次不尽相同，可以说 IOCP 封装了更多底层细节，暴露给用户的更加“抽象”和“高层”。

（2）IOCP 与 epoll 的区别

1）IOCP 是在 I/O 操作完成之后，才通过 get 函数返回这个完成通知的。而 epoll 则不是在 I/O 操作完成之后才通知，它的工作原理是，如果想进行 I/O 操作，先向 epoll 查询是否可读或可写，如果处于可读或可写状态，epoll 会通过 epoll_wait 函数通知，此时再进行进一步的 recv 或 send 操作。

2）除了第 1 点以外，我们其实可以看到，epoll 仅仅是一个异步事件的通知机制，其本身并不作任何的 I/O 读写操作，它只负责告诉用户是不是可以读或可以写了，而具体的读写操作还要应用层自己来做；但 IOCP 的封装就要多一些，它不仅会有完成之后的事件通知，更重要的是，它同时封装了一部分的 I/O 控制逻辑。从这一点来看，IOCP 的封装似乎更全面一点，但是，换个角度看，epoll 仅提供这种机制也是非常好的，它保持了事件通知与 I/O 操作之间彼此的独立性，使得 epoll 的使用更加灵活。

2. IOCPLoop 消息循环

IOCP 的实现在总体架构上和 epoll 保持一致，我们来看一下具体的实现代码。

首先是 IOCPLoop 的实现，和 EPollLoop 一样，也是继承了 Loop 类，如代码清单 11-40 所示。

代码清单 11-40 IOCPLoop 定义

```
1 #pragma once
2
3 #include "loop.h"
```

```
 4 #include "DataSink.h"
 5 #include "IOCPConnection.h"
 6 #include "IOCPServer.h"
 7
 8 #include <WinSock2.h>
 9 #include <Windows.h>
10 #include <vector>
11 #include <memory>
12 #include <thread>
13 #include <map>
14 #include <mutex>
15 #include <condition_variable>
16
17 namespace meshy {
18
19     class EventQueue;
20
21     class IOCPLoop : public Loop {
22     public:
23         static IOCPLoop* Get();
24         void AddServer(IOCPServer* server);
25
26     private:
27         IOCPLoop();
28         virtual ~IOCPLoop();
29         void SetDataSink(DataSink* dataSink);
30
31     protected:
32         virtual void _Run() override;
33
34     private:
35         void _Initialize();
36
37         void _IOCPThread();
38
39         void _IOCPConnectionThread(IOCPServer* server);
40
41         void _WorkThread(int32_t listenfd, HANDLE completionPort);
42
43         void _Enqueue(IOCPStreamPtr stream, const char* buf, int64_t nread);
44
45     private:
46         std::string                 _host;
47         int                         _port;
48         DataSink*                   _dataSink;
49         bool                        _shutdown;
50         SYSTEM_INFO                 _systemInfo;
51
52         ConcurrentQueue<IOCPServer*> _serverQueue;  /* For adding servers*/
53         std::map <NativeSocket, IOCPServer*> _servers;      /* For destructing servers*/
54         std::map <NativeSocket, WSAConnectionPtr> _streams;       /* Storing
```

```
                connections*/
55      };
56  }
```

第 23 行，定义了 IOCPLoop 的静态函数 Get，该函数用于获取 IOCPLoop 的单例。

第 24 行，声明了 AddServer 函数，该函数用于将一个服务器添加到循环对象中。

第 27 行，声明了构造函数。

第 28 行，声明了虚析构函数。

第 29 行，声明了函数 SetDataSink。

第 32 行，声明了函数 _Run，这是覆盖了 Loop 中的 _Run 成员函数。

第 35 行，声明了 _Initialize 成员函数，该函数用于初始化事件循环。

第 37 行，声明了 _IOCPThread 成员函数，该函数是 IOCP 事件循环主线程函数。

第 39 行，声明了 _IOCPConnectionThread 成员函数，该函数的作用是用于接收客户端连接。

第 41 行，声明了 _WorkThread 成员函数，该函数是工作线程的线程函数。

第 43 行，声明了 _Enqueue 成员函数，该函数的作用是将接收到的数据发送到上层。

IOCPLoop 的实现如代码清单 11-41 所示。

代码清单 11-41　IOCPLoop 实现

```
 1  #include "iocp/IOCPLoop.h"
 2  #include "iocp/IOCPConnection.h"
 3  #include "IoLoop.h"
 4  #include "utils/logger.h"
 5
 6  #include "eventqueue.h"
 7
 8  #include <thread>
 9  #include <vector>
10  #include <iostream>
11
12
13  namespace meshy {
14
15      IOCPLoop* IOCPLoop::Get()
16      {
17          static IOCPLoop IOCPLoop;
18          return &IOCPLoop;
19      }
20
21      IOCPLoop::IOCPLoop() : _dataSink(nullptr), shutdown(false), _serverQueue(),
            _servers(), _streams()
22      {
23          GetSystemInfo(&_systemInfo);
24      }
25
```

```
26      IOCPLoop::~IOCPLoop()
27      {
28      }
29
30      void IOCPLoop::AddServer(IOCPServer* server)
31      {
32          _serverQueue.Push(server);
33      }
34
35      void IOCPLoop::_Run() {
36          auto iocpFunc = std::bind(&IOCPLoop::_IOCPThread, this);
37          std::thread iocpThread(iocpFunc);
38          iocpThread.detach();
39      }
40
41      void IOCPLoop::_Initialize()
42      {
43
44      }
45
46      void IOCPLoop::_IOCPThread()
47      {
48          TRACE_DEBUG("Server ready, wait for new connection ...");
49          HANDLE completionPort = IOCP::GetCompletionPort();
50
51          while (!_shutdown) {
52              IOCPServer* server = nullptr;
53              _serverQueue.Pop(server, true); //blocked process
54              NativeSocket listenfd = server->GetNativeSocket();
55                  server->SetCompletionPort(completionPort);
56
57              if (nullptr != server)
58              {
59                      /* Create the threads for the server according to the
                            number of processors*/
60                      for (DWORD i = 0; i < (_systemInfo.dwNumberOfProcessors
                                                 * 2); ++i) {
61                      /* Create server worker thread and pass the completion
                            port to the thread*/
62                      auto workerFunc = std::bind(&IOCPLoop::_WorkThread, this,
                            listenfd, completionPort);
63                      std::thread workerThread(workerFunc);
64                      workerThread.detach();
65                  }
66
67                  //Handle accept
68                  auto connectionFunc = std::bind(&IOCPLoop::_IOCPConnectionThread,
                        this, server);
69                  std::thread acceptThread(connectionFunc);
70                  acceptThread.detach();
71              }
```

```
72              }
73          }
74
75          void IOCPLoop::_IOCPConnectionThread(IOCPServer* server)
76          {
77              while (!_shutdown)
78              {
79                      std::cout << "to accept" << std::endl;
80                  WSAConnectionPtr connection = server->Accept(server->GetNativeSocket());
81                  if (connection != nullptr) {
82                      _streams[connection->GetNativeSocket()] = connection;
83                  }
84              }
85          }
86
87          void IOCPLoop::_WorkThread(int32_t listenfd, HANDLE completionPort)
88          {
89              DWORD bytesReceived;
90              LPOVERLAPPED lpOverlapped;
91              PULONG key = 0;
92              IOCP::OperationData* perIOData = nullptr;
93              DWORD flags = 0;
94              BOOL result = false;
95
96              while (!_shutdown) {
97                  //Check the errors of socket
98                  result = GetQueuedCompletionStatus(completionPort, &bytesReceived,
                        (PULONG_PTR)&key, (LPOVERLAPPED*)&lpOverlapped, INFINITE);
99                  if (0 == result) {
100                     TRACE_ERROR("GetQueuedCompletionStatus Error: " + GetLastError());
101                     if (nullptr != lpOverlapped) {
102                     }
103                     continue;
104                 }
105
106                 perIOData = (IOCP::OperationData*)CONTAINING_RECORD(lpOverlapped,
                        IOCP::OperationData, overlapped);
107
108                 if ( 0 == bytesReceived) {
109                     perIOData->stream = nullptr;
110                     delete perIOData;
111                     continue;
112                 }
113
114                 /*Begin to process data received from client*/
115                 IOCPStreamPtr stream = _streams[perIOData->stream->GetNativeSocket()];
116                 this->_Enqueue(stream, perIOData->databuff.buf, bytesReceived);
117                 IOCP::ResetOperationData(perIOData);
118
119                 DWORD RecvBytes;
120                 /*Receive normal data*/
```

```
121                 DWORD Flags = 0;
122
123                 WSARecv(stream->GetNativeSocket(),
124                     &(stream->GetOperationData()->databuff), 1, &RecvBytes, &Flags,
125                     &(stream->GetOperationData()->overlapped), NULL);
126             }
127         }
128
129         void IOCPLoop::_Enqueue(IOCPStreamPtr stream, const char* buf, int64_t nread)
130         {
131             TRACE_DEBUG("_Enqueue");
132             if (stream->GetDataSink()) {
133                 TRACE_DEBUG("_Enqueue, datasink registered.");
134                 stream->GetDataSink()->OnDataIndication(stream.get(), buf, nread);
135             }
136         }
137
138         void IOCPLoop::SetDataSink(DataSink* dataSink) {
139             _dataSink = dataSink;
140         }
141     }
```

第 15 行，定义了 Get 函数，该函数首先定义了一个局部静态变量，然后将该变量的指针返回。这是一种线程安全的静态变量初始化方法。

第 21 行，定义了 IOCPLoop 的构造函数，该函数会初始化所有成员，并调用 GetSystemInfo 获取系统信息。

第 30 行，定义了 AddServer 成员函数，其实就是简单地将服务器指针添加到服务器队列中。

第 35 行，定义了 _Run 函数。该函数先将 _IOCPThread 成员函数和 this 指针绑定，然后启动线程，最后将主线程剥离该线程。

第 46 行，定义了 _IOCPThread 成员函数，这是 IOCP 的主线程函数。函数中，我们调用 IOCP::GetCompletionPort 创建一个完成端口。然后进入一个无限循环（直到用户将 _shutdown 设置为 false 才停止）。接着我们从服务器队列中获得一个服务器，并将该服务器的套接字和我们刚刚创建的完成端口绑定，这样完成端口就可以通知该套接字的事件。随后我们为服务器创建一定数量的工作线程，工作线程的主函数是 _WordThread，创建完后同样 detach 剥离。最后我们将服务器的连接完成事件和 _IOCPConnectionThread 方法绑定。

第 75 行，定义了 _IOCPConnectionThread 函数，该函数是用于接收服务器连接的线程函数。我们首先调用 WSAConnection 的 Accept 函数接受客户端连接，然后将连接保存到循环的数据流列表中保存起来。

第 87 行，我们定义了 _WorkThread 函数，该函数是工作线程函数，函数有两个参数：第 1 个参数是服务器套接字，第 2 个参数是完成端口。该函数中我们处于一个无限循环中，不断调用 GetQueuedCompletionStatus 函数从完成端口中获取事件，如果获取事件失败，说明连接发生错误，那么我们关闭并删除连接。

第 106 行，我们从重叠结构体中获取表示连接的原始结构体，并将接收到的数据和数据长度通过 _Enqueue 传递到上层应用层中。接着调用 ResetOperationData 重置 I/O 数据结构体，并调用 WSARecv 来告知 IOCP 我们准备好接收下一批数据。否则完成端口不会继续报告事件。

第 129 行，定义了 _Enqueue 函数，该函数负责将从数据流中接收到的数据上传到应用层。原理是通过流对象中的 DataSink 对象的 OnDataIndication 回调完成数据传递。

3. IOCPServer

IOCPServer 继承了 BasicServer，连接类型使用的是 WSAConnection。该类型声明如代码清单 11-42 所示。

代码清单 11-42　IOCPServer 定义

```
1  #ifndef NET_FRAMEWORK_IOCPSERVER_H
2  #define NET_FRAMEWORK_IOCPSERVER_H
3
4  #include "net.h"
5  #include "PackageDataSink.h"
6  #include "iocp/IOCPConnection.h"
7  #include "iocp/IOCPStream.h"
8  #include <vector>
9
10 namespace meshy {
11
12     class IOCPServer : public BasicServer<WSAConnectionPtr> {
13     public:
14         IOCPServer();
15         virtual ~IOCPServer();
16
17         int32_t Bind(const std::string host, int32_t port) override;
18
19         int32_t Listen(DataSink* dataSink, int32_t backlog = 20) override;
20
21         WSAConnectionPtr Accept(int32_t listenfd) override;
22
23         void SetDataSink(DataSink *dataSink);
24
25         DataSink* GetDataSink() const;
26
27         void SetCompletionPort(HANDLE completionPort);
28
29         HANDLE GetCompletionPort() const;
30
31     private:
32         HANDLE _completionPort;
33         NativeSocket _socket;
34         DataSink* _dataSink;
35         std::vector<IOCP::OperationDataPtr> _ioOperationDataGroup;
```

```
36      };
37  }
38  #endif //NET_FRAMEWORK_IOCPSERVER_H
```

第 14 行，声明了构造函数。

第 15 行，定义了析构函数。

第 17 行，声明了 Bind 函数，该函数用于绑定服务器地址和端口。

第 19 行，声明了 Listen 函数，该函数用于监听客户端连接。

第 21 行，声明了 Accept 函数，该函数用于接受客户端连接。

第 23 ~ 25 行，定义了数据收集器的获取器和设置器。

第 27 ~ 29 行，定义了完成端口的获取器和设置器。

我们来看一下该类型的定义，如代码清单 11-43 所示。

代码清单 11-43 IOCPServer 实现

```
 1 #include "iocp/IOCPServer.h"
 2 #include "iocp/IOCPLoop.h"
 3 #include "utils/common_utils.h"
 4 #include "utils/logger.h"
 5 #include <cstdint>
 6 #include <cassert>
 7 #include <memory>
 8 #include <WS2tcpip.h>
 9
10 #ifndef DISABLE_ASSERT
11 #ifdef assert
12 #undef assert
13 #endif
14
15 #define assert(x)
16 #endif
17
18 namespace meshy {
19     IOCPServer::IOCPServer() : _completionPort(nullptr), _socket(0), _
           dataSink(nullptr), _ioOperationDataGroup()
20     {
21         WindowsSocketInitializer::Initialize();
22     }
23
24     IOCPServer::~IOCPServer()
25     {}
26
27     int32_t IOCPServer::Bind(const std::string host, int32_t port) {
28         _completionPort = CreateIoCompletionPort(INVALID_HANDLE_VALUE, nullptr, 0, 0);
29         if (nullptr == _completionPort) {
30             TRACE_ERROR("CreateIoCompletionPort failed. Error: " + GetLastError());
31             assert(false);
32             return -1;
```

```
33          }
34  
35              SOCKET listenfd = socket(AF_INET, SOCK_STREAM, 0);
36              SetNativeSocket(listenfd);
37  
38              int32_t option = 1;
39          setsockopt(listenfd, SOL_SOCKET, SO_REUSEADDR, (char*)option, sizeof(option));
40  
41          SOCKADDR_IN srvAddr;
42          inet_pton(AF_INET, host.c_str(), &(srvAddr.sin_addr));
43          srvAddr.sin_family = AF_INET;
44          srvAddr.sin_port = htons(port);
45          int32_t errorCode = ::bind(listenfd, (SOCKADDR*)&srvAddr, sizeof(SOCKADDR));
46          if (SOCKET_ERROR == errorCode) {
47              TRACE_ERROR("Bind failed. Error: " + GetLastError());
48              assert(false);
49              return errorCode;
50          }
51  
52          return 0;
53      }
54  
55      int32_t IOCPServer::Listen(DataSink* dataSink, int32_t backlog) {
56          int32_t listenfd = GetNativeSocket();
57          int32_t errorCode = listen(listenfd, backlog);
58          if (-1 == errorCode) {
59              TRACE_ERROR("Listen socket failed!");
60              assert(0);
61              return errorCode;
62          }
63  
64          this->SetDataSink(dataSink);
65          IOCPLoop::Get()->AddServer(this);
66      }
67  
68      WSAConnectionPtr IOCPServer::Accept(int32_t listenfd)
69      {
70          SOCKADDR_IN saRemote;
71          int RemoteLen;
72          SOCKET acceptSocket;
73  
74          RemoteLen = sizeof(saRemote);
75          acceptSocket = accept(GetNativeSocket(), (SOCKADDR*)&saRemote, &RemoteLen);
              //blocked
76          if (SOCKET_ERROR == acceptSocket)
77          {
78              std::cerr << "Accept Socket Error: " << GetLastError() << std::endl;
79              throw std::exception("Accept Socket Error: ");
80          }
81  
```

```
82          WSAConnectionPtr connection = std::make_shared<WSAConnection>(acce
                ptSocket, saRemote);
83              connection->SetDataSink(GetDataSink());
84
85              IOCP::OperationDataPtr perIOData = IOCP::CreateOperationData(c
                    onnection, this->GetCompletionPort());
86          _ioOperationDataGroup.push_back(perIOData);
87          connection->SetOperationData(perIOData);
88
89              DWORD flags = 0;
90              DWORD RecvBytes = 0;
91              WSARecv(connection->GetNativeSocket(),
92                  &(connection->GetOperationData()->databuff), 1, &RecvBytes, &flags,
93                      &(connection->GetOperationData()->overlapped), NULL);
94
95          return connection;
96      }
97
98
99      void IOCPServer::SetDataSink(DataSink *dataSink)
100     {
101         _dataSink = dataSink;
102     }
103
104     DataSink* IOCPServer::GetDataSink() const
105     {
106         return _dataSink;
107     }
108
109     void IOCPServer::SetCompletionPort(HANDLE completionPort)
110     {
111         _completionPort = completionPort;
112     }
113
114     HANDLE IOCPServer::GetCompletionPort() const
115     {
116         return _completionPort;
117     }
118 }
```

第 19 行，定义了构造函数。构造函数中直接调用 WindowsSocketIntializer 的 Initialize 来完成 Windows Socket 初始化。

第 27 行，定义了 Bind 函数。我们首先调用 CreateIoCompletionPort 创建一个完成端口，然后调用 socket 创建一个套接字。接着根据用户传入的主机名和端口号初始化服务器的地址，并调用 bind 函数来绑定套接字和服务器地址。

第 55 行，定义了 Listen 函数。我们调用 listen 函数开始在套接字上监听。并且保存用户传入的数据接收器。同时我们将服务器添加到 IOCPLoop 中。

第 68 行，定义了 Accept 函数，用于接收请求。我们调用 accept 接收请求，并将远程客户端的地址保存在 SOCKADDR_IN 类型中。接着我们创建 WSAConnection 对象，并将客户端连接套接字和客户端地址传递给该对象。

第 85 行，创建 OperationData，这是 IOCP 中需要用到的操作数据，我们将连接保存在这个 OperationData 中，并将其和完成端口绑定。接下来将操作数据保存在连接中。这样连接和数据可以互相引用到对方。

第 91 行，调用 WSARecv 来告知 IOCP 我们可以开始接收数据了。这样一来连接过程就全部完成了。

4. IOCPStream

IOCPStream 继承了 BasicStream，是使用 IOCP 实现的数据流类型。我们先来看 IOCP 中如何实现数据的读写。

IOCPStream 的声明代码如代码清单 11-44 所示。

代码清单 11-44 IOCPStream 定义

```
 1 #pragma once
 2 
 3 #include "net.h"
 4 
 5 namespace meshy {
 6     class IOCPStream;
 7     typedef std::shared_ptr<IOCPStream> IOCPStreamPtr;
 8 
 9     // TODO: move utility to other places
10     class IOCP {
11     public:
12         enum {
13             DataBuffSize = BUFSIZ
14         };
15 
16         class OperationType {
17         public:
18             enum {
19                 Read,
20                 Write
21             };
22         };
23 
24         struct OperationData
25         {
26             OVERLAPPED overlapped;
27             WSABUF databuff;
28             char buffer[DataBuffSize];
29             int32_t operationType;
30             IOCPStream* stream;
31         };
```

```
32          typedef std::shared_ptr<OperationData> OperationDataPtr;
33
34          static HANDLE GetCompletionPort();
35          static OperationDataPtr CreateOperationData(IOCPStreamPtr stream, HANDLE
                                                    completionPort);
36          static void ResetOperationData(OperationData* perIOData);
37      };
38      class IOCPStream : public BasicStream {
39      public:
40          IOCPStream(NativeSocket clientSocket, NativeSocketAddress clientAddress) :
41              BasicStream(clientSocket), _clientAddress(clientAddress) {
42          }
43
44          IOCPStream(const IOCPStream& iocpStream) = delete;
45
46          virtual int32_t Receive(char* buffer, int32_t bufferSize, int32_t& readSize)
                override;
47          virtual int32_t Send(const ByteArray& byteArray) override;
48
49          void SetOperationData(IOCP::OperationDataPtr operationData) {
50              _operationData = operationData;
51          }
52
53          IOCP::OperationDataPtr GetOperationData() {
54              return _operationData;
55          }
56
57          IOCP::OperationDataPtr GetOperationData() const {
58              return _operationData;
59          }
60
61      private:
62          IOCP::OperationDataPtr _operationData;
63          NativeSocketAddress _clientAddress;
64      };
65
66  }
```

第 24 行，定义了 OperationData，该结构体包含以下几个属性。

1）overlapped：重叠数据结构，用于获得完整的 OperationData。

2）databuff：WSA 的数据缓冲区。

3）buffer：数据缓冲区。

4）operationType：操作类型。

5）stream：数据流指针，可以通过 Operation 找到对应的流对象。

第 34 行，声明了 GetCompletionPort，用于获取完成端口。

第 35 行，声明了 CreateOperationData，用户创建操作数据对象。

第 36 行，声明了 ResetOperationData，负责重设操作数据对象。

第 38 行，开始定义 IOCPStream。该类型继承自 BasicStream。

第 40 行，定义了 IOCPStream，是 IOCPStream 的构造函数。

第 46 行，覆盖了 Receive 成员函数，负责接收数据。

第 47 行，覆盖了 Send 成员函数，负责发送数据。

第 49 ~ 59 行，定义了 _operationData 的获取器和设置器。

该类型定义如代码清单 11-45 所示。

代码清单 11-45　IOCPStream 实现

```
1  #include "iocp/IOCPStream.h"
2  #include "utils/logger.h"
3
4  namespace meshy {
5      int32_t IOCPStream::Receive(char* buffer, int32_t bufferSize, int32_t& readSize)
6      {
7          // IOCP already handled data reading out, leave this function blank
8          return 0;
9      }
10
11     int32_t IOCPStream::Send(const ByteArray &byteArray)
12     {
13         return send(GetNativeSocket(), byteArray.data(), byteArray.size(),  0);
14     }
15
16     HANDLE IOCP::GetCompletionPort() {
17         HANDLE completionPort = CreateIoCompletionPort(INVALID_HANDLE_VALUE, nullptr, 0, 0);
18         if (nullptr == completionPort) {
19             TRACE_ERROR("CreateIoCompletionPort failed. Error:" + GetLastError());
20             throw std::exception("CreateIoCompletionPort failed.");
21         }
22
23         return completionPort;
24     }
25
26     IOCP::OperationDataPtr IOCP::CreateOperationData(IOCPStreamPtr stream, HANDLE
                                                            completionPort) {
27         // Begin to process I/O using overlapped I/O
28         // Post one or many WSARecv or WSASend requests to the new socket
29         /* Worker thread will serve the I/O request after the I/O request finished.*/
30         IOCP::OperationData* perIOData = new IOCP::OperationData();
31         perIOData->stream = stream.get();
32
33         // Relate the socket to CompletionPort
34         CreateIoCompletionPort((HANDLE)(perIOData->stream->GetNativeSocket()),
35             completionPort, (ULONG_PTR)perIOData->stream->GetNativeSocket(), 0);
36
37         ZeroMemory(&(perIOData->overlapped), sizeof(OVERLAPPED));
38         perIOData->databuff.len = BUFSIZ;
39         perIOData->databuff.buf = perIOData->buffer;
```

```
40          perIOData->operationType = IOCP::OperationType::Read;
41
42          return IOCP::OperationDataPtr(perIOData);
43      }
44
45      void IOCP::ResetOperationData(OperationData* perIOData)
46      {
47          //Create single I/O operation data for next overlapped invoking
48          ZeroMemory(&(perIOData->overlapped), sizeof(OVERLAPPED));
49          perIOData->databuff.len = BUFSIZ;
50          perIOData->databuff.buf = perIOData->buffer;
51          perIOData->operationType = 0;
52      }
53  }
```

第 11 行，定义了 Send 函数，函数中我们直接调用 send 将数据发送出去。

第 16 行，定义了 GetCompletionPort 函数，该函数会创建一个新的完成端口并返回给调用方。这里我们会调用 CreateOperationPort 这个 Windows API 来创建完成端口。如果创建失败，我们需要抛出一个异常告诉程序完成端口创建失败。

第 26 行，定义了 CreateOperationData 函数，该函数会创建一个和数据流以及完成端口绑定的 OperationData 对象。我们在函数中创建了一个新的 OperationData 对象，并调用 CreateIoCompletionPort 创建完成端口。完成端口创建完成后我们需要初始化，因此先使用 ZeroMemory 初始化结构体，并初始化缓冲区和缓冲区长度。最后将操作事件设定为 Read，表示该 I/O 操作是读取数据的操作。这样 IOCP 会帮助我们读取数据，并将读取到的数据存储在结构体中指定的缓冲区中，最后我们将创建的 OperationData 对象返回即可。

第 45 行，定义了 ResetOperationData 函数，该函数会重设操作数据，以准备下一轮接收 IOCP 的事件。重设的过程也很多见，同样是使用 ZeroMemory 清空结构体，然后指定一下 I/O 数据的缓冲区长度以及缓冲区指针，最后我们将事件赋值成 0，等随后需要指定事件的时候再加上即可。

这里读者需要注意，OperationData 结构体是我们和 IOCP 交互的关键。每当我们希望 IOCP 处理一个事件时，就应该创建并填充这个结构体，将结构体传送给 IOCP（通过和完成端口绑定）。一旦事件完成后，完成端口上绑定的 OperationData 就会被写入 IOCP 的处理结果，我们一旦接收到通知就可以从结构体中取出 IOCP 的结果。

5. WSAConnection

完成了 IOCPStream 后，我们就可以在这个数据流的基础上实现 WSAConnection 了。该类继承自 IOCPStream，我们来看一下类型声明，如代码清单 11-46 所示。

代码清单 11-46 WSAConnection 定义

```
1  #pragma once
2
```

```
3 #include "net.h"
4 #include "IOCPStream.h"
5 #include <Windows.h>
6 #include <thread>
7
8 namespace meshy {
9
10     class WSAConnection : public IOCPStream {
11     public:
12         WSAConnection(NativeSocket clientSocket, NativeSocketAddress clientAddress) :
13             IOCPStream(clientSocket, clientAddress) {
14         }
15
16         WSAConnection(const IOCPStream& stream) = delete;
17     };
18
19     typedef std::shared_ptr<WSAConnection> WSAConnectionPtr;
20
21 }
```

WSAConnection 继承自 IOCPStream，表示一个 WSA 的数据连接。

第 12 行，我们定义了构造函数，该类型需要收到两个参数，一个是客户端的套接字，一个是客户端的地址，我们直接调用 IOCPStream 的构造函数完成构造。

第 16 行，我们删除了该类型的复制构造函数。

我们可以发现，该类型简单地继承了 IOCPStream，没有做过多扩展，只不过该类型专门用在服务器接收连接的场景下。

6. 总结

我们可以看看 IOCP 的时序图（图 11-14），从中看出 epoll 实现和 IOCP 实现的不同之处。

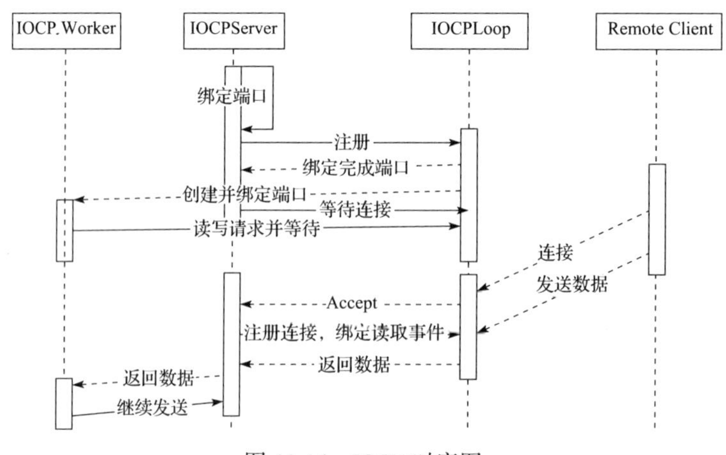

图 11-14　IOCP 时序图

我们可以看出，和 epoll 实现不同的是，这里我们的 Loop 帮助我们进行数据读写（这是 IOCP 本身的性质），而不只是通知。epoll 中通知之后需要我们自己进行相关操作，而 IOCP 中，通知时内核就帮我们完成了大多数数据的操作。

最后，我们也来看看 IOCPLoop 的组件，如图 11-15 所示。

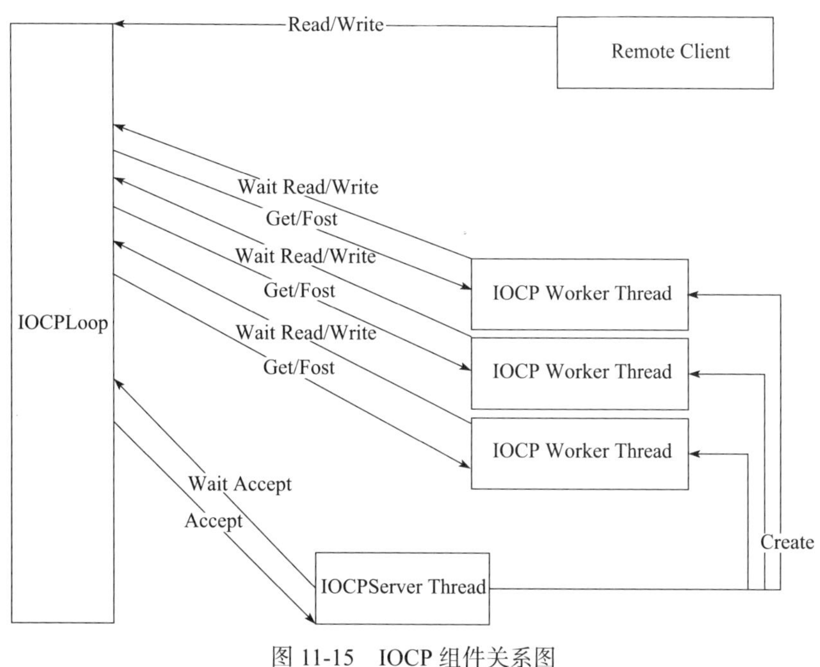

图 11-15 IOCP 组件关系图

11.4 应用层 HTTP 实现

现在我们需要在跨平台的传输层基础上实现应用层协议。这里我们使用 HTTP 协议为例，讲解如何在传输层的基础上实现自己的应用层协议。

11.4.1 HttpContext

HttpContext 是 HTTP 上下文信息的基类，保存了 HTTP 请求和响应中共用的部分，包括 HTTP 版本号、头部信息以及消息体。

其声明如代码清单 11-47 所示。

代码清单 11-47 HttpContext 定义

```
1 #ifndef NET_FRAMEWORK_HTTPCONTEXT_H
2 #define NET_FRAMEWORK_HTTPCONTEXT_H
3
4 #include "bytearray.h"
5 #include <map>
```

```
 6 #include <string>
 7 #include <vector>
 8
 9 typedef std::vector<std::string> StdStringList;
10
11 class HttpContext {
12 public:
13     virtual ~HttpContext() {
14     }
15
16     const std::string& GetHeader(const std::string& name) const {
17         return _headers.at(name);
18     }
19
20     void SetHeader(const std::string& name, const std::string& value) {
21         _headers[name] = value;
22     }
23
24     bool HasHeader(const std::string& name) const {
25         return _headers.find(name) != _headers.end();
26     }
27
28     StdStringList GetHeaderNames() const;
29
30     const std::string& GetContent() const {
31         return _content;
32     }
33
34     void SetContent(const std::string& content);
35
36     const std::string& GetVersion() const {
37         return _version;
38     }
39
40     void SetVersion(const std::string& version) {
41         _version = version;
42     }
43
44     virtual void ParseStdStringList(const StdStringList& stringList);
45     virtual std::string ToStdString() const;
46
47     static HttpContext FromStdStringList(const StdStringList& stringList);
48
49 private:
50     std::string _version;
51     std::map<std::string, std::string> _headers;
52     std::string _content;
53 };
54
55 #endif // NET_FRAMEWORK_HTTPCONTEXT_H
```

第 16 行，定义了 GetHeader 函数，该函数用于从 _headers 映射表中找出属性名对应的属性值。

第 20 行，定义了 SetHeader 函数，用于设置 HTTP 头部属性。

第 24 行，定义了 HasHeader，该函数用于检测头部中是否包含某个属性。

第 28 行，声明了 GetHeaderNames，该函数用于获取所有的头部属性名。

第 30 行，定义了 GetContent 成员函数，该函数用于获取 HTTP 消息中的数据。

第 34 行，声明了 SetContent 成员函数，用于设置 HTTP 消息的数据，由于该方法较为复杂，因此我们就将定义放在了 C++ 源代码中。

第 36 行和 40 行，定义了 HTTP 版本的设置器和获取器。

第 44 行，声明了 ParseStdStringList，负责解析字符串列表（每个字符串代表 1 行），生成 HTTP 消息。

第 45 行，声明了 ToStdString，将 HTTP 消息转换成字符串。

第 47 行，声明了一个静态函数 FromStdStringList。该函数是一个便捷函数，可以直接根据字符串列表创建 HTTP 消息对象。

上面我们实现了一些简单的内联方法，接着我们来实现几个比较复杂的方法，如代码清单 11-48 所示。

代码清单 11-48　HttpContext 实现

```
1  #include "rest/HttpContext.h"
2  #include "utils/String.h"
3  #include <iostream>
4
5  StdStringList HttpContext::GetHeaderNames() const {
6      StdStringList headerNames;
7
8      for ( const auto& pair : _headers ) {
9          headerNames.push_back(pair.first);
10     }
11
12     return headerNames;
13 }
14
15 HttpContext HttpContext::FromStdStringList(const StdStringList& stringList) {
16     HttpContext context;
17     context.ParseStdStringList(stringList);
18
19     return context;
20 }
21
22 void HttpContext::ParseStdStringList(const StdStringList &stringList) {
23     for ( const std::string& line : stringList ) {
24         StdStringList words = split(line, ':');
25
```

```
26          if ( !words.size() ) {
27              return;
28          }
29
30          std::string headerName = words[0];
31          std::string headerValue = words[1];
32          if ( words.size() > 2 ) {
33              for ( int wordIndex = 2; wordIndex < words.size(); ++ wordIndex ) {
34                  headerValue += ':';
35                  headerValue += words[wordIndex];
36              }
37          }
38
39          headerValue.erase(headerValue.begin());
40
41          SetHeader(headerName, headerValue);
42      }
43  }
44
45  std::string HttpContext::ToStdString() const {
46      std::string headersString;
47
48      for ( const auto& headerPair : _headers ) {
49          std::string headerString = headerPair.first + ':' + headerPair.second +
               "\r\n";
50          headersString += headerString;
51      }
52
53      if ( _content.length() > 0 ) {
54          headersString += "\r\n";
55          headersString += _content;
56      }
57
58      return headersString;
59  }
60
61  void HttpContext::SetContent(const std::string &content) {
62      _content = content;
63
64      int contentLength = _content.size();
65      if ( contentLength > 0 ) {
66          SetHeader("Content-Length", itos(contentLength));
67      }
68  }
```

第 5 行，定义 GetHeaderNames。该函数可以返回 HTTP 消息头部中的所有属性名。实现很简单，我们直接遍历 _headers 结构体，并将头部属性名称添加到 headerNames 中，最后我们将 headerNames 返回给调用者即可。

第 15 行，定义了 FromStdStringList。该函数首先创建一个空的 HTTP 消息对象，然后调用 ParseStdStingList 来完成解析。

第 22 行，定义了 ParseStdStringList 成员函数。我们解析的步骤如下。

1）遍历字符串列表。

2）使用冒号分割字符串。

3）以第 1 个单词作为属性名。

4）将后续的单词使用冒号连接起来作为属性值，并删除属性值的第 1 个空格。

5）将属性名和属性值添加到 _headers 中。

第 45 行，定义了 ToStdString 函数，该函数的作用是将消息体转换成字符串。其过程是 FromStdStringList 的逆过程，就是将消息头的名称和值连接成一个字符串，最后使用换行符将这些属性连接起来。然后返回连接之后的结果。所以该方法负责生成消息头的字符串。

第 61 行，定义了 SetContent 属性。该方法会自动计算数据长度，并自动填写 HTTP 头部属性中的 Content-Type 字段。

11.4.2 HttpRequest

接着我们来实现 HttpRequest 类，该类型是 HTTP 请求类，描述 HTTP 的请求信息。在 HttpContext 的基础上需要增加诸如方法类型和路径之类的信息，如代码清单 11-49 所示。

代码清单 11-49　HttpRequest 定义

```
 1 #ifndef NET_FRAMEWORK_HTTPREQUEST_H
 2 #define NET_FRAMEWORK_HTTPREQUEST_H
 3 
 4 #include "rest/HttpContext.h"
 5 
 6 namespace meshy {
 7     class HttpRequest : public HttpContext {
 8     public:
 9         HttpRequest() {}
10         void ParseStdString(const std::string& text);
11         virtual void ParseStdStringList(const StdStringList& stringList) override;
12 
13         static HttpRequest FromStdString(const std::string& text);
14         static HttpRequest FromStdStringList(const StdStringList& stringList);
15 
16         const std::string& GetMethod() const {
17             return _method;
18         }
19 
20         const std::string& GetPath() const {
21             return _path;
22         }
23 
24         void SetMethod(const std::string& method) {
25             _method = method;
```

```
26          }
27
28          void SetPath(const std::string& path) {
29              _ path = path;
30          }
31
32      private:
33          void ParseRequestLine(const std::string& requestLine);
34
35      private:
36          std::string _method;
37          std::string _path;
38      };
39  }
40
41  #endif //NET_FRAMEWORK_HTTPREQUEST_H
```

第 9 行，定义了构造函数。

第 10 行，定义了 ParseStdString 方法，负责解析字符串。初始化 HttpRequest 对象。

第 11 行，定义了 ParseStdStringList，负责解析字符串列表。初始化 HttpRequest 对象。

第 13 行，定义了 FromStdString，静态成员函数，ParseStdString 的简化版本，可以直接构建对象。

第 14 行，定义了 FromStdStringList，静态成员函数，ParseStdStringList 的简化版本，可以直接构建对象。

第 16 行和 24 行，定义了方法字段的设置器与获取器。

第 20 行和 28 行，设置和获取 Http 头部的路径。

第 33 行，定义了私有成员函数 ParseRequestLine，负责解析请求头的第 1 行。

我们来看一下实现，主要是解析类的方法，如代码清单 11-50 所示。

代码清单 11-50　HttpRequest 实现

```
 1  #include "rest/HttpRequest.h"
 2  #include "utils/String.h"
 3
 4  namespace  meshy {
 5      void HttpRequest::ParseStdString(const std::string &text) {
 6          StdStringList stringList = split(text, '\n');
 7          for ( std::string& line: stringList ) {
 8              line.pop_back();
 9          }
10
11          ParseStdStringList(stringList);
12      }
13
14      void HttpRequest::ParseStdStringList(const StdStringList &stringList) {
15          std::string requestLine = stringList.front();
```

```
16          ParseRequestLine(requestLine);
17
18          StdStringList contextLines = stringList;
19          contextLines.erase(contextLines.begin());
20          HttpContext::ParseStdStringList(contextLines);
21      }
22
23      void HttpRequest::ParseRequestLine(const std::string &requestLine) {
24          StdStringList words = split(requestLine, ' ');
25
26          SetMethod(words[0]);
27          SetPath(words[1]);
28          SetVersion(words[2]);
29      }
30
31      HttpRequest HttpRequest::FromStdString(const std::string &text) {
32          HttpRequest request;
33          request.ParseStdString(text);
34
35          return request;
36      }
37
38      HttpRequest HttpRequest::FromStdStringList(const StdStringList &stringList) {
39          HttpRequest request;
40          request.ParseStdStringList(stringList);
41
42          return request;
43      }
44
45  }
```

第 5 行，定义 ParseStdString 函数。首先使用换行符作为分隔符分割字符串，然后遍历字符串删除所有的多余的换行符。接着执行 ParseStdStringList 解析字符串列表。

第 14 行，定义了 ParseStdStringList 函数。首先我们调用 ParseRequestLine 处理第 1 行，然后将剩下的行交给父类的 ParseStringList 来处理。

第 23 行，定义了 ParseRequestLine 函数。函数中先根据空格分隔，然后将第 1 个单词作为请求方法，第 2 个单词作为路径，第 3 个单词作为版本号。

第 31 行，定义了 FromStdString，该函数首先构造 request 对象，然后调用 ParseStdString 解析字符串。

第 38 行，定义了 FromStdStringList，该函数首先构造 request 对象，然后调用 ParseStdStringList 解析字符串列表。

11.4.3 HttpResponse

完成 HttpRequest 类后我们来照葫芦画瓢，实现 HttpResponse。与 HttpRequest 不同，

HttpResponse 用于进行消息的响应，目前主要是将对象转换成字符串。

HttpResponse 声明如代码清单 11-51 所示。

代码清单 11-51　HttpResponse 定义

```
 1 #ifndef NET_FRAMEWORK_HTTPREPONSE_H
 2 #define NET_FRAMEWORK_HTTPREPONSE_H
 3
 4 #include "rest/HttpContext.h"
 5
 6 namespace meshy {
 7     class HttpResponse : public HttpContext {
 8     public:
 9         HttpResponse() {}
10         virtual std::string ToStdString() const override;
11
12         int GetStatusCode() const {
13             return _statusCode;
14         }
15
16         void SetStatusCode(int statusCode) {
17             _statusCode = statusCode;
18         }
19
20         const std::string& GetStatusMessage() const {
21             return _statusMessage;
22         }
23
24         void SetStatusMessage(const std::string& message) {
25             _statusMessage = message;
26         }
27
28     private:
29         std::string GetResponseLine() const;
30
31         int _statusCode;
32         std::string _statusMessage;
33     };
34 }
35 #endif //NET_FRAMEWORK_HTTPREPONSE_H
```

第 9 行，声明构造函数。

第 10 行，声明 ToStdString 函数，覆盖 HttpContext 的 ToStdString。

第 12 ~ 18 行，定义了状态代码的设置器和获取器。

第 20 ~ 26 行，定义了状态消息的设置器和获取器。

第 29 行，声明了 GetResponseLine 方法，用于将响应信息转换成字符串（第 1 行）。

我们来看一下具体实现，如代码清单 11-52 所示。

代码清单 11-52　HttpResponse 实现

```
1  #include "rest/HttpResponse.h"
2  #include "utils/String.h"
3
4  namespace meshy {
5      std::string HttpResponse::ToStdString() const {
6          return GetResponseLine() +
7                 HttpContext::ToStdString();
8      }
9
10     std::string HttpResponse::GetResponseLine() const {
11         return GetVersion() + ' ' + itos(GetStatusCode()) + ' ' + GetStatusMessage()
               + "\r\n";
12     }
13 }
```

第 5 行，定义了 ToStdString 成员函数。函数中将 GetResponse 和 HttpContext 类的 ToStdString 的返回结果拼接起来即可。

第 10 行，定义了 GetResponseLine 成员函数，该函数将协议版本号、状态代码和状态消息拼接起来返回。

11.4.4 HttpConnection

有了 HttpRequest 和 HttpResponse 之后，我们就可以实现 HttpConnection 了。HttpConnection 负责接收请求并发送响应。

声明代码如代码清单 11-53 所示。

代码清单 11-53　HttpConnection 定义

```
1  #ifndef NET_FRAMEWORK_HTTPCONNECTION_H
2  #define NET_FRAMEWORK_HTTPCONNECTION_H
3
4  #include "Meshy.h"
5  #include "rest/HttpRequest.h"
6  #include "rest/HttpResponse.h"
7  #include <functional>
8
9  namespace meshy {
10     class HttpConnection {
11     public:
12         typedef std::function<void(const HttpRequest& request)> RequestHandler;
13         typedef std::function<void(const std::string& data)> DataHandler;
14
15         HttpConnection(TcpConnection* connection);
16
17         void HandleData(const char* buffer, int64_t size);
18
```

```
19          void OnData(DataHandler dataHandler) {
20              _dataHandler = dataHandler;
21          }
22
23          void OnRequest(RequestHandler requestHandler) {
24              _requstHandler = requestHandler;
25          }
26
27          void SendResponse(const HttpResponse& response);
28
29      private:
30          TcpConnection* _connection;
31          HttpRequest _request;
32          HttpResponse _response;
33          DataHandler _dataHandler;
34          RequestHandler _requstHandler;
35      };
36  }
37  #endif //NET_FRAMEWORK_HTTPCONNECTION_H
```

第12行，定义了RequestHandler，这是HTTP请求到来时的回调函数。

第13行，定义了DataHandler，这是HTTP数据到来时的回调函数。

第15行，定义了HttpConnetion的构造函数。

第17行，定义了HandleData成员函数，该成员函数负责处理TCP连接的数据时间，将其翻译成HTTP消息。

第19行，定义了OnData，这是数据处理回调函数的设置器。

第23行，定义了OnRequest，这是请求处理回调函数的设置器。

第27行，声明SendResponse函数，用于发送HTTP响应。

我们来看一下实现，如代码清单11-54所示。

代码清单11-54　HttpConnection实现

```
 1  #include "Meshy.h"
 2  #include "rest/HttpConnection.h"
 3  #include "bytearray.h"
 4  #include <iostream>
 5
 6  namespace meshy {
 7      HttpConnection::HttpConnection(TcpConnection* connection) :
 8              _connection(connection) {
 9          std::cout << _connection << std::endl;
10          auto tcpDataHandler = std::bind(&HttpConnection::HandleData, this,
                std::placeholders::_1, std::placeholders::_2);
11          _connection->OnDataIndication(tcpDataHandler);
12      }
13
14      void HttpConnection::HandleData(const char *buffer, int64_t size) {
```

```
15          std::cout << buffer << std::endl;
16          std::cout << size << std::endl;
17          std::string requestText(buffer, size);
18
19          _request.ParseStdString(requestText);
20
21          if ( _requstHandler ) {
22              _requstHandler(_request);
23          }
24
25          if ( _dataHandler && _request.GetContent().size() > 0 ) {
26              _dataHandler(_request.GetContent());
27          }
28      }
29
30      void HttpConnection::SendResponse(const HttpResponse &response) {
31          _response = response;
32
33          _connection->Send(ByteArray(_response.ToStdString()));
34      }
35  }
```

第 7 行，定义了 HttpConnection 的构造函数。我们初始化 TCP 连接，并将 TcpConnection 的 OnDataIndication 事件绑定到 HandleData 成员函数中。

第 14 行，定义了 HandleData 成员函数。该函数负责处理 TCP 的数据事件。函数中会根据客户端的数据生成请求字符串，然后使用 ParseStdString 解析请求字符串。如果请求处理的回调函数存在则调用之，同样，如果数据处理的回调函数存在且数据存在（数据长度大于 0），也会调用。

第 30 行，定义了 SendResponse 函数，该函数用于发送响应体。实现方式就是将用户指定的响应体转换成字符串，然后将字符串发送出去即可。

11.4.5　HttpServer

有了前面的基础（请求、响应、连接），现在我们可以来实现 HTTP 服务器了，服务器类主要在 TcpServer 的基础上进行 HTTP 通信封装。为了降低耦合性，我们采用组合模式而非继承模式。声明如代码清单 11-55 所示。

代码清单 11-55　HttpServer 定义

```
1  #ifndef NET_FRAMEWORK_HTTPSERVER_H
2  #define NET_FRAMEWORK_HTTPSERVER_H
3
4  #include "Meshy.h"
5  #include "rest/HttpConnection.h"
6  #include <vector>
7  #include <functional>
```

```
 8
 9 namespace  meshy {
10     class IoLoop;
11
12     class HttpServer {
13     public:
14         typedef std::function<void(HttpConnection* connection)> ConnectionHandler;
15
16         HttpServer();
17         virtual ~HttpServer();
18
19         void Listen(const std::string& host, int port, int backlog = 20);
20         void OnConnection(ConnectionHandler handler) {
21             _connectionHandler = handler;
22         }
23
24     private:
25         TcpServer _server;
26         ConnectionHandler _connectionHandler;
27     };
28 }
29 #endif //NET_FRAMEWORK_HTTPSERVER_H
```

第 14 行，定义了 ConnectionHandler，用于处理用户连接的回调函数。

第 16 行，声明了 HttpServer 构造函数。

第 17 行，声明了 HttpServer 虚析构函数。

第 19 行，声明了 Listen 函数，该函数负责监听用户请求。

第 20 行，定义了 OnConnection 函数，可以设置处理连接事件的回调函数。

最后就是 HttpServer 的实现，如代码清单 11-56 所示。

代码清单 11-56　HttpServer 实现

```
 1 #include "rest/HttpServer.h"
 2 #include "rest/HttpConnection.h"
 3 #include "PackageDataSink.h"
 4
 5 namespace  meshy {
 6     HttpServer::HttpServer() {
 7     }
 8
 9     HttpServer::~HttpServer() {
10     }
11
12     void HttpServer::Listen(const std::string &host, int port, int backlog) {
13         _server.Listen(host, port, backlog);
14
15         _server.OnConnectIndication([this](IStream* stream) {
16             TcpConnection* connection = dynamic_cast<TcpConnection*>(stream);
```

```
17                HttpConnection* httpConnection = new HttpConnection(connection);
18                if ( _connectionHandler ) {
19                    _connectionHandler(httpConnection);
20                }
21            });
22        }
23    }
```

第 6 行和第 9 行，定义了 HttpServer 的构造函数和析构函数。

第 12 行，定义了 Listen 成员函数，负责监听客户端请求。我们首先调用 Tcp 服务器的 Listen 方法监听 Tcp 连接，然后调用 OnConnectIndication 在 Tcp 服务器上注册连接事件。这里我们又使用了 Lambda 表达式来简化程序编写。

在 Lambda 表达式中，我们使用 dynamic_cast 尝试将 IStream 指针向下转型成 TcpConnection 的指针。接着构造新的 HttpConnection 对象。如果用户设置了连接事件的回调函数，那么就调用回调函数将 HttpConnection 对象传递给调用者。

现在我们实现了 Http 的相关功能，读者随后就可以在这上面开发自己的 Http 服务了。读者也可以发送 Http 请求，框架会帮助读者解析简单的请求和响应。

11.4.6　总结

我们也来看看 Http 服务的组件关系图，如图 11-16 所示。

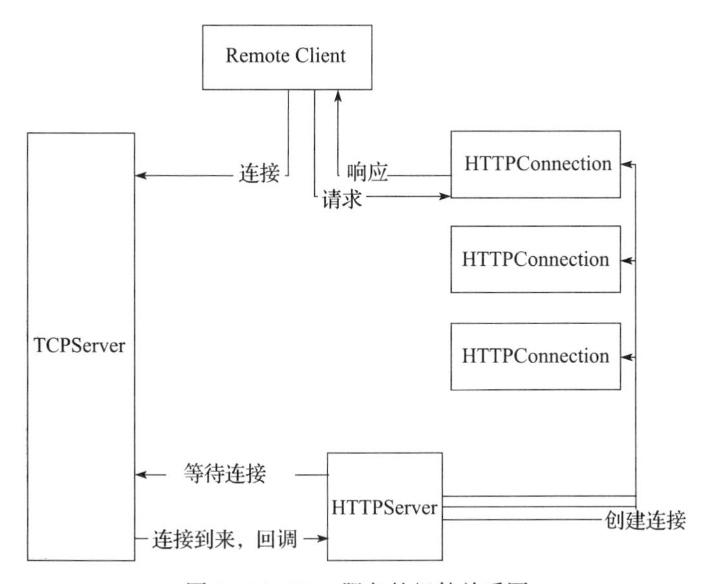

图 11-16　Http 服务的组件关系图

我们可以很容易从中看出服务器完全以基于事件的异步模型执行。

我们在这一节当中编写基于 Meshy TCP 协议的 HTTP 工具，其目的在于为高层应用程序提供编写 RESTful API 的可能性。Meshy 网络库已经提供了基本的 HTTP 支持，读者可以根据实际需求使用 Meshy 网络库的 HTTP 工具自己构建 RESTful API，完成相关任务。RESTful API 为 Hurricane 实时处理系统提供了更加完备的连接，也创造出了更多的可能性，我们甚至可以将节点之间的数据传输通过 HTTP 来实现。当然了，笔者在这里更建议将 RESTful API 作为服务器状态监测、任务启动与关闭、集群参数设置等功能的实现方法。

11.5 跨平台分割编译

由于我们使用 C++ 来编写 Hurricane 实时处理系统，因此除了在代码级别上要兼顾各个系统，保证兼容以外，我们还需要为不同平台设计不同的构建方案。

目前有许多通用的跨平台构建方案，如 CMake，会根据用户配置生成对应平台的 Makefile 或者项目文件。但是为了简单起见，我们现在还是在不同平台下使用对应的构建手段，确保部署的便捷性。同时我们也会在编译时设定一些宏，这样在编译时可以通过预处理指令限制编译该平台对应的代码。

11.5.1 Makefile

我们先来看一下 Linux 下的 Makefile 的编写方法，其内容如代码清单 11-57 所示。

代码清单 11-57 Linux Makefile

```
 1 SRC = src
 2 INCLUDE = include
 3 TARGET = target
 4 BUILD = $(TARGET)/build
 5 CC = gcc
 6 CXX = g++
 7
 8 CXXFLAGS = -std=c++11 -I$(INCLUDE) -DOS_LINUX -g
 9 LDFALGS = -lpthread
10
11 OBJECTS = $(BUILD)/sample.o \
12           $(BUILD)/PackageDataSink.o \
13           $(BUILD)/EPollConnection.o \
14           $(BUILD)/EPollStream.o \
15           $(BUILD)/EPollClient.o \
16           $(BUILD)/EPollServer.o \
17           $(BUILD)/EPollLoop.o \
18           $(BUILD)/eventqueueloop.o \
19           $(BUILD)/net.o \
20           $(BUILD)/logger.o \
21           $(BUILD)/time.o \
22           $(BUILD)/thread_pool.o \
23           $(BUILD)/common_utils.o
24
25 OBJECTS_CLIENT = $(BUILD)/client_sample.o \
```

```
26              $(BUILD)/PackageDataSink.o \
27              $(BUILD)/EPollConnection.o \
28              $(BUILD)/EPollStream.o \
29              $(BUILD)/EPollClient.o \
30              $(BUILD)/EPollServer.o \
31              $(BUILD)/EPollLoop.o \
32              $(BUILD)/eventqueueloop.o \
33              $(BUILD)/net.o \
34              $(BUILD)/logger.o \
35              $(BUILD)/time.o \
36              $(BUILD)/thread_pool.o \
37              $(BUILD)/common_utils.o
38
39 all: $(TARGET)/sample $(TARGET)/client_sample
40
41 clean:
42     rm -rf $(TARGET)/*
43     mkdir $(BUILD)
44
45 $(TARGET)/sample: $(OBJECTS)
46     $(CXX) -o $@ $(OBJECTS) $(LDFALGS)
47
48 $(TARGET)/client_sample: $(OBJECTS_CLIENT)
49     $(CXX) -o $@ $(OBJECTS_CLIENT) $(LDFALGS)
50
51 $(BUILD)/sample.o: $(SRC)/sample.cpp $(INCLUDE)/net.h $(INCLUDE)/eventqueue.h
       $(INCLUDE)/eventqueueloop.h \
52         $(INCLUDE)/PackageDataSink.h $(INCLUDE)/DataSink.h $(INCLUDE)/bytearray.h
53     $(CXX) $(CXXFLAGS) -c -o $@ $(SRC)/sample.cpp
54
55 $(BUILD)/client_sample.o: $(SRC)/client_sample.cpp $(INCLUDE)/net.h $(INCLUDE)/
       eventqueue.h $(INCLUDE)/eventqueueloop.h \
56         $(INCLUDE)/PackageDataSink.h $(INCLUDE)/DataSink.h $(INCLUDE)/bytearray.h
57     $(CXX) $(CXXFLAGS) -c -o $@ $(SRC)/client_sample.cpp
58
59 $(BUILD)/PackageDataSink.o: $(SRC)/PackageDataSink.cpp $(INCLUDE)/PackageDataSink.h \
60         $(INCLUDE)/eventqueue.h $(INCLUDE)/DataSink.h $(INCLUDE)/bytearray.h \
61         $(INCLUDE)/utils/thread_pool.h
62     $(CXX) $(CXXFLAGS) -c -o $@ $(SRC)/PackageDataSink.cpp
63
64 $(BUILD)/EPollServer.o: $(SRC)/epoll/EPollServer.cpp $(INCLUDE)/epoll/EPollServer.h \
65         $(INCLUDE)/linux/net_linux.h \
66         $(INCLUDE)/net.h
67     $(CXX) $(CXXFLAGS) -c -o $@ $(SRC)/epoll/EPollServer.cpp
68
69 $(BUILD)/EPollClient.o: $(SRC)/epoll/EPollClient.cpp $(INCLUDE)/epoll/EPollClient.h
70     $(CXX) $(CXXFLAGS) -c -o $@ $(SRC)/epoll/EPollClient.cpp
71
72 $(BUILD)/EPollConnection.o: $(SRC)/epoll/EPollConnection.cpp $(INCLUDE)/epoll/
       EPollConnection.h \
73         $(INCLUDE)/linux/net_linux.h \
```

```
74          $(INCLUDE)/net.h
75      $(CXX) $(CXXFLAGS) -c -o $@ $(SRC)/epoll/EPollConnection.cpp
76
77  $(BUILD)/EPollStream.o: $(SRC)/epoll/EPollStream.cpp $(INCLUDE)/epoll/EPollStream.h \
78          $(INCLUDE)/linux/net_linux.h \
79          $(INCLUDE)/net.h
80      $(CXX) $(CXXFLAGS) -c -o $@ $(SRC)/epoll/EPollStream.cpp
81
82  $(BUILD)/EPollLoop.o: $(SRC)/epoll/EPollLoop.cpp $(INCLUDE)/epoll/EPollLoop.h \
83          $(INCLUDE)/loop.h $(INCLUDE)/DataSink.h
84      $(CXX) $(CXXFLAGS) -c -o $@ $(SRC)/epoll/EPollLoop.cpp
85
86  $(BUILD)/eventqueueloop.o: $(SRC)/eventqueueloop.cpp $(INCLUDE)/eventqueueloop.h \
87          $(INCLUDE)/eventqueue.h
88      $(CXX) $(CXXFLAGS) -c -o $@ $(SRC)/eventqueueloop.cpp
89
90  $(BUILD)/net.o: $(SRC)/net.cpp $(INCLUDE)/net.h $(INCLUDE)/linux/net_linux.h
        $(INCLUDE)/bytearray.h
91      $(CXX) $(CXXFLAGS) -c -o $@ $(SRC)/net.cpp
92
93  $(BUILD)/logger.o: $(SRC)/utils/logger.cpp $(INCLUDE)/utils/logger.h \
94          $(INCLUDE)/utils/concurrent_queue.h
95      $(CXX) $(CXXFLAGS) -c -o $@ $(SRC)/utils/logger.cpp
96
97  $(BUILD)/time.o: $(SRC)/utils/time.cpp $(INCLUDE)/utils/time.h
98      $(CXX) $(CXXFLAGS) -c -o $@ $(SRC)/utils/time.cpp
99
100 $(BUILD)/thread_pool.o: $(SRC)/utils/thread_pool.cpp $(INCLUDE)/utils/thread_pool.h
101     $(CXX) $(CXXFLAGS) -c -o $@ $(SRC)/utils/thread_pool.cpp
102
103 $(BUILD)/common_utils.o: $(SRC)/utils/common_utils.cpp $(INCLUDE)/utils/
        common_utils.h
104     $(CXX) $(CXXFLAGS) -c -o $@ $(SRC)/utils/common_utils.cpp
```

我们来解释一下这个 Makefile。

第 1 行到第 37 行，我们定义几个变量，这几个变量分别如下。

1）SRC：源代码目录。

2）INCLUDE：包含文件目录。

3）TARGET：构建文件生成目录。

4）BUILD：目标文件生成目录。

5）CC：C 编译器名。

6）CXX：C++ 编译器名。

7）CXXFLAGS：表示 C++ 编译器编译选项。

8）LDFLAGS：表示链接器链接选项。

9）OBJECTS：表示连接最后的可执行文件所需的目标文件列表。

10）CLIENT_OBJECTS：表示连接测试客户端程序可执行文件所需的目标文件列表。

接着，我们定义一下目标。所谓目标就是我们想要构建生成的文件。但是目标中有一类被称为伪目标，如我们代码第 39 行和 41 行的 all 和 clean 这两个并不代表什么实际的目标文件，只是象征着一个构建动作，其中 all 代表生成所有目标，clean 表示清除构建结果。

clean 下面的都是实际目标文件。我们将最后的可执行程序放在 TARGET 变量指代的目录中，以及 BUILD 指定的目录中。

每个目标冒号右边是依赖列表，一旦右侧依赖项发生了修改，左侧目标就会被重新构建。

构建命令另起一行写在目标下方。需要注意的是，构建命令左侧的是一个 Tab 键，而非空格。

这里我们需要注意一些小技巧，如在命令中 $@ 指的上一行中的目标文件名。

用户只需要使用 make 就可以进行编译，make clean 可以清理构建后的文件。make 会自动递归分析所有的依赖并将我们需要的文件全部构建出来。如果只有部分文件有改动，那么就只有依赖于这些文件的项目会被构建。这种增量式构建方法可以最大化地节省构建时间。

11.5.2 Kake

为了解决跨平台编译问题，我们还为 Hurricane 实时处理系统设计了 Kake 编译工具。该构建工具使用 Python 开发，配置文件使用 YAML 描述。Kake 编译工具同样跟随 Hurricane 实时处理系统和 Meshy 网络库一起开源。

和 GNU Make 以及 CMake 不同，Kake 采用声明式的方式，而且借鉴了 Maven 约定优于配置的思想，确保用户编写的配置文件不会过于复杂。同时部分限定了目录的布局方式。便于 Kake 搜索需要编译的源代码。

Kake 的架构如图 11-17 所示。

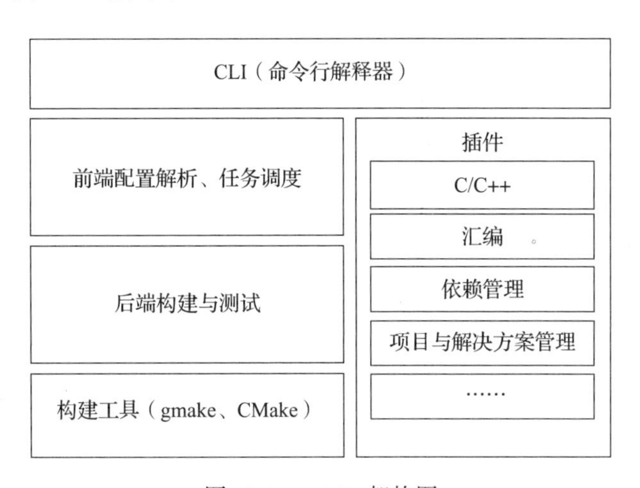

图 11-17 Kake 架构图

Kake 最上层是 CLI，也就是给用户使用的命令行解释器，是 Kake 对用户的接口。

左侧是 Kake 的核心，核心分为 3 部分，分别是：

- 前端：这部分负责解析配置文件，并完成任务调度。
- 后端：这部分负责根据实际使用的构建工具生成临时构建文件，并调用下层构建工具接口进行构建。同时也会负责测试的调度工作。
- 构建工具：构建工具接口，为上层提供统一的构建工具接口。

此外，Kake 是一种基于插件机制的系统，提供了可扩展的模块与插件系统，除了部分核心功能外，所有功能都需要通过模块或者插件实现。

模块主要负责进行不同语言的解析和任务调度，比如目前实现的有 C/C++ 模块和汇编模块等，同时也会有项目和解决方案模块，负责管理项目的依赖、构建与集成。插件主要完成其他更多功能，比如依赖管理，日后希望通过插件实现构建与部署的依赖管理，免去手动编译依赖项的麻烦。

如果想要开发一个项目，我们需要调用 kake init cpp 来创建一个 C++ 语言项目。这时 Kake 会自动帮助用户创建一个关键的 Kakefile 和一个目录树。

比如，对于 C++ 来说，会自动创建以下几个目录：

1）include/main：项目头文件目录。

2）include/test：测试头文件目录。

3）src/main：源代码目录。

4）src/test：测试代码目录。

生成的 Kakefile 如下所示：

代码清单 11-58　Kakefile 模板

```
1 project:
2     name: ${name}
3     version: ${version}
4     type: cpp
```

第 1 行声明这是项目属性块。我们只需要在 name 后面写明项目名称，在 version 后面加上版本号就算完成一个最简单的 Kakefile 了。

接着我们执行以下命令：

```
kake
```

执行完之后，kake 会根据目录自动搜索所有的 C++ 文件，并自动分析头文件依赖，然后生成对应的 Makefile（Makefile 是一种后端实现）。

接着就会自动执行 make 来构建程序。

同时，我们也支持特殊的指令，例如：

```
kake clean
```

将会自动清除所有的构建结果。

同时我们还可以使用：

```
kake run
```

构建后自动执行我们的程序。

最后，还支持通过执行：

```
kake test
```

启动测试。

总之，Kake 的设计目的是涵盖整个开发流程中的每一部分，帮助用户将项目组织、编译、配置、构建、执行、测试、部署等所有环节打通，同时通过不同的前端支持多种语言，通过不同的后端支持不同的平台，实现灵活的扩展和高可移植性。

有关 Kake 的更多细节超出了本书的讨论范畴，读者可以访问 http://github.com/samblg/hurricane 或华章官网（www.hzbook.com）来获取相关源代码和文档，并了解更多细节。

11.6　与实时处理系统集成

之前我们编写 Hurricane 实时处理系统时一直使用的是通过普通的 Socket 实现的传输层。本节我们来看一下如何修改 Hurricane 实时处理系统的传输层，以集成 Hurricane 和 Meshy。

11.6.1　修改 NetListener

首先我们需要修改 NetListener。虽然原本的 NetListener 使用普通的套接字实现，但是我们提供了一个异步的基于事件的接口，当接收到数据时就会触发用户注册的回调函数。这恰好与我们 Meshy 的异步接口完全相符。因此我们只需要使用 Meshy 的 TcpServer 替代原本使用 Socket 实现的 TcpServer 即可，接口与上层实现完全不需要任何改动。我们来看一下具体如何实现。

我们修改一下声明代码，如代码清单 11-59 所示。

代码清单 11-59　NetListener 声明

```
 1 #pragma once
 2
 3 #include "hurricane/base/NetAddress.h"
 4 #include "net.h"
 5 #include "Meshy.h"
 6
 7 #include <vector>
 8 #include <iostream>
 9 #include <string>
10 #include <thread>
```

```
11 #include <memory>
12 #include <functional>
13 #include <cstdint>
14
15 typedef std::function<void(meshy::TcpStream* connection,
16     const char* buffer, int32_t size)>
17         DataReceiver;
18
19 class NetListener {
20 public:
21     NetListener(const hurricane::base::NetAddress& host) :
22             _host(host) {
23     }
24
25     const hurricane::base::NetAddress& GetHost() const {
26         return _host;
27     }
28
29     void SetHost(const hurricane::base::NetAddress& host) {
30         _host = host;
31     }
32
33     void StartListen();
34
35     void OnData(DataReceiver receiver) {
36         _receiver = receiver;
37     }
38
39 private:
40     hurricane::base::NetAddress _host;
41     DataReceiver _receiver;
42     meshy::TcpServer _server;
43 };
```

第 15 行，我们定义了一个函数类型 DataReceiver，其返回类型为 void。一共有 3 个参数，第 1 个参数是 TcpStream，表示数据来源的数据流，第 2 个参数是 buffer，表示接收到数据的数据缓冲区，第 3 个参数是 size，表示接收到的数据字节数。

第 19 行，定义了 NetListener 类。

第 21 行，定义了构造函数，该构造函数会接收用户传递的网络地址对象，初始化服务器地址。

第 25 行，定义了 GetHost 成员函数，用于获取服务器地址。

第 29 行，定义了 SetHost 成员函数，用于设置服务器地址。

第 33 行，定义了 StartListen 成员函数，用户启动监听，开始接受连接。

第 35 行，定义了 OnData 成员函数，该函数用于接收设置数据接收事件到来时需要触发的回调函数。

接着我们修改 NetListener 的实现，如代码清单 11-60 所示。

代码清单 11-60 NetListener 实现

```
 1 #include "hurricane/base/NetListener.h"
 2 #include "eventqueue.h"
 3 #include "eventqueueloop.h"
 4 #include "IoLoop.h"
 5 #include "utils/logger.h"
 6
 7 #include <iostream>
 8 #include <thread>
 9 #include <chrono>
10
11 const int DATA_BUFFER_SIZE = 65535;
12
13 void NetListener::StartListen()
14 {
15     meshy::IoLoop::Get()->Start();
16
17     _server.Listen(_host.GetHost(), _host.GetPort());
18     _server.OnConnectIndication([=](meshy::IStream* stream) {
19         stream->OnDataIndication([stream](const char* buf, int64_t size) mutable {
20             _receiver(stream, buffer, length);
21         });
22     });
23 }
```

第 13 行，定义了 StartListen 函数。

第 15 行，调用 IoLoop 实例的 Start 成员函数，启动进程的 I/O 消息循环。

第 17 行，调用 Listen 开始监听用户指定的主机名与端口号。

第 18 行，使用 OnConnectIndication 来注册建立连接的回调函数。

第 19 行，在与每个客户端建立连接后，我们在连接上注册数据流的接收数据事件回调函数。在该回调函数中我们直接调用用户注册的 receiver 函数，这样就可以完成数据的传递。

现在我们就完成了 NetListener 的修改。

11.6.2 修改 NetConnector

现在我们看一下如何修改 NetConnector 的实现。

和 NetListener 不同，为了简化对返回值的处理，我们在 NetConnector 中的 SendAndReceive 方法是同步的，需要等待服务器返回数据，才会继续执行后面的程序。而 Meshy 的数据返回是通过异步回调实现的，因此相比于 NetListener 的实现，这里我们需要主动等待异步回调触发之后再返回数据。

我们先修改声明代码，如代码清单 11-61 所示。

代码清单 11-61　NetConnector 声明

```
1  #pragma once
2
3  #include "hurricane/base/NetAddress.h"
4  #include "Meshy.h"
5
6  #include <cstdint>
7  #include <memory>
8
9  class NetConnector {
10 public:
11     NetConnector(const hurricane::base::NetAddress& host) :
12         _host(host) {
13     }
14
15     const hurricane::base::NetAddress& GetHost() const {
16         return _host;
17     }
18
19     void SetHost(const hurricane::base::NetAddress& host) {
20         _host = host;
21     }
22
23     void Connect();
24     int32_t SendAndReceive(const char* buffer, int32_t size, char* resultBuffer,
                              int32_t resultSize);
25
26 private:
27     hurricane::base::NetAddress _host;
28     std::shared_ptr<meshy::TcpClient> _client;
29 };
```

第 9 行，定义了 NetConnector 类。

第 11 行，定义了 NetConnector 的构造函数，该函数会根据用户的参数初始化连接的目的服务器地址。

第 15 行，定义了 GetHost 成员函数，用于获取目的服务器地址。

第 19 行，定义了 SetHost 成员函数，用于设置目的服务器地址。

第 23 行，声明了 Connect 函数，用于连接服务器。

第 24 行，声明了 SendAndReceive 函数，该函数会向服务器发送数据，并等待接收服务器数据，接收完服务器的响应数据后，返回给用户。

最后我们修改 NetConnector 实现，如代码清单 11-62 所示。

代码清单 11-62　NetConnector 实现

```
1  #include "hurricane/base/NetConnector.h"
2
3  #include <thread>
```

```
 4 #include <chrono>
 5
 6 void NetConnector::Connect()
 7 {
 8     _client = meshy::TcpClient::Connect(_host.GetHost(), _host.GetPort());
 9 }
10
11 int32_t NetConnector::SendAndReceive(const char * buffer, int32_t size, char*
                                        resultBuffer, int32_t resultSize)
12 {
13     _client->Send(buffer, size);
14
15     bool receivedData = false;
16     _client->OnDataIndication([&receivedData](const char* buf, int64_t size) {
17         if ( resultSize > size) {
18             resultSize = size;
19         }
20
21         memcpy(resultBuffer, buf, resultSize);
22         receivedData = true;
23     });
24
25     while ( !receivedData ) {
26         std::this_thread::sleep_for(std::chrono::milliseconds(50));
27     }
28
29     return resultSize;
30 }
```

第 6 行定义了 Connect 成员函数。

第 8 行，我们调用了 TcpClient 的 Connect 函数，连接到用户指定的服务器。

第 11 行，定义了 SendAndReceive 函数。该函数有 4 个参数，第 1 个参数指定发送的数据缓冲区，第 2 个参数指定发送的数据字节数，第 3 个参数指定接收数据的缓冲区指针，第 4 个参数指出缓冲区的大小（最多接收多少数据）。

第 13 行，我们调用 Send 函数由客户端向服务器发送数据。

第 15 行，我们初始化 receivedData，将其设置为 false。

第 16 行，调用客户端对象的 OnDataIndication 成员函数，设置接收数据的回调函数。

第 17 行，我们比较用户的缓冲区和实际数据的大小，如果接收到的实际数据大小大于缓冲区大小，那么我们以用户指定的缓冲区大小为准，防止缓冲区溢出。

第 21 行，将数据缓冲区的数据拷贝到用户的缓冲区中，并将 receivedData 设置为 true。

第 25 行，循环检查 receivedData 的值，如果为 false，那么主线程休眠 50 毫秒，然后进入下一轮检查，直到用户确认接收到了数据，将 receivedData 设置为 true 为止。

第 29 行，返回 resultSize，也就是用户实际收到的数据字节数。

这样我们就完成了 NetConnector 的修改，也就使用 Meshy 替代了普通的套接字，完成了和 Hurricane 的集成。

11.7 本章小结

本章我们讨论了通信系统的设计与实现。

首先介绍了 I/O 多路复用方案，介绍基本的网络编程接口，并讨论了与之相对的非阻塞的服务器程序。介绍了使用 select 和 epoll 的两种实现方式。

其次介绍了传输层的基础工具的实现，包括线程工具和日志工具。其中线程工具包括消息队列和线程池。

接着探讨了传输层的实现。我们先定义了抽象的 TP 传输层，然后在 Linux 中实现了基于 epoll 的传输层，并在 Windows 中实现了基于 IOCP 的传输层。

我们还探讨如何进行跨平台分割编译，并展示了 Makefile。并在最后引入了 Kake 编译系统，详细解读了 Kake 编译系统的背后设计哲学与实战方法。Kake 编译系统为我们提供了一个全新的 C++ 编译工具的选择，它能够帮助 C++ 开发人员简化编写 Makefile 所需的工作量，改善依赖项顺序等各个方面的编写和调试流程。

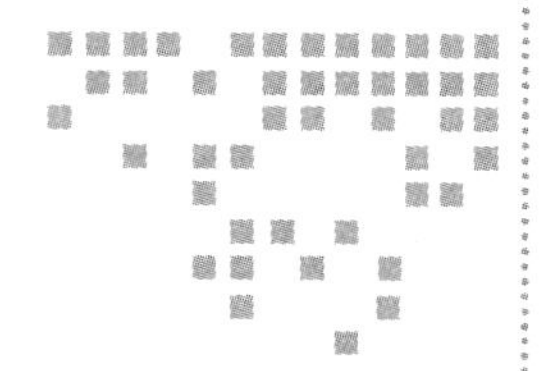

第 12 章 Chapter 12

事务性 Topology 实现

上一章我们讨论了消息的可靠处理，Hurricane 实时处理系统通过特定的机制保证消息源发出的消息一定会被处理。但仅仅如此还不够，虽然上一章中我们讨论了如何确保消息的处理，但并没有解决一个更重要的问题——如何确保一个数据会被处理而且仅被处理一次。

本章我们将会介绍事务性 Topology 的概念以及实现方式，这种 Topology 可以确保每个消息会被处理而且仅被处理一次，提供一种 Exact-once 的语义，确保数据处理结果更加准确，提高系统的可伸缩性和容错性。

不过需要注意的是，事务性 Topology 属于一种 Topology 的高层抽象，也就是说事务性是在 Hurricane 组件的基础上构建的，而不是系统本身的特性。

12.1 Exact-once 语义解决方案

让我们来讨论一下几种能够实现 Exact-once 语义的解决方案。

1. 方案 1

事务性 Topology 的核心思想是确保数据处理严格按照顺序完成。因此，最简单的实现方式就是 Topology 每次只处理一个元组，直到该元组处理完成后，才会开始处理下一个元组。

每个元组都会和一个事务 id 关联。如果元组处理失败，需要数据源重新发送并重新处理，那么消息源发送的元组会携带和之前相同的事务 id。每个事务 id 是一个整数，每发出一个元组，该数字就会增加 1。因此，显而易见的是，如果第 1 个元组的事务 id 是 1，那么第

2 个元组的事务 id 就是 2。

如果我们能够确保严格按照元组顺序处理元组，那么利用元组的重发实现处理并仅处理一次元组并不困难。其核心的问题在于如何生成一个递增且唯一的元组事务 id。

一种显而易见的解决方案是存储一个全局唯一的 id。我们会在数据库中同时保存两个数据，一个是当前元组的数量，一个是最后一个的事务 id。元组数量和事务 id 更新规则如下。

如果最后一个事务 id 和当前处理的元组的事务 id 不相同，说明当前的事务是正在处理的新事务，而之前的事务已经处理完成，因此我们可以直接将已处理完成的数量加 1，并更新事务 id。

如果最后一个事务 id 和当前处理元组的事务 id 相同，说明当前事务已经处理过，因此就不需要更新数据。

如果使用这种策略，我们可以严格确保元组会按顺序处理完成，而且即使该元组被多次重播，消息处理单元也不会多次处理同一个元组。

虽然这种方案简单易懂，但是也有一个很大的缺点，这会导致 Topology 同时只能处理一个元组，会造成极大的性能问题，因此在实际的工程实现中是不可取的。

2. 方案 2

方案 1 的思想很好，但是会极大降低计算集群的性能。因此我们借鉴一下传统的优化思想，在方案 1 的基础上设计出更好的方案，这就是我们将要讨论的方案 2。

我们可以看出，如果想要严格确保元组的处理顺序，必须同时只能处理一个元组。既然如此，那我们只需要提高同时处理的数据粒度就行了，如将元组分组。

我们可以将元组进行分组，每 n 个元组一组，每一组元组的事务 id 均相同。Topology 同时只能处理一组元组。其他的处理均和方案 1 相同。这样我们只需要调节 n 的大小就可以改善 Topology 的性能。不过这种方案有一个缺点，就是如果每个组的大小过大，那么会导致一旦出错之后重新处理的代价过高。

3. 方案 3

因此，我们来考虑一下方案 3。

方案 2 的性能在一般情况下应该已经足够，但为了追求更好的性能，我们还需要一个更好的方案。我们发现方案 1 和方案 2 的核心问题在于串行处理——整个 Topology 一次性只能处理一个事务 id 的元组。

那么我们回归最淳朴的思想，是不是可以适当提高 Topology 的并行度呢？

我们可以发现，整个 Topology 运行其实分为两个阶段，一个是计算阶段，一个是更新阶段。计算阶段是根据数据计算出中间结果，而更新阶段则是计算出最终结果将数据写入到数据库中。而且许多中间结果的计算其实是互相毫无依赖性的，都可以独立计算。

因此方案 3 是将任务分成两部分，一部分是可并行的计算部分，另一部分则是一定要严格按照顺序进行的数据库读写部分。这样一来我们就可以更多地处理元组，尽量提升系统性能。

12.2 设计细节

前一节中讨论了 Topology 事务的概念以及基本的设计思想，本节开始讨论其设计细节。

首先，事务性 Topology 必须确保以下功能。

1）管理状态：将执行事务性 Topology 所需的状态信息保存在外部数据库中。这些状态信息包括事务 id 和定义每个数据处理批次的元数据。

2）协调事务：Hurricane 必须管理必要数据，以决定在什么时候处理或者提交某个事务，如何协调事务的执行。

3）错误检测：必须使用 Hurricane 的确认和报错框架（上一章中具体讨论），确认某个元组是否已经成功完成处理，是否已经成功提交，还是失败。Hurricane 会自动在合适的时候重发数据，用户不需要自己确认处理成功或者跟踪相关信息。

4）通用 API：批处理消息源和批处理消息处理单元必须保证和普通的消息源或消息处理单元接口相同。而如何协调事务执行，如何确认消息处理单元已经接收到所有元组，如何决定何时清理系统资源则交给 Hurricane 自动进行，用户只需要关心业务即可。

12.2.1 构造事务性 Topology

我们可以使用 TransactionalTopologyBuilder 构造事务性 Topology。这里我们给出一个示例，该示例可以统计出从输入流中发出的元组数量，如代码清单 12-1 所示。

代码清单 12-1 事务性 Topology 示例

```
1 MemoryTransactionalSpout* spout = new MemoryTransactionalSpout(DATA,
      Fields({"word"}), 1000);
2 TransactionalTopologyBuilder builder("global-count", "spout", spout);
3 builder.SetBolt("partial-count", new BatchCount())
4         .ShuffleGrouping("spout");
5 builder.SetCommiterBolt("sum", new UpdateGlobalCount())
6         .GlobalGrouping("partial-count");
```

TransactionalTopologyBuilder 的构造函数有以下 3 个参数。

1）事务性 Topology 的名称。

2）事务性 Spout 的名称。

3）事务性 Spout 对象指针。

Hurricane 实时处理系统会将事务性 Topology 的名称存储在数据库中，因此即使集群重启，Hurricane 实时处理系统也会根据该名称从数据库中恢复任务执行状态，继续完成剩余任务。

事务性 Topology 有一个唯一的事务性消息源，就是我们在事务性 Topology 的构造函数中指定的参数。在该示例中，MemoryTransactionalSpout 就是我们的事务性消息源。MemoryTransactionalSpout 负责从内存中读取数据，并将数据转变成元组发送出去。其构造函数也有 3 个参数，第 1 个参数是内存数据源，第 2 个参数是输出的字段名称，第 3 个参数是每一批次元组的数量上限。该消息源会成批次发送数据。

12.2.2 消息处理单元

1. 数据处理

接下来我们看看用于数据处理的消息处理单元。前文讲过，在事务性 Topology 中，我们将消息处理单元分为两类，一类是进行计算的消息处理单元，另一类是会提交执行结果的消息处理单元。只是进行计算的消息处理单元可以并行执行，而提交执行结果则需要按顺序执行。

而上例中的 BatchCount 就是一类只进行计算的消息处理单元，我们来看看该类的实现，如代码清单 12-2 所示。

代码清单 12-2 BatchCount 消息处理单元

```
 1 class BatchCount : public BaseBatchBolt {
 2 private:
 3     void* _id;
 4     BatchOutputCollector& _collector;
 5     int _count = 0;
 6 
 7 public:
 8     void Prepare(BatchOutputCollector& collector, void* id) override {
 9         _collector = collector;
10         _id = id;
11     }
12 
13     void Execute(const Values& values) override {
14         _count++;
15     }
16 
17     void FinishBatch() override {
18         _collector.Emit({_id, _count});
19     }
20 
21     Fields DeclareOutputFields() override {
22         return { "id", "count"};
23     }
24 }
```

该类的 UML 类图如图 12-1 所示。

很明显，这个消息处理单元除了基本的几个接口以外，多出了几个接口。例如，在 Prepare 中，多出了一个 id 参数，同时多出了一个 FinishBatch 成员函数。

其中 Prepare 中传入的参数就是我们的批次 id，代表需要处理的同一批数据，而

FinishBatch 则需要实现者将批次 id 和需要提交的元组数量传递给数据收集器。

BatchOutputCollector 是特殊的数据收集器，这种数据收集器会将同一批次的数据缓存下来，直到用户在 FinishBatch 中真正完成数据的提交。

这类消息处理单元会在 BatchBoltExecutor 中执行，而不是普通的 BoltExecutor。

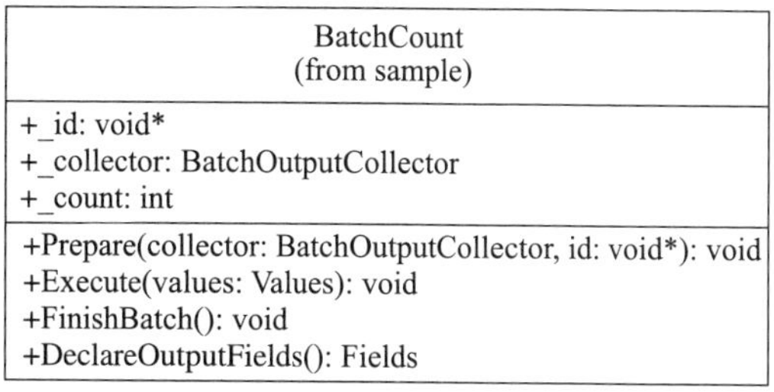

BatchCount (from sample)
+_id: void* +_collector: BatchOutputCollector +_count: int
+Prepare(collector: BatchOutputCollector, id: void*): void +Execute(values: Values): void +FinishBatch(): void +DeclareOutputFields(): Fields

图 12-1　BatchCount 类图

2. 数据提交

接着我们来看另一类特殊的 BaseBatchBolt——BaseTransactionalBolt。

BaseTransactionalBolt 的定义如代码清单 12-3 所示。

代码清单 12-3　BaseTransactionalBolt 定义

```
1  class BaseTransactionalBolt : public BaseBatchBolt {
2  public:
3      virtual void Prepare(BatchOutputCollector& collector, TransactionAttempt*
           attempt) = 0;
4      void Prepare(BatchOutputCollector& collector, void* id) {
5      }
6  };
```

该类的 UML 类图如图 12-2 所示。

Base TransactionalBolt (from bolt)
+Prepare(collector: BatchOutputCollector, attempt: TransactionAttempt*): void +Prepare(collector: BatchOutputCollector, id: void*): void

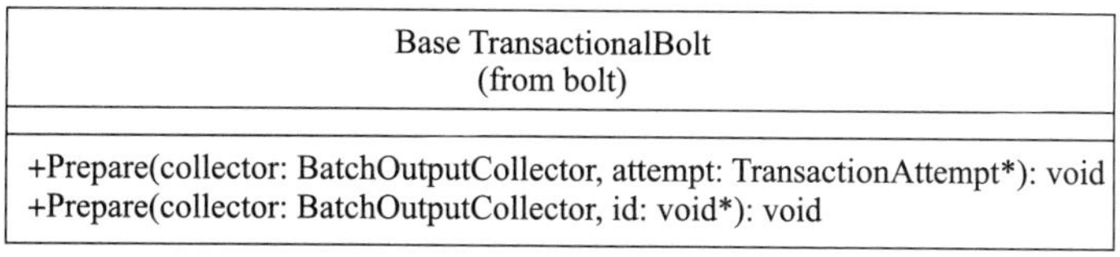

图 12-2　BaseTransactionalBolt 类图

这种消息处理单元会额外携带一个 TransactionAttempt 对象，该对象的定义如代码清单 12-4 所示。

代码清单 12-4　TransactionAttempt 定义

```
1  class TransactionAttempt {
2  public:
3      TransactionAttempt(int transactionId, int attemptId) :
4          _transactionId(transactionId), _attemptId(attemptId) {}
5
6      int32_t GetTransactionId() const {
7          return _transactionId;
8      }
9
10     int32_t GetAttemptId() const {
```

```
11          return _attemptId;
12      }
13
14  private:
15      int32_t _transactionId;
16      int32_t _attemptId;
17  };
```

TransactionAttempt 类图如图 12-3 所示。

该对象包含两个属性，一个是 transactionId，表示事务 id。对于同一批次的所有元组，其事务 id 都是相同的，表示属于同一个事务。而另一个属性则是 attemptId，表示发送 id，每次一起发送的一批数据都具有相同的 attemptId。因此，如果任务超时，事务性消息源可以自主重发消息，而数据处理单元会自动根据事务 id 判别消息并进行处理，对于 attemptId 相同的批次则作为一个批次统一处理。

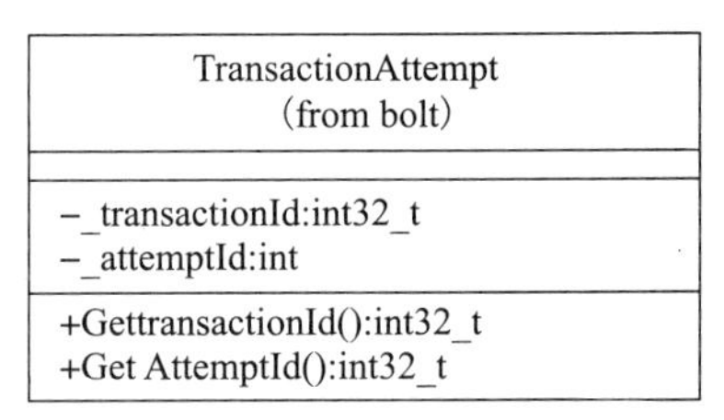

图 12-3 TransactionAttempt 类图

事务 id 和发送 id 都是普通的整数，从 1 开始递增，全局唯一。

我们来看看 UpdateGlobalCount 的实现，如代码清单 12-5 所示。

代码清单 12-5 UpdateGlobalCount 实现

```
1   class UpdateGlobalCount : public BaseTransactionalBolt, public ICommitter {
2   private:
3       TransactionAttempt* _attempt;
4       BatchOutputCollector& _collector;
5       int32_t _sum = 0;
6
7   public:
8       void Prepare(BatchOutputCollector& collector, TransactionAttempt* attempt)
            override {
9           _collector = collector;
10          _attempt = new TransactionAttempt(attempt);
11      }
12
13      ~UpdateGlobalCount() {
14          delete _attempt;
15      }
16
17      void Execute(const Values& values) override {
18          _sum += values[1].ToIntValue();
19      }
20
21      void FinishBatch() override {
22          Value val = DATABASE.get(GLOBAL_COUNT_KEY);
23          Value newval;
24          if(val == Value() || val.txid!=_attempt->GetTransactionId()) {
```

```
25              newval = Value();
26              newval.txid = _attempt->GetTransactionId();
27              if( val.empty() ) {
28                  newval.count = _sum;
29              } else {
30                  newval.count = _sum + val.count;
31              }
32
33              DATABASE.put(GLOBAL_COUNT_KEY, newval);
34          } else {
35              newval = val;
36          }
37
38          _collector.Emit({ _attempt->GetTransactionId(), _attempt->GetAttemptId(),
                        newval.count });
39      }
40
41      Fields DeclareOutputFields() override {
42          return { "id", "sum" };
43      }
44  };
```

UpdateGlobalCount 的类图如图 12-4 所示。

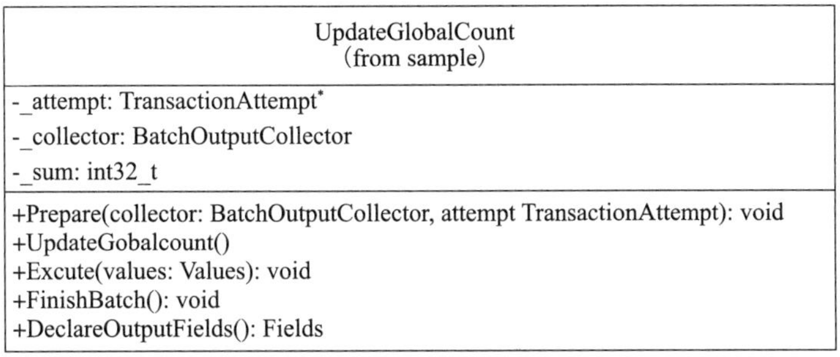

UpdateGlobalCount (from sample)
-_attempt: TransactionAttempt* -_collector: BatchOutputCollector -_sum: int32_t
+Prepare(collector: BatchOutputCollector, attempt TransactionAttempt): void +UpdateGobalcount() +Excute(values: Values): void +FinishBatch(): void +DeclareOutputFields(): Fields

图 12-4　UpdateGlobalCount 类图

12.3　事务性 Topology API

前文我们阐述了事务的概念，并以消息处理单元为例描述了事务性 Topology 的具体实现方法。本节我们将介绍面向用户的事务性 Toplogy API 接口，一方面总结概念，另一方面阐述部分注意事项。指导用户使用事务性 Topology API。

12.3.1　消息处理单元

首先我们来看一下迄今为止设计的 3 类消息处理单元，它们分别如下。

1）BasicBolt：这类消息处理单元是最基础的 Bolt，也是我们最早接触的 Bolt。这类 Bolt 的特点是一次性处理一个输入元组，并且输出相应的元组，无法对成批次的元组进行处理。

2）BatchBolt：这类消息处理单元是实现事务性 Topology 的基础，可以用来处理批量的元组。其中的 Execute 成员函数一次性处理单个元组，而 FinishBatch 成员函数则在整个批次处理完成时会被调用，用来结束并提交数据。这类消息处理单元可以完全并行执行。

3）实现 ICommitor 的 BatchBolt：这类消息处理单元的其他地方和 BatchBolt 是一样的，不同之处在于 BatchBoltExecutor 对 FinishBatch 的处理。如果 BatchBolt 实现了 ICommitor，那么在 FinishBatch 会在“提交阶段”执行。在提交阶段中，同一时刻整个拓扑结构只能提交一个批次的元组，下一批次的元组需要等待上一次批次的元组提交完成才能提交。因此在“提交阶段”，这类消息处理单元的提交操作是严格保障执行顺序的。

“计算阶段”和“提交阶段”如图 12-5 所示。

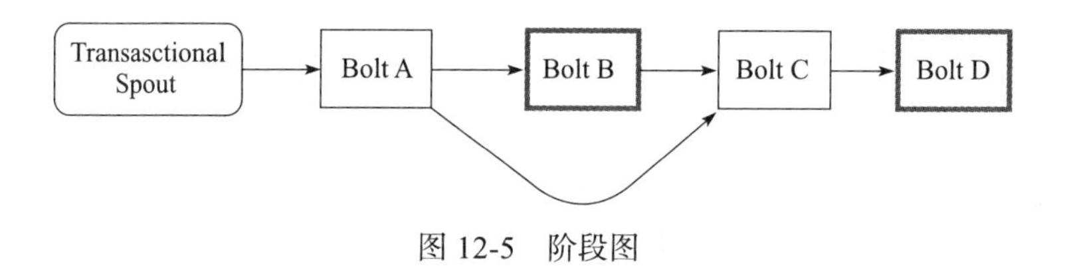

图 12-5 阶段图

图 12-5 中，粗线框的消息处理单元就是继承了 ICommitor 的消息处理单元，其他的则是普通消息处理单元。

一开始整个消息处理单元会进入计算阶段，在计算阶段，每个消息处理单元都会执行 Execute 来处理消息。其中消息处理单元 A 会接收来自消息源的消息，并调用 FinishBatch 将元组发送给 B 和 C。由于 B 是一个提交者，因此只会执行 Execute 处理输入元组，但并不会最终执行 FinishBatch 提交元组信息。而 C 虽然不是一个提交者，但由于其输入一部分来自于 B，如果 B 没有提交元组，那么 C 的提交结果也不能确定，因此 C 的 FinishBatch 也不会立即执行。最后就是 D，D 也一个提交者，而且所有元组来自于 C，因此不会执行任何动作。

接着进入提交阶段。假设消息处理单元 B 完成消息处理，并调用 FinishBatch 提交元组。当 B 的提交完成时，C 就可以计算，计算完成后调用 FinishBatch 提交元组。最后的 D 收到来自 C 的执行结果后马上执行 Execute，并在计算完成后执行 FinishBatch。

因此我们可以看到，提交者和普通的消息处理单元唯一的区别就在于提交者的 FinishBatch 成员函数只会在提交阶段执行，而普通的消息处理单元则没有阶段要求，只是根据实际情况进行计算和提交。

另外，提交者要使用 SetCommitorBolt 来设置。

最后，事务性消息处理单元的元组确认完全由 Hurricane 实时处理系统来完成，用户不用手动确认元组的提交信息。但是用户一定需要在处理失败时调用 fail 告知消息源重发整批元组。

12.3.2 事务性消息源

TransactionalSpout 的接口和普通的 Spout 完全不同，其接口代码如代码清单 12-6 所示。

代码清单 12-6 TransactionalSpout 接口

```
1 class TransactionalSpout {
2 public:
3     virtual Coordinator* GetCoordinator() = 0;
4     virtual Emitter* GetEmitter() = 0;
5 };
```

其中 GetCoordinator 会返回一个协调单元，协调单元是一个消息源，该消息源负责提交事务。而 GetEmitter 会返回一个提交单元，提交单元是一个普通的消息处理单元，其任务是接收来自消息源的任务，并转化成元组发送出去。

而提交者在定义时会接收来自消息源的消息，在发生事务时向拓扑结构发送元组。

提交者和消息源的关系如图 12-6 所示。

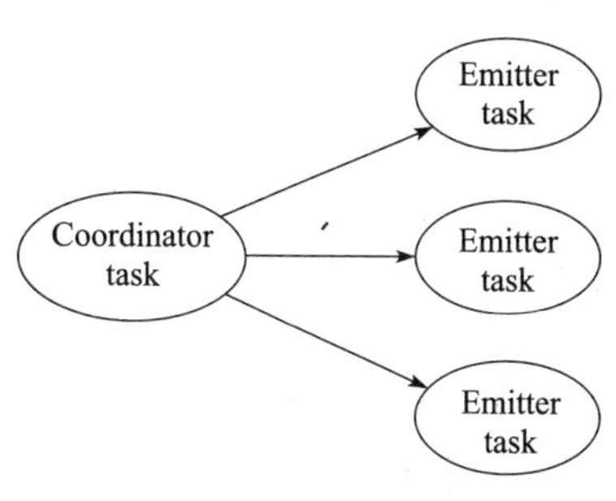

图 12-6 Coordinator 类图

12.4 本章小结

我们在本章介绍了事务性 Topology 的设计与实现方案。

首先介绍了事务性的几个概念与方案，分别如下。

1）严格按顺序串行处理方案：这种方案最简单但是效率低下，无法发挥出集群的计算能力。

2）分组处理方案：这种方法可以最大化地提升系统的吞吐量，虽然会对某些特定元组处理的实时性下降，但是其损失在可接受范围之内。

3）阶段划分方案：根据消息处理单元的不同特性划分处理阶段，在分组方案的前提下进一步提升系统的实时性与吞吐量。部分解决纯粹的分组处理方案中实时性降低的问题。

接着我们介绍了事务性 Topology 中实现的相关细节。解释了如何构建一个支持事务的 Topology。包括如何构建事务性 Topology 中的消息处理单元，需要在传递的元组中写入哪些额外的信息。

同时介绍了如何实现事务性的消息源，与消息处理单元组合构成一个完整的事务性 Topology。

最后从用户的角度来介绍了事务性 Topology 的 API，便于用户掌握事务性 Topology，然后我们实现了相应的代码逻辑。

Chapter 13 第 13 章

多语言接口

本章我们将介绍多语言接口。

虽然我们使用 C++ 编程语言实现了 Hurricane 实时处理系统，但是我们必须清楚，并不是所有的开发人员都会在开发中选择 C++。尤其是现在分布式计算广泛运用于科学计算领域，而在科学计算领域中广为使用的语言是 Python 这类脚本语言。这些语言开发效率高、易上手、不易出错，而且有丰富的第三方库，因此颇受非计算机专业科研与技术人员的青睐。

因此为了让 Hurricane 能够得到更为广泛的运用，我们必须在其他语言中实现 Hurricane 的接口。而本章选择的几种语言分别为 Python、JavaScript、Java 以及 Swift。其中 Python 与 Java 分别在科学计算领域与分布式计算领域各领风骚，我们必须予以支持。而 JavaScript 由于 Node.js 的出现，最近在服务器后端也越来越普及，而且单线程，计算能力弱的劣势恰恰可以借助 Hurricane 来弥补，因此我们也考虑在 JavaScript 上实现。最后我们还会实现 Swift——Apple 公司推出的新语言，这是一种支持编译的脚本语言，具有许多现代化的特性，注定成为 Apple 未来的主要开发语言，因此我们也考虑予以支持。

13.1 C 语言通用接口

首先，我们需要来实现一下 C 语言的接口。

这里大家会有疑问，我们为何要大费周章，在 C++ 上封装 C 语言的接口呢？这里其实有两个层面的考量：一是目前还有许多人在用 C 语言，而不愿意用 C++（恐怕这是大多数），因此在应用层面上支持 C 语言也是需要考虑的；另一方面，在与其他语言进行集成的时候，这些语言往往会对 C 语言进行比较充分完善的支持，但对于 C++ 的支持则相对薄弱。为了能够让 Hurricane 迁移到更多的平台和语言中，提供一个 C 语言的接口作为 Hurricane 和其他语言的胶合剂，是非常必要的。

首先我们来看一下公用头文件的代码，如代码清单 13-1 所示。

代码清单 13-1　Common.h 内容

```
 1 #pragma once
 2 
 3 typedef void* HCHandle;
 4 
 5 #ifdef __cplusplus
 6 #define BEGIN_C_DECALRE extern "C" {
 7 #define END_C_DECLARE  }
 8 #else
 9 #define BEGIN_C_DECALRE
10 #define END_C_DECLARE
11 #endif
```

这个头文件是一个公共头文件，所有的 C 接口代码都会包含这个文件。该文件主要定义了以下两个重要的元素。

1）HCHandle：资源句柄。由于 C 无法直接调用 C++ 的成员函数，也不支持 C++ 中的类，因此我们将在 C++ 中构造的对象传递到 C 接口层时需要将所有指针都转换成一个通用的指针——void*，然后在使用时，由 C 接口层传递回 C++ 层，并进行类型转换转换回原有类型。为了让这种数据类型更为形象，就定义了一个名为 HCHandle 的类型，并使用该类型来存储所有 C++ 类型的指针。

2）BEGIN_C_DECLARE/END_C_DECLARE：这是一对非常重要的宏。我们都知道，C 和 C++ 中符号修饰规则不一样，C 中只会使用函数名作为符号修饰的唯一元素，而 C++ 中则会加上命名空间、类名以及参数类型（为了支持命名隔离和函数重载）。因此 C++ 编译的二进制文件并不能直接为 C 所用。

为了解决这个问题，我们采用 extern "C" 来特意标出那些需要采用 C 语言形式导出的符号。但问题是，这个语句在 C 中是不支持的，所以我们往往要这样将需要导出的 C 语言符号包围起来：

```
#ifdef __cplusplus
extern "C" {
#endif

    // 将函数声明放在这里

#ifdef __cplusplus
}
#endif
```

这种方式明显繁琐而且可读性差。为了解决这个问题，我们定义了两个宏，一个是

BEGIN_C_DECLARE，另一个是END_C_DECLARE。在C++环境下，这两个宏分别相当于extern "C" { 和 }，在C环境下，则都是空字符串，因此在C/C++中可以做到很好的可移植性。

13.1.1 元组接口

接着我们来看一下元组的接口，首先是CValue，也就是C中的值，如代码清单13-2所示。

代码清单 13-2 CValue 定义

```
 1 #define HC_TYPE_BOOLEAN 0
 2 #define HC_TYPE_CHARACTER 1
 3 #define HC_TYPE_INT8 2
 4 #define HC_TYPE_INT16 3
 5 #define HC_TYPE_INT32 4
 6 #define HC_TYPE_INT64 5
 7 #define HC_TYPE_FLOAT 6
 8 #define HC_TYPE_DOUBLE 7
 9 #define HC_TYPE_STRING 8
10
11 BEGIN_C_DECALRE
12
13 typedef struct {
14     int8_t type;
15     union {
16         int8_t booleanValue;
17         char characterValue;
18         int8_t int8Value;
19         int16_t int16Value;
20         int32_t int32Value;
21         int64_t int64Value;
22         float floatValue;
23         double doubleValue;
24         char* stringValue;
25     };
26     int32_t length;
27 } CValue;
```

首先我们看代码第1行到第9行，这里我们定义了几个宏，这些宏分别代表各自的数据类型。我们都知道Value支持C++中的许多类型，所以与之对应的我们也要在C中定义这些类型的代码，我们这里就选择使用#define来完成这一任务。这里所有的宏都以HC_TYPE开头，我们定义了下面几种类型。

1）HC_TYPE_BOOLEAN：布尔类型，对应C++中的bool。

2）HC_TYPE_CHARACTER：字符类型，对应C++中的char。

3）HC_TYPE_INT8：8位整型，对应C++11中的int8_t。

4）HC_TYPE_INT16：16位整型，对应C++11中的int16_t。

5）HC_TYPE_INT32：32 位整型，对应 C++11 中的 int32_t。

6）HC_TYPE_INT64：64 位整型，对应 C++11 中的 int64_t。

7）HC_TYPE_FLOAT：单精度浮点数，对应 C++ 中的 float。

8）HC_TYPE_DOUBLE：双精度浮点数，对应 C++ 中的 double。

9）HC_TYPE_STRING：双精度浮点数，对应 C++ 中的 std::string。

从第 13 行开始我们定义 CValue 类型。这个类型和 C++ 中的 Value 很像，只不过是一个 C 中的单纯的结构体。

第 14 行，我们定义了一个 type 成员，表示某个 CValue 的实际类型，其取值范围是前面定义的那几个类型宏。

第 15 行到第 25 行，我们定义了一个匿名联合体。这个匿名联合体里有 9 个成员，分别对应于不同类型的值，由于联合体的特性，这几个值同时只能存在 1 个。在这种情况下使用联合体而非结构体可以极大地节省存储空间。

第 26 行，我们定义了一个 length 成员，表示数据长度。这个成员只有在 type 为 HC_TYPE_STRING 的时候才有意义。因此这种情况下，在联合体里存储的是一个字符指针，长度信息需要靠这个 length 字段来额外判定（也可采用 '\0'，但是这样不安全），其他的类型长度都是固定不变的。

然后是 CValues，也就是元组实现，如代码清单 13-3 所示。

代码清单 13-3　CValues 定义

```
1  typedef struct {
2      int32_t length;
3      CValue* values;
4  } CValues;
5
6  void PrintCValues(CValues* values);
7
8  #ifdef __cplusplus
9
10 namespace hurricane {
11     namespace base {
12         class Values;
13     }
14 };
15
16 void Values2CValues(const hurricane::base::Values& values, CValues*
                        cValues);
17 void CValues2Values(const CValues& cValues, hurricane::base::Values*
                       values);
```

我们来看看 CValues 的定义。

第 1 行到第 4 行，定义了 CValues。

第 2 行，定义了 length 字段，表示元组长度，也就是元素个数。

第 3 行，定义了 values 字段。这是一个 CValue 指针，指向一个 CValue 数组的起始地址。因此 values 字段和 length 字段决定了一个元组中包含的字段。

第 8 行到第 17 行，使用 __cplusplus 包围起来的这段是 C++ 用的代码。

其中，第 16 行定义了函数 Values2CValues，用于将 C++ 的 Values 转换成 C 中的 CValues。

第 17 行，定义了函数 CValues2Values，作用和上面那个函数相反，可以将 C 的 CValues 转换成 C++ 的 Values。

CValues 函数的实现如代码清单 13-4 所示。

代码清单 13-4 CValues 函数实现

```
 1 #include <iostream>
 2 #include <string>
 3
 4 #include "hurricane/multilang/c/HCValues.h"
 5 #include "hurricane/base/Values.h"
 6
 7 using hurricane::base::Value;
 8 using hurricane::base::Values;
 9
10 void PrintCValue(const CValue& value) {
11     if ( value.type == HC_TYPE_INT16 ) {
12         std::cout << "int16" << std::endl;
13         std::cout << value.int16Value << std::endl;
14     }
15     else if ( value.type == HC_TYPE_INT32 ) {
16         std::cout << "int32" << std::endl;
17         std::cout << value.int32Value << std::endl;
18     }
19     else if ( value.type == HC_TYPE_STRING ) {
20         std::cout << "string" << std::endl;
21
22         std::string content(value.stringValue, value.length);
23         std::cout << content << std::endl;
24     }
25 }
26
27 void PrintCValues(CValues* values) {
28     std::cout << values->length << std::endl;
29     std::cout << values->values << std::endl;
30
31     for ( int i = 0; i < values->length; i ++ ) {
32         PrintCValue(values->values[i]);
33     }
34 }
35
36 void Values2CValues(const Values& values, CValues* cValues) {
37     int valueIndex = 0;
```

```
38
39      cValues->length = values.size();
40      cValues->values = new CValue[cValues->length];
41
42      for ( const Value& value : values ) {
43          if ( value.getType() == Value::Type::Int32 ) {
44              cValues->values[valueIndex].type = HC_TYPE_INT32;
45              cValues->values[valueIndex].int32Value = value.ToInt32();
46          }
47          else if ( value.getType() == Value::Type::String ) {
48              const std::string& content = value.ToString();
49
50              cValues->values[valueIndex].type = HC_TYPE_STRING;
51              cValues->values[valueIndex].stringValue =
52                  const_cast<char*>(content.c_str());
53              cValues->values[valueIndex].length = content.length();
54          }
55
56          valueIndex ++;
57      }
58  }
59
60  void CValues2Values(const CValues& cValues, Values* values) {
61      for ( int32_t valueIndex = 0; valueIndex != cValues.length; ++ valueIndex ) {
62          CValue& cValue = cValues.values[valueIndex];
63          if ( cValue.type == HC_TYPE_INT32 ) {
64              values->push_back(Value(cValue.int32Value));
65          }
66          if ( cValue.type == HC_TYPE_STRING ) {
67              values->push_back(Value(
68                  std::string(cValue.stringValue, cValue.length)));
69          }
70      }
71  }
```

第 10 行，定义了 PrintCValue 函数，用于输出 CValue 结构体，这个函数是调试使用的。第 27 行定义的 PrintCValues 函数则是输出 CValues 结构体。该函数的原理是循环调用 PrintCValue，也是调试使用的。

第 36 行，定义了 Values2CValues 函数，将 Values 对象转换成 CValues 结构体。

这里的思路是根据 Values 中的 size() 确定元组中元素的个数，然后我们遍历元组中的所有元素（这里使用了 C++11 的 forEach），根据元素类型不同，为 CValue 结构体赋予不同的值。注意，这里我们直接将字符串的指针取出来，并没有执行复制，因此元组处理时需要尽快处理，避免字符串被释放。

第 60 行，就是上面过程的逆过程，我们根据 CValues 对象的 length 确定元素长度，然后使用 for 循环遍历，并根据不同的类型将 CValue 结构体中的字段取出，转换成对应的 Value 类型。最后全部放入 Values 对象中并返回。

13.1.2 消息源接口

首先，我们需要定义消息源。消息源负责向计算拓扑中发送消息。现在先来看给 C 设计的通用接口，如代码清单 13-5 所示。

代码清单 13-5 消息源接口定义

```
1  #pragma once
2
3  #include "hurricane/multilang/common/Common.h"
4  #include "hurricane/multilang/c/HCValues.h"
5
6  BEGIN_C_DECALRE
7
8  #include <stdint.h>
9
10 typedef int32_t (*CSpoutClone)();
11 typedef int32_t(*CSpoutOpen)(int spoutIndex);
12 typedef int32_t(*CSpoutClose)(int spoutIndex);
13 typedef int32_t(*CSpoutExecute)(int spoutIndex, void* wrapper, void*
                                    emitter);
14
15 typedef struct {
16     CSpoutClone onClone;
17     CSpoutOpen onOpen;
18     CSpoutClose onClose;
19     CSpoutExecute onExecute;
20 } CSpout;
21
22 void TestCSpout(CSpout* cSpout);
23
24 END_C_DECLARE
```

这里我们定义了以下几个函数指针类型。

1）CSpoutClone：关联消息源复制回调函数。

2）CSpoutOpen：关联消息源初始化回调函数。

3）CSpoutClose：关联消息源关闭回调函数。

4）CSpoutExecute：关联消息源执行回调函数，负责发送元组。

然后我们定义了 CSpout 类型，该类型是一个存放回调函数的结构体，其他语言只需要填充这个结构体就可以完成消息源注册。

与之关联的 C++ 包装器其实就是一个特定的消息源实现，如代码清单 13-6 所示。

代码清单 13-6 消息源 C++ 层接口定义

```
1  #include "hurricane/base/Values.h"
2  #include "hurricane/base/Fields.h"
3  #include "hurricane/spout/ISpout.h"
```

```
4
5  namespace hurricane {
6      namespace base {
7          class OutputCollector;
8      }
9
10     namespace spout {
11         class CSpoutWrapper : public ISpout {
12         public:
13             CSpoutWrapper(const CSpout* cSpout);
14             virtual base::Fields DeclareFields() const override;
15             virtual void Open(base::OutputCollector & outputCollector) override;
16             virtual void Close() override;
17             virtual void Execute() override;
18             virtual ISpout * clone() const override;
19             static void Emit(CSpoutWrapper* spout, CValues* cValues);
20
21         private:
22             CSpout _cSpout;
23             int32_t _spoutIndex;
24             base::OutputCollector* _collector;
25         };
26     }
27 }
28
29 #endif
```

这里我们继承了 IBolt，并覆盖实现。

注意第 19 行，这是我们新加的元组提交函数，该函数需要注册到其他语言里供其他语言调用，由 C++ 来完成元组的发送。

现在来看接口的实现，如代码清单 13-7 所示。

代码清单 13-7　消息源接口实现

```
1  #include "hurricane/multilang/c/HCSpout.h"
2  #include "hurricane/base/Values.h"
3  #include "hurricane/base/Fields.h"
4  #include "hurricane/base/OutputCollector.h"
5  #include "hurricane/spout/ISpout.h"
6  #include <iostream>
7
8  using hurricane::base::Fields;
9  using hurricane::base::Values;
10 using hurricane::base::OutputCollector;
11 using hurricane::spout::ISpout;
12
13 namespace hurricane {
14     namespace spout {
15         CSpoutWrapper::CSpoutWrapper(const CSpout* cSpout) : _cSpout(*cSpout),
```

```
16                _collector(nullptr) {
17            }
18
19            Fields CSpoutWrapper::DeclareFields() const
20            {
21                return Fields();
22            }
23
24            void CSpoutWrapper::Open(OutputCollector & outputCollector)
25            {
26                _collector = &outputCollector;
27                _cSpout.onOpen(_spoutIndex);
28            }
29
30            void CSpoutWrapper::Close()
31            {
32                _cSpout.onClose(_spoutIndex);
33            }
34
35            void CSpoutWrapper::Execute()
36            {
37                _cSpout.onExecute(_spoutIndex, this, emit);
38            }
39
40            ISpout * CSpoutWrapper::Clone() const
41            {
42                int spoutIndex = _cSpout.onClone();
43                CSpoutWrapper* spout = new CSpoutWrapper(&_cSpout);
44                spout->_spoutIndex = spoutIndex;
45
46                return spout;
47            }
48
49            void CSpoutWrapper::Emit(CSpoutWrapper* spout, CValues* cValues) {
50                std::cout << "Emit" << std::endl;
51                Values values;
52                CValues2Values(*cValues, &values);
53                spout->_collector->Emit(values);
54            }
55        }
56    }
```

第 15 行，定义了构造函数，用于构造消息源对象。

第 24 行，定义了 Open 函数，我们简单地调用 cSpout 的 Open 回调函数交由其他语言完成初始化任务。

第 30 行，定义了 Close 函数，我们简单地调用 cSpout 的 Close 回调函数交由其他语言完成关闭任务。

第 35 行，定义了 Execute 函数，我们简单地调用 cSpout 的 Execute 回调函数交由其他语言完成元组发送任务。

第 40 行，定义了 Clone 函数，我们简单地调用 cSpout 的 Clone 回调函数交由其他语言完成复制任务。

第 49 行，我们定义了 Emit 函数，该函数会先将 CValues 转换成 Values 对象，然后使用 OutputCollector 发送数据。该函数需要被其他语言调用。

13.1.3　消息处理单元接口

实现好消息源接口后，我们现在来看消息处理单元的 C 接口，实现原理和消息源接口大同小异，如代码清单 13-8 所示。

代码清单 13-8　消息处理单元接口定义

```
 1 #pragma once
 2 
 3 #include "hurricane/multilang/common/Common.h"
 4 #include "hurricane/multilang/c/HCValues.h"
 5 
 6 BEGIN_C_DECALRE
 7 
 8 #include <stdint.h>
 9 
10 typedef int32_t(*CBoltClone)();
11 typedef int32_t(*CBoltPrepare)(int boltIndex);
12 typedef int32_t(*CBoltCleanup)(int boltIndex);
13 typedef int32_t(*CBoltExecute)(int boltIndex,
14     void* wrapper, void* emitter, CValues* cValues);
15 
16 typedef struct {
17     CBoltClone onClone;
18     CBoltPrepare onPrepare;
19     CBoltCleanup onCleanup;
20     CBoltExecute onExecute;
21 } CBolt;
22 
23 void TestCBolt(CBolt* cBolt);
24 
25 END_C_DECLARE
```

C++ 接口如代码清单 13-9 所示。

代码清单 13-9　C++ 接口层定义

```
1 #ifdef __cplusplus
2 
3 #include "hurricane/base/Values.h"
4 #include "hurricane/base/Fields.h"
5 #include "hurricane/bolt/IBolt.h"
```

```
 6
 7 namespace hurricane {
 8     namespace base {
 9         class OutputCollector;
10     }
11
12     namespace bolt {
13         class CBoltWrapper : public IBolt {
14         public:
15             CBoltWrapper(const CBolt* cBolt);
16             virtual base::Fields DeclareFields() const;
17             virtual void Prepare(base::OutputCollector & outputCollector);
18             virtual void Cleanup() override;
19             virtual void Execute(const base::Values& values);
20             virtual bolt::IBolt * Clone() const override;
21
22             static void Emit(CBoltWrapper* bolt, CValues* cValues);
23
24         private:
25             CBolt _cBolt;
26             int32_t _boltIndex;
27             base::OutputCollector* _collector;
28         };
29     }
30 }
31
32 #endif
```

这里我们定义了以下几个函数指针类型。

1）CBoltClone：关联消息处理单元复制回调函数。

2）CBoltPrepare：关联消息处理单元初始化回调函数。

3）CBoltCleanup：关联消息处理单元关闭回调函数。

4）CBoltExecute：关联消息处理单元执行回调函数，负责发送元组。

然后我们定义了 CBolt 类型，该类型是一个存放回调函数的结构体，其他语言只需要填充这个结构体就可以完成消息处理单元注册。

接着我们定义了 CBoltWrapper，该类继承自 IBolt，实现了所有消息处理单元的函数，并仿照 CSpoutWrapper，添加了 Emit 静态成员函数，用于提交数据。

我们来看一下接口的实现代码，如代码清单 13-10 所示。

代码清单 13-10 消息处理单元实现

```
1 #include "hurricane/multilang/c/HCBolt.h"
2 #include "hurricane/base/Values.h"
3 #include "hurricane/base/Fields.h"
4 #include "hurricane/base/OutputCollector.h"
5 #include "hurricane/bolt/IBolt.h"
```

```
 6 #include <iostream>
 7
 8 using hurricane::base::Fields;
 9 using hurricane::base::Values;
10 using hurricane::base::OutputCollector;
11 using hurricane::bolt::IBolt;
12
13 namespace hurricane {
14     namespace bolt {
15         CBoltWrapper::CBoltWrapper(const CBolt* cBolt) : _cBolt(*cBolt),
16             _collector(nullptr) {
17         }
18
19         Fields CBoltWrapper::DeclareFields() const
20         {
21             return Fields();
22         }
23
24         void CBoltWrapper::Prepare(OutputCollector & outputCollector)
25         {
26             _collector = &outputCollector;
27             _cBolt.onPrepare(_boltIndex);
28         }
29
30         void CBoltWrapper::Cleanup()
31         {
32             _cBolt.onCleanup(_boltIndex);
33         }
34
35         void CBoltWrapper::Execute(const Values& values)
36         {
37             CValues cValues;
38             Values2CValues(values, &cValues);
39
40             _cBolt.onExecute(_boltIndex, this, emit, &cValues);
41
42             delete[] cValues.values;
43         }
44
45         IBolt * CBoltWrapper::Clone() const
46         {
47             int boltIndex = _cBolt.onClone();
48             CBoltWrapper* bolt = new CBoltWrapper(&_cBolt);
49             bolt->_boltIndex = boltIndex;
50
51             return bolt;
52         }
53
54         void CBoltWrapper::Emit(CBoltWrapper* bolt, CValues* cValues) {
55             std::cout << "emit" << std::endl;
```

```
56              Values values;
57              CValues2Values(*cValues, &values);
58              bolt->_collector->emit(values);
59          }
60      }
61  }
```

第 15 行，定义了构造函数，用于构造消息处理单元对象。

第 24 行，定义了 Prepare 函数，我们简单地调用 cBolt 的 Prepare 回调函数交由其他语言完成资源初始化任务。

第 30 行，定义了 Cleanup 函数，我们简单地调用 cBolt 的 Cleanup 回调函数交由其他语言完成资源清理任务。

第 35 行，定义了 Execute 函数，我们简单地调用 cBolt 的 Execute 回调函数交由其他语言完成元组发送任务。

第 45 行，定义了 Clone 函数，我们简单地调用 cBolt 的 Clone 回调函数交由其他语言完成复制任务。

第 54 行，我们定义了 emit 函数，该函数会先将 CValues 转换成 Values 对象，然后使用 OutputCollector 发送数据。该函数需要被其他语言调用。

13.1.4 计算拓扑接口

好了，万事俱备只欠东风。有了前面的准备我们现在来定义计算拓扑的接口，如代码清单 13-11 所示。

代码清单 13-11 计算拓扑接口定义

```
 1  #pragma
 2
 3  #include "hurricane/multilang/common/Common.h"
 4  #include "HCBolt.h"
 5  #include "HCSpout.h"
 6
 7  BEGIN_C_DECALRE
 8
 9  typedef struct {
10      CBolt* cBolts;
11      char** boltNames;
12      char** boltSources;
13      int32_t boltCount;
14
15      CSpout* cSpouts;
16      char** spoutNames;
17      int32_t spoutCount;
18  } CTopology;
19
```

```
20 void StartTopology(CTopology* cTopology);
21
22 END_C_DECLARE
```

代码很简单，我们定义了一个结构体 CTopology，里面有以下成员。

1）cBolts：所有的消息处理单元回调函数结构体集合。

2）boltNames：所有消息处理单元的名称集合。

3）boltSources：所有消息处理单元数据源名称集合。

4）boltCount：消息处理单元的数量。

5）cSpouts：所有消息源回调函数结构体结合。

6）spoutNames：所有消息源名称集合。

7）spoutCount：消息源数量。

接着我们在 20 行定义了 StartTopology 函数，现在我们看看该函数的代码实现，如代码清单 13-12 所示。

代码清单 13-12 计算拓扑实现

```
 1 #include "hurricane/multilang/c/HCTopology.h"
 2 #include "hurricane/multilang/c/HCSpout.h"
 3 #include "hurricane/multilang/c/HCBolt.h"
 4 #include "hurricane/topology/TopologyBuilder.h"
 5 #include "hurricane/topology/LocalTopology.h"
 6 #include "hurricane/topology/ITopology.h"
 7
 8 using hurricane::topology::TopologyBuilder;
 9 using hurricane::topology::LocalTopology;
10 using hurricane::topology::ITopology;
11 using hurricane::spout::CSpoutWrapper;
12 using hurricane::bolt::CBoltWrapper;
13
14 void StartTopology(CTopology * cTopology)
15 {
16     LocalTopology localTopology;
17     TopologyBuilder topologyBuilder;
18
19     for ( int32_t spoutIndex = 0; spoutIndex < cTopology->spoutCount; spoutIndex ++  ) {
20         topologyBuilder.SetSpout(cTopology->spoutNames[spoutIndex],
21             new CSpoutWrapper(cTopology->cSpouts + spoutIndex));
22     }
23
24     for ( int32_t boltIndex = 0; boltIndex < cTopology->boltCount; boltIndex ++ ) {
25         topologyBuilder.SetBolt(cTopology->boltNames[boltIndex],
26             new CBoltWrapper(cTopology->cBolts + boltIndex),
27             cTopology->boltSources[boltIndex]);
28     }
29
```

```
30      ITopology* topology = topologyBuilder.Build();
31      localTopology.Submit("hello", std::shared_ptr<ITopology>(topology));
32
33      std::this_thread::sleep_for(std::chrono::milliseconds(1000 * 10));
34  }
```

第 16 行，我们定义了一个 LocalTopology，以便于在本地测试运行 Topology。

第 17 行，定义了 TopologyBuilder，用于构造拓扑结构。

第 19 行，遍历所有消息源，并调用构造器的 SetSpout 成员函数，设置消息源的任务名称，并构造 CSpoutWrapper 对象注册到 Topology 中。

第 24 行，遍历所有消息处理单元，调用构造器的 SetBolt 成员函数，设置消息处理单元任务名称、数据源任务名称，并构造 CBoltWrapper 对象注册到 Topology 中。

第 30 行，我们调用 topologyBuilder 的 Build 成员函数构造一个 Topology。

第 31 行，调用 LocalTopology 的 Submit 成员函数，执行计算拓扑。这里我们将计算拓扑包装到一个智能指针中，以进行自动内存管理。

第 33 行，我们稍作休眠，可以看到拓扑结构的执行状况。

现在我们就完成了 C 语言接口。之后我们只需要将其他语言和 C 语言对接即可。对接过程其实就是填写几个结构体，并调用 StartTopology，其过程比直接对接 C++ 来得简单很多，因此我们花了这么长的篇幅来探讨 C 接口的实现。

13.2 Python 接口

现在我们开始在 C 语言接口的基础上构建 Python 接口。

Python 与 C 交互需要使用 ctypes 库，首先我们来介绍一下 ctypes 库和基本使用方法。

13.2.1 ctypes

ctypes 是 Python 的一个外部库，提供和 C 语言兼容的数据类型，可以很方便地调用 C 的共享库（Linux）和 DLL（Windows）中的函数。

ctypes 的使用非常简明，如调用采用 cdecl 编程管理的 DLL 只需要这样做，如代码清单 13-13 所示。

代码清单 13-13 ctypes 示例代码

```
1 from ctypes import *;
2 h=CDLL('msvcrt.dll')
3 h.printf('a=%d,b=%d,a+b=%d',1,2,1+2);
```

在 ctypes 中我们想要使用某个 C 语言中的类型，需要使用 ctypes 中与之相对的类型，例如，如果想要定义一个整型变量，我们需要这样定义变量：

```
t = c_int(10)
```

这里我们定义了一个变量 t，该变量的类型对应 C 语言中的 int。

我们将 ctypes 中预设的类型列在表 13-1 中，供读者参考。

表 13-1　ctypes 中预设的类型

ctypes 类型	C 语言类型
c_char	char
c_wchar	wchar_t
c_byte	char
c_ubyte	unsigned char
c_short	short
c_ushort	unsigned short
c_int	int
c_uint	unsigned int
c_long	long
c_ulong	unsigned long
c_longlong	longlong
c_ulonglong	unsigned long long
c_float	float
c_double	double
c_longdouble	long double
c_char_p	char*（以空字符结尾）
c_wchar_p	wchar_t*（以空字符结尾）
c_void_p	void*

除了基本类型以外，我们还可以直接使用 C 语言中的自定义类型，如结构体和联合体。如果想要定义一个与 C 中相同的联合体，我们可以参照下面这个例子，如代码清单 13-14 所示。

代码清单 13-14　结构体定义

```
1 class Time(Structure):
2     _fields_ =[('day',c_ubyte),
3                ('month',c_ubyte),
4                ('year',c_ushort),
5                ('hour',c_ubyte),
6                ('minute',c_ubyte),
7                ('second',c_ubyte)];
```

代码中，我们定义了一个 Time 类型，该类型继承自 ctypes 的 Structure 类型。Structure 表示 C 语言的结构体。

第 2 行开始定义结构体中的字段。每行一个字段名和字段类型。这里需要注意的是，C

语言中结构体字段的顺序和 Python 中必须保持一致，因为 Python 中需要计算每个字段在 C 的变量中的偏移量。如果顺序不一致，就会出现莫名其妙的错误。

除了结构体外，我们还可以定义联合体，如代码清单 13-15 所示。

代码清单 13-15　联合体定义

```
1 class Value(Union):
2     _fields_ =[('byteValue',c_byte),
3                ('intValue',c_int)]
```

我们可以发现联合体的定义方式和结构体是一样的，只需要将 Structure 换成 Union 即可。这里我们定义了两个字段，分别是 byteValue 和 intValue，这两个值同时只有一个是有效的。

最后我们来看看如何在 C 中调用通过 ctypes 处理的 Python 函数。下面这段代码展示了如何向 C 中传递一个函数，如代码清单 13-16 所示。

代码清单 13-16　调用函数

```
1 def Debug(value):
2     print value
3
4 FuncType = CFUNCTYPE(c_void_p, c_char_p)
5 DebugFunc = FuncType(Debug)
6
7 clib.passFunc(DebugFunc)
```

代码中，我们使用 CFUNCTYPE 定义了一个函数指针类型，其返回类型是 void*，参数类型是 char*。接着我们使用调用该类型的构造函数，并传递一个 Python 函数进去，这样我们就可以得到 Python 函数对应的 C 函数指针。不过前提是 Python 函数和 CFUNCTYPE 中的参数数量一致。

最后我们调用 passFunc 将 DebugFunc 传递到 C，C 只要调用该函数指针就可以回调 Python 中预设的函数。

万事俱备只欠东风，我们已经了解了 ctypes 的基本用法，现在来看如何实现接口。

13.2.2　元组接口

由于 C 中直接操作 Python 的数据结构过于复杂，因此我们选择在 Python 中操作 C 的数据结构，现在我们来看看元组的接口，如代码清单 13-17 所示。

代码清单 13-17　CValue 定义

```
1 class CValueInner(Union):
2     _fields_ = [('booleanValue', c_byte),
3         ('characterValue', c_char),
4         ('int8Value', c_byte),
```

```
 5          ('int16Value', c_short),
 6          ('int32Value', c_int),
 7          ('int64Value', c_longlong),
 8          ('floatValue', c_float),
 9          ('doubleValue', c_double),
10          ('stringValue', c_char_p)]
11
12 class CValue(Structure):
13     Boolean = 0
14     Character = 1
15     Int8 = 2
16     Int16 = 3
17     Int32 = 4
18     Int64 = 5
19     Float = 6
20     Double = 7
21     String = 8
22     _fields_ = [('type', c_byte),
23         ('value', CValueInner),
24         ('length', c_int)]
25
26 ValuePointer = POINTER(CValue)
```

第 1 行，我们定义了 CValueInner 类型，该类型相当于 CValue 结构体中的那个匿名联合体，这基本和 C 中的数据结构是一一对应的，因此该类型包含 9 个类型各不相同的字段，其取名尽量和 C 中的代码命名保持一致。

第 12 行开始，我们定义 CValue 结构体。这里我们将类型代码定义为类的静态，这些元素对应于 C 中定义的那些宏，因此也是有 9 个类型。最后定义字段，结构体包含了 3 个字段，分别对应了 C 语言中的字段。

现在我们来看看如何在 CValue 的基础上定义元组 CValues，并看一下 Task 类中是如何实现 Python 中数据和 C++ 数据类型之间的转换的，如代码清单 13-18 所示。

代码清单 13-18 CValues 定义

```
1 class CValues(Structure):
2     _fields_ = [('length', c_int),
3             ('values', ValuePointer)]
```

这里我们定义了 CValues 类型，类型有 2 个字段，分别是 length 类型和 values 类型。其中 values 类型是一个指针，如代码清单 13-19 所示。

代码清单 13-19 Task 类定义

```
5 class Task(object):
6     CloneHandler = CFUNCTYPE(c_int)
7     Emitter = CFUNCTYPE(c_void_p, c_void_p)
8
```

```
 9     @staticmethod
10     def fromCValues(cValues):
11         values = []
12         length = cValues.length
13 
14         for valueIndex in range(0, cValues.length):
15             cValue = cValues.values[valueIndex]
16             value = Task.fromCValue(cValue)
17             values.append(value)
18 
19         return values
20 
21     @staticmethod
22     def fromCValue(cValue):
23         if cValue.type == CValue.Int32:
24             return int(cValue.value.int32Value)
25         elif cValue.type == CValue.String:
26             return str(cValue.value.stringValue)
27 
28         return None
29 
30     @staticmethod
31     def toCValues(values):
32         length = len(values);
33 
34         innerValues = (CValue * length)()
35         for index in range(0, length):
36             innerValues[index] = Task.toCValue(values[index])
37 
38         cvalues = CValues()
39         cvalues.length = length
40         cvalues.values = pointer(innerValues[0])
41 
42         return cvalues
43 
44     @staticmethod
45     def toCValue(value):
46         cvalue = CValue()
47         if type(value) == int:
48             cvalue.type = CValue.Int32
49             cvalue.value.int32Value = value
50         elif type(value) == str:
51             length = len(value)
52 
53             cvalue.type = CValue.String
54             cvalue.length = length
55             cvalue.value.stringValue = c_char_p(value)
56 
57         return cvalue
58 
```

```
59      def clone(self):
60          raise NotImplemented
61
62      def emit(self, values):
63          cValues = Task.toCValues(values)
64          self.emitter(self.wrapper, pointer(cValues))
```

第 6 行，定义了 CloneHandler 类型，用于响应任务的复制事件。

第 7 行，定义了 Emitter 类型，用于响应元组的提交。

第 10 行，定义了 formCValues 函数，该函数的作用是将某个 CValues 对象转换为 Python 中的数组，便于在 Python 中处理。

第 22 行，定义了 fromCValue 函数，该函数的作用是根据 CValue 对象的类型代码，将 C 语言中的类型转换成 Python 中的对应类型。

第 31 行，定义了 toCValues 函数，该函数的作用是将某个元组转换成普通的 CValues 对象，是 fromCValues 的逆过程。

第 45 行，定义了 toCValue 函数，该函数的作用是将某个 Python 中的变量转换成 C 语言中的类型。

第 59 行，定义了 clone 接口，唯一问题是该函数没有实现，因此需要抛出一个 NotImplemented 异常。

第 62 行，定义了 emit 函数，该函数用于向 C++ 层提交元组。至于 C++ 需要传递的信息则保存在 wrapper 和 emitter 中。

13.2.3 消息源接口

现在我们看看如何处理消息源，如代码清单 13-20 所示。

代码清单 13-20 Spout 类定义

```
 1  class Spout(Task):
 2      OpenHandler = CFUNCTYPE(c_void_p, c_int)
 3      CloseHandler = CFUNCTYPE(c_void_p, c_int)
 4      ExecuteHandler = CFUNCTYPE(c_void_p,
 5              c_int, c_void_p, Task.Emitter)
 6
 7      def open(self):
 8          raise NotImplemented
 9
10      def close(self):
11          raise NotImplemented
12
13      def execute(self):
14          raise NotImplemented
15
16      def emit(self, values):
```

```
17          cValues = Task.toCValues(values)
18          self.emitter(self.wrapper, pointer(cValues))
19
20      def getFields(self):
21          raise NotImplemented
22
23  class CSpout(Structure):
24      _fields_ = [('onClone', Spout.CloneHandler),
25              ('onOpen', Spout.OpenHandler),
26              ('onClose', Spout.CloseHandler),
27              ('onExecute', Spout.ExecuteHandler)]
```

第 2 ~ 4 行，使用 CFUNCTYPE 定义了许多可以在 C 中直接使用的回调函数类型。其中，OpenHandler 负责处理消息源打开事件，CloseHandler 负责处理消息源关闭事件，ExecuteHandler 负责处理消息源的执行事件。

第 7 ~ 21 行，定义了 C 中所需要的接口。由于都没有实现，因此直接抛出 NotImplemented。

第 23 行，定义了 CSpout 类，该类型与 C 中的 CSpout 一一对应，也就是包含几个面向开发需要的回调函数接口。

13.2.4 消息处理单元接口

在编写好消息源接口之后，我们再来一起看一下消息处理单元的接口代码的编写方法，如代码清单 13-21 所示。

代码清单 13-21 Bolt 类定义

```
 1  class Bolt(Task):
 2      PrepareHandler = CFUNCTYPE(c_void_p, c_int)
 3      CleanupHandler = CFUNCTYPE(c_void_p, c_int)
 4      ExecuteHandler = CFUNCTYPE(c_void_p,
 5              c_int, c_void_p, Task.Emitter, POINTER(CValues))
 6
 7      def open(self):
 8          raise NotImplemented
 9
10      def close(self):
11          raise NotImplemented
12
13      def execute(self, values):
14          raise NotImplemented
15
16      def getFields(self):
17          raise NotImplemented
18
19  class CBolt(Structure):
20      _fields_ = [('onClone', Bolt.CloneHandler),
21              ('onPrepare', Bolt.PrepareHandler),
```

```
22              ('onCleanup', Bolt.CleanupHandler),
23              ('onExecute', Bolt.ExecuteHandler)]
```

CBolt 的定义和 CSpout 类似。

第 2 ~ 4 行，定义了 3 个回调函数类型。其中 ExecuteHandler 和 Spout 中的不同，需要我们重新定义。

第 7 ~ 17 行，定义了和 C++ 中基本类似的接口，并在所有函数中均抛出异常。

第 19 行开始，定义了 CBolt 类型，包含了 onClone、onPrepare、onCleaup 和 OnExecute 等回调函数，与 C 中的 CBolt 一一对应。

13.2.5 计算拓扑接口

现在我们来看最复杂的计算拓扑的接口与实现。

首先是基本定义，如代码清单 13-22 所示。

代码清单 13-22　Topology 类定义

```
 1 class Topology(object):
 2     def __init__(self):
 3         self.spoutIndex = 0
 4         self.spoutNames = []
 5         self.spouts = []
 6         self.boltIndex = 0
 7         self.bolts = []
 8         self.boltNames = []
 9         self.boltSources = []
10
11     def setSpout(self, spoutName, spout):
12         self.createCSpout(spout)
13         self.spoutNames.append(spoutName)
14
15     def setBolt(self, boltName, bolt, src):
16         self.createCBolt(bolt)
17         self.boltSources.append(src)
18         self.boltNames.append(boltName)
```

第 3 ~ 9 行，我们存储了注册 Topology 所需的一些属性。

第 11 行，定义了 setSpout 函数。该函数会调用 createCSpout 来创建一个消息源，并将 spoutName 存储在映射表中。

第 15 行，定义了 setBolt 函数。该函数会调用 createCBolt 来创建一个消息处理单元。

然后来看如何实现 createCSpout 和 createCBolt，如代码清单 13-23 所示。

代码清单 13-23　createCSpout 实现

```
1     def createCSpout(self, spout):
2         def clone():
```

```
 3            self.spoutIndex = self.spoutIndex + 1
 4            self.spouts.append(spout.clone())
 5
 6            return self.spoutIndex - 1
 7
 8        def open(spoutIndex):
 9            self.spouts[spoutIndex].open()
10
11        def close(spoutIndex):
12            self.spouts[spoutIndex].close()
13
14        def execute(spoutIndex, wrapper, emitter):
15            self.spouts[spoutIndex].wrapper = wrapper
16            self.spouts[spoutIndex].emitter = emitter
17            self.spouts[spoutIndex].execute()
18
19        cSpout = CSpout()
20        cSpout.onClone = Task.CloneHandler(clone)
21        cSpout.onOpen = Spout.OpenHandler(open)
22        cSpout.onClose = Spout.CloseHandler(close)
23        cSpout.onExecute = Spout.ExecuteHandler(execute)
24
25        return cSpout
```

我们在 createSpout 函数内部定义了几个嵌套函数。这些嵌套函数在 Python 中的价值是：可以利用 Python 的闭包特性在函数中定义函数，然后使用函数将函数返回，被返回的函数可以与外部函数中的局部变量关联，因此可以“记住”定义环境下的部分信息。而函数中定义的函数则可以作为回调函数传递给 C 语言接口，这样就可以构造出供 C 语言回调的 Python 函数，如代码清单 13-24 所示。

代码清单 13-24　createCBolt 实现

```
27    def createCBolt(self, bolt):
28        def clone():
29            self.boltIndex = self.boltIndex + 1
30            self.bolts.append(bolt.clone())
31
32            return self.boltIndex - 1
33
34        def prepare(boltIndex):
35            self.bolts[boltIndex].prepare()
36
37        def cleanup(boltIndex):
38            self.bolts[boltIndex].cleanup()
39
40        def execute(boltIndex, wrapper, emitter, cValues):
41            values = Task.fromCValues(cValues.contents)
42
43            self.bolts[boltIndex].wrapper = wrapper
```

```
44              self.bolts[boltIndex].emitter = emitter
45              self.bolts[boltIndex].execute(values)
46
47          cBolt = CBolt()
48          cBolt.onClone = Task.CloneHandler(clone)
49          cBolt.onPrepare = Bolt.PrepareHandler(prepare)
50          cBolt.onCleanup = Bolt.CleanupHandler(cleanup)
51          cBolt.onExecute = Bolt.ExecuteHandler(execute)
52
53          return cBolt
```

createCBolt 函数和 createCSpout 函数作用相似，用于创建 CBolt 对象。第 28 行到 45 行，我们定义了 Bolt 类型需要实现的一些接口。然后将这些函数传递给最后创建的 CBolt 对象，供 C 语言回调。

最后我们来看启动代码，如代码清单 13-25 所示。

代码清单 13-25　启动代码

```
1       def start(self):
2           cTopology = CTopology()
3
4           boltCount = self.boltIndex
5           boltNames = (c_char_p * boltCount)()
6           boltSources = (c_char_p * boltCount)()
7           cBolts = (CBolt * boltCount)()
8           for boltIndex in range(0, boltCount):
9               boltNames[boltIndex] = c_char_p(self.boltNames[boltIndex])
10              boltSources[boltIndex] = c_char_p(self.boltSources[boltIndex])
11              cBolts[boltIndex] = self.bolts[boltIndex]
12
13          spoutCount = self.spoutIndex
14          spoutNames = (c_char_p * spoutCount)()
15          cSpouts = (CSpout * spoutCount)()
16          for spoutIndex in range(0, spoutCount):
17              spoutNames[spoutIndex] = c_char_p(self.spoutNames[spoutIndex])
18              cSpouts[boltIndex] = self.spouts[spoutIndex]
19
20          cTopology.boltCount = boltCount
21          cTopology.cBolts = cBolts
22          cTopology.boltNames = boltNames
23          cTopology.boltSources = boltSources
24          cTopology.spoutCount = spoutCount
25          cTopology.cSpouts = cSpouts
26          cTopology.spoutNames = spoutNames
27
28          pyHurricaneHandle.StartTopology(pointer(cTopology))
```

第 2 行，我们创建一个 CTopology 对象，这个对象和 C 中的 CTopology 是对应的。

第 4 ~ 7 行，根据 boltCount 创建 3 个数组。每个数组的长度都是 boltCount。

第 8 行开始遍历所有的消息处理单元对象。

第 9 行，将消息处理单元名取出添加到 boltNames 数组中。

第 10 行和 11 行，分别添加消息处理单元的上一级节点名称和 CBolt 对象的指针。

这里注意使用 c_char_p 将 Python 字符串转换成 C 字符串。

第 13 ~ 18 行，我们仿照消息处理单元，将消息源的数据转换成 C 中的数据结构。

第 20 行 ~ 26 行，将我们刚刚转换出的数据填入到 CTopology 对象中。

第 28 行，调用 StartTopology，并将刚刚构造好的 CTopology 对象传递进去，完成拓扑结构的启动。

13.2.6 应用示例

上面几节我们介绍了 Python 中的接口实现方式，这一节我们来看看 Python 中如何使用这些接口来编写简单的计算拓扑。我们的例子是不完整的单词计数，只包含一个生成字符串的消息源和一个负责分割字符串的消息处理单元。

首先来看一下消息源的代码，如代码清单 13-26 所示。

代码清单 13-26 WordSpout 定义

```
1  class WordSpout(Spout):
2      def clone(self):
3          return WordSpout()
4
5      def open(self):
6          print 'open'
7
8      def close(self):
9          print 'close'
10
11     def execute(self):
12         print 'execute'
13         self.emit(['hello world'])
```

第 2 行，实现了 clone 成员函数。我们在该成员函数中简单地创建一个 WordSpout 对象，并将其返回。

第 11 行，实现了 execute 成员函数。我们在该成员函数中调用 emit 成员函数提交一个元组。这个元组包含一个字符串元素，代表需要统计的字符串，如代码清单 13-27 所示。

代码清单 13-27 WordSplitBolt 定义

```
15 class WordSplitBolt(Bolt):
16     def clone(self):
17         return WordSplitBolt()
18
```

```
19      def prepare(self):
20          print 'prepare'
21
22      def cleanup(self):
23          print 'cleaup'
24
25      def execute(self, values):
26          print 'execute'
27          print values
28
29          self.emit(values[0].split(' '))
```

第 15 行，定义了 WordSplitBolt 类。

第 16 行，实现了 clone 成员函数，创建一个 WordSplit 对象并返回。

第 25 行，实现了 execute 成员函数，从元组中取出第 1 个元素，并调用 split 根据空格分隔字符串。然后将分割结果发送出去，如代码清单 13-28 所示。

代码清单 13-28 发送分割结果

```
31 topology = Topology()
32 topology.setSpout('textSpout', WordSpout())
33 topology.setBolt('wordSplitBolt', WordSplitBolt(), 'textSpout')
34 topology.start()
```

第 31 行，定义 Topology 对象。

第 32 行，添加一个 WordSpout 对象，命名为 textSpout。

第 33 行，添加一个 WordSplitBolt 对象，命令为 wordSplitBolt，并将其消息源设置为 textSpout。

第 34 行，启动计算拓扑。

到此为止，我们就介绍完了 Python 接口的定义、实现与使用方法，读者若有兴趣可以依然可以采取类似的方法，补充更多的接口。

13.3 JavaScript 接口

JavaScript 是当今十分流行的脚本编程语言。其应用场景从原来的 Web 开发逐渐扩展到了其他领域，如后台服务器程序开发以及移动应用开发等。另一方面，由于 JavaScript 自身单线程执行的特性，因此长时间运算是 JavaScript 应用场景中最大的问题，如果可以将 JavaScript 和 Hurricane 对接，将能极大扩展 JavaScript 的应用场景。因此我们有必要探讨一下如何实现 JavaScript 与 Hurricane 实时处理系统的互操作。在本节当中我们将详细了解和编写与 Hurricane 进行通信的 JavaScript 代码。

在了解了 Python 接口的编写方法之后，我们再来考虑 JavaScript 中的实现。我们使用

Node.js 作为 JavaScript 执行环境，并使用 V8 的接口来实现 C++ 和 JavaScript 的互操作。现在我们先来了解一下 V8 和 Node.js 的概念。

13.3.1 V8 引擎

V8 是一款由 Google 推出的 JavaScript 引擎，该引擎最初随着第一个版本的 Chrome 发布。现在已经是一个独立的项目，可以用来单独嵌入 C++ 应用程序执行 JavaScript 代码。目前最为著名的代表就是 Node.js 项目和 Qt 中的 JavaScript 引擎。

V8 自身使用 C++ 开发。在 V8 之前，其他 JavaScript 执行代码时，都是将 JavaScript 转换成字节码，或甚至直接解释执行，因此速度非常慢。而 V8 则利用 JIT（Just In Time）技术，直接将 JavaScript 转换成机器码，极大提升了 JavaScript 的执行效率，同时又加入了各种优化手段，是一款高性能 JavaScript 引擎。

因为 V8 使用 C++ 开发，因此 V8 也提供了 C++ 的相关接口，而且使用其接口与直接编写 JavaScript 代码非常类似，我们将会在后续章节里介绍。

13.3.2 Node.js

Node.js 是一个基于 Chrome V8 引擎的 JavaScript 运行环境。Node.js 使用了一个事件驱动、非阻塞式 I/O 的模型，使其轻量又高效。

作为一个异步事件驱动的框架，Node.js 的设计初衷是构建可伸缩性良好的网络应用程序。如下面这个 hello world 程序，可以并发地处理许多 HTTP 连接。每当一个客户端连接到来时，Node 将会处理连接并触发对应的回调函数。如果没有任何任务，Node 将会进入休眠状态，如代码清单 13-29 所示。

代码清单 13-29　Node.js 代码示例

```
1  const http = require('http');
2
3  const hostname = '127.0.0.1';
4  const port = 1337;
5
6  http.createServer((req, res) => {
7      res.writeHead(200, { 'Content-Type': 'text/plain' });
8      res.end('Hello World\n');
9  }).listen(port, hostname, () => {
10     console.log(`Server running at http://${hostname}:${port}/`);
11 });
```

这和目前流行的线程并发模型有很大的区别。基于线程模型的网络应用往往低效而且难以使用。而在 Node 中，开发者不需要担心进程中发生死锁，因为在 Node 的模型中是不需要使用锁的。在 Node 中几乎没有任何函数会直接执行 I/O 操作，因此进程永远不会阻塞。因此新手可以很地开发出高伸缩性的应用程序。

但是，有利必有弊。由于 Node 的设计中不包含线程，这就意味着开发者无法利用执行环境中的多核优势。甚至我们不能在 Node 的程序中加入时间过长的计算，因为这将会导致 Node 没有闲暇去处理其他客户端的请求。为了解决这个问题，我们往往在需要长时间计算的时候通过 Node 的 child-process 模块启动子进程来单独完成计算任务，然后通过父进程和子进行之间的异步通信来获取计算结果。但是这样在很多情境下依然很麻烦。所以 Node 一直适用于“高 I/O，低 CPU 运算”的场景，如 Web 后台服务中的前端部分。

因此如果能够将 Hurricane 与 Node.js 进行整合，将能极大提升 Node 的计算处理能力，同时简化 Node 的并行计算模型。

13.3.3　V8 的互操作接口

由于 Node.js 自身使用 V8 开发，因此如果希望为 Node.js 封装 JavaScript 版本的 Hurricane 接口，直接使用 V8 的互操作接口是一个不错的选择。接下来我们简要介绍一下 V8 的互操作接口。

想要完成任何任务，我们必须要获取到 V8 的全局对象。获取全局对象的成员函数如下所示。

```
Handle<Object>globalObj = Context::GetCurrent()->Global();
```

接着我们就可以在 C++ 中获取 JavaScript 的全局变量：

```
Handle<Value> value = globalObj->Get(String::New("name"));
```

我们可以将变量转换成任意的本地类型：

```
int n = value->ToInt32()->Value();
```

同时，我们还可以方便地直接调用 JavaScript 中的函数，首先将值转换成函数：

```
Handle<Function> func = Handle<Function>::Cast(value);
```

接着我们构造函数的参数：

```
Handle<Value> args[1] = { Int32::New(0) };
```

最后调用函数即可：

```
func->Call(globalObj, 1, args);
```

在 V8 中，JavaScript 调用 C++ 也是相当方便的。

首先，定义一个 FunctionTemplate 并与函数绑定：

```
Handle<FunctionTemplate> fun = FunctionTemplate::New(FunctionPointer);
```

接着定义一个 ObjectTemplate，并向该对象注册一个 FunctionTemplate。

```
Handle<ObjectTemplate> global = ObjectTemplate::New();
global->Set(String::New("fun"), fun);
```

最后将对象注册到全局对象中：

```
Persistent<Context> cxt = Context::New(NULL, global);
```

因此和 Python 不同，我们在做 JavaScript 和 C++ 对接时，JavaScript 本身其实不需要做太多工作，C++ 也可以方便地直接访问 JavaScript 的任意对象和属性，因此可以很方便地构建接口。

接下来我们来利用 V8 接口完成我们的 Hurricane 接口。

13.3.4 任务接口

由于 JavaScript 中可以使用数组存储任意类型的数据，同时 C++ 又可以方便地直接访问 JavaScript 数组，因此我们必须要实现独立的元组，可以直接用 JavaScript 的原生数组。现在来看任务的接口，如代码清单 13-30 所示。

代码清单 13-30　Task 类定义

```
1  'use strict';
2
3  class Task {
4      clone() {
5          throw 'NotImplemented';
6      }
7
8      emit(values) {
9          this.emitter(this.wrapper, values);
10     }
11
12     getFields() {
13         throw 'NotImplemented';
14     }
15 }
16
17 module.exports = {
18     Task
19 };
```

第 1 行，我们使用了 'use strict' 来采用严格模式。在严格模式下，JavaScript 会更加严格地检查所有的语法错误。而且在 Node.js 中，如果想要使用 ES6，就必须使用严格模式。

> 提示　编程语言 JavaScript 是 ECMAScript 的实现和扩展，由 ECMA（一个类似 W3C 的标准组织）参与进行标准化。ECMAScript 定义了以下内容。
>
> 1）语言语法：语法解析规则、关键字、语句、声明、运算符等。

2）类型：布尔型、数字、字符串、对象等。

3）原型和继承。

4）内建对象和函数的标准库：JSON、Math、数组方法、对象自省方法等。

2015 年 6 月，ECMAScript 6 正式通过，成为国际标准，其中加入了大量颠覆性的新特性，包括 let 和 const 关键字、类定义、类继承、模块定义与使用、Lambda 表达式等常用的特性，这使得 JavaScript 更加适用于构建大规模的复杂程序。

第 3 行，我们定义了 Task 类。类的定义语法是 ES6 中引入的，用于替代 ES5.1 之前的原型模式，更符合现代化的编程习惯。

第 4 行，定义了 clone 接口，作用是生成当前对象的一个副本。

第 8 行，定义了 emit 方法，该方法会直接通过本对象的 emitter 函数向 C++ 中提交数据。而 emitter 是 C++ 向 JavaScript 层中注入的函数。其实就是对 C 接口的简单包装。

第 12 行，定义了 getFields 方法，用于获取字段名。

第 17 ~ 19 行，我们将 Task 类型导出。

13.3.5　消息源接口

我们需要实现消息源接口。我们可以定义消息源，接收来自 Hurricane 实时处理系统的事件，生成并发送元组到 Hurricane 实时处理系统中。现在让我们来看看消息源的实现，如代码清单 13-31 所示。

代码清单 13-31　Spout 类定义

```
1  'use strict';
2
3  let task = require('./task');
4
5  class Spout extends task.Task {
6      constructor() {
7      }
8
9      open() {
10         throw 'NotImplemented';
11     }
12
13     close() {
14         throw 'NotImplemented';
15     }
16
17     execute() {
18         throw 'NotImplemented';
19     }
20
21     rawExecute(wrapper, emitter) {
```

```
22            this.wrapper = wrapper;
23            this.emitter = emitter;
24
25            this.execute();
26        }
27  }
28
29  module.exports = {
30        Spout
31  };
```

第 3 行，通过 require 导入 task 模块。

第 5 行，定义了 Spout 类型，并使用 extends 继承 Task。

第 9 行，定义了 open 接口，负责打开消息源并完成初始化。

第 13 行，定义了 close 接口，负责关闭消息源并完成资源释放。

第 17 行，定义了 execute 接口，负责执行消息源并发送元组。

第 21 行，定义了 rawExecute 函数，该函数将会被传递给 C++ 模块，C++ 模块会通过该函数调用最后的 execute 接口。

最后我们将 Spout 导出即可。

13.3.6 消息处理单元接口

然后是消息处理单元的 JavaScript 实现，如代码清单 13-32 所示。

代码清单 13-32 Bolt 类定义

```
 1  'use strict';
 2
 3  let task = require('./task');
 4
 5  class Bolt extends task.Task {
 6      constructor() {
 7      }
 8
 9      prepare() {
10          throw 'NotImplemented';
11      }
12
13      cleanup() {
14          throw 'NotImplemented';
15      }
16
17      execute(values) {
18          throw 'NotImplemented';
19      }
20
21      rawExecute(wrapper, emitter, values) {
```

```
22          this.wrapper = wrapper;
23          this.emitter = emitter;
24
25          this.execute(values);
26      }
27  }
28
29  module.exports = {
30      Bolt
31  };
```

第 5 行，定义 Bolt 类，该类继承自 Task 类。

第 9 行，定义 prepare 接口，用于初始化消息处理单元。

第 13 行，定义 cleanup 接口，用于清理消息处理单元。

第 17 行，定义了 execute 接口，负责在元组到来时处理元组并发送新元组。

第 21 行，定义了 rawExecute 函数。该函数会被传递到 C++ 层，由 C++ 层中的消息处理单元调用执行。该函数会接收 C++ 的 wrapper 和 emitter 参数，wrapper 是 C++ 层 Bolt 对象的包装，而 emitter 则是提交函数的包装，Task 类中使用这两个成员完成元组发送。

13.3.7 计算拓扑接口

现在来看看计算拓扑是如何实现的，如代码清单 13-33 所示。

代码清单 13-33 Topology 类定义

```
 1  'use strict'
 2
 3  let clib = require('./clib');
 4
 5  class Topology {
 6      constructor() {
 7          this.spoutDeclares = [];
 8          this.boltDeclares = [];
 9      }
10
11      setSpout(spoutName, spout) {
12          this.spoutDeclares.push({
13              name: spoutName,
14              spout: {
15                  onClone: spout.clone,
16                  onOpen: spout.open,
17                  onClose: spout.close,
18                  onExecute: bolt.rawExecute
19              }
20          });
21      }
22
23      setBolt(boltName, bolt, source) {
```

```
24          this.boltDeclares.push({
25              name: boltName,
26              bolt: {
27                  onClone: bolt.clone,
28                  onPrepare: bolt.prepare,
29                  onCleanup: bolt.cleanup,
30                  onExecute: bolt.rawExecute
31              },
32              source: source
33          });
34      }
35
36      start() {
37          let topology = {
38              spoutCount: this.spoutDeclares.length,
39              cSpouts: this.spoutDeclares.map(declare => declare.spout),
40              spoutNames: this.spoutDeclares.map(declare => declare.name),
41              boltCount: this.boltDeclares.length,
42              cBolts: this.boltDeclares.map(declare => declare.bolt),
43              boltNames: this.boltDeclares.map(declare => declare.name),
44              boltSources: this.boltDeclares.map(declare => declare.source)
45          };
46
47          clib.StartToplogy(topology);
48      }
49  }
50
51  module.exports = {
52      Topology
53  }
```

现在我们来看最后一个，也是最复杂的接口，计算拓扑的接口。

第5行，我们定义了Topology类，这就是计算拓扑的类。

第6行，定义constructor，也就是类的构造方法，在构造方法中，我们初始化数据源和数据处理单元的声明列表。

第11行，定义了setSpout方法，用于设置消息源。该函数有两个参数，第1个参数是消息源名称，第2个参数是消息源对象。函数中我们构造一个对象，包含了消息源名称、消息源对象的各个方法。我们需要将这个对象的信息注入到C接口层。通过之前和Python对接的C代码直接填入结构体中。

第23行，定义了setBolt方法，用于设置消息处理单元，该函数有3个参数，第1个参数是消息处理单元名称，第2个参数是消息处理单元对象，第3个参数是消息处理单元的数据源。我们仿照setSpout那样，将数据填入到对象中，并将对象加入到数组中。随后将对象注入到C的接口层，通过填写C结构体完成对接。

第36行，定义了start方法，用于启动计算拓扑。这里我们需要仿照CTopology结构体的形式，将之前注册的消息源和消息处理单元的信息填写进去，包括以下字段。

1）spoutCount：消息源的数量。

2）cSpouts：消息源声明对象数组。

3）spoutNames：消息源名称数组。

4）boltCount：消息处理单元数量。

5）cBolts：消息处理单元对象数组。

6）boltNames：消息处理单元名称数组。

7）boltSources：消息处理单元数据源数组。

只要我们严格按照结构体定义，将数据填入对象中，就可以复用之前 Python 层的接口，将数据填入结构体中，从而完成对接。

13.3.8　应用示例

现在我们可以使用前面编写的 JavaScript 接口了。

现在我们来看看之前在 Python 里实现过的一个简单示例，如代码清单 13-34 所示。

代码清单 13-34　TextSpout 示例

```
 1 'use strict';
 2 
 3 let hurricane = require('./index.js');
 4 let Spout = hurricane.spout.Spout;
 5 let Bolt = hurricane.spout.Bolt;
 6 let Topology = hurricane.topology.Topology;
 7 
 8 class TextSpout extends Spout {
 9     clone() {
10         return new TextSpout();
11     }
12 
13     open() {
14     }
15 
16     close() {
17     }
18 
19     execute() {
20         this.emit([
21                 'hello world'
22         ]);
23     }
24 
25     getFields() {
26         return [ 'text' ];
27     }
28 }
```

第 8 行，定义了 TextSpout 类，并继承了 Spout 类。

第 9 行，实现了 clone 方法，简单地返回自身的一个新对象。

第 19 行，实现了 execute 方法，调用 Task 的 emit 方法提交一个元组。该元组只有一个元素，是一个字符串。

第 26 行，返回字段名列表，我们的消息源只有一个字段，所以数组中只有一个元素，如代码清单 13-35 所示。

代码清单 13-35　WordSplitBolt 定义

```
30 class WordSplitBolt extends Bolt {
31     clone() {
32         return new TextSpout();
33     }
34
35     prepare() {
36     }
37
38     cleanup() {
39     }
40
41     execute(values) {
42         let self = this;
43         let text = values[0];
44         let words = text.split(' ');
45
46         words.forEach(word => {
47             self.emit(word);
48         });
49     }
50
51     getFields() {
52         return [ 'word' ];
53     }
54 }
```

第 30 行，定义 WordSplitBolt 类，该类继承自 Bolt 类。

第 31 行，实现了 clone 方法，简单地返回自身的一个新对象。

第 41 行，实现了 execute 方法。该方法接收一个来自 C 接口层的元组，并使用字符串的分割函数，根据空格将字符串分割为一个个单词。最后使用 forEach 遍历单词数组，将单词逐个提交。

第 51 行，实现了 getFields 方法。目前该消息处理单元也只有一个字段，因此数组只有一个元素。

拓扑结构定义如代码清单 13-36 所示。

代码清单 13-36　拓扑结构定义

```
56 let topology = new Topology();
```

```
57 topology.setSpout('textSpout', new TextSpout());
58 topology.setBolt('wordSplitBolt', new WordSplitBolt());
59 topology.start();
```

第 56 行，创建一个新的 Topology 对象。

第 57 行，调用计算拓扑的 setSpout，将创建出来的 TextSpout 对象加入计算拓扑中，并取名为 textSpout。

第 58 行，调用计算拓扑的 setBolt，将创建出来的 WordSplitBolt 对象加入到计算拓扑中，取名为 wordSplitBolt。

第 59 行，调用计算拓扑的 start 方法，执行 C 接口层函数，启动计算拓扑。

13.4　Java 接口

虽然我们使用 C++ 编写了 Hurricane，而且也实现了 Python 和 JavaScript 这两种广为使用的语言的接口，但是目前无法置否的一个事实是，在分布式计算领域，龙头老大依然是 Java。因此，我们必须要为 Java 提供 Hurricane 的开发接口。

使用 Java 与 C/C++ 对接的方式是通过 Java Native Interface，也就是所谓的 JNI。从 Java 1.1 开始，JNI 标准成为 Java 平台的一部分，它允许 Java 代码和其他语言编写的代码进行交互。

JNI 也定义了一系列和 C 标准类型相对应的类型，这些类型如表 13-2 所示。

表 13-2　Java 和 C 类型对应关系

Java 类型	本地 C 类型	实际表示的 C 类型	说明
boolean	jboolean	unsigned char	无符号，8 位
byte	jbyte	signed char	有符号，8 位
char	jchar	unsigned short	无符号，16 位
short	jshort	short	有符号，16 位
int	jint	long	有符号，32 位
long	jlong	__int64	有符号，64 位
float	jfloat	float	32 位
double	jdouble	double	64 位
void	void	N/A	N/A

现在就让我们来编写代码吧。

13.4.1　任务接口

我们先看看任务的接口，这个类有一个需要 C++ 实现的本地接口，如代码清单 13-37 所示。

代码清单 13-37 Task 抽象类定义

```
 1 package org.hurricane.hurricane;
 2
 3 import java.util.List;
 4
 5 public abstract class Task {
 6     public abstract Task clone();
 7     public abstract List<String> getFields();
 8
 9     public native void emit(List<Object> values);
10
11     public long getCollector() {
12         return _collector;
13     }
14     public void setCollector(long collector) {
15         _collector = collector;
16     }
17
18     private long _collector;
19 }
```

第 5 行，我们定义了 Task 类，该类是一个抽象类，代表了会在计算拓扑里执行的错误。

第 6 行，定义了 clone 方法，该方法的作用是复制生成一个新的对象，并将对象返回给 C 接口层。

第 9 行，定义了 emit 方法，该方法有一个 native 标识，表明这是一个本地方法。需要和 C/C++ 实现进行对接。

第 11 行，定义了 getCollector，负责获取数据收集器。

第 14 行，定义了 setCollector，负责设置数据收集器。

第 18 行，定义了私有的成员变量 _collector，这就是数据收集器。

13.4.2 消息源接口

现在我们看一下 Java 中的消息源接口，如代码清单 13-38 所示。

代码清单 13-38 Spout 抽象类定义

```
1 package org.hurricane.hurricane;
2
3 public abstract class Spout extends Task {
4     public abstract Spout clone();
5     public abstract void open();
6     public abstract void close();
7     public abstract void execute();
8 }
```

第 4 行，我们重新定义了 clone 接口，将返回类型设置为 Spout。

第 5 行，我们定义了 open 接口，其作用是打开并初始化消息源。

第 6 行，我们定义了 close 接口，其作用是关闭消息源，释放资源。

第 7 行，定义了 execute 接口，作用是执行任务，向 Topology 中发送元组。

13.4.3 消息处理单元接口

接着是消息处理单元的接口，如代码清单 13-39 所示。

代码清单 13-39　Bolt 抽象类定义

```
1  import java.util.List;
2
3  public abstract class Bolt extends Task {
4      public abstract Bolt clone();
5      public abstract void prepare();
6      public abstract void cleanup();
7      public abstract void execute(List<Object> values);
8  }
```

第 4 行，我们重新定义了 clone 接口，将返回类型设置为 Bolt。

第 5 行，我们定义了 prepare 接口，其作用是初始化消息处理单元。

第 6 行，我们定义了 cleanup 接口，其作用是清理消息处理单元。

第 7 行，定义了 execute 接口，作用是接收来自计算拓扑的元组，处理元组，向计算拓扑中发送元组。

13.4.4 计算拓扑接口

最后的 Java 层接口就是计算拓扑。我们来看看计算拓扑的实现，如代码清单 13-40 所示。

代码清单 13-40　Topology 类定义

```
1  package org.hurricane.hurricane;
2
3  public class Topology {
4      public native void start();
5
6      public String[] getSpoutNames() {
7          return _spoutNames;
8      }
9
10     public void setSpoutNames(String[] spoutNames) {
11         this._spoutNames = spoutNames;
12     }
13
14     public Spout[] getSpouts() {
15         return _spouts;
```

```
16      }
17
18      public void setSpouts(Spout[] spouts) {
19          this._spouts = spouts;
20      }
21
22      public String[] getBoltNames() {
23          return _boltNames;
24      }
25
26      public void setBoltNames(String[] boltNames) {
27          this._boltNames = boltNames;
28      }
29
30      public String[] getBoltSources() {
31          return _boltSources;
32      }
33
34      public void setBoltSources(String[] boltSources) {
35          this._boltSources = boltSources;
36      }
37
38      public Bolt[] getBolts() {
39          return _bolts;
40      }
41
42      public void setBolts(Bolt[] bolts) {
43          this._bolts = bolts;
44      }
45
46      private String[] _spoutNames;
47      private Spout[] _spouts;
48      private String[] _boltNames;
49      private String[] _boltSources;
50      private Bolt[] _bolts;
51  }
```

第 4 行是一个本地方法，负责启动 Topology。

第 6 ~ 12 行是消息源名称数组的获取和设置方法。

第 14 ~ 20 行是消息源对象的获取和设置方法。

第 22 ~ 28 行是消息处理单元名称的获取和设置方法。

第 30 ~ 36 行是消息处理单元数据源的获取和设置方法。

第 38 ~ 44 行是消息处理单元的获取和设置方法。

前面阐述了那么多类型和接口，最后的关键是 TopologyBuilder，该类型用来构建真正的计算拓扑 Topology，如代码清单 13-41 所示。

代码清单 13-41　TopologyBuilder 类定义

```
1  package org.hurricane.hurricane;
2
3  import java.util.ArrayList;
4  import java.util.List;
5
6  public class TopologyBuilder {
7      public void setSpout(String name, Spout spout) {
8          _spoutNames.add(name);
9          _spouts.add(spout);
10     }
11
12     public void setBolt(String name, Bolt bolt, String source) {
13         _boltNames.add(name);
14         _bolts.add(bolt);
15         _boltSources.add(source);
16     }
17
18     public Topology buildTopology() {
19         Topology topology = new Topology();
20         String[] stringArray = {};
21         Spout[] spoutArray = {};
22         Bolt[] boltArray= {};
23
24         topology.setSpoutNames(_spoutNames.toArray(stringArray));
25         topology.setSpouts(_spouts.toArray(spoutArray));
26         topology.setBoltNames(_boltNames.toArray(stringArray));
27         topology.setBoltSources(_boltSources.toArray(stringArray));
28         topology.setBolts(_bolts.toArray(boltArray));
29
30         return topology;
31     }
32
33     public List<String> getSpoutNames() {
34         return _spoutNames;
35     }
36
37     public void setSpoutNames(List<String> spoutNames) {
38         this._spoutNames = spoutNames;
39     }
40
41     public List<Spout> getSpouts() {
42         return _spouts;
43     }
44
45     public void setSpouts(List<Spout> spouts) {
46         this._spouts = spouts;
47     }
48
49     public List<String> getBoltNames() {
```

```
50          return _boltNames;
51      }
52
53      public void setBoltNames(List<String> boltNames) {
54          this._boltNames = boltNames;
55      }
56
57      public List<String> getBoltSources() {
58          return _boltSources;
59      }
60
61      public void setBoltSources(List<String> boltSources) {
62          this._boltSources = boltSources;
63      }
64
65      public List<Bolt> getBolts() {
66          return _bolts;
67      }
68
69      public void setBolts(List<Bolt> bolts) {
70          this._bolts = bolts;
71      }
72
73      private List<String> _spoutNames = new ArrayList<String>();
74      private List<Spout> _spouts = new ArrayList<Spout>();
75      private List<String> _boltNames = new ArrayList<String>();
76      private List<String> _boltSources = new ArrayList<String>();
77      private List<Bolt> _bolts = new ArrayList<Bolt>();
78  }
```

其他都是常规的设置器和获取器。我们重点看一下 buildTopology 中的代码。

第 19 行，构造一个新的 Topology 对象。

第 20 行，定义一个空的字符串数组，用于类型转换。

第 21 行，定义一个空的消息源数组，用于类型转换。

第 22 行，定义一个空的消息处理单元数组，用于类型转换。

第 24 行，设置消息源的名称数组。

第 25 行，设置消息源的对象数组。

第 26 行，设置消息处理单元名称的数组。

第 27 行，设置消息处理单元数据源的数组。

第 28 行，设置消息处理单元的数组。

13.4.5 本地代码

我们来看看两个本地函数的实现，首先是提交元组的实现，如代码清单 13-42 所示。

代码清单 13-42　JNI emit 本地接口定义

```
 1 #include "hurricane/multilang/java/org_hurricane_hurricane_Task.h"
 2
 3 JNIEXPORT void JNICALL Java_org_hurricane_hurricane_Task_emit
 4   (JNIEnv * env, jobject obj, jobject values) {
 5       jclass clazzTask = env->GetObjectClass(obj);
 6       jmethodID getCollector = env->GetMethodID(clazzTask, "getCollector", "(I)V");
 7
 8       jlong collectorHandle = env->CallLongMethod(obj, collectorHandle);
 9       OutputCollector* collector = reinterpret_cast<OutputCollector*>(collectorHandle);
10
11       collector->Emit(values);
12 }
```

第 3 行，定义了 Task 中的 emit 方法。

第 5 行，从环境对象中获取 Task 的类。

第 6 行，获取 getCollector 方法，然后执行这个方法，就可以获取到 OutputCollector 数据收集器的实例指针。

第 8 行，调用刚刚获取到的方法 Id，获取数据收集器实例。

第 9 行，将数据收集器还原成 OuputCollector* 类型变量

第 11 行，向数据收集器中提交元组。

接着是构建拓扑结构的实现，如代码清单 13-43 所示。

代码清单 13-43　JNI startTopology 接口定义

```
 1 #include "hurricane/multilang/c/HCTopology.h"
 2 #include "hurricane/multilang/java/org_hurricane_hurricane_Topology.h"
 3
 4 JNIEXPORT void JNICALL Java_org_hurricane_hurricane_Topology_start
 5   (JNIEnv * env, jobject obj) {
 6       jclass clazzTopology = env->GetObjectClass(obj);
 7
 8       jmethodID getSpoutNames = env->GetMethodID(clazzTopology, "getSpoutNames");
 9       jmethodID getSpouts = env->GetMethodID(clazzTopology, "getSpouts");
10       jmethodID getBoltNames = env->GetMethodID(clazzTopology, "getBoltNames");
11       jmethodID getBolts = env->GetMethodID(clazzTopology, "getBolts");
12       jmethodID getBoltSources = env->GetMethodID(clazzTopology, "getBoltSources");
13
14       jarray jSpoutNames = env->CallArrayMethod(obj, getSpoutNames);
15       jint jSpoutCount = env->GetIntField(jspoutNames, "length");
16       jarray jSpouts = env->CallArrayMethod(obj, getSpouts);
17       jarray jBoltNames = env->CallArrayMethod(obj, getBoltNames);
18       jarray jBolts = env->CallArrayMethod(obj, getBolts);
19       jint jBoltCount = env->GetIntField(jBolts, "length");
20       jarray jBoltSources = env->CallArrayMethod(obj, getBoltSources);
21
22       CTopology cTopology;
```

```
23        topology.spoutCount = jSpoutCount;
24        topology.cSpoutNames = new char*[jSpoutCount];
25        topology.cSpouts = new CSpout[jSpoutCount];
26        topology.boltCount = jBoltCount;
27        topology.cBoltNames = new char*[jBoltCount];
28        topology.cBolts = new CSpout[jBoltCount];
29        topology.cBoltSources = new char*[jBoltCount];
30
31        CTopologyWrapper topologyWrapper(&cTopology);
32        topologyWrapper.Start();
33  }
```

这个方法比较长，但是代码极有规律。

第 8 ~ 12 行，使用 GetMethodID 成员函数获取到了 5 个方法对应的函数指针。

第 14 ~ 20 行，我们将数据转化成有趣或者有意义的事情。

第 22 ~ 31 行，将获取到的数据依次填入 CTopology 的结构体中，并使用 CTopologyWrapper 来包装构造拓扑结构的包装器。

第 32 行，调用 topologyWrapper 的 Start 方法启动计算拓扑。

13.4.6 应用示例

完成了 Java 的接口以后，我们就可以使用 Java 编写我们的程序了。这里我们看看使用 Java 实现的示例，首先是实现真实的消息源，如代码清单 13-44 所示。

代码清单 13-44 Java Topology 示例

```
1  package org.hurricane.hurricane;
2
3  import java.util.ArrayList;
4  import java.util.List;
5
6  public class Sample {
7      public static class TextSpout extends Spout {
8
9          @Override
10         public void open() {
11         }
12
13         @Override
14         public void close() {
15         }
16
17         @Override
18         public void execute() {
19             List<Object> values = new ArrayList<Object>();
20             values.add("Hello World");
21             this.emit(values);
```

```
22          }
23
24          @Override
25          public Spout clone() {
26              return new TextSpout();
27          }
28
29          @Override
30          public List<String> getFields() {
31              List<String> fields = new ArrayList<String>();
32              fields.add("text");
33
34              return fields;
35          }
36
37      }
```

第 7 行，定义一个 TextSpout 类，并继承 Spout 类。

第 10 行，我们覆盖并实现 Spout 中的 open 函数。该函数负责打开并初始化消息源。

第 14 行，覆盖并实现 Spout 中的 close，负责开发并初始化资源。

第 18 行，覆盖并实现 Spout 中的 execute，负责生成并发送元组。这里我们简单地向外输出 Hello World。

接着我们来看看消息处理单元的某个实现，如代码清单 13-45 所示。

代码清单 13-45 WordSplitBolt 实现

```
39      public static class WordSplitBolt extends Bolt {
40
41          @Override
42          public void prepare() {
43          }
44
45          @Override
46          public void cleanup() {
47          }
48
49          @Override
50          public void execute(List<Object> values) {
51              String text = (String)values.get(0);
52              String[] words = text.split(" ");
53
54              for ( String word : words ) {
55                  List<Object> wordValues = new ArrayList<Object>();
56                  wordValues.add(word);
57                  this.emit(values);
58              }
59          }
60
```

```
61          @Override
62          public Bolt clone() {
63              return new WordSplitBolt();
64          }
65
66          @Override
67          public List<String> getFields() {
68              List<String> fields = new ArrayList<String>();
69              fields.add("word");
70
71              return fields;
72          }
73
74      }
```

这段代码里的关键是 execute 方法。在 execute 方法中我们从元组中取出第 1 个值，然后使用 Split 函数不断分割字符串，将每个分割出来的字符串使用数组包装并发送出去。

最后我们来构建一个计算拓扑并启动，如代码清单 13-46 所示。

代码清单 13-46　主函数定义

```
76      public static void main(String[] args) {
77          TopologyBuilder builder = new TopologyBuilder();
78          builder.setSpout("textSpout", new TextSpout());
79          builder.setBolt("wordSplitBolt", new WordSplitBolt(), "textSpout");
80
81          Topology topology = builder.buildTopology();
82          topology.start();
83      }
84  }
```

第 77 行，创建一个新的 Topology 对象。

第 78 行，调用计算拓扑的 setSpout，将创建出来的 TextSpout 对象加入计算拓扑中，并取名为 textSpout。

第 79 行，调用计算拓扑的 setBolt，将创建出来的 WordSplitBolt 对象加入到计算拓扑中，取名为 wordSplitBolt。

第 82 行，调用计算拓扑的 start 方法，执行 C 接口层函数，启动计算拓扑。

这样一来就大功告成了。

13.5 Swift 接口

最后我们来介绍如何实现 Swift 接口。

Swift 是一种由苹果公司在 2014 年开发者大会（WWDC）上发布的，“强劲而直观”的编程语言，可用来为 iOS、Mac、Apple TV 和 Apple Watch 开发 app，旨在为开发者提供充分的自由。

Swift 是一种快速而高效的语言，能够提供实时反馈，而且可以被无缝集成到现有的 Objective-C 代码中，因此，开发者能够编写安全而可靠的代码，并在节省时间的同时，创造出非常丰富的 App 体验。

2015 年 12 月 4 日，苹果公司宣布其 Swift 编程语言开放源代码，长 600 多页的 The Swift Programming Language 可以在线免费下载。与此同时，Swift 编程语言现已支持 Linux 操作系统，预计在不久的将来会支持更多的平台。我们在本节当中，采用 Linux 操作系统作为开发平台，编写可以在 Linux 之行的 Swift 代码。

13.5.1　应用范围

Swift 是一种新的编程语言，用于编写 iOS 和 OS X 应用。Swift 结合了 C 和 Objective-C 的优点并且不受 C 兼容性的限制。Swift 采用安全的编程模式并添加了很多新特性，这将使编程更简单，更灵活，也更有趣。Swift 是基于成熟而且备受喜爱的 Cocoa 和 Cocoa Touch 框架，它的降临将重新定义软件开发。

Swift 的开发从很久之前就开始了。为了给 Swift 打好基础，苹果公司改进了编译器、调试器和框架结构。我们使用自动引用计数（Automatic Reference Counting，ARC）来简化内存管理。我们在 Foundation 和 Cocoa 的基础上构建框架栈并将其标准化。Objective-C 本身支持块、集合语法和模块，所以框架可以轻松支持现代编程语言技术。正是得益于这些基础工作，我们现在才能发布这样一个用于未来苹果软件开发的新语言。

Objective-C 开发者对 Swift 并不会感到陌生。它采用了 Objective-C 的命名参数以及动态对象模型，可以无缝对接到现有的 Cocoa 框架，并且可以兼容 Objective-C 代码。在此基础之上，Swift 还有许多新特性并且支持过程式编程和面向对象编程。

现在我们来看一下 Swift 接口的实现方法。

13.5.2　任务接口

首先，我们来实现任务接口。任务接口是消息源和消息处理单元的基类，如代码清单 13-47 所示。

代码清单 13-47　Task 接口定义

```
1 class Task {
2     var _emitter: COpaquePointer
3     init() {
4     }
5
6     func clone() throws -> Task {
7         throw HurricaneError.NotImplemented
8         return 0
9     }
```

```
10
11     func emit(values: String[]) throws -> Int {
12         _emitter(values)
13         return 0
14     }
15
16     func getFields() throws {
17         throw HurricaneError.NotImplemented
18         return 0
19     }
20 }
```

第 1 行，定义了 Task 类。

第 2 行，定义了一个 _emmiter 属性，该属性的类型是 COpaquePointer，相当于一个 C 指针，可以存储 C 中传递过来的指针。

第 3 行，定义了初始化函数 init()。

第 6 行，定义了 clone 接口，用于返回任务的副本。

第 11 行，定义了 emit 接口，会调用 C 传递过来的 _emitter 方法，完成元组的发送。

第 16 行，定义了 getFields 接口，负责返回字段列表。

这里有一个异常类型 NotImplemented，是我们自己定义的，其定义如代码清单 13-48 所示。

代码清单 13-48 HurricaneError 定义

```
1 enum HurricaneError: Error {
2     case NotImplemented
3     case UnknownError
4 }
```

这里面我们定义了两个异常，一个是 NotImplemented，另一个是 UnknownError。

13.5.3 消息源接口

现在我们来实现消息源接口。消息源负责自主地向计算拓扑发送数据，如代码清单 13-49 所示。

代码清单 13-49 Spout 类定义

```
1 class Spout: Task {
2     init() {
3     }
4
5     func open() -> Int {
6         throw HurricaneError.NotImplemented
7         return 0
8     }
```

```
 9
10     func close() -> Int {
11         throw HurricaneError.NotImplemented
12         return 0
13     }
14
15     func execute() -> Int {
16         throw HurricaneError.NotImplemented
17         return 0
18     }
19
20     func rawExecute(wrapper, emitter) -> Int {
21         let _wrapper = wrapper
22         let _emitter = emitter
23         execute()
24         return 0
25     }
26 }
```

第 5 行，定义了 open 接口。该接口负责打开数据源，并执行初始化操作。

第 10 行，定义了 close 接口，该接口负责关闭数据源，并执行清理操作。

第 15 行，定义了 execute 方法，该方法负责向计算拓扑中发送元组。

第 20 行，定义了 rawExecute 方法，该方法由 C 接口层调用，负责调用 execute 执行实际操作。

13.5.4　消息处理单元接口

完成了消息源之后，我们来实现消息处理单元。消息处理单元负责接收并处理元组，然后产生新的元组，如代码清单 13-50 所示。

代码清单 13-50　Bolt 类定义

```
 1 class Bolt: Task {
 2     init() {
 3
 4     }
 5
 6     func prepare() throws {
 7         throw HurricaneError.NotImplemented
 8     }
 9
10     func cleanup() throws {
11         throw HurricaneError.NotImplemented
12     }
13
14     func execute(values: String[]) throws {
15         throw HurricaneError.NotImplemented
16     }
```

```
17
18      func rawExecute(wrapper: COpaquePointer, emitter: COpaquePointer, values:
                    String[]) {
19          let _wrapper = wrapper
20          let _emitter = emitter
21          execute(values)
22      }
23  }
```

第 6 行，定义了 prepare 接口。该接口负责初始化数据处理单元。

第 10 行，定义了 cleanup 接口，该接口负责清理数据处理单元。

第 14 行，定义了 execute 方法，该方法负责接收其他节点的元组，处理元组，并向计算拓扑中发送元组。

第 18 行，定义了 rawExecute 方法，该方法由 C 接口层调用，负责调用 execute 执行实际操作。

13.5.5 计算拓扑接口

最后我们来完成计算拓扑接口。计算拓扑接口负责将用户定义的消息源和消息处理单元填写到计算拓扑结构体中，完成计算拓扑的注册，如代码清单 13-51 所示。

代码清单 13-51 SpoutCallbacks 结构体定义

```
1  struct SpoutCallbacks {
2      var onClone: () -> Spout
3      var onOpen: () -> Spout
4      var onClose: () -> Spout
5      var onExecute: (COpaquePointer) -> Spout
6  }
```

这里我们定义了 SpoutCallbacks，我们需要将其作为 Topology 结构体中的数据传递到 C 接口中。

一共定义了 4 个接口，分别是 onClone、onOpen、onClose 和 onExecute，如代码清单 13-52 所示。

代码清单 13-52 BoltCallbacks 结构体定义

```
8  struct BoltCallbacks {
9      var onClone: () -> Spout
10     var onPrepare: () -> Spout
11     var onCleanup: () -> Spout
12     var onExecute: (COpaquePointer) -> Spout
13 }
```

这里我们定义了 BoltCallbacks，我们需要将其作为 Topology 结构体中的数据传递到 C

接口中。

一共定义了 4 个接口，分别是 onClone、onPrepare、onCleanup 和 onExecute。

接下来我们看一下 Topology 的定义，如代码清单 13-53 所示。

代码清单 13-53 Topology 类定义

```
15 class Topology {
16     var _spouts: SpoutCallbacks[]
17     var _spoutNames: String[]
18     var _boltNames: String[]
19     var _bolts: BoltCallbacks[]
20     var _boltSources: String[]
21 
22     init() {
23     }
24 
25     func setSpout(spoutName: String, spout: Spout) throws {
26         this._spoutNames.append(spoutName)
27 
28         let spoutCallbacks = SpoutCallbacks()
29         spoutCallbacks.onClone = spout.clone
30         spoutCallbacks.onOpen = spout.open
31         spoutCallbacks.onClose = spout.close
32         spoutCallbacks.onExecute = spout.rawExecute
33         this._spouts.append(spoutCallbacks)
34     }
35 
36     func setBolt(boltName: String, bolt: Bolt, source:String) throws {
37         this._boltNames.append(boltName)
38         this._boltSource.append(source)
39 
40         let boltCallbacks = BoltCallbacks()
41         boltCallbacks.onClone = bolt.clone
42         boltCallbacks.onPrepare = bolt.prepare
43         boltCallbacks.onCleanup = bolt.cleanup
44         boltCallbacks.onExecute = bolt.rawExecute
45 
46         this._bolts.append(boltCallbacks)
47     }
48 
49     func start() throws -> Int {
50         StartTopology({
51             spoutNames: this._spoutNames
52             spouts: this._spouts,
53             boltNames: this._boltNames,
54             bolts: this._bolts,
55             boltSources: this._boltSources
56         })
57     }
58 }
```

第 16 行，定义了 _spouts，一个回调结构体的数组。

第 17 行，定义了字符串数组，表示消息源的名称。

第 18 行，定义了字符串数组 _boltNames，表示消息处理单元名称。

第 19 行，定义了消息处理单元的回调结构体数组。

第 20 行，定义了字符串数组 _boltSources，表示消息处理单元的数据来源。

第 25 行，定义了 setSpout 方法，负责添加一个消息源对象。方法中，我们先将消息源名称放入 _spoutNames 数组中，然后创建一个 SpoutCallbacks 结构体，并依次将函数填写进去。

第 36 行，定义了 setBolt 方法，负责添加一个消息处理单元对象。方法中，我们先将消息处理单元名称放入 _boltNames 数组中，然后创建一个 BoltCallbacks 结构体，并依次将函数填写进去。

第 49 行，定义了 start 方法，方法中我们调用 StartTopology 方法，并将我们需要传递的变量全部传递到 C 接口层。

这样一来就大功告成了。

13.6 本章小结

本章我们首先介绍了通用的 C 语言接口，详细讲解了如何实现 C 语言的元组接口、消息源接口、消息处理单元接口、计算拓扑接口。

然后我们介绍了如何在 C 语言接口上实现 Python 接口。详细讲解并演示了 ctypes 库的使用方法。使用 ctypes 库实现了与 C 语言接口的对接。

接着我们介绍了 Node、V8，以及 JavaScript 与 C/C++ 集成的方法。然后讲解并演示了如何在 JavaScript 中和 C 语言接口对接，以及使用 JavaScript 编写的 Topology 示例。

接下来我们讲解了如何使用 JNI 实现 Java 与 C 语言的对接，定义并实现了 Java 接口。最后同样使用示例来演示如何在 Java 中编写 Hurricane 实时处理系统的 Topology。

最后我们介绍了新兴的 Swift 编程语言，Swift 是由苹果主导开发并开源的语言，该语言提供了强大的 REPL 环境，同时又兼具跨平台的特性，我们可以在 Linux 直接运行编写并编译后的二进制文件。而且它能非常容易地调用 C 语言编写的接口。在本章的最后，我们探讨了在 Swift 语言中实现与 C 接口对接的方法。

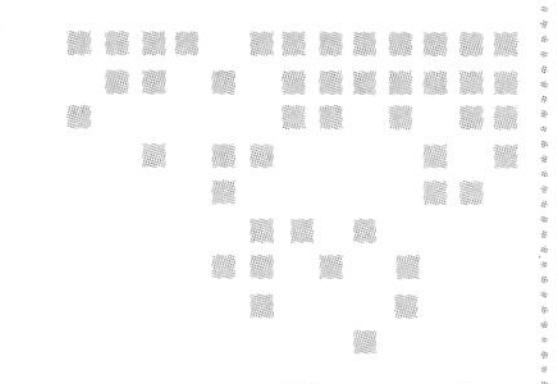

第 14 章 Chapter 14

Squared 设计与实现——实现高级抽象元语

14.1 Storm Trident 介绍

在 Apache Storm 中，除了我们平常使用的 Bolt/Spout 这类接口外，还有一种高层次实时处理抽象——Trident。

Trident 非常强大，支持通过低延时的分布式查询，实现高吞吐量而且有状态的流处理。对于那些使用过 Hadoop，而且非常熟悉 Pig 以及 Cascading 这类高级接口的人来说，肯定也会觉得 Trident 的接口非常熟悉——Trident 同样也有 join、aggregation、grouping、function 和 filter。除此以外，Trident 同时也支持在数据库支持的基础上进行有状态、增量式的处理。Trident 还具有高一致性、exactly-once 语义，因此我们可以很容易编写出 Trident 拓扑结构。

本章将会介绍 Trident 的概念，并阐述如何在 Hurricane 实时处理系统中实现与 Storm Trident 类似的高级抽象元语——Squared。

14.1.1 Squared 示例

让我们来看一个 Squared 的示例，这个示例包含以下两部分知识。

1）计算来自文本输入流中流过拓扑结构的单词数量。

2）实现查询功能：用户输入一个单词列表，查询出单词的出现次数。

为了便于演示，我们的示例会从一个无限的文本流中读取数据，这个特殊的文本流定义如代码清单 14-1 所示。

代码清单 14-1 FixedBatchSpout 示例

```
1 FixedBatchSpout* spout = new FixedBatchSpout(Fields({"sentence"}), 3,
```

```
2                  Values({"the cow jumped over the moon"}),
3                  Values({"the man went to the store and bought some candy"}),
4                  Values({"four score and seven years ago"}),
5                  Values({"how many apples can you eat"}));
6 spout->SetCycle(true);
```

第 1 行，我们定义了一个 FixedBatchSpout，这是一个系统内置的特殊消息源。用户在初始化的时候预先指定需要发送的元组，并定义每次发送的数量，这个消息源就会按照用户的设定发送消息。这里的第 1 个参数是元组的字段列表，第 2 个参数是每次发送的元组数量。

第 2 ~ 5 行，我们定义了 4 个元组，每个元组是一个字符串，表示一个句子。

第 6 行，我们使用 SetCycle 将消息源设置为 true，这样消息源会不断发送数据。

我们现在来看一下如何定义一个 Squared 的拓扑结构，完成单词数量的计算与存储，如代码清单 14-2 所示。

代码清单 14-2　计算拓扑定义

```
1 SquaredTopology* topology = new SquaredTopology();
2 SquaredState* wordCounts =
3      topology->NewStream("spout1", spout)
4        ->Each(Fields({"sentence"}), new Split(), Fields({"word"}))
5        ->GroupBy(Fields({"word"}))
6         ->PersistentAggregate(new MemoryMapState::Factory(), new Count(), Fi
                                    elds({"count"}));
```

第 1 行，我们定义了一个拓扑结构，这个拓扑结构的类型比较特殊，是 SquaredTopology。这是 Squared 专用的拓扑结构。

第 2 行，我们创建一个 SquaredState，这表示一个 Squared 状态，每个状态会关联数据库的存储状态信息，便于用于进行查询，之后讲解 DRPC 时会详细阐述。

第 3 行，调用 topology 的 NewStream 成员函数，创建一个新的 Squared 流，并执行一个消息源。消息源我们使用刚刚创建的 spout，并且将消息源的任务名命名为 spout1。

第 4 行，我们调用 Each，对每个元组分别进行处理，并将处理出来的多个元组向下一个处理节点分发。第 1 个参数是一个字段列表，表示这个任务需要处理的字段。第 2 个参数是一个操作对象，用于操作数据，完成计算。每个操作对象都封装了计算逻辑。第 3 个参数是输出字段列表，用于指定输出元组的字段名。

第 5 行，我们调用 GroupBy 成员函数，该操作的作用是根据某些字段对元组进行分组，不同的分组会根据字段分发到对应的节点上。

第 6 行，我们调用 PersistentAggregate 来进行持久化的聚合操作。这一步有两个作用，一个作用是通过聚合操作进行统计，另一个作用是使用特殊的状态映射对象完成数据持久化。第 1 个参数是使用 MemoryMapState::Factory 来创建一个工厂对象，这个工厂对象会生成 MemoryMapState 的持久化工具对象，用于将我们计算出来的数据存储在内存中。第 2 个参数是聚合操作对象。第 3 个参数是输出字段列表。

Squared 会将流处理成一批批少量的元组。例如，对于我们上面的输入流，Squared 可能将其划分成图 14-1 所示的分流。

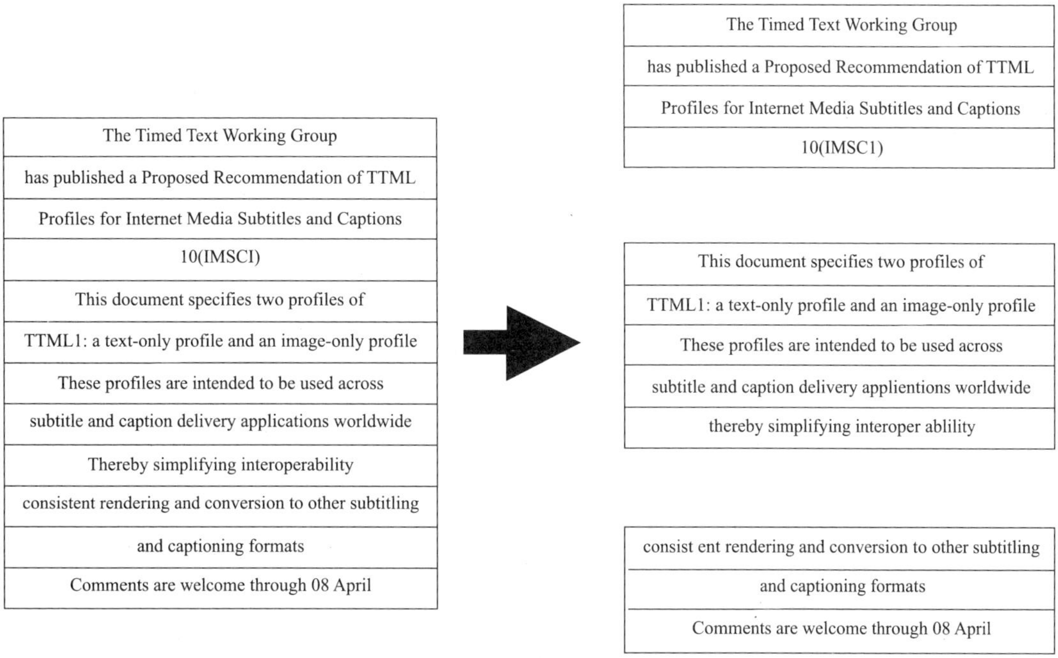

The Timed Text Working Group
has published a Proposed Recommendation of TTML
Profiles for Internet Media Subtitles and Captions
10(IMSCI)
This document specifies two profiles of
TTML1: a text-only profile and an image-only profile
These profiles are intended to be used across
subtitle and caption delivery applications worldwide
Thereby simplifying interoperability
consistent rendering and conversion to other subtitling
and captioning formats
Comments are welcome through 08 April

The Timed Text Working Group
has published a Proposed Recommendation of TTML
Profiles for Internet Media Subtitles and Captions
10(IMSC1)

This document specifies two profiles of
TTML1: a text-only profile and an image-only profile
These profiles are intended to be used across
subtitle and caption delivery applientions worldwide
thereby simplifying interoper ablility

consist ent rendering and conversion to other subtitling
and captioning formats
Comments are welcome through 08 April

图 14-1　单词分割

通常来说，每个批次的元组数量大致是几千或者几万个，具体的数量要根据输入流量而定。

Squared 提供了相应的批处理 API 来处理这些批次的元组。这些 API 和 Hadoop 上的一些抽象层（如 Pig 和 Cascading）一样，你可以进行分组、连接、聚合，执行函数、过滤器等。当然，我们处理数据的目标是将处理结果统计存储起来，因此我们提供了持久化的聚合操作，如存储在内存中或者其他数据库中。最后，我们可以在 Squared 状态的基础上进行查询，状态会被 Squared 更新，因此查询结果也会不断更新。查询也能独立于状态进行。

让我们回到示例中。消息源提交了一个数据流，其中包含了一个名为 sentence 的字段。而 each 成员函数则使用 Split 对象来操作每一个 sentence 字段。每个 sentence 字段都可能会产生很多的单词元组，例如，对于句子 hello world，我们会得到 2 个元组，一个是 hello，另一个是 world。

我们来看一下 Split 的实现，如代码清单 14-3 所示。

代码清单 14-3　Split 类定义

```
1 class Split : public BaseFunction {
```

```
2 public:
3     void Execute(SquaredTuple tuple, SquaredCollector* collector) override{
4         std::string sentence = tuple.GetString(0);
5         for( std::string word : split(sentence, " ") ) {
6             collector->Emit(Values({ word }));
7         }
8     }
9 }
```

第 1 行，我们定义 Split 类，继承了 BaseFunction 类，BaseFunction 类是所有 Function 操作的基类，代表了对数据的处理函数。

第 3 行，覆盖定义 Execute 函数，Squared 会对每一个元组都调用这个函数来进行处理。该函数有 2 个参数，第 1 个参数是输入的元组，第 2 个参数是 Squared 的数据收集器，这里我们使用的是 SquaredCollector，是 OutputCollector 的一个子类。

第 4 行，我们从元组中获取第 1 个参数，并转换成字符串。这就是用户传输过来的文本。

第 5 行，我们使用 split 函数分割用户的文本，并生成一个单词列表。这里我们使用 C++11 里的 for each 语法来遍历这个列表。

第 6 行，根据取出来的单词生成最后的元组，并使用收集器的 Emit 提交元组。

就像读者看到的，这个实现是非常简单的。这整个对象就是将语句根据空格分隔成一个个单词，并将每个单词都作为独立的元组发送出去。

拓扑结构剩余的代码主要是计算单词数量，并将结果持久化存储起来。首先我们将数据流根据单词进行分组，接着使用 Count 聚合对象计算每一组的数量，并将这些信息持久化存储起来。PersistentAggregate 成员函数知道如何在状态源中存储更新聚合结果。在该示例中，我们将单词的统计信息存储在内存中，但是我们也可以选择使用 Cassandra 这种数据库或者其他的存储产品。

Squared 的一个使用功能就是高容错性，并且遵循 exactly-once 的语义。这使得实时数据处理变得容易而惬意。Squared 会将状态存储起来，这样当出现错误并需要重试时可以做出正确的动作，对于相同的原始数据，不会重复更新数据库中的信息。

PersistentAggregate 成员函数会将数据流对象转变成 SquaredState 对象。在我们这个例子中，SquaredState 对象表示了所有的单词数量。我们可以使用 SquaredState 对象来实现分布式的计算。

14.1.2 DRPC 示例

现在我们来介绍一下如何在 Squared 拓扑结构中实现低延迟的分布式查询。该查询的输入参数是使用空格分隔的一系列单词，查询需要返回这些单词之和。使用这些查询就和普通的 RPC 一样，唯一差别就是 DRPC 背后是使用 DRPC 进行运算。

这里我们给出一个 DRPC 调用的示例代码，如代码清单 14-4 所示。

代码清单 14-4

```
1  DRPCClient* client = new DRPCClient("drpc.server.location", 3772);
2  std::cout << client->Execute("words", {"cat dog the man"}) << std::endl;
```

第 1 行，我们使用 DRPCClient 构造函数构造 DRPC 客户端对象。第 1 个参数是 DRPC 服务器的主机名称，第 2 个参数是端口号，表示 DRPC 服务器的端口号。

第 2 行，我们调用 Execute 成员函数执行一个 DRPC 函数。Execute 函数的第 1 个参数是 DRPC 服务名称，第 2 个参数是 DRPC 的参数，参数会被传递到 DRPC 服务器，进而传递到计算节点中。

正如读者看到的，整个 DRPC 调用看起来和 RPC 调用没什么区别，只不过这个 DRPC 查询会在 Storm 集群中以并行方式执行。

我们上面调用的 DRPC 的实现如代码清单 14-5 所示。

代码清单 14-5　创建 DRPC 流

```
1  topology->NewDRPCStream("words")
2          ->Each(Fields({"args"}), new Split(), Fields({"word"))
3          ->GroupBy(Fields({"word"}))
4          ->StateQuery(wordCounts, Fields({"word"}), new MapGet(), Fields({"count"}))
5          ->Each(Fields({"count"}), new FilterNull())
6          ->Aggregate(Fields({"count"}), new Sum(), Fields({"sum"}));
```

第 1 行，我们调用了 topology 的 NewDRPCStream 函数，创建一个新的 DRPC 流。该函数有一个参数，表示 DRPC 服务名，也就是用户调用 DRPC 服务时填写的第 1 个参数。

第 2 行，调用 Each 成员函数，对用户的参数进行处理，这里需要注意的是，用户的参数的字段名固定为 args，因此这里会输入用户的所有参数。我们使用 Split 对象对参数进行分割，分离成多个新的元组。第 3 个参数指定了输出元组的字段。最后我们会生成多个元组，每个元组都有一个 word 字段。

第 3 行，调用 GroupBy 成员函数，根据 word 字段对元组进行分组。

第 4 行，调用 stateQuery，查询我们之前定义的状态 wordCounts，并且指定输入参数为 word 字段，使用 MapGet 从内存中或数据库中取出对应的值，输出字段名为 count。这里实现原理是我们在持久化时将存储输入字段和输出字段的对应关系，那么查询的时候只要以输入字段作为查询条件就可以得到对应的输出字段值了。

第 5 行，调用 Each 成员函数，逐个处理元组，我们创建一个 FilterNull 对象，FitlerNull 是一个 Function，其作用是过滤包含空字段的元组。这样我们就会过滤掉不在状态中存在的字段。

第 6 行，调用 Aggregate 成员函数，对用户查询出来的单词数量进行聚合操作。聚合操作很简单，第 1 个参数是 count，表示单词的数量，第 2 个参数是 Sum 对象，表示使用 Sum

对象进行聚合操作，第 3 个参数是输出参数，表示输出的字段名为 sum。

每个 DRPC 请求都会被当成一个批次的处理任务。元组中包含的 args 字段就是用户输入的参数。在这个例子中，参数就是用户指定的由空格分隔的单词。

首先，Split Function 对象用于将用户请求的参数分隔成一个个单词。接着我们根据 word 字段对数据流进行分组，然后使用 stateQuery 操作来查询上一个拓扑结构生成的 SquaredState 对象。stateQuery 的作用是查询状态，一个状态其实就是一个数据表，只不过拓扑结构会使用特殊的格式将数据存储在数据库中。在我们的这个例子中，我们调用了 MapGet 函数，可以根据输入字段取出数据库中对应的输出字段值。

然后我们会使用 FilterNull 过滤器将不存在的单词过滤掉，接着使用 Sum 聚合操作获得最后的结果。接着 Squared 会自动将结果发回到等待中的客户端。

Squared 会自动将任务分配到集群上执行，以得到最优化的性能。

14.2 Squared 实现

现在我们来看 Squared 的实现。在 Hurricane 中，模拟实现了一个简化版本的 Squared，但是在功能接口上基本都没有少，只是没有进行过多的调度优化，也没有实现那么多的原生操作。

14.2.1 SquaredTopology 和 Spout

首先我们来看一下 SquaredToplogy 的实现，如代码清单 14-6 所示。

代码清单 14-6 SquaredTopology 类定义

```
 1 namespace hurricane {
 2     namespace squared {
 3         class SquaredSpout;
 4         class SquaredStream;
 5         class DRPCStream;
 6 
 7         class SquaredToplogy : public SimpleTopology {
 8         public:
 9             SquaredToplogy SquaredToplogy();
10             SquaredStream* NewStream(const std::string& spoutName,
11                 SquaredSpout* SquaredSpout);
12 
13             DRPCStream* NewDRPCStream(const std::string& serviceName);
14 
15             void Deploy();
16 
17         private:
18             void _Deploy(SquaredStream* stream);
19             void _Deploy(DRPCStream* stream);
```

```
20
21          private:
22              std::vector<std::shared_ptr<SquaredStream>> _SquaredStreams;
23              std::map<std::string, std::shared_ptr<DRPCStream>> _drpcStreams;
24          };
25      }
26  }
```

SuqaredTopology 类图如图 14-2 所示。

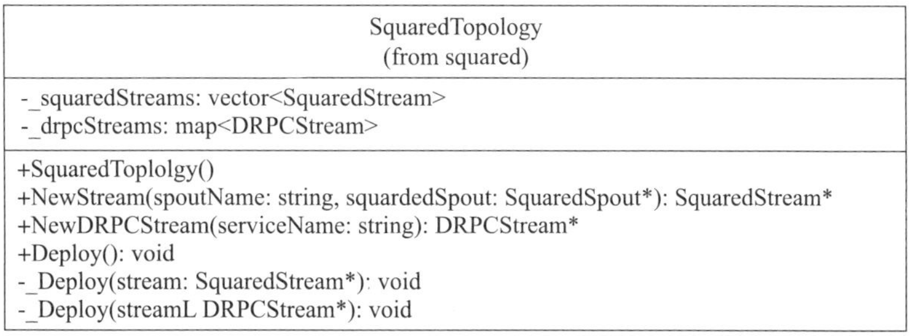

SquaredTopology (from squared)
-_squaredStreams: vector<SquaredStream> -_drpcStreams: map<DRPCStream>
+SquaredToplolgy() +NewStream(spoutName: string, squardedSpout: SquaredSpout*): SquaredStream* +NewDRPCStream(serviceName: string): DRPCStream* +Deploy(): void -_Deploy(stream: SquaredStream*): void -_Deploy(streamL DRPCStream*): void

图 14-2　SquaredTopology 类图

第 7 行，定义了 SquaredTopology，这个类继承了 SimpleTopology 类，但是 SquaredToplogy 有更多的接口，我们现在来一一介绍。

第 9 行，定义了 SquaredTopology 的构造函数，这个构造函数是一个无参数的构造函数，可以直接完成 SquaredTopology 的初始化。

第 10 行，定义了 NewStream，该成员函数的作用是生成一个新的流。流在 Squared 中是一个很重要的概念。在 Topology 中也是存在流的概念的，但是流的概念是隐含在整个系统背后的，由一个消息源发出，由多个消息处理单元进行处理。但是在 Squared 中，我们由于更多地需要直接操作流，也为了建立一个更加简单干净的流模型，因此将流这个概念单独抽取出来，作为一个类。流的具体实现将会在后面的章节中详细介绍。

该成员函数有 2 个参数，第 1 个参数是消息源的任务名称，第 2 个参数是 Squared 的消息源对象。比较特殊的是，每个 Squared 的流是单源的，也就是说一个 Squared 的流只有一个消息源。其实在普通的 Topology 中，一个流肯定也只有一个源，但是我们在 Topology 中是隐式定义流的（直接设置一个消息源对象，而消息源对象的作用就是产生一个流）。而在这里，我们直接创建一个 Squared 的流，并且指定某个消息源作为这个流的生产者。接着我们就可以对这个流进行各种设置，最后流会自动部署到 Topology 中并执行。

第 13 行，定义了 NewDRPCStream 成员函数。该成员函数会产生一个 DRPC 流。DRPC 流在很多方面都类似于 Squared 流，但是用处不太一样。Squared 流主要用于计算，自发地获取数据，并永不停息地运算，而 DRPC 流则用于 DRPC 查询计算。也就是只有当一个 DRPC 请求到来时，才会向这个流中注入数据，并自动将数据通过特殊的消息源发送给这个流的第一个消息处理单元。而且这个流会将结果记录下来，这样 DRPC 服务器在执行完毕的时候会将计算结果返回给 DRPC 客户端。这就是这个流比较特殊的地方。

来看第 15 行，该成员函数的作用是将 Squared 流和 DRPC 流都部署到 Topology 中。这里会调用后面的两个部署函数来完成最后的部署。

现在看第 18 行，这一行我们定义了一个 _Deploy 函数，该函数的作用在定义完成一个流之后，将流部署到 Topology 上。我们会在后面的实现部分看到部署是怎么完成的，其实由于我们之前的准备工作，这个步骤很简单。

第 19 行，是另一个 _Deploy 函数，其作用是部署一个 DRPC 流。虽然 DRPC 流和 Squared 是不同的流，但是部署原理是一致的。

第 22 行，定义了成员变量 _SquaredStreams，该变量存储了所有的 Squared 流对象，所有用户在该 Squared 拓扑结构上定义的 Squared 流都会被存储在这个变量中。

第 23 行，定义了成员变量 _dprcStream，顾名思义，这个变量的作用是存储 DRPC 流对象，不同的是这里我们使用的是 map，也就是映射表，因为我们需要根据 DRPC 流的名字来找到对应的流对象，因此使用 map 会有更高的检索效率。

现在我们来看一下 SquaredTopology 的实现，如代码清单 14-7 所示。

代码清单 14-7　SquaredToplogy 实现

```
 1 #include "SquaredTopology.h"
 2 #include "SquaredSpout.h"
 3 #include "SquaredStream.h"
 4 #include "DRPCStream.h"
 5
 6 namespace hurricane {
 7     namespace Squared {
 8         SquaredTopology::SquaredTopology()
 9         {
10         }
11
12         SquaredStream * SquaredTopology::NewStream(const std::string & spoutName,
13             SquaredSpout * SquaredSpout)
14         {
15             std::shared_ptr<SquaredStream> stream =
16                 std::make_shared<SquaredStream>(spoutName, SquaredSpout);
17
18             _SquaredStreams.push_back(stream);
19
20             return stream.get();
21         }
22
23         DRPCStream * SquaredTopology::NewDRPCStream(const std::string & serviceName)
24         {
25             std::shared_ptr<DRPCStream> stream = std::make_shared<DRPCStream>();
26             _drpcStreams[serviceName] = stream;
```

```
27
28                return stream.get();
29            }
30
31            void SquaredTopology::Deploy()
32            {
33                for ( auto stream : _SquaredStreams ) {
34                    _Deploy(stream);
35                }
36
37                for ( auto streamPair : _drpcStreams ) {
38                    _Deploy(stream);
39                }
40            }
41
42            void SquaredTopology::_Deploy(SquaredStream * stream)
43            {
44                stream->Deploy(this);
45            }
46
47            void SquaredTopology::_Deploy(DRPCStream * stream)
48            {
49                stream->Deploy(this);
50            }
51        }
52    }
```

第 8 行中，定义了 SquaredTopology 的构造函数，其作用是构造一个空的 SquaredTopology 对象。

第 12 行，定义了 NewStream 成员函数。该函数的作用是定义并返回一个 Squared 流。该函数有两个参数，第 1 个参数是这个流的消息源名称，第 2 个参数是流的消息源对象指针。该函数将会把消息源对象作为流的生产者保存起来。

第 15 行，定义了一个 stream 的智能指针，用于存储 SquaredStream 对象。

第 16 行，使用 make_shared 函数来构造一个新对象，并将其放入一个智能指针中。该函数的第 1 个参数是消息源名称，第 2 个参数是消息源对象指针。经过这一步，我们就创建了一个新的流。接着我们将创建出来的指针赋值给 stream 变量。由于这里使用了引用计数，因此不需要关心如何释放这个指针指向的对象。

第 18 行，使用 vector 的 push_back 成员函数，将 stream 放入 _SquaredStreams 中，这样就能将所有的流都保存起来，以便于之后的统一部署。

第 20 行，我们使用 get 成员函数将智能指针中的指针取出，并返回，这样用户就可以像之前的示例中那样继续配置流。

第 23 行，定义了 NewDRPCStream 函数，该函数的作用是创建一个新的 DRPC 流，并返回这个 DRPC 流，待用户进行配置。该函数有一个参数 serviceName，表示 DRPC 服务的服务名。

第 25 行，定义了一个智能指针，实际类型是 DRPCStream，并调用 std::make_shared 来构造一个新的 DRPC 流。DRPC 流的构造函数没有任何参数，因此可以直接构造。

第 26 行，将 stream 存储到 _drpcStreams 中，并使用 serviceName，也是 DRPC 的服务名作为 key。这样我们可以通过服务名检索到 DRPC 流。

第 31 行，定义了 Deploy 函数，该函数的作用是将所有的 Squared 流和 DRPC 流全部部署到我们的 Topology 上。

第 33 行，遍历 _SquaredStreams 成员变量，取出所有的 Squared 流，并调用 _Deploy 函数完成流的部署。

第 37 行，遍历 _drpcStreams 成员变量，取出所有的 Squared 流，并调用 _Deploy 函数完成流的部署。

第 42 行，定义了 _Deploy 函数，该函数只有一个参数，就是需要部署的 Squared 流。

第 44 行，调用 stream 的 Deploy，并将拓扑结构传递给该流对象，以完成实际的部署工作。

第 47 行，定义了 _Deploy 函数，该函数只有一个参数，就是需要部署的 DRPC 流。

第 49 行，调用 stream 的 Deploy，并将拓扑结构传递给该流对象，以完成实际的部署工作。

接下来让我们看看 SquaredSpout 的定义，如代码清单 14-8 所示。

代码清单 14-8 SquaredSpout 定义

```
 1 #pragma once
 2 
 3 #include "hurricane/spout/ISpout.h"
 4 
 5 namespace hurricane {
 6     namespace Squared {
 7         class SquaredSpout : public ISpout {
 8         public:
 9             SquaredSpout() {}
10 
11             virtual void Open(base::OutputCollector& outputCollector) = 0;
12             virtual void Close() = 0;
13             virtual void Execute() = 0;
14 
15             virtual ISpout* Clone() const = 0;
16         };
17     }
18 }
```

该类的类图如图 14-3 所示。

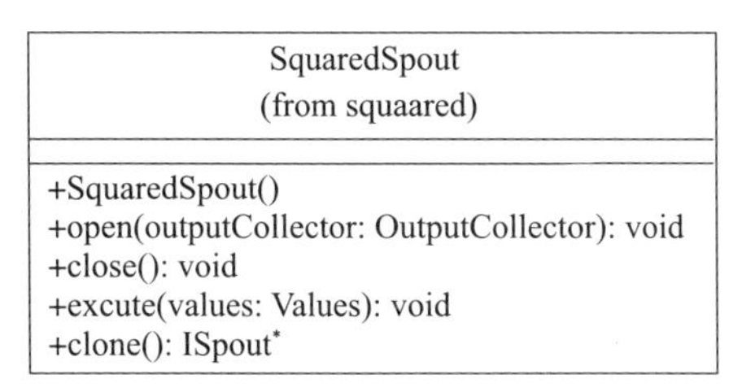

SquaredSpout
(from squaared)
+SquaredSpout()
+open(outputCollector: OutputCollector): void
+close(): void
+excute(values: Values): void
+clone(): ISpout*

图 14-3 SquaredSpout 类图

最关键的是我们的 SquaredCollector 类，如代码清单 14-9 所示。

代码清单 14-9 SquaredCollector 定义

```
 1 namespace hurricane {
 2     namespace Squared {
 3         class SquaredCollector : public base::OutputCollector {
 4         public:
 5             bool IsFinished();
 6 
 7             void SetBatchId(int batchId) {
 8                 _batchId = batchId;
 9             }
10 
11             int GetBatchId() const {
12                 return _batchId;
13             }
14 
15         private:
16             int_batchId;
17         };
18     }
19 }
```

该类的类图如图 14-4 所示。

在 SquaredCollector 中，我们模仿事务性 Topology 加入了 batchId，为每个元组和每个 OutputCollector 对象都赋予一个 batchId 属性。

所有拥有相同 batchId 属性的元组都属于同一个批次，最后会被 collector 一并提交，并在持久化聚合中存储到外部。

SquaredCollector (from squared)
+_batchId: int32_t
+IsFinished(): bool +SetBatchId(bathId: int32_t): void +GetBatchId(): int32_t

图 14-4 SquaredCollector 类图

14.2.2 SquaredBolt

现在我们来看一下 SquaredBolt 的实现，如代码清单 14-10 所示。

代码清单 14-10 SquaredBolt 实现

```
 1 namespace hurricane {
 2     namespace Squared {
```

```
 3         class Operation;
 4         class SquaredTuple;
 5         class SquaredCollector;
 6
 7         class SquaredBolt : public IBolt {
 8         public:
 9             SquaredBolt(const base::Fields& inputFields,
10                 const base::Fields& outputFields);
11
12             virtual void Prepare(base::OutputCollector& outputCollector) override;
13             virtual void Cleanup() override;
14             virtual void Execute(const base::Values& values) override;
15             virtual void Execute(const SquaredTuple& tuple,
16                 SquaredCollector* collector) = 0;
17
18             virtual IBolt* Clone() const override;
19
20             virtual Fields DeclareFields() const override;
21
22         private:
23             base::Fields _inputFields;
24             base::Fields _outputFields;
25             SquaredCollector* _collector;
26         };
27     }
28 }
```

该类的类图如图 14-5 所示。

SquaredBolt
(from squared)

-_inputFields: Fields
-_outputFields: Fields
-_collector: SquaredCollector

+SquaredBolt(input Fields: Fields, outputFields: Fields)
+Prepare(outputCollector: OutputCollector): void
+Cleanup(): void
+Execute(values; Values): void
+Execute(tuple; SquaredTule, collector; SquaredCollector): void
+Clone():IBolt*
+DeclareFields(): Fields

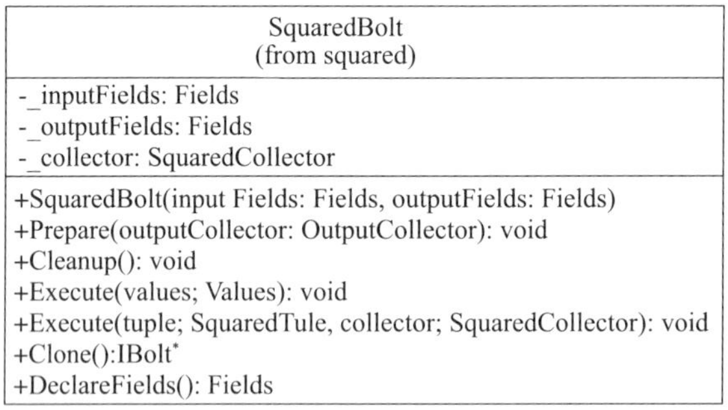

图 14-5　SquaredBolt 类图

我们可以发现这里我们定义了一个重载的 execute 函数，该函数有一个 SquaredTuple 类型，而 SquaredTuple 的定义如代码清单 14-11 所示。

代码清单 14-11　SquaredTuple 定义

```
1 namespace hurricane {
2     namespace Squared {
3         class SquaredTuple {
```

```
4          public:
5              SquaredTuple(const base::Fields& fields, const base::Values& values) :
6                      _fields(fields), _values(values){
7                  int fieldIndex = 0;
8                  for ( const std::string& field : fields ) {
9                      _fieldMaps[field] = fieldIndex;
10
11                     ++ fieldIndex;
12                 }
13             }
14
15             int32_t GetInteger(int index) {
16                 return _values[index].ToInt32();
17             }
18
19             int32_t GetInteger(const std::string& fieldName) {
20                 int index = _fieldMaps[fieldName];
21
22                 return GetInteger(index);
23             }
24
25             std::string GetString(int index) {
26                 return _values[index].ToString();
27             }
28
29             std::string GetString(const std::string& fieldName) {
30                 int index = _fieldMaps[fieldName];
31
32                 return GetString(index);
33             }
34
35             const base::Values& GetValues() {
36                 return _values;
37             }
38
39             void SetBatchId(int batchId) {
40                 _batchId = batchId;
41             }
42
43             int GetBatchId() const {
44                 return _batchId;
45             }
46
47         private:
48             base::Fields _fields;
49             std::map<std::string, int> _fieldMaps;
50             base::Values _values;
51             int _batchId;
52         };
53     }
54 }
```

该类的类图如图 14-6 所示。

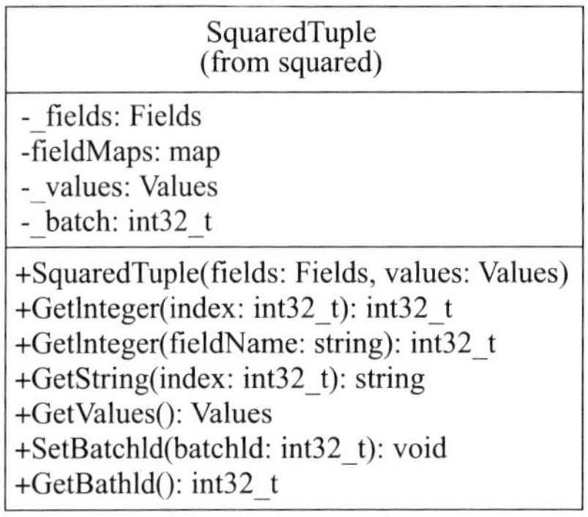

SquaredTuple
(from squared)

-_fields: Fields
-fieldMaps: map
-_values: Values
-_batch: int32_t

+SquaredTuple(fields: Fields, values: Values)
+GetInteger(index: int32_t): int32_t
+GetInteger(fieldName: string): int32_t
+GetString(index: int32_t): string
+GetValues(): Values
+SetBatchId(batchId: int32_t): void
+GetBathId(): int32_t

图 14-6 SquaredTuple 类图

现在我们再来看一下 SquaredBolt 的具体实现，如代码清单 14-12 所示。

代码清单 14-12 SquaredBolt 实现

```
1  namespace hurricane {
2      namespace Squared {
3          SquaredBolt::SquaredBolt(const base::Fields & inputFields,
4              const base::Fields & outputFields) :
5                  _inputFields(inputFields),
6                  _outputFields(outputFields)
7          {
8          }
9
10         void SquaredBolt::Prepare(base::OutputCollector & outputCollector)
11         {
12             this->_collector = &outputCollector;
13         }
14
15         void SquaredBolt::Cleanup()
16         {
17         }
18
19         void SquaredBolt::Execute(const base::Values & values)
20         {
21             execute(SquaredTuple(_inputFields, values), _collector)
22         }
23
24         IBolt* SquaredBolt::Clone() const
25         {
26             return new SquaredBolt(this);
27         }
28
29         Fields SquaredBolt::DeclareFields() const
30         {
```

```
31                return _outputFields;
32            }
33        }
34  }
```

可以看到我们最终调用了纯虚函数 execute，最后这些都需要由子类的纯虚函数实现。

14.2.3　Stream

现在我们来看 SquaredStream 的定义，如代码清单 14-13 所示。

代码清单 14-13　SquaredStream 定义

```
 1  namespace hurricane {
 2      namespace bolt {
 3          class IBolt;
 4      }
 5
 6      namespace Squared {
 7          class SquaredToplogy;
 8          class SquaredSpout;
 9          class Operation;
10          class BaseFunction;
11          class BaseFilter;
12          class BaseAggregator;
13          class SquaredState;
14          class SquaredStateFactory;
15
16          class SquaredStream {
17          public:
18              SquaredStream();
19              SquaredStream(const std::string& spoutName,
20                  SquaredSpout* spout);
21
22              SquaredStream* Each(const base::Fields& inputFields,
23                  Operation* operation, const base::Fields& outputFields);
24              SquaredStream* GroupBy(const base::Fields& fields);
25              SquaredState* PersistentAggregate(const SquaredStateFactory* factory,
26                  BaseAggregator* operation, const base::Fields& fields);
27
28              void Deploy(SquaredToplogy* topology);
29
30          private:
31              std::string _spoutName;
32              std::shared_ptr<SquaredSpout> _spout;
33              std::list<std::shared_ptr<bolt::IBolt>> _bolts;
34              std::list<std::string> _boltNames;
35          };
36      }
37  }
```

该类的类图如图 14-7 所示。

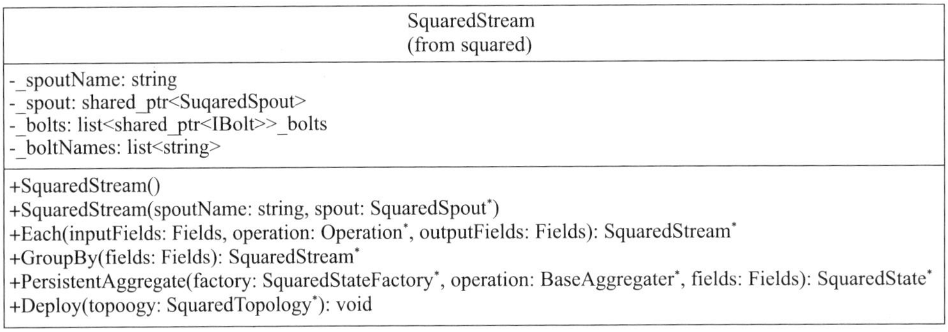

SquaredStream (from squared)
-_spoutName: string -_spout: shared_ptr<SuqaredSpout> -_bolts: list<shared_ptr<IBolt>>_bolts -_boltNames: list<string>
+SquaredStream() +SquaredStream(spoutName: string, spout: SquaredSpout*) +Each(inputFields: Fields, operation: Operation*, outputFields: Fields): SquaredStream* +GroupBy(fields: Fields): SquaredStream* +PersistentAggregate(factory: SquaredStateFactory*, operation: BaseAggregater*, fields: Fields): SquaredState* +Deploy(topoogy: SquaredTopology*): void

图 14-7　SquaredStream 类图

接下来是 SquaredStream 的实现部分，如代码清单 14-14 所示。

代码清单 14-14　SquaredStream 实现

```
1  namespace hurricane {
2      namespace Squared {
3          SquaredStream::SquaredStream()
4          {
5          }
6
7          SquaredStream::SquaredStream(const std::string & spoutName, SquaredSpout
                                           * spout)
8              :_spoutName(spoutName), _spout(spout)
9          {
10         }
11
12         SquaredStream * SquaredStream::Each(const base::Fields & inputFields,
               Operation * operation, const base::Fields & outputFields)
13         {
14             std::shared_ptr<bolt::IBolt> bolt =
15                 std::make_shared<EachBolt>(inputFields, operation, outputFields);
16             _boltNames.push_back(randomString("abcdedfgihjklmnopqrstuvwxyz"));
17             _bolts.push_back(bolt);
18         }
19
20         SquaredStream * SquaredStream::GroupBy(const base::Fields & fields)
21         {
22             std::shared_ptr<bolt::IBolt> bolt =
23                 std::make_shared<GroupByBolt>(fields);
24             _boltNames.push_back(randomString("abcdedfgihjklmnopqrstuvwxyz"));
25             _bolts.push_back(bolt);
26
27             return nullptr;
28         }
29
```

```
30          SquaredState * SquaredStream::PersistentAggregate(const SquaredStateFactory
               * factory, BaseAggregator * operation, const base::Fields & fields)
31          {
32              std::shared_ptr<PersistentAggregateBolt> bolt =
33                  std::make_shared<PersistentAggregateBolt>(factory, operation,
                        fields);
34              _boltNames.push_back(randomString("abcdedfgihjklmnopqrstuvwxyz"));
35              _bolts.push_back(bolt);
36
37              return bolt->GetState();
38          }
39
40          void SquaredStream::Deploy(SquaredToplogy * topology)
41          {
42              topology->GetSpouts()[_spoutName] = spout;
43
44              int boltIndex - 0;
45              for ( auto bolt : _bolts ) {
46                  topology->GetBolts()[_boltNames[boltIndex]] = bolt;
47                  boltIndex ++;
48              }
49          }
50      }
51  }
```

我们再来看一下 DRPCStream 的声明，如代码清单 14-15 所示。

代码清单 14-15　DRPCStream 定义

```
1  namespace hurricane {
2      namespace Squared {
3          class SquaredTopology;
4          class SquaredSpout;
5          class Operation;
6          class BaseFunction;
7          class BaseFilter;
8          class BaseAggregator;
9          class SquaredState;
10         class SquaredStateFactory;
11         class MapGet;
12
13         class DRPCStream {
14         public:
15             DRPCStream();
16             DRPCStream(const std::string& spoutName.
17                 SquaredSpout* spout);
18
19             DRPCStream* Each(const base::Fields& inputFields,
20                 Operation* operation, const base::Fields& outputFields);
21             DRPCStream* GroupBy(const Fields& fields);
```

```
22              DRPCStream* StateQuery(SquaredState* state, base::Fields& inputFields,
23                  MapGet* mapGetter, base::Fields& outputFields);
24              DRPCStream* Aggregate(base::Fields& inputFields, BaseAggregator*
25                  Aggregator, base::Fields* outputFields);
26              std::string WaitFormResult(const std::string& args);
27
28              void Deploy(SquaredToplogy* topology);
29          };
30      }
31  }
```

该类的类图如图 14-8 所示。

DRPCStream
(from squared)

-_spoutName: string
-_spout: shared_ptr<SuqaredSpout>
-_bolts: list<shared_ptr<IBolt>>_bolts
-_boltNames: list<string>

+DRPCStream()
+DRPCStream(spoutName: string, spout: SquaredSpout*)
+Each(inputFields: Fields, operation: Operation*, outputFields: Fields): SquaredStream*
+GroupBy(fields: Fields): SquaredStream*
+StateQuery(state: SquaredState*, inputFields: Fields, mapGetter: MapGet*, outputFields): DRPCStream*
+Aggregate(inputFields: Fields, aggregater: BaseAggregater): DRPCStream*
+WaitForResult(args: string): string
+Deploy(topoogy: SquaredTopology*): void

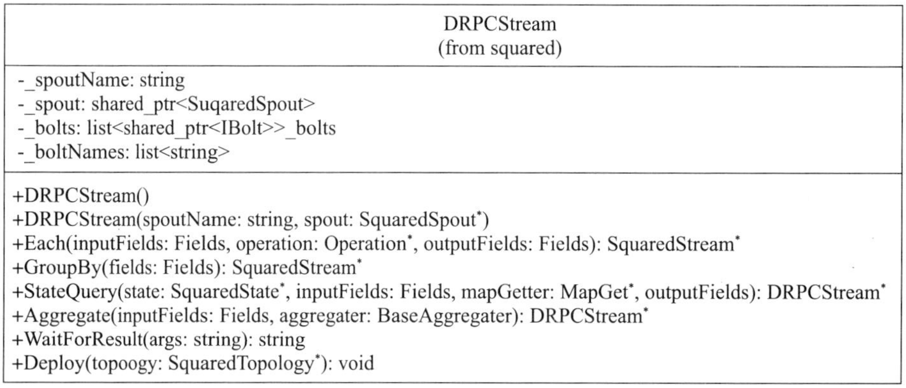

图 14-8 DRPCStream 类图

接着就是 Squared 的实现，如代码清单 14-16 所示。

代码清单 14-16 Squared 实现

```
1  namespace hurricane {
2      namespace Squared {
3          DRPCStream::DRPCStream()
4          {
5          }
6
7          DRPCStream * DRPCStream::Each(const base::Fields & inputFields, Operation
               * operation, const base::Fields & outputFields)
8          {
9              std::shared_ptr<bolt::IBolt> bolt =
10                 std::make_shared<EachBolt>(inputFields, operation, outputFields);
11             _boltNames.push_back(randomString("abcdedfgihjklmnopqrstuvwxyz"));
12             _bolts.push_back(bolt);
13
14             return this;
15         }
16
```

```
17          DRPCStream * DRPCStream::GroupBy(const base::Fields & fields)
18          {
19              std::shared_ptr<bolt::IBolt> bolt =
20                  std::make_shared<GroupByBolt>(fields);
21              _boltNames.push_back(randomString("abcdedfgihjklmnopqrstuvwxyz"));
22              _bolts.push_back(bolt);
23
24              return this;
25          }
26
27          DRPCStream* DRPCStream::StateQuery(SquaredState* state, base::Fields&
                inputFields,
28              MapGet* mapGetter, base::Fields& outputFields) {
29              mapGetter->SetState(state);
30              std::shared_ptr<bolt::IBolt> bolt =
31                  std::shared_ptr<MapGet>();
32
33              _boltNames.push_back(randomString("abcdedfgihjklmnopqrstuvwxyz"));
34              _bolts.push_back(bolt);
35
36              return this;
37          }
38
39          DRPCStream* DRPCStream::Aggregate(base::Fields& inputFields,
                BaseAggregater* Aggregater,
40              base::Fields* outputFields) {
41              std::shared_ptr<AggregatorBolt> bolt =
42                  std::make_shared<AggregatorBolt>(Aggregator, fields);
43              _boltNames.push_back(randomString("abcdedfgihjklmnopqrstuvwxyz"));
44              _bolts.push_back(bolt);
45
46              return this;
47          }
48
49          std::string DRPCStream::WaitFormResult(const std::string & args)
50          {
51              return std::string();
52          }
53
54          std::string DRPCStream::WaitFormResult()
55          {
56              return std::string();
57          }
58
59          SquaredState * SquaredStream::PersistentAggregate(const SquaredStateFactory
               * factory, BaseAggregator * operation, const base::Fields & fields)
60          {
61              std::shared_ptr<PersistentAggregateBolt> bolt =
62                  std::make_shared<PersistentAggregateBolt>(factory, operation, fields);
63              _boltNames.push_back(randomString("abcdedfgihjklmnopqrstuvwxyz"));
```

```
64                _bolts.push_back(bolt);
65
66                return bolt->GetState();
67            }
68
69            void DRPCStream::Deploy(SquaredToplogy * topology)
70            {
71                topology->GetSpouts()[_spoutName] = spout;
72
73                int boltIndex - 0;
74                for ( auto bolt : _bolts ) {
75                    topology->GetBolts()[_boltNames[boltIndex]] = bolt;
76                    boltIndex ++;
77                }
78            }
79        }
80    }
```

14.2.4 状态存储

为了支持 DRPC 查询，我们必须使用状态将 Squared 计算的数据存储起来。SquaredState 接口定义如代码清单 14-17 所示。

代码清单 14-17　SquaredState 定义

```
 1  namespace hurricane
 2  {
 3      namespace Squared
 4      {
 5          class SquaredState
 6          {
 7              virtual void Init() = 0;
 8              virtual void Set(const base::Value& key, const base::Value& value) = 0;
 9              virtual const base::Value& value Get(const base::Value& key) = 0;
10              virtual void Destroy() = 0;
11          };
12      }
13  }
```

该类的类图如图 14-9 所示。

SquaredState (from squared)
+Init(): void +Set(key: Value, value: Value) +Get(key: Value): Value +Destroy(): void

图 14-9　SquaredState 类图

具体如何存储，将数据存储在何处，就需要看用户的自定义实现了。

同时，我们需要使用一个状态工厂来帮助我们生成状态对象。状态工厂非常简单，接口定义如代码清单 14-18 所示。

代码清单 14-18　SquaredStateFactory 类型定义

```
1  namespace hurricane
2  {
3      namespace Squared
4      {
5          class SquaredState;
6
7          class SquaredStateFactory
8          {
9              virtual SquaredState<KeyType, ValueType>* CreateState() = 0;
10         };
11     }
12 }
```

该类的类图如图 14-10 所示。

SquaredStateFactory
(from squared)

+CreateState(): SquaredState*

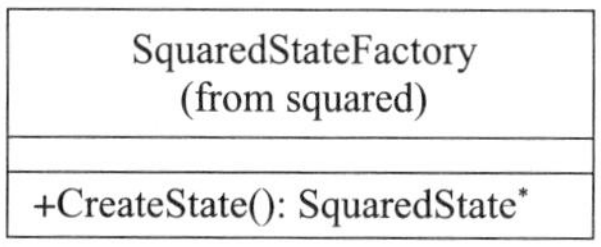

图 14-10　SquaredStateFactory 类图

状态存储需要依靠带持久化的聚合运算实现，这个我们在之后的小节中可以看到。

想要从状态中获取值，需要使用 MapGet 对象来帮助我们获取数据，如代码清单 14-19 所示。

代码清单 14-19　MapGet 类型定义

```
1  namespace hurricane
2  {
3      namespace Squared
4      {
5          class MapGet : public SquaredBolt
6          {
7          public:
8              MapGet()
9              {
10             }
11
12             void SetState(SquaredState* state)
13             {
14                 _state = state;
15             }
16
```

```
17              virtual void Execute(const SquaredTuple& tuple,
18                  SquaredCollector* collector) override
19              {
20                  base::Value key = tuple.GetValues()[0];
21                  base::Value value = _state->Get(key);
22                  collector->Emit(Values(value));
23              }
24
25          private:
26              SquaredState* _state;
27          };
28      }
29  }
```

该类的类图如图 14-11 所示。

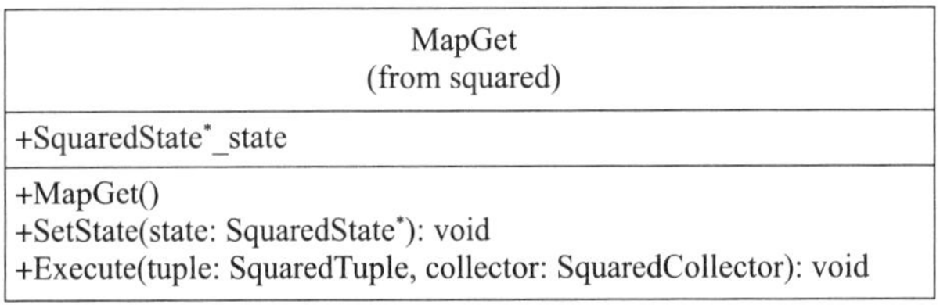

MapGet (from squared)
+SquaredState* _state
+MapGet() +SetState(state: SquaredState*): void +Execute(tuple: SquaredTuple, collector: SquaredCollector): void

图 14-11　MapGet 类图

14.2.5　DRPC 实现

上面一节我们实现了状态存储功能，同时可以使用 MapGet 从存储系统中获取状态。现在我们要来实现 DRPC。前文已经介绍过，DRPC 就是分布式远程过程调用。在 Squared 中，DRPC 的实现比较特殊，因为我们不可能每当一个请求到来时将所有的数据重新计算一次，因此状态存储就很重要了。

状态存储是实时更新的，因此我们只需要在 DRPC 中去查询当前状态存储的结果就可以获得“最新”的计算结果，也就是当前全部重新计算获得的结果。从当前状态出发，计算我们需要的一些统计信息，这样相比于每次都重新计算来说快得多。

因此 DRPC 的核心就是，定义一个 DRPC，将 DRPC 与某个状态关联，处理 DRPC 请求时，根据参数输出通过 MapGet 取出存储的状态，并计算出我们想要的结果。

1. 简单客户端实现

现在我们需要实现简单的 DRPC 客户端。DRPC 客户端的作用是将用户指定的服务名称和参数转换成特定的数据包，并发送到 DRPC 服务器，同时等待 DRPC 服务器返回响应。

声明部分如代码清单 14-20 所示。

代码清单 14-20　DRPCClient 类定义

```
1  namespace hurricane
```

```
 2 {
 3     namespace Squared
 4     {
 5         class DRPCClient
 6         {
 7         public:
 8             DRPCClient(const std::string& serverName, int serverPort)
 9                 : _serverAddress(serverName, port)
10             {
11 
12             }
13 
14             void Connect()
15             {
16                 if ( !_connector.get() )
17                 {
18                     _connector = std::make_shared<NetConnector>(_managerAddress);
19                     _connector->Connect();
20                 }
21             }
22 
23             std::string Execute(const std::string& serviceName,
24                 hurricane::base::Values& values);
25 
26         private:
27             hurricane::base::NetAddress _serverAddress;
28             std::shared_ptr<NetConnector> _connector;
29         };
30     }
31 }
```

该类的类图如图 14-12 所示。

DRPCClient (from squared)
-_serverAddress: NetAddress -_connector: shared_ptr<NetConnector>
+DRPCClient(serverName: String, ServerPort: int32_t) +Connect(): void +Execute(serviceName: string, values: Values): string

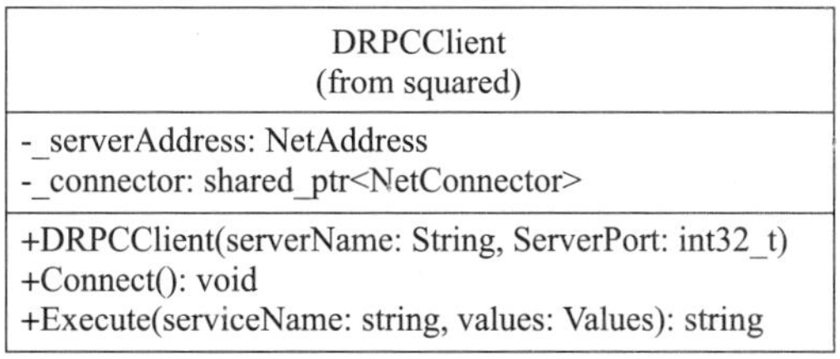

图 14-12　DRPCClient 类图

实现部分如代码清单 14-21 所示。

代码清单 14-21　DRPCClient 类实现

```
1 #include "DRPCClient.h"
2 #include "hurricane/base/ByteArray.h"
3 #include "hurricane/base/DataPackage.h"
4 #include "hurricane/message/Command.h"
```

```
 5 #include "hurricane/message/PresidentCommander.h"
 6
 7 using hurricane::base::NetAddress;
 8 using hurricane::base::ByteArray;
 9 using hurricane::base::DataPackage;
10 using hurricane::message::Command;
11
12 const int DATA_BUFFER_SIZE = 65535;
13
14 namespace hurricane
15 {
16     namespace Squared
17     {
18         std::string DRPCClient::Execute(const std::string & serviceName,
               hurricane::base::Values & values)
19         {
20             Connect();
21
22             Command command(Command::Type::StartSpout,
23             {
24                 serviceName
25             } + values.ToVariants());
26
27             DataPackage messagePackage = command.ToDataPackage();
28             ByteArray message = messagePackage.Serialize();
29
30             char resultBuffer[DATA_BUFFER_SIZE];
31             int32_t resultSize =
32                 _connector->SendAndReceive(message.data(), message.size(),
                       resultBuffer, DATA_BUFFER_SIZE);
33
34             ByteArray result(resultBuffer, resultSize);
35             DataPackage resultPackage;
36             resultPackage.Deserialize(result);
37             command = Command(resultPackage);
38
39             std::cout << command.GetType() << std::endl;
40             std::cout << command.GetArg(0).GetStringValue() << std::endl;
41
42             return command.GetArg(0).GetStringValue();
43         }
44     }
45 }
```

2. 简单服务器实现

现在我们来实现 DRPC 服务器。DRPC 服务器其实就是一个特殊的 NetListener。该类会接收来自 DRPC 客户端的请求，并进行命令分发。DRPC 服务器只需要处理 DRPC 客户端的请求即可。其处理方式是根据用户提供的服务名找到特定的 DRPC 流，并等待 DRPC 流的处理结果，然后返回给客户端。实现如代码清单 14-22 所示。

代码清单 14-22　服务器主函数

```
 1 using hurricane::base::NetAddress;
 2 using hurricane::base::ByteArray;
 3 using hurricane::base::DataPackage;
 4 using hurricane::message::Command;
 5 using hurricane::message::CommandDispatcher;
 6 using hurricane::message::PresidentCommander;
 7 using hurricane::base::Node;
 8 using hurricane::topology::ITopology;
 9 using hurricane::spout::ISpout;
10 using hurricane::bolt::IBolt;
11 using hurricane::Squared::DRPCStream;
12 
13 const NetAddress SERVER_ADDRESS{ "127.0.0.1", 3772 };
14 
15 int main()
16 {
17     NetListener netListener(SERVER_ADDRESS);
18     CommandDispatcher dispatcher;
19     std::map<std::string, DRPCStream*> streams;
20 
21     dispatcher
22         .OnCommand(Command::Type::Join,
23             [&](hurricane::base::Variants args, std::shared_ptr<TcpConnection>
                   src) -> void
24     {
25         std::string serviceName = args[0].GetStringValue();
26         args.pop_front();
27         std::string serviceArgs = args;
28 
29         DRPCStream* stream = streams[serviceName];
30         std::string result = stream->WaitFormResult(args);
31 
32         Command command(Command::Type::Response,
33         {
34             result
35         });
36 
37         ByteArray commandBytes = command.ToDataPackage().Serialize();
38         src->Send(commandBytes.data(), commandBytes.size());
39     });
40 
41     netListener.OnData([&](std::shared_ptr<TcpConnection> connection,
42         const char* buffer, int32_t size) -> void
43     {
44         ByteArray receivedData(buffer, size);
45         DataPackage receivedPackage;
46         receivedPackage.Deserialize(receivedData);
```

```
47
48            Command command(receivedPackage);
49            command.SetSrc(connection);
50
51            dispatcher.Dispatch(command);
52        });
53
54        netListener.StartListen();
55    }
```

14.2.6 操作与处理节点

在 Squared 中最重要的概念就是操作，操作会在具体的 Squared 中执行。我们来看一下操作的接口定义，如代码清单 14-23 所示。

代码清单 14-23 Operation 类定义

```
 1 namespace hurricane
 2 {
 3     namespace Squared
 4     {
 5         class SquaredTuple;
 6         class SquaredCollector;
 7
 8         class Operation
 9         {
10         public:
11             virtual void Execute(const SquaredTuple& tuple,
12                 SquaredCollector* collector) = 0;
13         };
14     }
15 }
```

操作有几种特殊的实现，分别是函数、过滤器、聚合以及带持久化的聚合。

现在先来看函数的实现，如代码清单 14-24 所示。

代码清单 14-24 Function 类定义

```
 1 #pragma once
 2
 3 #include "Operation.h"
 4
 5 namespace hurricane
 6 {
 7     namespace Squared
 8     {
 9         class Function : public Operation
10         {
11             virtual void Execute(const SquaredTuple& tuple,
```

```
12                    SquaredCollector* collector) = 0;
13            };
14        }
15    }
```

函数我们直接继承 Operation 即可，因为函数就相当于普通的操作，处理输入并输出。除了函数还有过滤器，如代码清单 14-25 所示。

代码清单 14-25 Filter 类定义

```
 1  #pragma once
 2
 3  #include "Operation.h"
 4  #include "SquaredCollector.h"
 5  #include "SquaredTuple.h"
 6
 7  namespace hurricane
 8  {
 9      namespace Squared
10      {
11          class Filter : public Operation
12          {
13              virtual void Execute(const SquaredTuple& tuple,
14                  SquaredCollector* collector) override
15                  {
16                  if ( filter(tuple) )
17                  {
18                      collector->Emit(tuple.GetValues())
19                  }
20              }
21
22              virtual bool Filter(const SquaredTuple& tuple) = 0;
23          };
24      }
25  }
```

过滤器略为复杂一点，过滤器定义了一个 filter 接口。过滤器对每个元组都会检查一下该元组是否满足某个条件，如果满足就提交，否则不提交。这样就可以过滤掉用户不需要的数据。

我们来看一下稍微复杂一点的聚合，如代码清单 14-26 所示。

代码清单 14-26 BaseAggregator 类定义

```
 1  #pragma once
 2
 3  #include "Operation.h"
 4  #include <set>
 5
 6  namespace hurricane
```

```
 7 {
 8     namespace Squared
 9     {
10         class BaseAggregator : public Operation
11         {
12         public:
13             virtual void Execute(const SquaredTuple& tuple,
14                 SquaredCollector* collector);
15 
16             virtual void Init(int batchId, SquaredCollector* collector) = 0;
17             virtual void Aggregate(const SquaredTuple& tuple, SquaredCollector*
                                     collector) = 0;
18             virtual void Complete(SquaredCollector* collector) = 0;
19 
20         private:
21             std::set<int32_t> _batches;
22         };
23     }
24 }
```

聚合操作需要初始化、运算，并最后在完成时提交结果，我们来看一下具体实现，如代码清单 14-27 所示。

代码清单 14-27 BaseAggregater 实现

```
 1 #include "Aggregater.h"
 2 #include "SquaredTuple.h"
 3 #include "SquaredCollector.h"
 4 
 5 namespace hurricane
 6 {
 7     namespace Squared
 8     {
 9         void BaseAggregater::Execute(const SquaredTuple& tuple, SquaredCollector
                                     * collector)
10         {
11             int batchId = tuple.GetBatchId();
12             collector->SetBatchId(batchId);
13 
14             if ( _batches.find(batchId) == _batches.end )
15             {
16                 _batches.insert(batchId);
17                 this->Init(batchId, collector);
18             }
19             else if ( collector->IsFinished() )
20             {
21                 this->Complete(collector);
22             }
23             else
24             {
```

```
25                  this->Aggregate(tuple, collector);
26              }
27          }
28      }
29  }
```

最后一种操作是待持久化的聚合，这是一种特殊的聚合，需要特殊的消息处理单元支持，如代码清单 14-28 所示。

代码清单 14-28　PersistAggregaterBolt 实现

```
 1  namespace hurricane
 2  {
 3      namespace Squared
 4      {
 5          PersistAggregaterBolt::PersistAggregaterBolt(
 6              const SquaredStateFactory* factory,
 7              BaseAggregater* Aggregater, const base::Fields& outputFields)
 8          {
 9              _state = std::shared_ptr<SquaredState>(factory->CreateState());
10          }
11      }
12  }
```

这种特殊的聚合会存储一个工厂，并在最后提交数据的时候将数据存储到状态中。

这些类的关系如图 14-13 所示。

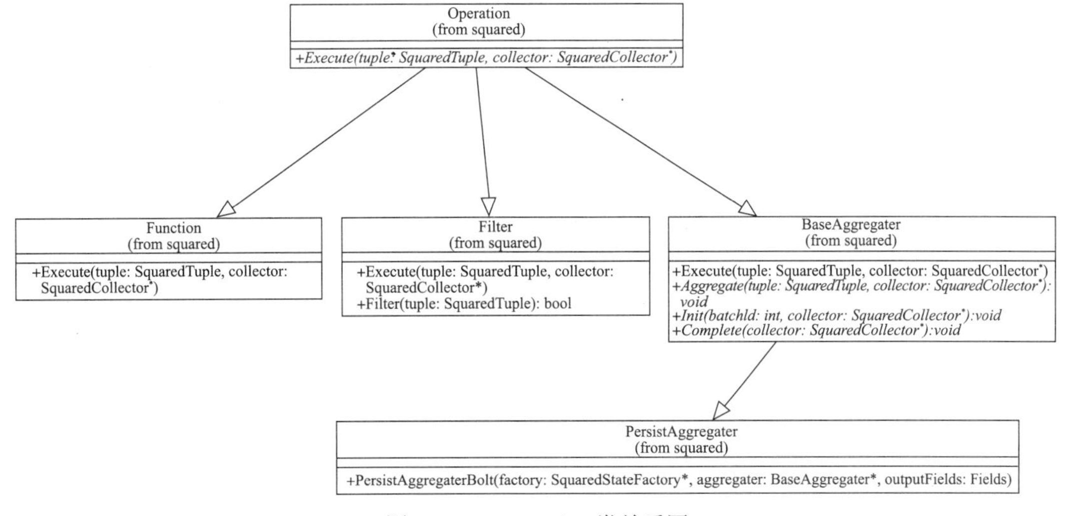

图 14-13　Operation 类关系图

14.2.7　流操作

最后我们来看看如何实现流操作。流操作是一些特殊的消息处理单元。

我们来看一下几种流操作的实现，首先是 Each，遍历操作，如代码清单 14-29 所示。

代码清单 14-29　EachBolt 定义

```
 1 namespace hurricane
 2 {
 3     namespace Squared
 4     {
 5         class Operation;
 6
 7         class EachBolt : public SquaredBolt
 8         {
 9         public:
10             EachBolt(const base::Fields& inputFields,
11                 Operation* operation, const base::Fields& outputFields);
12
13             virtual void Execute(const SquaredTuple& tuple,
14                 SquaredCollector* collector) override;
15
16         private:
17             Operation* _operation;
18         };
19     }
20 }
```

该类的类图如图 14-14 所示。

EachBolt (from squared)
-_operation: Operation*
+EachBolt(inputFields: Fields, oepration: Operation*, outputFields: Fields) +Execute(tuple: SquaredTuple, collector: SquaredCollector*): void

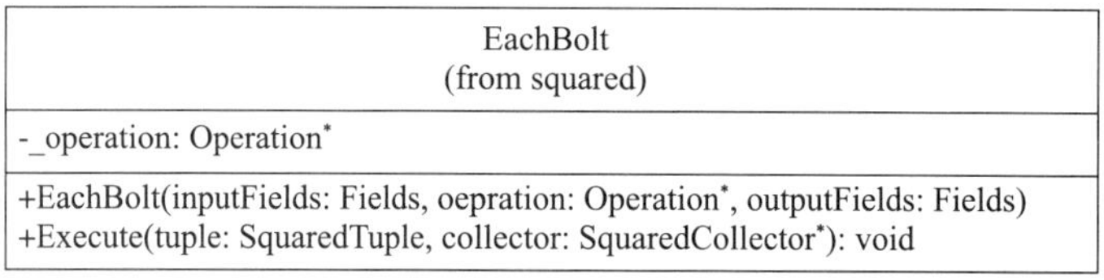

图 14-14　EachBolt 类图

EachBolt 的作用是依次处理上一个处理节点发送过来的每一个元组。代码实现如代码清单 14-30 所示。

代码清单 14-30　EachBolt 实现

```
 1 #include "EachBolt.h"
 2 #include "Operation.h"
 3
 4 namespace hurricane
 5 {
 6     namespace Squared
 7     {
 8         EachBolt::EachBolt(const base::Fields& inputFields,
 9             Operation* operation, const base::Fields& outputFields) :
10                 SquaredBolt(inputFields, outputFields),
```

```
11                  _operation(operation)
12          {
13          }
14
15          void EachBolt::Execute(const SquaredTuple& tuple,
16              SquaredCollector* collector)
17          {
18              _operation->Execute(tuple, collector);
18          }
20      }
21  }
```

接着是流分组，如代码清单 14-31 所示。

代码清单 14-31　GroupByBolt 定义

```
 1  #include "EachBolt.h"
 2  #include "Operation.h"
 3
 4  namespace hurricane
 5  {
 6      namespace Squared
 7      {
 8          EachBolt::EachBolt(const base::Fields& inputFields,
 9              Operation* operation, const base::Fields& outputFields) :
10                  SquaredBolt(inputFields, outputFields),
11                  _operation(operation)
12          {
13          }
14
15          void EachBolt::Execute(const SquaredTuple& tuple,
16              SquaredCollector* collector)
17          {
18              _operation->Execute(tuple, collector);
19          }
20      }
21  }
```

该类的类图如图 14-15 所示。

GroupBolt (from squared)
+GroupBolt(inputFields: Fields) +Execute(tuple: SquaredTuple, collector: SquaredCollector*): void

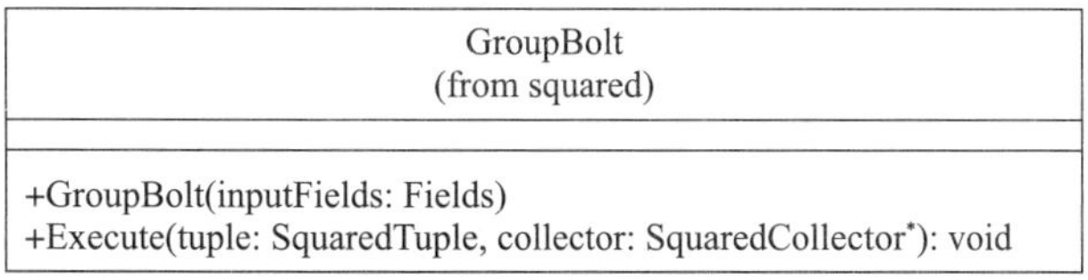

图 14-15　GroupBolt 类图

下面是 GroupByBolt 的实现代码。该类的作用是根据元组和用户指定的字段对数据进行分组，将相同的字段分成一组，传递给后续节点。实现代码如代码清单 14-32 所示。

代码清单 14-32　GroupByBolt 实现

```
 1 #include "GroupByBolt.h"
 2 #include "SquaredCollector.h"
 3 #include "SquaredTuple.h"
 4 
 5 namespace hurricane
 6 {
 7     namespace Squared
 8     {
 9         GroupByBolt::GroupByBolt(const base::Fields & fields) :
10             SquaredBolt(Fields(), fields)
11         {
12         }
13 
14         void GroupByBolt::Execute(const SquaredTuple & tuple, SquaredCollector
                                         * collector)
15         {
16             collector->Emit(tuple.GetValues());
17         }
18     }
19 }
```

最后我们来看一下聚合流的实现。和其他的节点不同，聚合流的主要作用是对元组进行聚合操作。聚合操作往往接在分组操作之后，会对传输到该节点的数据根据分组进行各种统计运算。但是聚合操作只是实现了聚合的机制，具体的聚合操作需要用户自己继承该类实现。如代码清单 14-33 所示。

代码清单 14-33　AggregaterBolt 定义

```
 1 namespace hurricane
 2 {
 3     namespace Squared
 4     {
 5         class BaseAggregater;
 6 
 7         class AggregaterBolt : public SquaredBolt
 8         {
 9         public:
10             AggregaterBolt(BaseAggregator* Aggregater,
11                 const base::Fields& outputFields);
12 
13             virtual void Execute(const SquaredTuple& tuple,
14                 SquaredCollector* collector) override;
15 
16         private:
17             BaseAggregater* _Aggregater;
18         };
19     }
20 }
```

该类的类图如图 14-16 所示。

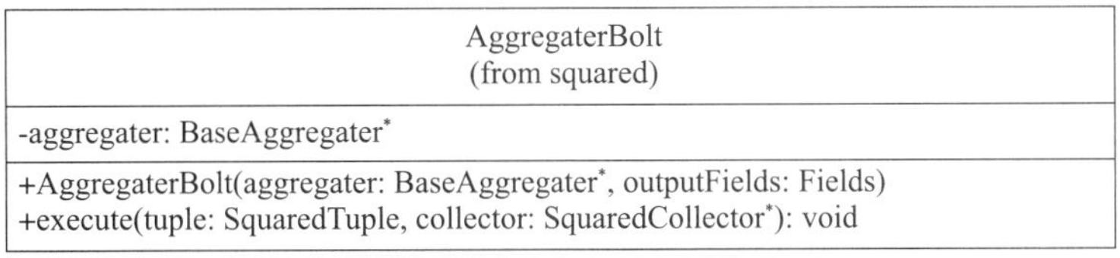

AggregaterBolt (from squared)
-aggregater: BaseAggregater*
+AggregaterBolt(aggregater: BaseAggregater*, outputFields: Fields) +execute(tuple: SquaredTuple, collector: SquaredCollector*): void

图 14-16　AggregaterBolt 类图

实现代码其实并不复杂，我们会接收上一节点发送过来的元组，并调用用户指定的聚合实现来完成聚合计算。如代码清单 14-34 所示。

代码清单 14-34　AggregaterBolt 实现

```
 1 #include "AggregaterBolt.h"
 2 #include "Aggregater.h"
 3 
 4 namespace hurricane
 5 {
 6     namespace Squared
 7     {
 8         AggregaterBolt::AggregaterBolt(
 9             BaseAggregater* Aggregater, const base::Fields& outputFields) :
10             SquaredBolt({}, outputFields), _Aggregater(Aggregater)
11         {
12         }
13 
14         void AggregaterBolt::Execute(const SquaredTuple& tuple, SquaredCollector*
                                   collector)
15         {
16             _Aggregater->Execute(tuple, collector);
17         }
18     }
19 }
```

14.3　本章小结

本章我们介绍了 Trident 的概念和接口，并阐述了 Hurricane 中 Squared 的设计与实现，让读者了解基于实时处理系统的高层接口应该如何设计。

我们首先介绍了 SquaredTopology 和 Spout 的实现，解决了 Topology 中元组发送的问题。我们会发现在 Squared 中发送的元组需要携带更多信息，以实现更多的协调功能。

接着我们介绍了 SquaredBolt，这是所有 Bolt 的基类，其他的各种流操作都需要在 SquaredBolt 的基础上实现。

然后我们介绍了 Stream 的概念，并设计实现了 Stream 类，完成了对数据流概念的封装。

接下来我们介绍了状态存储，状态存储既可以帮助我们存储管理状态，重启服务时立即恢复计算状态，同时也为 DRPC 提供了可供查询的基础。

然后我们介绍了 DRPC 的实现，讨论了如何在 Squared 中基于 Squared 的状态实现我们的 DRPC 查询，并探讨了 DRPC 服务器与客户端的简单实现。

最后我们介绍了目前支持的操作类型，并实现了这些操作，同时也在 SquardBolt 的基础上实现了所有的流操作，至此完成了整个 Squared。

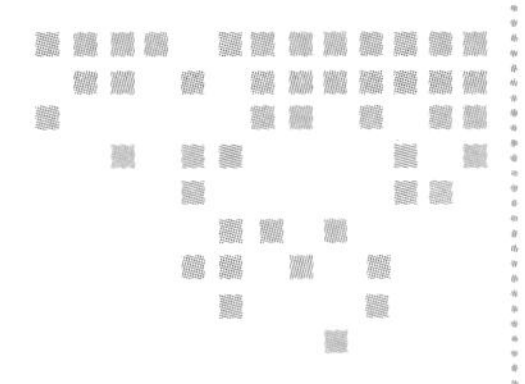

第 15 章 Chapter 15

实战：日志流处理

15.1 日志流处理设计方案

在编写代码之前，我们先来进行系统设计。我们将会从以下几个部分讲解系统设计方案。

1）整体流程：阐述日志流处理的整体流程，阐述系统中的各个组件，以及不同组件之间的调用顺序与关系。

2）收集日志：介绍收集日志的原理和流程。

3）处理日志：介绍处理日志的原理和流程。

4）存储结果：介绍存储结果的模块，以及我们需要将数据存放到哪些位置。

我们整体的处理流程如图 15-1 所示。

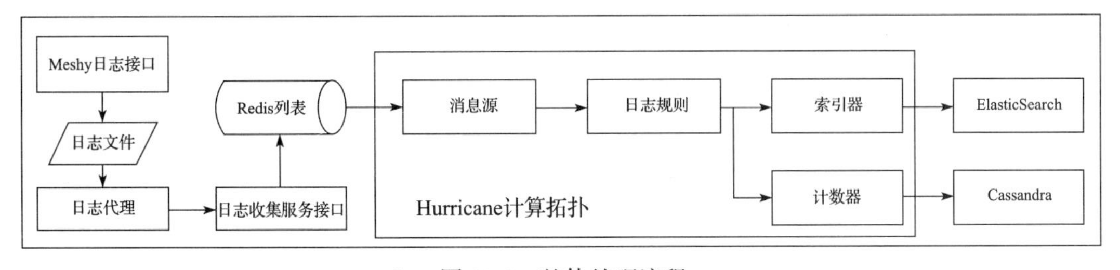

图 15-1 整体处理流程

（1）收集日志

业务系统调用日志接口，将日志信息异步写入到特定的文件中。使用永不停息的日志检测程序不断将新生成的日志发送到数据处理服务器。

（2）处理日志

首先数据处理服务器的日志接口负责将日志写入本地的 Redis 数据库中。然后我们使用消息源从 Redis 中读取数据，再将数据发送到之后的消息处理单元，由不同的数据处理单元对日志进行不同处理。

（3）存储结果

消息处理单元完成日志处理之后，将日志处理结果写入到 Cassandra 数据库中，并将日志数据写入到 ElasticSearch 数据库中。

1. 收集日志

收集日志分为以下几步。

1）程序通过 Meshy 日志接口将日志写入日志文件中。Meshy 日志接口属于非阻塞的异步写入接口，日志接口的调用方只是将日志送入某个队列中，然后继续向下执行。

2）接着 Meshy 的日志写入线程从消息队列中读取数据，并将日志数据写入到真正的日志文件中。

3）写入后，某一个日志代理程序会不断监视日志文件的改动，并将用户新写入的日志信息发送到日志处理服务器的日志收集服务接口上。

4）日志收集服务接口是整个服务的对外接口，负责将其他节点发送的日志信息送入集群内部的 Redis 节点，并将日志数据写入到 Redis 的列表中。至此为止，日志收集过程就完成了。

2. 处理日志

接下来是处理日志，处理日志主要在 Hurricane 计算拓扑中完成，分为以下 4 步。

1）日志处理消息源：负责监视 Redis 列表的改变，从 Redis 列表中读取日志规则，并将日志规则文本转换成 Hurricane 元组，传送到下一个日志处理单元。

2）日志规则引擎：使用日志规则引擎对日志进行处理和过滤。这一步是可选的，也就是用户可以加入自己的消息处理单元对收集的日志进行处理。这将会影响到发送到后续的消息处理单元（索引器和计数器）中的日志消息。这一步我们就不做处理了，如果读者感兴趣可以自己加入一个或者多个消息处理单元对日志进行处理。

3）索引：这一步必不可少，用于将日志规则引擎输出的日志写入到 ElasticSearch 中，并便于用户日后检索这些日志。这里涉及将日志规则元组转换成 JSON，并将 JSON 写入 ElasticSearch。

4）统计：这一步也非常重要，用于对日志进行计数，这一步会将日志计数结果写入 Cassandra 的对应表中，便于用户获取统计信息。

3. 存储结果

最后就是对计算结果的存储，我们需要使用存储模块将数据写入到不同的数据库中。

1）ElasticSearch：该数据库用于存储被转换成 JSON 的原始日志信息。用户可以在

ElasticSearch 中检索日志。

2）Cassandra：该数据库用于存储日志的统计结果。因为 Cassandra 支持原子计数列，因此非常胜任这个工作。

15.2　实现 Topology

现在我们需要来实现 Topology，包括以下几个组件。

1）Redis 消息源：负责从 Redis 中不断读取数据，并将数据转换成 Hurricane 元组，将元组送入下一级的消息处理单元中。

2）日志规则过滤消息处理单元：负责根据日志规则处理并过滤日志。这里我们简单地将日志直接送入下一级的消息处理单元中。用户可以根据实际的需求自行扩展这个消息处理单元。

3）日志索引消息处理单元：负责将上一级传输过来的元组转变成 JSON 字符串，并将字符串通过 ElasticSearch 模块，将数据写入到 ElasticSearch 中。

4）日志计数消息处理单元：负责将上一级传输过来的元组根据字段分类统计数量，并通过 Cassandra 模块原子地更新 Cassandra 中统计表的计数。

这几个模块之间的关系如图 15-2 所示。

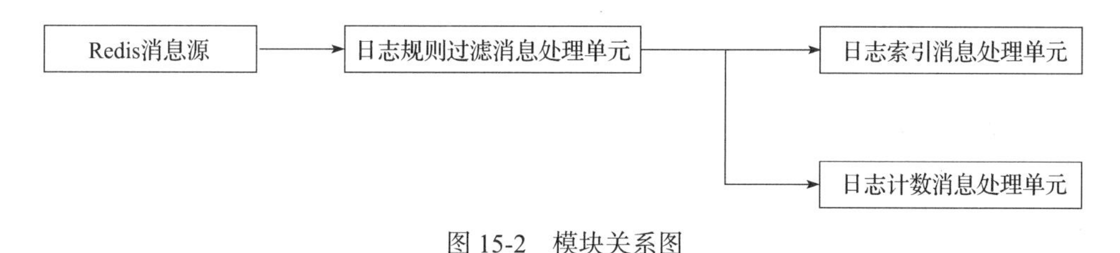

图 15-2　模块关系图

15.2.1　编写消息源

目前消息源只有一个 Redis 消息源，该消息源的实现代码如代码清单 15-1 所示。

代码清单 15-1　LogSpout 定义

```
 1 class LogSpout : public ISpout {
 2 public:
 3     LogSpout(const std::string& host, int32_t port) :
 4         _host(host), _port(port) {
 5     }
 6
 7     Fields DeclareOutputFields(OutputFieldsDeclarer outputFieldsDeclarer)
           override {
 8         return Fiedls({FieldNames::LOG_ENTRY});
 9     }
10
```

```
11      void Open(OutputCollector& outputCollector) override {
12          _collector = outputCollector;
13          connectToRedis();
14      }
15
16      private void ConnectToRedis() {
17          _rdx.connect(_host, _port);
18      }
19
20      public void Execute() override {
21          std::string content = _rdx.rpop(LOG_CHANNEL);
22
23          JSONObject obj = parseJSON(content);
24          LogEntry entry(obj);
25          collector.Emit(entry.ToValues());
26      }
27
28  private:
29      Redox _rdx;
30      std::string _host;
31      int32_t _port;
32      OutputCollector& _collector;
33  };
```

15.2.2 编写索引消息处理单元

1. 代码实现

索引消息处理单元用于建立数据索引，代码实现如代码清单 15-2 所示。

代码清单 15-2 IndexerBolt 定义

```
1  class IndexerBolt : public IBolt {
2      static std::string INDEX_NAME;
3      static std::string INDEX_TYPE;
4
5      public IndexerBolt(const std::string& host, int32_t port) :
6          _host(host), _port(port) {
7      }
8
9      public void Prepare(OutputCollector& collector) override {
10         _client.connect(host, port);
11         _collector - &collector;
12     }
13
14     public void Execute(const Values& values) override {
15         std::string toBeIndexed = StringifyJSON(values);
16         bool successful = _client.index(INDEX_NAME, INDEX_TYPE, toBeIndexed);
17         if(!successful)
18             std::cerr << "Failed to index Tuple" << std::endl;
```

```
19          else{
20              collector->Emit(values);
21          }
22      }
23
24      void DeclareOutputFields() override {
25          return Fields({
26                  FieldNames::LOG_ENTRY, FieldNames::LOG_INDEX_ID
27          });
28      }
29
30  private:
31      std::string _host;
32      int32_t _port;
33
34      ElasticSearchClient _client;
35      OutputCollector* _collector;
36  };
37
38  std::string IndexerBolt::INDEX_NAME = "logstorm";
39  std::string IndexerBolt::INDEX_TYPE = "logentry";
```

2. 对接 ElasticSearch

ElasticSearch 是一个基于 Lucene 的搜索服务器。它提供了一个分布式多用户的全文搜索引擎，基于 RESTful Web 接口。ElasticSearch 是用 Java 开发的，并作为 Apache 许可条款下的开放源码发布，是当前流行的企业级搜索引擎。用于云计算中，能够达到实时搜索的目的，其稳定、可靠、快速、安装使用方便。

我们建立一个网站或应用程序，并要添加搜索功能，令我们受打击的是：搜索工作是很难的。我们希望我们的搜索解决方案要快，我们希望有一个零配置和一个完全免费的搜索模式，我们希望能够简单地使用 JSON 通过 HTTP 索引数据，我们希望我们的搜索服务器始终可用，我们希望能够从一台开始并扩展到数百台，我们要实时搜索，我们要简单的多租户，我们希望建立一个云的解决方案。ElasticSearch 旨在解决所有这些问题和更多的问题。

15.2.3 编写统计消息处理单元

代码如代码清单 15-3 所示。VolumeCountingBolt 负责获取元组中的日志项，并根据日志项的事件更新数据库中的统计数据。

代码清单 15-3 Volume Counting Bolt 定义

```
1  class VolumeCountingBolt : public IBolt {
2  public:
3      static std::string FIELD_ROW_KEY;
4      static std::string FIELD_COLUMN;
5      static std::string FIELD_INCREMENT;
```

```
 6
 7      VolumeCountingBolt(const std::string host, int32_t port) :
 8          _host(host), _port(port) {
 9      }
10
11      void Prepare(OutputCollector& collector) override {
12          _collector = &collector;
13          _cluster = cass_cluster_new();
14          _session = cass_session_new();
15
16          cass_cluster_set_contact_points(_cluster, _host, _port);
17          _future = cass_session_connect(_session, _cluster);
18      }
19
20      void Destroy() override {
21          cass_future_free(_future);
22          cass_session_free(_session);
23          cass_cluster_free(_cluster);
24      }
25
26      static int32_t GetMinuteForTime(int timestamp) {
27          return (timestamp / 1000) % 60;
28      }
29
30      void Execute(const Values& values) override {
31          int64_t minute = GetMinuteForTime(values.GetByField("timestamp").
                                                   ToLongValue());
32          int32_t entry = values.GetByField("entry").ToInt32Value();
33
34          CassStatement* stmt = cass_statement_new("UPDATE " +
35                  FIELD_ROW_KEY + " "
36                  "FROM logs SET " +
37                  FIELD_COLUMN + " = " +
38                  FIELD_COLUMN + " " + FIELD_INCREMENT);
39          cass_session_execute(_session, stmt);
40          collector.Emit(Values({minute, entry, 1}));
41
42          cass_statement_free(stmtn);
43      }
44
45      void DeclareOutputFields() override {
46          return Fields({FIELD_ROW_KEY, FIELD_COLUMN, FIELD_INCREMENT});
47      }
48
49  private:
50      private OutputCollector collector;
51      CassCluster* _cluster;
52      CassSession* _session;
53      CassFuture* _future;
54  };
```

```
55
56 std::string VolumeCountingBolt::FIELD_ROW_KEY = "RowKey";
57 std::string VolumeCountingBolt::FIELD_COLUMN = "Column";
58 std::string VolumeCountingBolt::FIELD_INCREMENT = "IncrementAmount";
```

第 7 行是构造函数，接收 2 个参数，初始化 Cassandra 数据的主机名和端口号。

第 11 ~ 17 行，负责初始化消息处理单元，连接 Cassandra 数据库。这里我们使用 Cassandra 官方 C 语言接口来完成任务。

第 20 行，定义了 Destory 成员函数，负责销毁消息处理单元。该函数会管理 Cassandra 连接并释放 Cassandra 的所有资源。

第 26 行，定义了 GetMinuteForTime 成员函数，返回时间中的分钟部分。

第 30 行，定义了 Execute 成员函数，负责逻辑处理。

第 31 行，使用 GetMinuteForTime 获取日志项时间中的分钟部分。

第 32 行，获取对应的日志项编号。

第 34 行，拼组 CQL 语句，准备更新数据库。

第 39 行，执行 CQL 语句，更新数据库中的计数信息。

第 40 行，将分钟、日志项和数量包装成元组并发送出去。

15.3 本章小结

本章我们介绍了日志流处理的概念与基本方法，介绍了日志流处理的整体流程，以及流程中的具体实现思路。最后我们基于 Hurricane 详细实现了日志流处理，并介绍了如何整合我们自己编写的 ElasticSearch 模块。

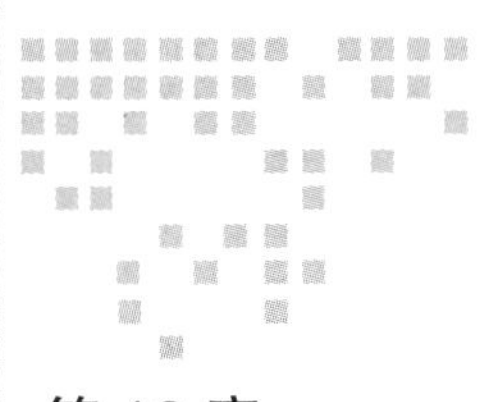

Chapter 16 第16章

实战：频繁组合查找

16.1 背景介绍

本章的实战内容是频繁组合查找。可能许多读者对这方面的知识不太了解，因此在讲解程序之前，我们需要先来了解部分背景知识，这部分背景知识包含以下内容。

1）数据挖掘概念。

2）关联规则和频繁项集。

3）应用实例。

16.1.1 数据挖掘概念

首先我们来介绍一下数据挖掘的概念。

数据挖掘（Data Mining），是数据库知识发现（Knowledge-Discovery in Databases，KDD）中的一个步骤，一般需要从大量数据中通过算法搜索隐藏其中的信息。通过统计、在线分析处理、情报检索、机器学习、专家系统（主要依靠过去的经验法则）和模式识别等诸多方法来实现上述目标。

由于现在人们收集处理数据的能力越来越强，因此积累而且待处理的数据越来越多，这也给了数据挖掘无限广阔的空间，因此近几年来各行各业对数据挖掘的需求也越来越强烈。我们获取的信息和知识可以广泛运用于各种应用，包括商务管理、生产控制、市场分析、工程设计和科学探索等。

数据挖掘利用了来自不同领域的思想，如来自统计学的抽样、估计和假设检验，以及人工智能、模式识别和机器学习的搜索算法、建模技术和学习理论。数据挖掘也迅速地接纳了来自其他领域的思想，这些领域包括最优化、进化计算、信息论、信号处理、可视化和信息检索。一些其他领域也起到重要的支撑作用。特别地，需要数据库系统提供有效的存储、索引和查询处理支持。

源于高性能（并行）计算的技术在处理海量数据集方面常常是重要的，因为分布式技术也能帮助处理海量数据，并且当数据不能集中到一起时更是至关重要的。因此，最后我们往往运用计算机技术来实现数据挖掘。尤其是目前要应对大量的数据处理，分布式计算更是不可缺少的一种技术。

数据挖掘有许多常用方法，包括以下几种。

（1）分类

这种方法首先从数据中选出已经分类完成的训练集，在该训练集上运用数据挖掘分类计数，建立分类模型，对没有分类的数据进行分类。

（2）估计

估计方法和分类比较类似，不同之处在于，分类描述的是离散型变量的输出，而估计处理连续值的输出；分类的类别是确定数目的，而估计的量则是不确定的。

一般来说，估计可以作为分类的前一步工作。给定一些输入数据，通过估计，得到未知的连续变量的值，然后，根据预先设定的阈值进行分类。例如，银行对家庭贷款业务，运用估计，给各个客户记分（Score 0~1）。然后，根据阈值将贷款级别分类。

（3）预测

通常，预测是通过分类或估计起作用的，也就是说，通过分类或估计得出模型，该模型用于对未知变量的预言。从这种意义上说，预言其实没有必要分为一个单独的类。预言其目的是对未来未知变量的预测，这种预测是需要时间来验证的，即必须经过一定时间后，才知道预言准确性是多少。

（4）相关性分析 / 关联分析

这种方法用于确定哪些事情将会一起发生。如后面会提到的啤酒与尿布就是一种神奇的关联分析的结果。

（5）聚类

聚类的作用是对记录分组，将相似的记录放在一个集合里。聚类和分类不同的是，分类是一些预先定义好的类，需要训练集；而聚类不需要依赖于预先定义好的类，所有的类别都是在聚类过程中产生的。

聚类由于可以对数据进行分组，因此我们常常将其作为数据挖掘的第一步，通过聚类对数据进行预处理，以便更方便地处理不同类别的数据。

16.1.2　关联规则和频繁项集

关联规则是最常用的数据挖掘算法之一，在现实中也非常常见。

数据关联是数据库中存在的一类重要的可被发现的知识。若两个或多个变量的取值之间存在某种规律性，这种规律性就被称为关联。关联可以分为简单关联、时序关联、因果关联。关联分析的目的是找出数据库中隐藏的关联网。有时并不知道数据库中数据的关联函数，即使知道也是不确定的。因此关联分析生成的规则带有可信度。

关联规则挖掘的第一阶段必须从原始资料的集合中找出所有高频项目组。高频的意思是指某一项目组出现的频率相对于所有记录而言，必须达到某一水平。一个项目组出现的频率称为支持度。

其中最重要的就是频繁项集挖掘。频繁项集挖掘包含以下概念。

（1）项集

项的集合称为项集，包含 *k* 个项的项集称为 *k*- 项集。集合 {computer,ativirus_software} 是一个二项集。

（2）事务数据集

由项集的集合中任意多个项组成的数据集合叫做事务数据集。

（3）支持度

项集的出现频率是包含项集的事务数，简称为项集的频率、支持度计数或计数。注意，定义项集的支持度有时称为相对支持度，而出现的频率称为绝对支持度。

支持度揭示了 A 和 B 同时出现的频率，如果 A 和 B 一起出现的频率非常小，那么就说明了 A 和 B 之间的联系并不大；但若一起出现的频率非常频繁，那么 A 和 B 总是相关联的知识也许已经成为常识而存在了。这就涉及如何正确设置支持度的问题。

（4）置信度

在统计学中，一个概率样本的置信区间（Confidence Interval）是对这个样本的某个总体参数的区间估计。置信区间展现的是这个参数的真实值有一定概率落在测量结果的周围的程度。置信区间给出的是被测量参数的测量值的可信程度，即前面所要求的“一定概率”。这个概率被称为置信水平。

置信度揭示了 A 出现时，B 是否一定会出现，如果出现则其大概有多大的可能出现。如果置信度为 100%，则说明了 A 出现时，B 一定出现。那么，对这种情况而言，假设 A 和 B 是市场上的两种商品，就没有理由不进行捆绑销售了。

（5）关联规则

关联规则是形如 X → Y 的蕴涵式，其中，X 和 Y 分别称为关联规则的先导（Antecedent 或 Left-Hand-Side，LHS）和后继（Consequent 或 Right-Hand-Side，RHS）。其中，关联规则 XY 存在支持度和信任度。

假设 I 是项集，D 是事务数据集，关联规则在 D 中的支持度（Support）是 D 中事务同时包含 X、Y 的百分比，即概率；置信度（Confidence）是 D 中事务已经包含 X 的情况下，包含 Y 的百分比，即条件概率。如果满足最小支持度阈值和最小置信度阈值，则认为关联规则是有趣的。

（6）频繁项集

如果项集 I 的相对支持度满足预定义的最小支持度与置信度阈值，则 I 是频繁项集。

16.1.3　啤酒与尿布

关联规则是有其实际应用背景的，其中最为经典而生动的故事就是一家知名超市的啤酒与尿布的故事。

在这家超市里，有一个有趣的现象：尿布和啤酒赫然摆在一起出售。但是这个奇怪的举措却使尿布和啤酒的销量双双增加了。这不是一个笑话，而是发生在美国沃尔玛连锁超市的真实案例，并一直为商家所津津乐道。沃尔玛拥有世界上最大的数据仓库系统，为了能够准确了解顾客在其门店的购买习惯，沃尔玛对其顾客的购物行为进行购物篮分析，想知道顾客经常一起购买的商品有哪些。沃尔玛数据仓库里集中了其各门店的详细原始交易数据。在这些原始交易数据的基础上，沃尔玛利用数据挖掘方法对这些数据进行分析和挖掘。一个意外的发现是：跟尿布一起购买最多的商品竟是啤酒！经过大量实际调查和分析，揭示了隐藏在"尿布与啤酒"背后的美国人的一种行为模式：在美国，一些年轻的父亲下班后经常要到超市去买婴儿尿布，而他们中有 30% ~ 40% 的人同时也为自己买一些啤酒。产生这一现象的原因是：美国的太太们常叮嘱她们的丈夫下班后为小孩买尿布，而丈夫们在买尿布后又随手带回了他们喜欢的啤酒。

关联规则最初提出的动机是针对购物篮分析（Market Basket Analysis）问题提出的。假设分店经理想更多地了解顾客的购物习惯。特别是，想知道哪些商品顾客可能会在一次购物时同时购买？为回答该问题，可以分析商店的顾客购物篮中的商品。该过程通过发现顾客放入"购物篮"中的不同商品之间的关联，分析顾客的购物习惯。这种关联的发现可以帮助零售商了解哪些商品频繁地被顾客同时购买，从而帮助他们开发更好的营销策略。

1993 年，Agrawal 等人首先提出了关联规则概念，同时给出了相应的挖掘算法 AIS，但是性能较差。1994 年，他们建立了项目集格空间理论，并依据上述两个定理，提出了著名的 Apriori 算法，至今 Apriori 仍然作为关联规则挖掘的经典算法被广泛讨论，以后诸多的研究人员对关联规则的挖掘问题进行了大量的研究。

16.2　频繁二项集挖掘方法

我们这里需要实现的算法很简单，就是频繁二项集的挖掘。我们将会先阐述频繁二项集的概念，然后描述一下算法的设计思路，接着思考一下如何使用 Hurricane 的模型实现这个算法。最后使用 Hurricane 实现这套算法。

16.2.1　频繁二项集

现实中，我们分析类似问题的时候会使用通用的关联规则算法，如 Apriori 算法以及 FP-

树频集算法。现在我们先来介绍这两种经典的算法。

1. Apriori 算法

Apriori 算法是一种最有影响的挖掘布尔关联规则频繁项集的算法。其核心是基于两阶段频集思想的递推算法。该关联规则在分类上属于单维、单层、布尔关联规则。在这里，所有支持度大于最小支持度的项集称为频繁项集，简称频集。

（1）算法思想

该算法的基本思想是：首先找出所有的频集，这些项集出现的频繁性至少和预定义的最小支持度一样。然后由频集产生强关联规则，这些规则必须满足最小支持度和最小可信度。然后使用第 1 步找到的频集产生期望的规则，产生只包含集合的项的所有规则，其中每一条规则的右部只有一项，这里采用的是中规则的定义。一旦这些规则被生成，那么只有那些大于用户给定的最小可信度的规则才被留下来。为了生成所有频集，使用了递归的方法。

该思想的伪代码如代码清单 16-1 所示。

代码清单 16-1　Apriori 伪代码

```
1  L1 = find_frequent_1-itemsets(D);
2  for (k=2;Lk-1 ≠ Φ ;k++) {
3      Ck = apriori_gen(Lk-1 ,min_sup);
4      //scan D for counts
5      for each transaction t ∈ D {
6          //get the subsets of t that are candidates
7          Ct = subset(Ck,t);
8          for each candidate c ∈ Ct
9          c.count++;
10     }
11     Lk ={c ∈ Ck|c.count ≥ min_sup}
12 }
13 return L= ∪ k Lk;
```

可能产生大量的候选集，以及可能需要重复扫描数据库，是 Apriori 算法的两大缺点。

（2）算法应用

Apriori 算法广泛应用于商业中，应用于消费市场价格分析中，它能够很快地求出各种产品之间的价格关系和它们之间的影响。通过数据挖掘，市场商人可以瞄准目标客户，采用个人股票行市、最新信息、特殊的市场推广活动或其他一些特殊的信息手段，从而极大地减少广告预算和增加收入。百货商场、超市和一些老字号的零售店也在进行数据挖掘，以便猜测这些年来顾客的消费习惯。

Apriori 算法应用于网络安全领域，如入侵检测技术。早期中大型的电脑系统中都收集审计信息来建立跟踪档案，这些审计跟踪的目的多是为了性能测试或计费，因此对攻击检测提供的有用信息比较少。它通过模式的学习和训练可以发现网络用户的异常行为模式。采用作用度的 Apriori 算法削弱了 Apriori 算法的挖掘结果规则，使网络入侵检测系统可以快速地发现用户的行为模式，能够快速地锁定攻击者，提高了基于关联规则的入侵检测系统的检测性。

Apriori 算法应用于高校管理中。随着高校贫困生人数的不断增加，学校管理部门资助工作难度也在增大。针对这一现象，提出一种基于数据挖掘算法的解决方法。将关联规则的 Apriori 算法应用到贫困助学体系中，并且针对经典 Apriori 挖掘算法存在的不足进行改进，先将事务数据库映射为一个布尔矩阵，用一种逐层递增的思想来动态地分配内存进行存储，再利用向量求“与”运算，寻找频繁项集。实验结果表明，改进后的 Apriori 算法在运行效率上有了很大的提升，挖掘出的规则也可以有效地辅助学校管理部门有针对性地开展贫困助学工作。

Apriori 算法被广泛应用于移动通信领域。移动增值业务逐渐成为移动通信市场上最有活力、最具潜力、最受瞩目的业务。随着产业的复苏，越来越多的增值业务表现出强劲的发展势头，呈现出应用多元化、营销品牌化、管理集中化、合作纵深化的特点。针对这种趋势，在关联规则数据挖掘中广泛应用的 Apriori 算法被很多公司应用。依托某电信运营商正在建设的增值业务 Web 数据仓库平台，对来自移动增值业务方面的调查数据进行了相关的挖掘处理，从而获得了关于用户行为特征和需求的间接反映市场动态的有用信息，这些信息在指导运营商的业务运营和辅助业务提供商的决策制定等方面具有十分重要的参考价值。

2. FP- 树频集算法

FP-growth 算法（Frequent Pattern-growth）使用了一种紧缩的数据结构来存储查找频繁项集所需要的全部信息。

（1）定义

1）频繁模式树（Frequent Pattern-tree）简称为 FP-tree，是满足下列条件的一个树结构：它由一个根节点（值为 null）、项前缀子树（作为子女）和一个频繁项头表组成。

2）项前缀子树中的每个节点包括 3 个域：item_name、count 和 node_link，其中，item_name 记录节点表示的项的标识；count 记录到达该节点的子路径的事务数；node_link 用于连接树中相同标识的下一个节点，如果不存在相同标识下一个节点，则值为“null”。

3）频繁项头表的表项包括一个频繁项标识域 item_name 和一个指向树中具有该项标识的第一个频繁项节点的头指针 head of node_link。

对于包含在 FP-tree 中某个节点上的项 α，将会有一个从根节点到达 α 的路径，该路径中不包含 α 所在节点的部分路径称为 α 的前缀子路径（Prefix Subpath），α 称为该路径的后缀。在一个 FP-tree 中，可能有多个包含 α 的节点存在，它们从频繁项头表中的 α 项出发，通过项头表中的 head of node_link 和项前缀子树中的 node_link 连接在一起。FP-tree 中每个包含 α 的节点可以形成 α 的一个不同的前缀子路径，所有的这些路径组成 α 的条件模式基（Conditional Pattern Base）。用 α 的条件模式基所构建的 FP-tree 称为 α 的条件模式树（Conditional FP-tree）。

（2）构造算法

输入：事务数据库 D 和最小支持度阈值 min σ 。

输出：D 所对应的 FP-tree。

方法：FP-tree 是按以下步骤构造的。

1）扫描事务库 D，获得 D 中所包含的全部频繁项集 1F，及它们各自的支持度。对 1F 中的频繁项按其支持度降序排序得到 L。

2）创建 FP-tree 的根节点 T，以“null”标记。再次扫描事务库。对于 D 中每个事务，将其中的频繁项选出并按 L 中的次序排序。设排序后的频繁项表为 [p|P]，其中 p 是第一个频繁项，而 P 是剩余的频繁项。调用 insert_tree([p|P],T)。insert_tree([p|P],T) 过程执行情况如下：如果 T 有子女 N 使 N.item_name=p.item_name，则 N 的计数增加 1 ；否则创建一个新节点 N，将其计数设置为 1，链接到它的父节点 T，并且通过 node_link 将其链接到具有相同 item_name 的节点。如果 P 非空，递归地调用 insert_tree(P,N)。FP-tree 是一个高度压缩的结构，它存储了用于挖掘频繁项集的全部信息。FP-tree 所占用的内存空间与树的深度和宽度成比例，树的深度一般是单个事务中所含项目数量的最大值；树的宽度是平均每层所含项目的数量。由于在事务处理中通常会存在着大量的共享频繁项，所以树的大小通常比原数据库小很多。频繁项集中的项以支持度降序排列，支持度越高的项与 FP-tree 的根距离越近，因此有更多的机会共享节点，这进一步保证了 FP-tree 的高度压缩。

3. 频繁二项集

虽然 Apriori 算法和 FP- 树频集算法是通用的高效算法，但是对于我们的需求来说，只是杀鸡用牛刀而已。我们的目的并不是实现这两个较为复杂的算法，因此我们选择去实现一个频繁二项集算法。

频繁二项集是一种特殊的频繁项集，在这种频繁项集里，每个项集都只包含两个项。所以所谓的频繁二项集就是最频繁的二项集。从严格定义上来说就是支持度和置信度均高于其特定阈值的项集。

16.2.2 算法设计思路

我们现在先来思考如何实现算法，算法的基本步骤和具体技术无关，我们的设计思路如下。

1）将每一笔订单的商品按照两两分组：这一步的作用是划分构造项集，将所有的商品两两分组，并将这些分组发送出去。

2）统计每个分组的频数：计算每个分组的出现次数，也就是二项集的频数，准备进行计算。

3）根据频数计算支持度和置信度：当我们知道每个分组（也就是每个二项集）的频数，以及商品总数后，我们就可以计算出商品的支持度和置信度。

4）设置支持度与置信度阈值，过滤不达标的数据：我们可以设定一个支持度和置信度的阈值，将任意一项指标小于阈值的数据全部过滤掉。

5）对结果进行排序：虽然通过过滤器输出的二项集都属于频繁二项集，但是用户可能更加关心哪些二项集是最频繁的，因此我们要对频繁二项集中的阈值进行排序，并将排序结果最高的优先按序存放在数据库中。

16.2.3　Hurricane 实现思路

完成算法设计之后，我们需要将算法转换为程序实现。受制于不同的实现技术需要采取不同方案。现在我们需要在 Hurricane 中实现该算法，我们的思路如下。

1）使用 Redis 作为存储订单数据的数据库。

2）使用 Spout 从 Redis 中获取订单数据。

3）使用 Bolt 计算分组频数。

4）使用 Bolt 计算支持度和置信度。

5）使用 Bolt 筛选结果并排序。

在具体的实现中将会遇到一些难题，其中的一些关键难点如下。

1）如何划分 Bolt 的功能：每个 Bolt 应该只完成一个任务，那么我们应该如何划分任务，Bolt 既不会太复杂也不会太简单，每个 Bolt 的职责分明，这是一个问题。

2）如何实现分布式统计：因为数据是分开统计的，所以一定要有一种方式可以全局共享数据，我们会使用 Redis 作为中间缓存，而 Redis 的高性能也符合我们的需求。

16.3　编写 Spout

我们首先来编写 Spout。Spout 的作用主要是采集数据并生成元组。我们需要使用 Spout 完成以下任务。

1）实时监视 Redis 数据库改动。

2）当 Redis 中有新数据时，将数据转换为元组发送出去。

现在我们来看看 OrderSpout，如代码清单 16-2 所示。

代码清单 16-2　OrderSpout 定义

```
1 class OrderSpout : public ISpout {
2 public:
3     OrderSpout(const std::string& host, int32_t port) :
4         _host(host), _port(port) {
5     }
6 
7     void Open(OutputCollector& outputCollector) override {
8         _collector = &outputCollector;
9         _redox.connect(_host, _port);
```

```
10      }
11
12      void Execute() override {
13          std::string content = _redox.rpop("orders");
14
15          JSONObject obj = ParseJSON(content);
16          std::string id = obj.getString(FieldNames::ID);
17          JSONArray items = obj.getArray(FieldNames::ITEMS);
18
19          for ( JSONObject item : items ) {
20              std::string name = item.getString(FieldNames::NAME);
21              int count = Stoi(item.getString(FieldNames::COUNT));
22
23              collector->Emit(Values({id, name, count}));
24              if ( _redox.hexists("itemCounts", name) ) {
25                  _redox.hincrBy("itemCounts", name, 1);
26              }
27              else {
28                  _redox.hset("itemCounts", name, "1");
29              }
30          }
31      }
32
33      void DeclareOutputFields() override {
34          return Fields({
35                  FieldNames::ID,
36                  FieldNames::NAME,
37                  FieldNames::COUNT
38          });
39      }
40
41  private:
42      OutputCollector* _collector;
43      private Redox _redox;
44      private std::string _host;
45      int32_t _port;
46  };
```

该消息源会通过 Redox 不断从 Redis 数据库中获取新的商品项，并将商品项的信息转换成元组发送出去。该消息源的元组有 3 个字段，分别代表商品项的编号、商品项的名称、商品项的数量。

接着我们来看看 CommandSpout，该类负责向集群定时发送命令，启动统计操作，如代码清单 16-3 所示。

代码清单 16-3 CommandSpout 定义

```
1  class CommandSpout : public ISpout {
2  public:
3      void Open(OutputCollector& outputCollector) override {
```

```
 4          _collector = &outputCollector;
 5      }
 6
 7      void Execute() override {
 8          std::this_thread.sleep_for(std::choron::millisecond(5000));
 9          _collector->Emit(Values("statistic");
10      }
11
12      void DeclareOutputFields() override {
13          return Fields({FieldNames::COMMAND});
14      }
15
16  private:
17      OutputCollector* _collector;
18  };
```

该消息源每隔 5 000 毫秒向集群发送一次消息，这个消息是一个命令，指示集群的消息处理单元开始进行统计运算。

16.4　编写 Bolt

为了完成这个看起来简单的功能，我们需要设计并开发许多 Bolt，每个 Bolt 完成各自的一项功能，参照我们的算法设计，我们需要开发的 Bolt 有以下几种。

1）SplitBolt：完成对数据的分组，生成所有的二项集。

2）PairCountBolt：完成对二项集的频数统计。

3）PairTotalCountBolt：完成所有二项集的统计。

4）ConfidenceComputeBolt：完成置信度的计算。

5）SupportComputeBolt：完成支持度的计算。

6）FilterBolt：根据置信度和支持度过滤数据。

现在我们来看看这些消息处理单元的实现。

16.4.1　SplitBolt

该消息处理单元负责分割商品项目，形成组合。内容如代码清单 16-4 所示。

代码清单 16-4　SplitBolt 定义

```
1  class SplitBolt : public IBolt {
2  public:
3      void Prepare(OutputCollector& outputCollector) {
4          _collector = &outputCollector;
5      }
6
7      void Execute(const Values& values) {
```

```
 8         std::string id = values.GetStringByField(FieldNames::ID);
 9         std::string newItem = values.GetStringByField(FieldNames::NAME);
10
11         if ( _orderItems.find(id) == _orderItems.end() ) {
12             std::vector<std::string> items(newItem);
13
14             _orderItems[id] = items;
15             return;
16         }
17
18         std::vector<std::string>& items = orderItems[id];
19         for ( std::string existItem : items ) {
20             collector->Emit(CreatePair(newItem, existItem));
21         }
22
23         items.push_back(newItem);
24     }
25
26     Fields DeclareOutputFields() {
27         return Fields({
28                 FieldNames::ITEM1,
29                 FieldNames::ITEM2
30         });
31     }
32
33 private:
34     Values CreatePair(std::string item1, std::string item2) {
35         if ( item1 > item2 ) {
36             return Values({item1, item2});
37         }
38
39         return Values({item2, item1});
40     }
41
42     OutputCollector* _collector;
43     std::map<std::string, std::vector<std::string>> _orderItems;
44 };
```

该消息处理单元负责进行消息分组，每当一个元组到来时，就从元组中取出一个商品项，然后和当前记录的所有元组分别组合，并将这些组合转换成元组逐个发送出去，这就相当于包含 2 个项目的全排列组合。

16.4.2 PairCountBolt

该消息处理单元负责统计组合的出现次数。实现如代码清单 16-5 所示。

代码清单 16-5 PairCountBolt 定义

```
 1 class PairCountBolt : public IBolt {
```

```
 2 public:
 3     void Prepare(OutputCollector& outputCollector) {
 4         _collector = &outputCollector;
 5     }
 6 
 7     void Execute(const Values& values) {
 8         std::string item1 = values.GetStringByField(FieldNames::ITEM1);
 9         std::string item2 = values.GetStringByField(FieldNames::ITEM2);
10 
11         ItemPair itemPair = std::make_pair(item1, item2);
12         int pairCount = 0;
13         if ( _pairCounts.find(itemPair) != _pairCounts.end() ) {
14             pairCount = _pairCounts[itemPair];
15         }
16 
17         pairCount ++;
18         _pairCounts[itemPair] = pairCount;
19 
20         _collector->Emit(Values({item1, item2, pairCount}));
21     }
22 
23     Fields DeclareOutputFields() {
24         return Fields({
25                 FieldNames::ITEM1,
26                 FieldNames::ITEM2,
27                 FieldNames::PAIR_COUNT
28         });
29     }
30 
31 private:
32     OutputCollector* _collector;
33     std::map<ItemPair, int32_t> _pairCounts;
34 };
```

该消息处理单元负责统计每一组元素出现的次数。方法是建立一张映射表，存储了每一对数据对应的出现次数。每当一个元组到来时，我们查询这一对组合之前的出现次数，并将出现次数加 1。接着我们将元组的统计结果转化成新的元组发送出去，因此这个消息处理单元会不断发送某个组合当前的出现次数。

16.4.3 PairTotalCountBolt

该消息处理单元负责计算所有组合的出现总数。实现如代码清单 16-6 所示。

代码清单 16-6 PairTotalCountBolt 定义

```
 1 class PairTotalCountBolt : public IBolt {
 2 public:
 3     void Prepare(OutputCollector& outputCollector) {
 4         _collector = &outputCollector;
```

```
 5          _totalCount = 0;
 6      }
 7
 8      void Execute(const Values& values) {
 9          _totalCount ++;
10          collector->Emit(Values({totalCount}));
11      }
12
13      Fields DeclareOutputFields() {
14          return Fields({
15                  FieldNames::TOTAL_COUNT
16          });
17      }
18
19  private:
20      OutputCollector* _collector;
21      int32_t _totalCount;
22  };
```

该消息处理单元负责计算所有组合的出现次数。其实现比 PairCountBolt 还要简单。每来 1 个元组就将计数加 1，并发送一个表示组合出现总数的元组。

16.4.4 ConfidenceComputeBolt

该消息处理单元负责计算每个组合的置信度。实现如代码清单 16-7 所示。

代码清单 16-7 ConfidenceComputeBolt 定义

```
 1  typedef std::pair<std::string, std::string> ItemPair;
 2
 3  class ConfidenceComputeBolt : public IBolt {
 4  public:
 5      ConfidenceComputeBolt(const std::string& host, int32_t port) :
 6          _host(host), _port(port) {
 7      }
 8
 9      void Prepare(OutputCollector& outputCollector) {
10          _collector = &outputCollector;
11          _redox.connect(_host, _port);
12      }
13
14      void Execute(const Values& values) {
15          if ( values.GetFields().size() == 3 ) {
16              std::string item1 = values.GetStringByField(FieldNames::ITEM1);
17              std::string item2 = values.GetStringByField(FieldNames::ITEM2);
18              int pairCount = values.GetIntegerByField(FieldNames::PAIR_COUNT);
19              _pairCounts.insert({ItemPair(item1, item2), pairCount});
20          }
21          else if ( values.GetFields()[0] == FieldNames::COMMAND ) {
22              for ( auto itemPairCount : _pairCounts ) {
```

```
23                  ItemPair itemPair = itemPairCount.first;
24                  int item1Count = stoi(_redox.hget("itemCounts",
                                     itemPair.first);
25                  int item2Count = stoi(_redox.hget("itemCounts",
                                     itemPair.second);
26                  double itemConfidence = _pairCounts[itemPair];
27                  if ( item1Count < item2Count ) {
28                      itemConfidence /= item1Count;
29                  }
30                  else {
31                      itemConfidence /= item2Count;
32                  }
33
34                  _collector->Emit(Values({itemPair.first, itemPair.second,
                                            itemConfidence}));
35              }
36          }
37      }
38
39      Fields DeclareOutputFields() {
40          return Fields({
41                  FieldNames::ITEM1,
42                  FieldNames::ITEM2,
43                  FieldNames::CONFIDENCE
44          });
45      }
46
47  private:
48      OutputCollector* _collector;
49      private Redox _redox;
50      private std::string _host;
51      int32_t _port;
52      private std::map<ItemPair, int32_t> _pairCounts;
53  };
```

该消息处理单元用于计算置信度。这个消息处理单元根据来源字段不同分为两个功能。一个功能是在接收普通的组合数据时，将组合数据的出现次数保存起来。另一个功能是进行统计。只有在出现命令元组的时候才会进行统计操作。统计操作就是从 Redis 中取出 2 个商品项各自的出现次数，然后计算 2 个商品项各自的置信度，最后我们取最小的那个作为组合的置信度。

16.4.5 SupportComputeBolt

该消息处理单元负责计算每个组合的支持度。实现如代码清单 16-8 所示。

代码清单 16-8 SupportComputeBolt 定义

```
1  typedef std::pair<std::string, std::string> ItemPair;
```

```
 2
 3 class SupportComputeBolt : public IBolt {
 4 public:
 5     SupportComputeBolt(const std::string& host, int32_t port) :
 6         _host(host), _port(port) {
 7     }
 8
 9     void Prepare(OutputCollector& outputCollector) {
10         _collector = &outputCollector;
11         _redox.connect(_host, _port);
12         _pairTotalCount = 0;
13     }
14
15     void Execute(const Values& values) {
16         if ( values.getFields()[0] == FieldNames::TOTAL_COUNT )  {
17             _pairTotalCount = values.GetIntegerByField(FieldNames::TOTAL_COUNT);
18         }
19         else if ( values.GetFields().size() == 3 ) {
20             std::string item1 = values.GetStringByField(FieldNames::ITEM1);
21             std::string item2 = values.GetStringByField(FieldNames::ITEM2);
22             int pairCount = values.GetIntegerByField(FieldNames::PAIR_COUNT);
23             _pairCounts.insert({ItemPair(item1, item2), pairCount});
24         }
25         else if ( values.GetFields()[0] == FieldNames::COMMAND ) {
26             for ( auto itemPairCount : _pairCounts ) {
27                 ItemPair itemPair = itemPairCount.second;
28                 double itemSupport = itemPair.second / pairTotalCount;
29                 _collector->Emit(Values({itemPair.first, itemPair.second,
                                     itemSupport}));
30             }
31         }
32     }
33
34     Fields DeclareOutputFields() {
35         return Fields({
36                 FieldNames::ITEM1,
37                 FieldNames::ITEM2,
38                 FieldNames::SUPPORT
39         });
40     }
41
42 private:
43     OutputCollector* _collector;
44     private Redox _redox;
45     private std::string _host;
46     int32_t _port;
47     private std::map<ItemPair, int32_t> _pairCounts;
48     int32_t _pairTotalCount;
49 };
```

该消息处理单元用于计算支持度。这个消息处理单元根据来源字段不同分为 3 个功能。第 1 个功能是在接收到总数的元组时将所有组合的出现次数保存下来。第 2 个功能是在接收普通的组合数据时，将组合数据的出现次数保存起来。第 3 个功能是进行统计。只有在出现命令元组的时候才会进行统计操作。统计操作就是计算每一个组合的支持度，并且将计算出来的支持度发送出去。

16.4.6 FilterBolt

该消息处理单元负责过滤处理结果。其原理是将置信度和支持度小于一定阈值的组合抛弃掉。实现代码如代码清单 16-9 所示。

代码清单 16-9　FilterBolt 定义

```
 1 class FilterBolt : public IBolt {
 2 public:
 3     FilterBolt(const std::string& host, int32_t port) :
 4         _host(host), _port(port) {
 5     }
 6
 7     void Prepare(OutputCollector& outputCollector) {
 8         _collector = &outputCollector;
 9         _redox.connect(_host, _port);
10     }
11
12     void Execute(const Values& values) {
13         std::string item1 = values.GetStringByField(FieldNames::ITEM1);
14         std::string item2 = values.GetStringByField(FieldNames::ITEM2);
15         std::string pairString = item1 + " " + item2;
16
17         double support = 0;
18         double confidence = 0;
19         if ( values.GetFields()[2] == FieldNames::SUPPORT ) {
20             support = values.GetDoubleByField(FieldNames::SUPPORT);
21             _redox.hset("supports", pairString, stoi(support));
22         }
23         else if ( values.GetFields().get(2).equals(FieldNames::CONFIDENCE) ) {
24             confidence = values.GetDoubleByField(FieldNames::CONFIDENCE);
25             _redox.hset("confidences", pairString, stoi(confidence));
26         }
27
28         if ( !_redox.hexists("supports", pairString) ||
29                 !_redox.hexists("confidences", pairString) ) {
30             return;
31         }
32
33         support = stof(_redox.hget("supports", pairString));
34         confidence = stof(_redox.hget("confidences", pairString));
35
```

```
36          if ( support >= SUPPORT_THRESHOLD && confidence >= CONFIDENCE_THRESHOLD) {
37              JSONObject pairValue = new JSONObject();
38              pairValue.put(FieldNames::SUPPORT, support);
39              pairValue.put(FieldNames::CONFIDENCE, confidence);
40              _redox.hset("recommendedPairs", pairString, pairValue.toJSONString());
41
42              collector->Emit(Values({item1, item2, support, confidence}));
43          }
44          else {
45              _redox.hdel("recommendedPairs", pair.toString());
46          }
47      }
48
49      Fields DeclareOutputFields() {
50          return Fields({
51                  FieldNames::ITEM1,
52                  FieldNames::ITEM2,
53                  FieldNames::SUPPORT,
54                  FieldNames::CONFIDENCE
55          });
56      }
57
58  private:
59      static double SUPPORT_THRESHOLD;
60      static double CONFIDENCE_THRESHOLD;
61
62      OutputCollector* _collector;
63      private Redox _redox;
64      private std::string _host;
65      int32_t _port;
66  };
67
68  double FilterBolt::SUPPORT_THRESHOLD = 0.01;
69  double FilterBolt::CONFIDENCE_THRESHOLD = 0.01;
```

该消息处理单元负责过滤掉置信度或者支持度过小的元组。其实现方式如下。

1）当接收到来自置信度计算元组的计算结果时将项目组合和置信度保存在 Redis 中。

2）当接收到来自支持度计算元组的计算结果时将项目组合和支持度保存在 Redis 中。

3）每次都会从 Redis 中取出另一个数据，当既有置信度又有支持度数据时就会执行一次过滤操作。如果两个值都大于某个阈值，就将这个组合和计算结果存入 Redis，否则就需要将这个组合从 Redis 中清除。

16.5 编写 Topology

完成了所有的消息源和消息处理单元后，我们需要将这些消息源与消息处理单元组装起来。这些消息源与消息处理单元的关系图如图 16-1 所示。

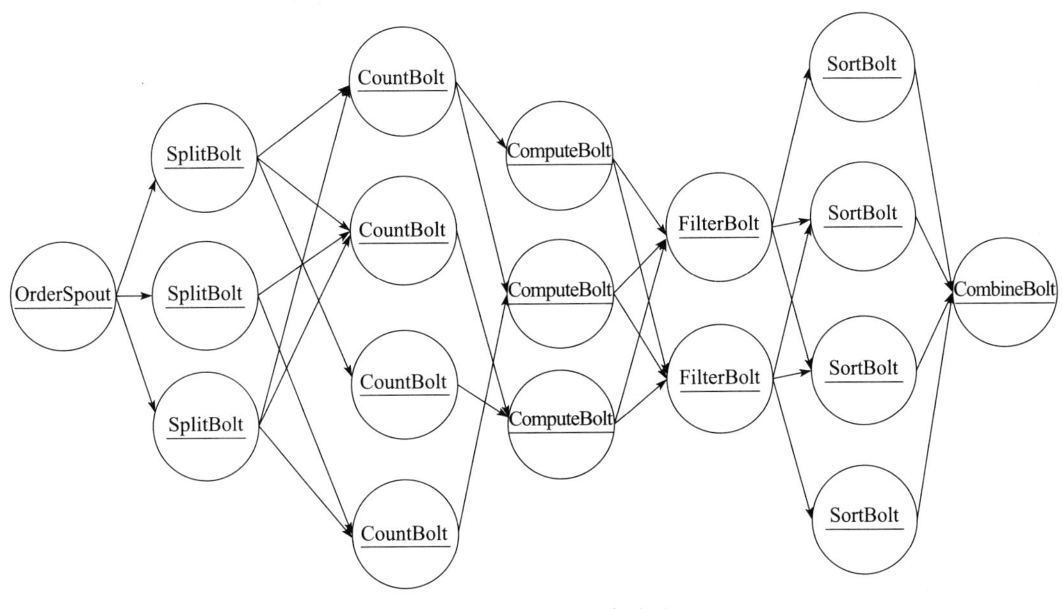

图 16-1　Topology 关系图

16.6　本章小结

本章我们实现了一个基于频繁组合查找的完整频繁二项集挖掘系统，读者应当掌握了以下知识。

1）数据挖掘基本概念和方法。

2）频繁项集挖掘概念与用途。

3）频繁二项集挖掘算法原理与实现。

4）分布式统计方法。

读者在学习完这些知识后已经可以自己独立开发一个简单的频繁二项集挖掘系统了。大家可以自行学习数据挖掘及机器学习相关的知识，并使用 Hurricane 实现相应算法。

Chapter 17 第 17 章

实战：在 AWS 和阿里云上部署 Hurricane 实时处理系统

我们已经用了很多篇幅来讲解如何编写一套分布式实时处理系统，从底层通信到高层次架构设计，我们设计的系统可以运行和处理我们期望得到的结果。但是，如果不能把系统应用到实际生产环境中，那么这一切都还只能算是纸上谈兵。幸运的是，我们所设计的系统能够非常简单地部署到实际环境中。在本章中，我们将以 AWS 和阿里云作为基础云服务平台，从最基本的环境搭建到分布式系统部署，逐一介绍在实际生产环境中部署分布式系统或服务器的最基本方法。需要注意的是，实际部署一套计算拓扑的方法有很多，并不局限于本章所讲解的内容。你可能还对 AWS 和阿里云有些陌生，不过不要紧，我们马上就会来详细介绍它们的基本概念。

17.1 AWS 部署

Amazon Web Services（AWS）是一个安全的云服务平台，提供计算能力、数据库存储、内容交付以及其他功能来帮助实现业务扩展和增长，了解数以百万计的客户目前如何利用 AWS 云产品和解决方案来构建灵活性、可扩展性和可靠性更高的复杂应用程序。AWS 云提供了各种各样的基础设施服务，如计算能力、存储选项、联网和数据库等实用服务：按需交付、即时可用、采用按使用量付费定价模式。

使用 AWS 只需单击几次鼠标即可享受 50 多种服务，从数据仓库到部署工具、从目录到内容分发无一例外。新服务可以快速配置，无需前期资金成本，支持企业、初创公司、SMB

和公共部门客户访问所需的构建块，以快速响应不断变化的业务要求。

在本章中，我们将探究交付 Hurricane 解决方案到 Amazon Web Services 的 Elastic Compute Cloud（AWS EC2）的方法。我们有很多优秀的平台即服务（PaaS）提供商可供选择和使用，而且多数提供的服务都非常好，兼具高可用性和自动化。尤其是近年来国内优秀的云服务厂商越来越多。本书选择 AWS 和阿里云的原因很简单，因为它们提供的服务价格合理，并且容易学习和上手。

在本章中，我们将从基础的环境搭建开始，途经子网配置、安全组设置等操作，直至完成虚拟私有云（Virtual Private Cloud，VPC）的搭建工作。我们将使用 git 代码仓库存储需要部署的代码，并使用 rsync 同步脚本与配置文件，自己编写简单的自定义部署脚本完成 Hurricane 和相关服务的自动部署。在实际的生产环境交付过程中，我们在这里讲解的概念与方法都非常实用。

因此，关键是要了解这些工具和概念，它们能够帮助你高效、安全地部署 Hurricane 到你可能遇到的任何产品环境中。作为本章的补充，你还将了解基于 AWS 构建安全产品环境的方法，有可能你会在特定实现中应用这个方法。

Amazon 对于虚拟私有云的定义如下。

Amazon 虚拟私有云（Amazon VPC）允许你在 AWS 云中预配置出一个采用逻辑隔离的部分，让你在自己定义的虚拟网络中启动 AWS 资源。你可以完全掌控您的虚拟联网环境，包括选择自有的 IP 地址范围，创建子网，以及配置路由表和网关。

虚拟私有云是 AWS 云计算服务所提供的极其强大的功能。你可以通过它实现企业级的开发和产品环境，该环境是安全、隔离并安全连接到你的个人内部网络中的。网络层隔离对产品系统的长期安全性来说非常重要。

典型的企业解决方案由多个网络层构成，每层又有多个不同的安全访问层，这些安全访问层是为了保护系统中最为重要的部分而实现的。有多种企业架构解决方案可供我们选择，为了展示企业解决方案中的这种隔离网络架构的特性，我们的解决方案中需要包含一个传统 Web 应用程序，该程序能够将事件异步发送给 Hurricane 集群进行处理。

部署架构如图 17-1 所示。

在网络层中，解决方案的各种功能均是被隔离的。面向公众的子网通过负载均衡和 Elastic IP Address 使 Web 服务器处于可用状态。应用服务器被隔离在它们自己的子网中运行，通过防火墙规则实现的隔离可以保证内连接均来自预先定义的 Web 子网的 IP 和端口。这些连接也是基于 Web 和应用服务器间的适当加密来建立的。这样可以确保应用服务器与内部服务的完全隔离。

再往下看，我们对数据库做了类似的处理，数据库也是一个集群。

异步事件通过 Meshy 框架搭建的消息服务器从应用服务器发布到了分析堆栈。然后这些事件被 Hurricane 消费和处理，并作为不可变事件存储至 HDFS 中。根据 Topology 结构的不同，这些事件可能直接来自于 Meshy，也可能来自于 Hurricane 本身。

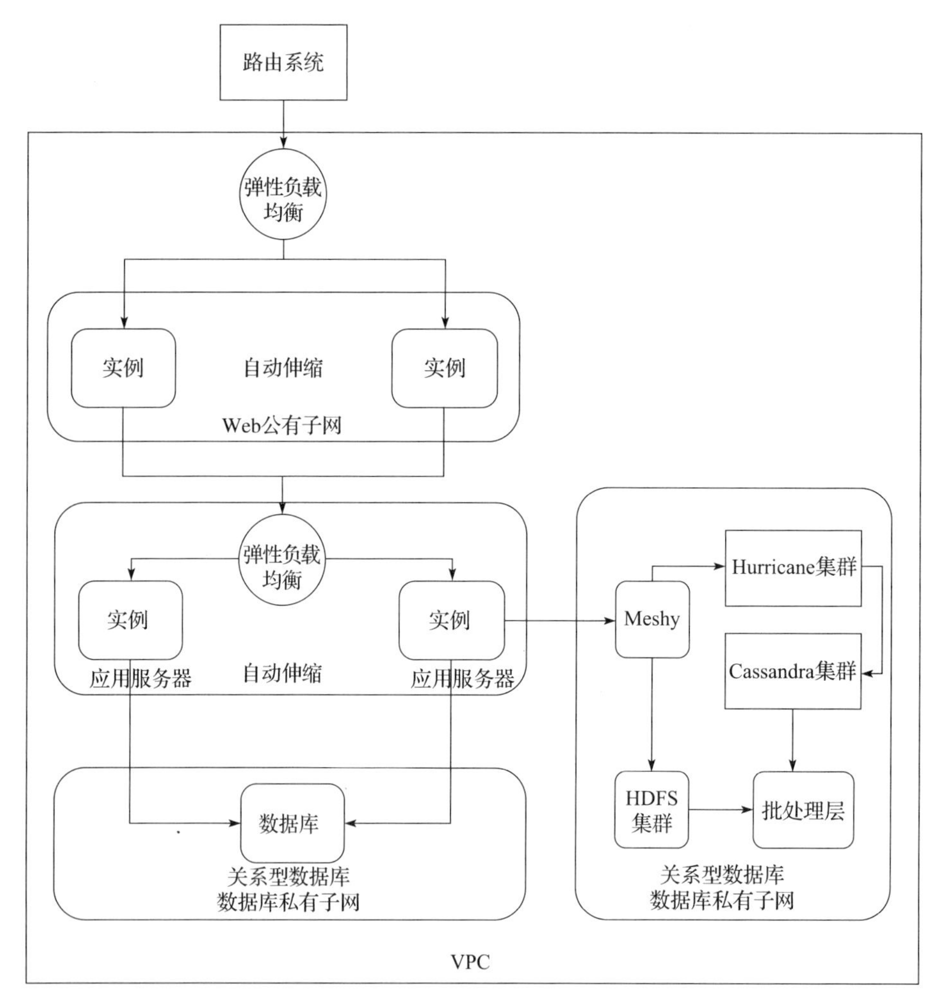

图 17-1　云架构图

有关网络层布局的内容不是本章或本节关注的重点。你需要根据给定环境的具体情况来定义满足功能性、概念性和部署的架构。在本节中，我们将重点展示搭建带有公共和私有子网 VPC 的方法。在下一节，你将了解在私有子网部署 Hurricane 集群的方法。有了这些经验，你将具备设计并实现与前面一样复杂的可部署架构的能力。在你的产品环境中，即使是在受到监管约束的环境中，你也可以将 Hurricane 实时处理系统作为关键的架构处理元素。

17.1.1　搭建虚拟私有云

在本例中，我们将使用 AWS 控制台。首先，我们登录控制台并从所有 AWS 服务的列表中选择 VPC 服务，然后你将看到如图 17-2 所示的界面。

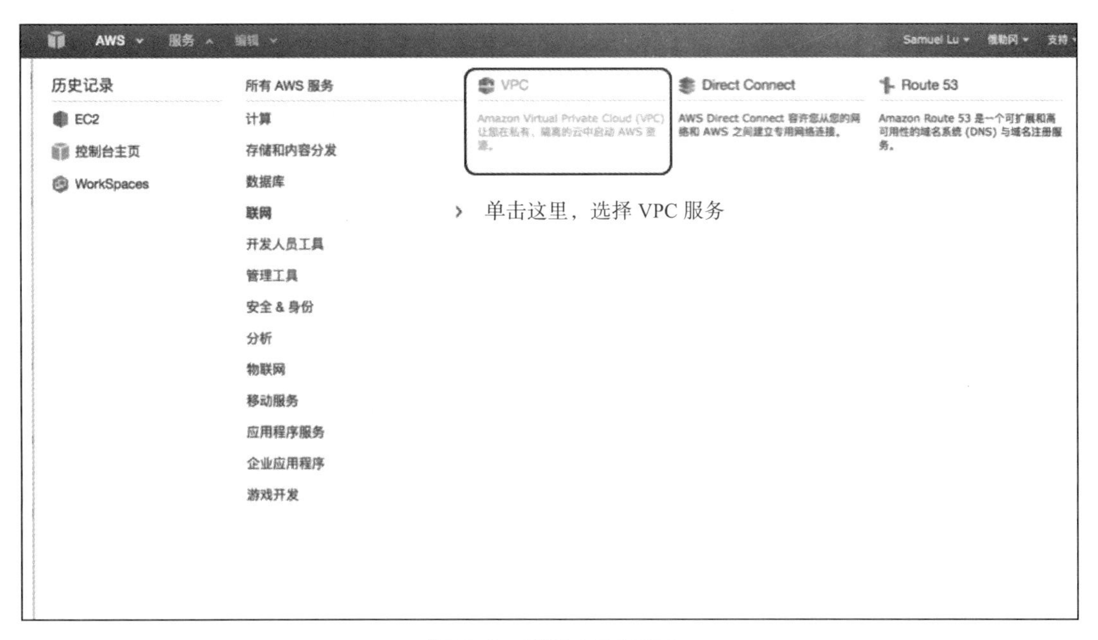

图 17-2　配置 AWS VPC

在这个界面中，我们单击“启动 VPC 向导”按钮来启动配置 VPC 的流程，如图 17-3 所示。

接着，如图 17-4 所示，我们选择“带单个公有子网的 VPC”配置。需要注意的是，读者需要根据实际情况来选择具体的 VPC 类型，我们在这里选择最为简单的类型作为演示。

图 17-3　启动 VPC 向导

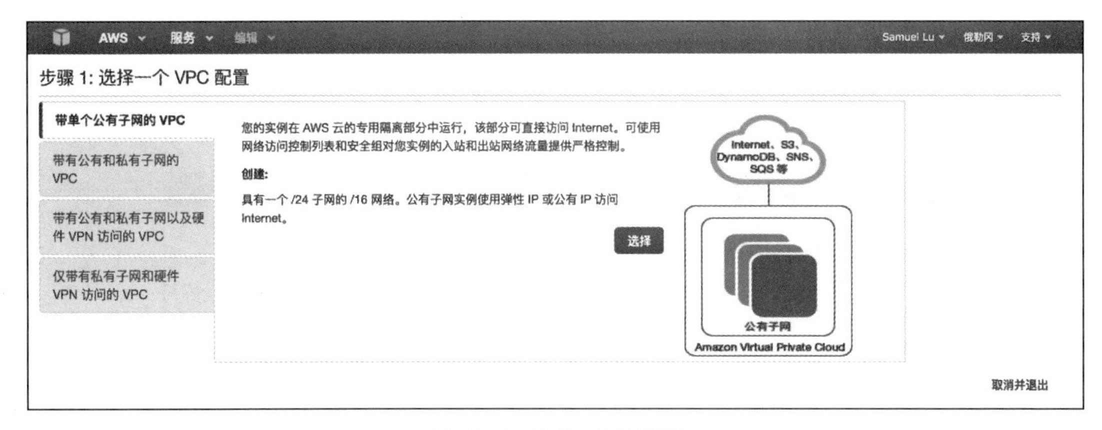

图 17-4　选择 VPC 配置

接着，我们需要指定网络 IP CIDR 地址块和其他一些有关 VPC 的设置选项：修改 IP 地址块，如公有子网地址修改为 10.0.0.0/24，然后创建 VPC。具体方法如图 17-5 所示。

AWS 服务 编辑 Samuel Lu 俄勒冈 支持

步骤 2：带单个公有子网的 VPC

IP CIDR 块：* 10.0.0.0/16 (65531 个可用 IP 地址)

VPC 名称：MyHurricane

公有子网：* 10.0.0.0/24 (251 个可用 IP 地址)

可用区：* us-west-2c

子网名称：公有子网

AWS 创建 VPC 以后，您可以添加更多子网。

向子网添加 S3 的终端节点

子网：无

启用 DNS 主机名：* 是 否

硬件租赁：* 默认

取消并退出 返回 创建 VPC

图 17-5 VPC 设置选项

如图 17-6 所示，当看到这个界面时，恭喜！你已经成功创建了你的第一个带有公有子网的 AWS VPC。

图 17-6 成功创建 VPC

创建完成后，你可以查看控制面板中的 VPC 列表，如果你不满意这个网关的名字，可以给这个网关命名，如图 17-7 所示。

AWS 服务 编辑

VPC 控制面板

用 VPC 筛选 无

Virtual Private Cloud

您的 VPC

子网

创建 Internet 网关 删除 附加到 VPC 与 VPC 分离

搜索 Internet 网关及其属性...

名称	ID	状态	VPC
MyHurricaneGateway	37a	attached	vpc-5f23df3b (10.0.0.0/16) | MyHurricane

图 17-7 为创建好的网关命名

17.1.2　配置安全组

虽然我们创建了 VPC，但现在我们还是无法访问，因为在 AWS 中还需要配置安全组，以允许用户访问其他端口。现在，我们来配置安全组。首先我们单击菜单中的安全性菜单，然后就可以看到安全组界面。现在我们单击“创建安全组”按钮来创建一个新的安全组（Security Group）。具体如图 17-8 所示。

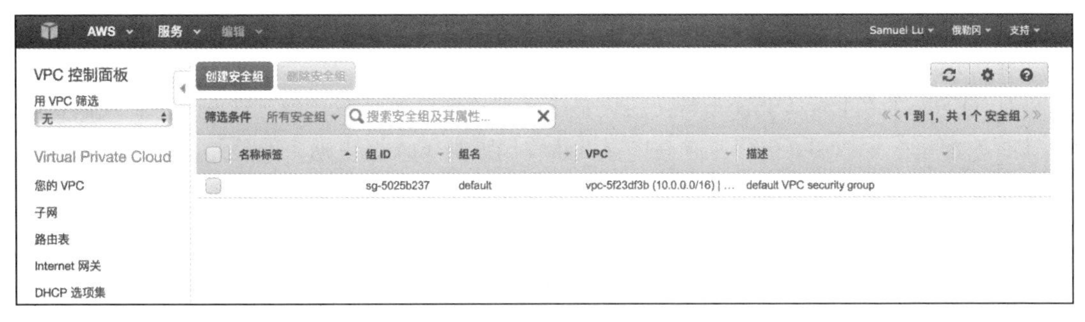

图 17-8　配置安全组

在创建安全组界面中，我们依次填写安全组的名称标签、安全组组名、描述，并选择一个安全组从属的 VPC，如图 17-9 所示。

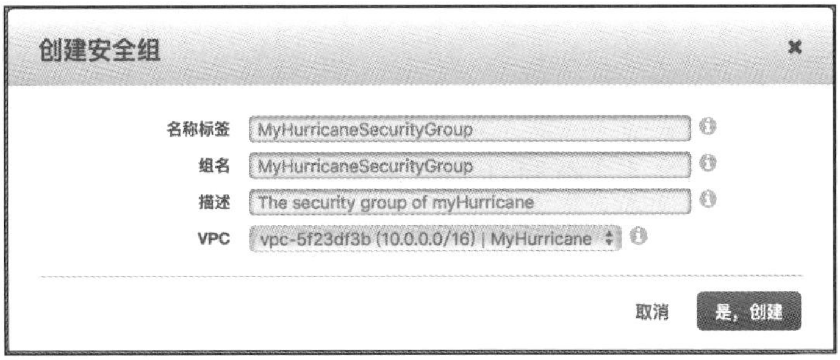

图 17-9　创建安全组

完成配置，确认无误后单击“创建”按钮完成安全组的创建。现在我们可以看到我们创建的安全组。然后我们在安全组中创建规则。创建后的结果如图 17-10 所示。

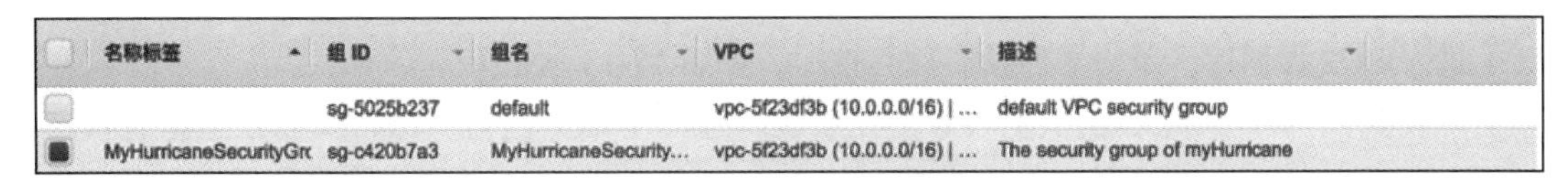

名称标签	组 ID	组名	VPC	描述
	sg-5025b237	default	vpc-5f23df3b (10.0.0.0/16) | ...	default VPC security group
MyHurricaneSecurityGr	sg-c420b7a3	MyHurricaneSecurity...	vpc-5f23df3b (10.0.0.0/16) | ...	The security group of myHurricane

图 17-10　保存的安全组列表

在规则界面中，我们可以定义规则类型，作用的协议、端口范围以及限制来源，如图 17-11 所示。

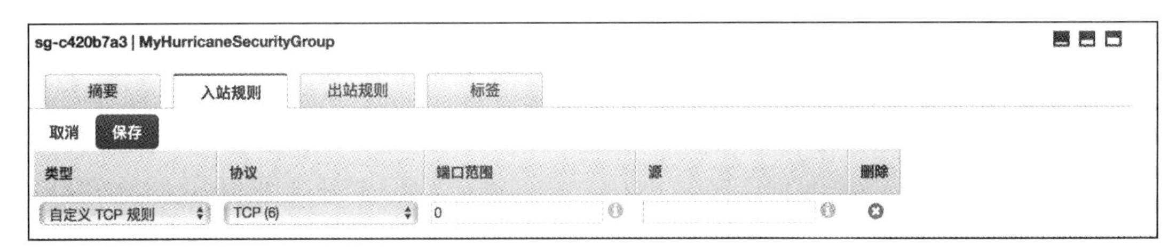

图 17-11　添加安全组中的入站规则

现在我们创建了多个入站规则，并且选择了许多的规则类型。从图 17-12 中可以看到，我们为 HTTP、HTTPS 和 SSH 三种协议设置了入站规则，但是在“源”这一列中，我们将所有配置都填写成了“0.0.0.0/0”，这意味着虽然我们添加了入站规则，但是并不会对特定的某些源端做限制。在实际生产环境中，读者需要根据实际情况来填写入站规则。

sg-c420b7a3 | MyHurricaneSecurityGroup

摘要　入站规则　出站规则　标签

取消　保存

类型	协议	端口范围	源	删除
HTTP (80)	TCP (6)	80	0.0.0.0/0	
HTTPS (443)	TCP (6)	443	0.0.0.0/0	
SSH (22)	TCP (6)	22	0.0.0.0/0	

再添加一条规则

图 17-12　安全组中的入站规则

有了这些入站规则后，我们就可以访问 AWS 的服务器了。注意，在源中我们填入的是 0.0.0.0，因此所有的 IP 都可以访问这些端口。但是在实际生产环境中，我们一般不会将这个源设置成 0.0.0.0，这样可以更好地保障安全。

17.1.3　加载 EC2 实例

现在我们选择顶部导航栏的“服务”菜单，然后在“服务”菜单中选择“所有 AWS 服务”选项组中的 EC2 服务，如图 17-13 所示。

进入 EC2 界面后，单击“启动实例”按钮，如图 17-14 所示。

现在我们选择一个 AMI 系统映像，在系统映像的基础上创建实例，我们在这里直接选择“ Amazon Linux AMI 2015.09.2(HVM), SSD Volume Type”64 位版本作为我们实例的基础镜像，确定好后，我们单击“选择”按钮进入下一步，如图 17-15 所示。

选择好基础镜像后，我们还需要为即将创建的实例选择硬件配置，我们在这里选择最基本的“通用型”硬件配置，然后继续，如图 17-16 所示。

图 17-13　选择 EC2 服务

图 17-14　创建 EC2 实例

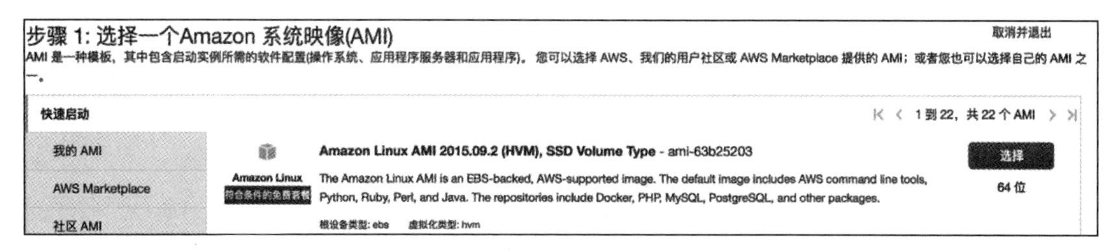

图 17-15　选择实例的基础镜像

■	通用型	t2.micro 符合条件的免费套餐	1	1	仅限于 EBS	-	低到中等

图 17-16　选择硬件配置

然后我们就进入了“配置实例详细信息”界面。我们填入与实例相关的配置信息。需要注意的是，我们需要在这里选择之前创建好的子网。配置好后，我们单击“审核和启动”按钮进入下一步，如图 17-17 所示。

图 17-17 配置实例详细信息

在这个页面中有以下几个项目值得我们注意，如表 17-1 所示。

表 17-1 AWS 项目表

项目名称	项目解释
实例数量	我们根据需求填入需要创建的实例数据，这里为了便于展示，我们填入数量 1。如果有实际需求，我们可以一次性启动多个实例
购买选项	我们根据需求确定是否勾选竞价型实例。用户可以选择竞价型实例，并指定你愿意支付的最高实例时价。如果用户的出价高于当前竞价，则竞价型实例将启动并按照当前竞价价格收费。竞价价格通常低于按需价格，因此，在灵活又允许中断的应用程序中使用竞价型实例最高可降低 90% 的实例费用
网络	我们选择一个该 EC2 实例所在的网络。用户需要将实例启动到 Amazon VPC 中，以获取对虚拟联网环境的完全控制权。用户可以选择自己的 IP 地址范围、创建子网、配置路由表以及配置网络网关
子网	VPC 里的 IP 地址范围可用于隔离 EC2 资源（相互隔离或从 Internet 隔离）。每个子网位于一个可用区
自动分配公有 IP	从 Amazon 的公有 IP 地址池中申请一个公有 IP 地址，从而能够通过 Internet 访问实例。在大多数情况中，公有 IP 地址与实例相关联，直到它停止或终止，此后用户将无法继续使用它。如果用户需要一个可以随意关联或取消关联的永久公有 IP 地址，则应该使用弹性 IP 地址（EIP）。用户可以分配自己拥有的 EIP，并在启动后将其与你的实例相关联

（续）

项目名称	项目解释
IAM 角色	EC2 的 IAM 角色可自动部署并轮换用户的 AWS 证书，而无须使用应用程序存储 AWS 访问密钥。选择包含所需的 IAM 角色实例配置文件。如果用户使用控制台创建 IAM 角色，实例配置文件与用户的 IAM 角色具有相同的名称
关闭操作	在执行操作系统级关闭时，请指定实例操作。实例可以终止或停止
启用终止保护	可以防止实例意外终止。启用后，用户将无法通过 API 或 AWS 管理控制台终止此实例，直到禁用终止保护
监控	用户可以通过 Amazon CloudWatch 监控、收集和分析有关实例的指标。启用此选项将收取额外费用

提示

Amazon CloudWatch 是一项针对在 AWS 云资源和运行其上的应用程序进行监控的服务。你可以使用 Amazon CloudWatch 收集和跟踪各项指标，收集和监控日志文件，设置警报以及自动应对 AWS 资源的更改。Amazon CloudWatch 可以监控各种 AWS 资源，如 Amazon EC2 实例、Amazon DynamoDB 表、Amazon RDS 数据库实例、应用程序和服务生成的自定义指标以及应用程序生成的所有日志文件。你可以通过使用 Amazon CloudWatch 全面地了解资源使用率、应用程序性能和运行状况。使用这些分析结果，你可以及时做出反应，保证应用程序顺畅运行。

配置完实例后，我们为 EC2 实例添加标签实例。这里我们添加了一个 Name 标签，表示该 EC2 实例的名字。

在确定审核和启动之前，我们还需要为即将创建的 EC2 实例配置安全组，我们在这里选择之前创建好的安全组，然后单击“审核和启动”按钮完成 EC2 实例的创建。具体如图 17-18 所示。

审核并启动指定的 EC2 实例，然后单击“启动”按钮，就可以启动我们创建的 EC2 实例了，如图 17-19 所示。

嗯！我们现在已经创建好能够正常工作的 EC2 实例了。我们期望能够使用类似于 SSH 的方式远程登录到 AWS 的 EC2 主机上，然后执行后续的操作。在这之前，我们还需要创建一个用来 SSH 安全登录 EC2 实例的钥匙对。通过如图 17-20 所示的方式创建好钥匙对，然后将其下载到本地保存。

等待 EC2 实例启动，回到管理界面，我们可以看到如图 17-21 所示的状态。在这个界面中，我们可以查看 EC2 实例的启动情况以及当前实例的配置信息，具体可以从“描述”一栏获取。

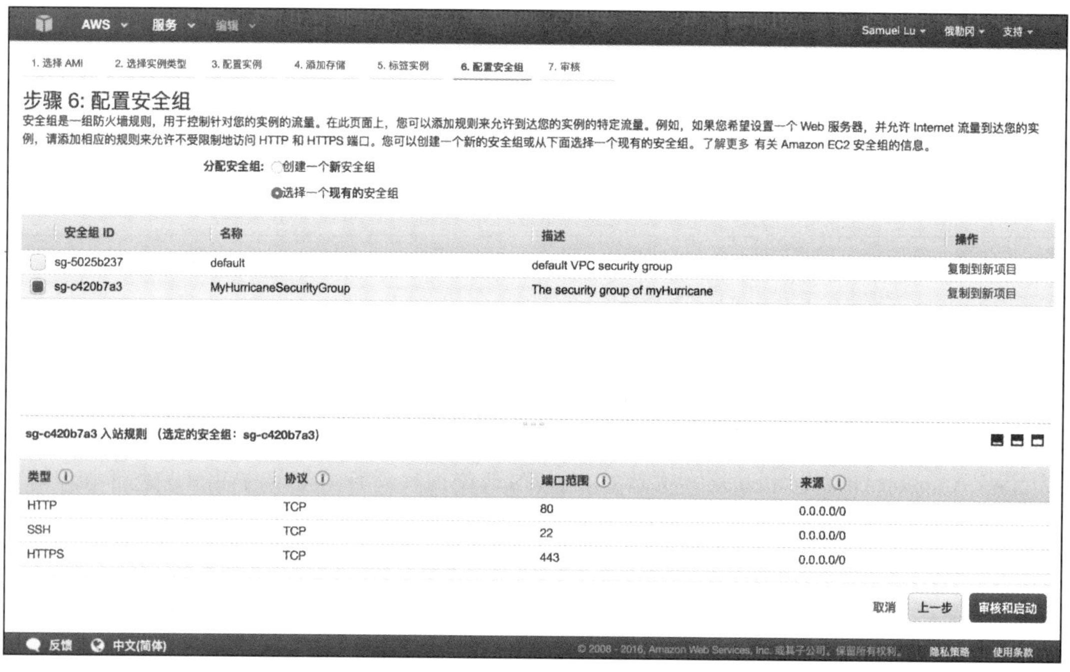

图 17-18 为 EC2 实例配置安全组

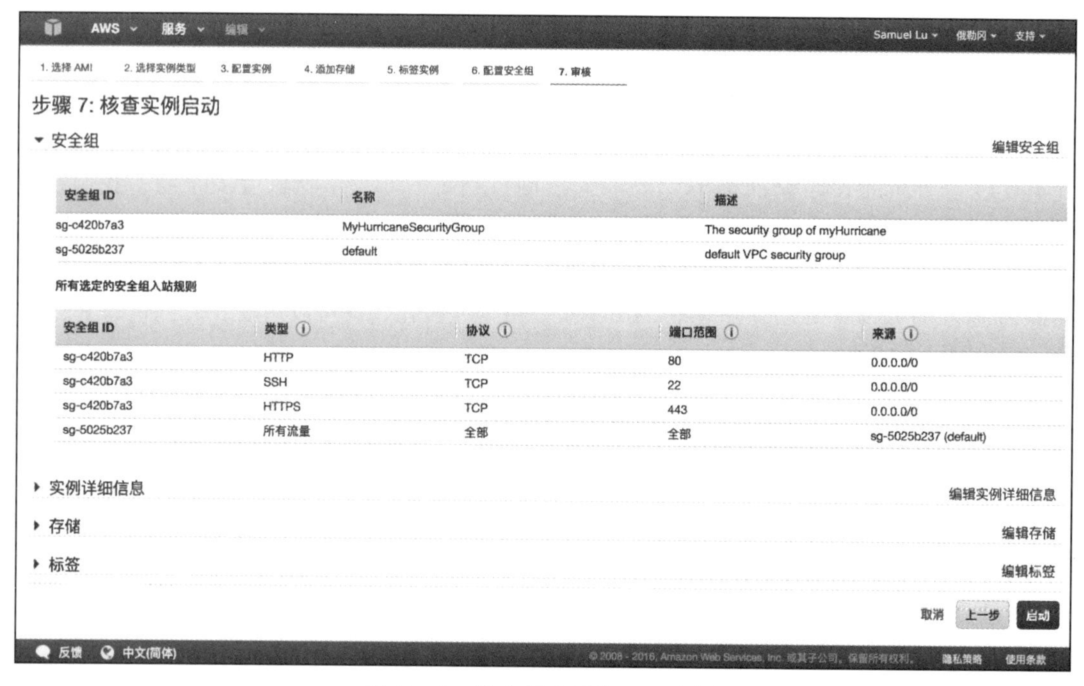

图 17-19 启动创建好的 EC2 实例

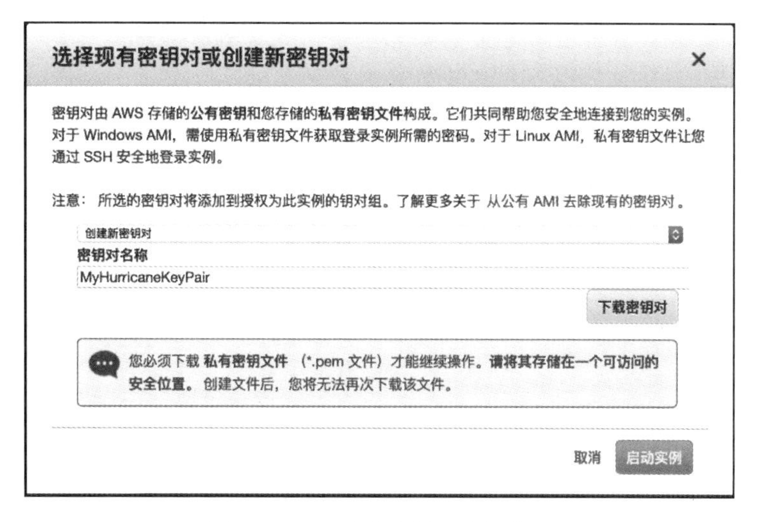

图 17-20　创建或选择现有钥匙对

图 17-21　EC2 实例管理界面

17.1.4　弹性 IP 地址管理

创建好 EC2 实例后，我们还需要为其分配弹性 IP 地址，以便我们能从公网访问实例。选择导航栏的“编辑”菜单，选择左侧的弹性 IP 子菜单。接着，为刚才创建好的 EC2 实例分配弹性 IP 地址。单击“分配新地址”按钮，如图 17-22 所示。

图 17-22　分配弹性 IP 地址

现在来分配新的弹性 IP 地址，如图 17-23 所示。

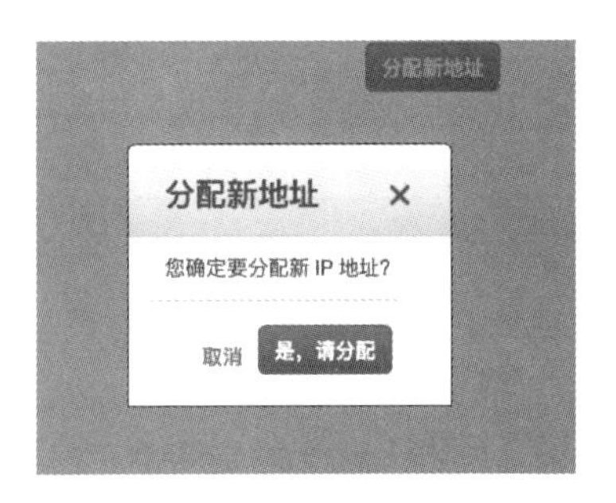

图 17-23　分配新的 IP 地址

接下来，在弹性 IP 地址设置界面中，右击“分配 ID”列，然后选择“关联地址”选项，如图 17-24 所示。

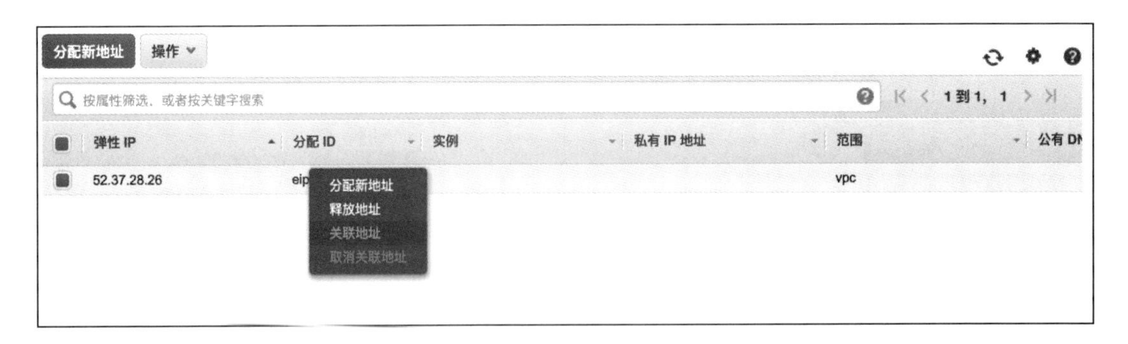

图 17-24　关联地址

在弹出的窗口中，我们选择刚才创建好的 EC2 实例，然后单击“关联”按钮，为这个实例分配弹性 IP 地址，如图 17-25 所示。关联完成后，就可以看到关联后的弹性 IP 地址状态，如图 17-26 所示。

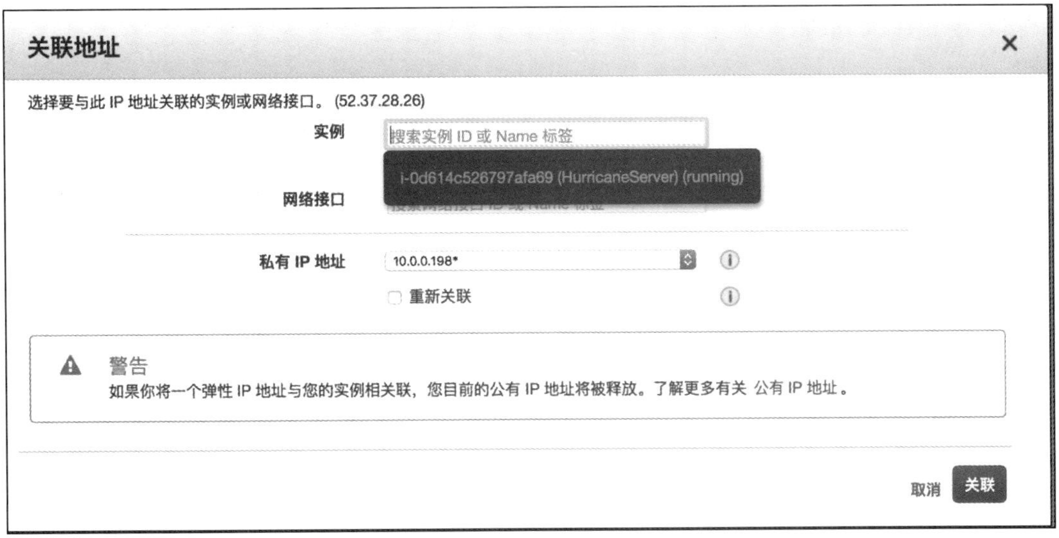

关联地址

选择要与此 IP 地址关联的实例或网络接口。(52.37.28.26)

实例　搜索实例 ID 或 Name 标签

i-0d614c526797afa69 (HurricaneServer) (running)

网络接口

私有 IP 地址　10.0.0.198*

重新关联

警告

如果你将一个弹性 IP 地址与您的实例相关联，您目前的公有 IP 地址将被释放。了解更多有关 公有 IP 地址。

取消　关联

图 17-25　关联之前创建好的 EC2 实例

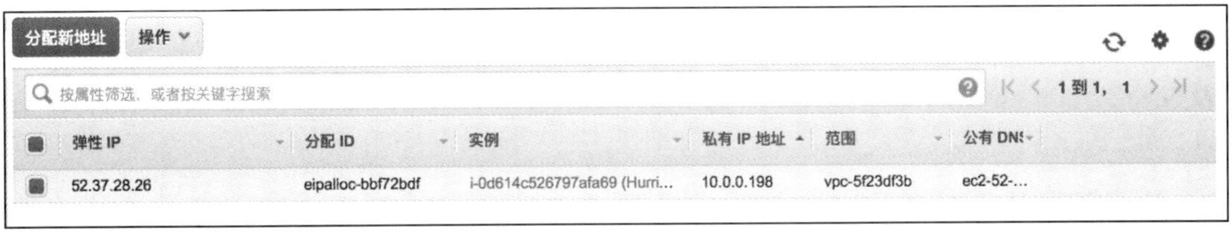

分配新地址　操作

按属性筛选、或者按关键字搜索　1 到 1, 1

弹性 IP	分配 ID	实例	私有 IP 地址	范围	公有 DNS
52.37.28.26	eipalloc-bbf72bdf	i-0d614c526797afa69 (Hurri...	10.0.0.198	vpc-5f23df3b	ec2-52-...

图 17-26　关联后的状态信息

现在只剩下连接和测试了。你现在应该可以通过本地机器的 SSH 来连接测试节点的私有 IP 了。读者可以选择自己喜欢的 SSH 客户端来访问创建好的 EC2 实例，我们在这里直接使用 Shell 和以下命令访问 EC2 实例：

```
ssh -i "MyHurricaneKeyPair.pem" xx-user@instance-id.us-west-xx.compute.
    amazonaws.com
```

这里需要注意的是，我们在上面的命令中使用了之前下载的钥匙对。连接成功后，如图 17-27 所示。

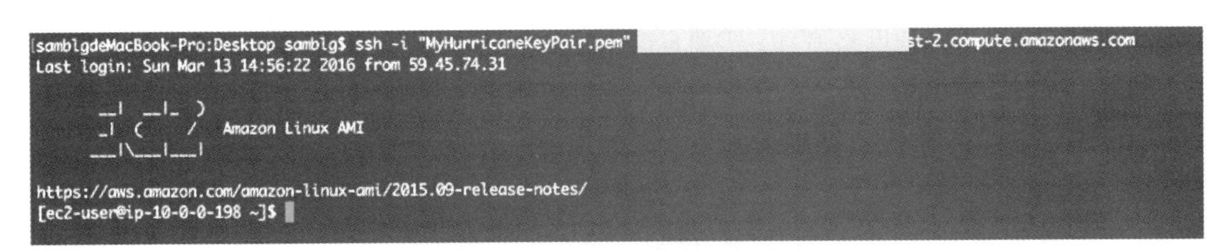

图 17-27　连接 AWS EC2 实例

17.2 阿里云部署

上一节中，我们介绍了如何在 AWS 中创建虚拟私有云，配置弹性 IP 地址，并利用 SSH 登录部署 Hurricane 实时处理系统。

但是由于种种原因，国内直接访问 AWS 的速度并不是那么理想，因此我们理所应当选择另一个在国内使用得比较多的云产品。

阿里云在国内有颇为庞大的用户群，在国内云厂商中，其技术实力和稳定性也是比较突出的，因此我们最后选择了阿里云来进行演示。

接下来看看如何在阿里云上配置相关的虚拟机和服务吧。

17.2.1 创建虚拟私有云

我们单击左侧的 VPC 按钮，进入虚拟私有云界面。虚拟私有云的管理界面如图 17-28 所示。这里我们可以看到所有的网络统计信息。

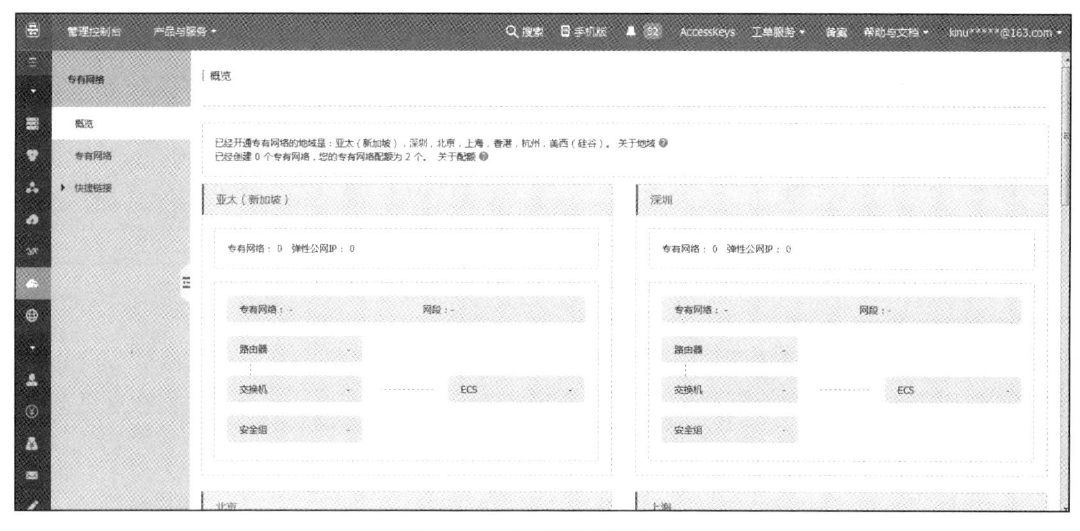

图 17-28 虚拟私有云界面

选择左侧导航菜单中的“专有网络”选项，进入查看专有网络详情界面，如图 17-29 所示。

现在我们还没有任何网络信息，需要自己创建一个新的网络。我们单击右上角的“创建专有网络”按钮，并填写专有网络详细信息。这里包括 3 个字段，分别是“专有网络名称”、“描述”和“网段”。我们将网络命名为 MyHurricane，并选择网段 10.0.0.0/8，如图 17-30 所示。

单击“确定”按钮，进入短信验证界面。我们单击“发送验证码”按钮，将手机收到的验证码填写进去，如图 17-31 所示。

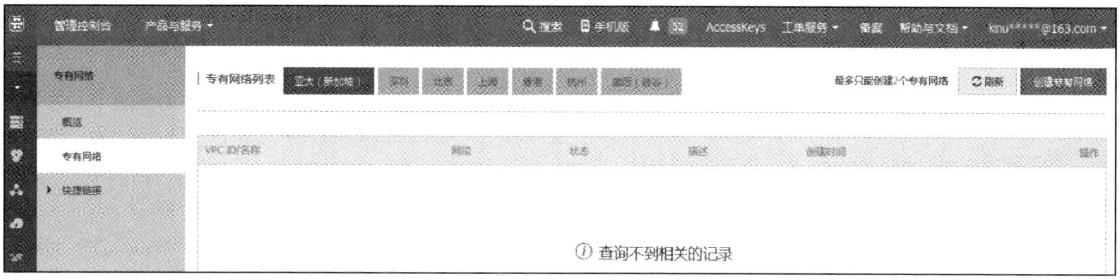

图 17-29　专有网络管理界面

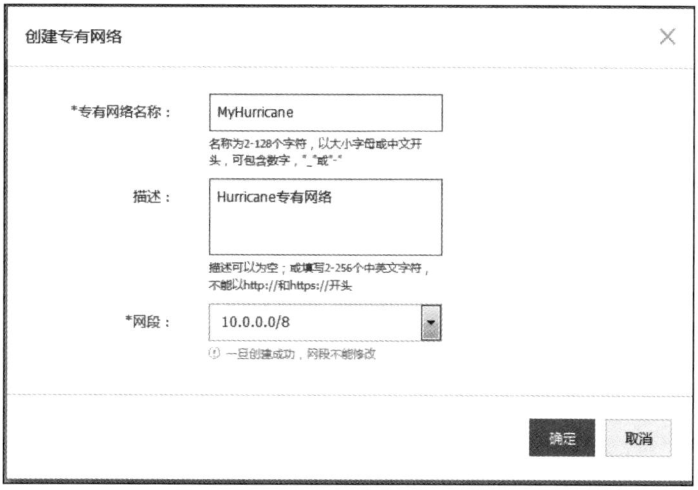

图 17-30　创建专有网络

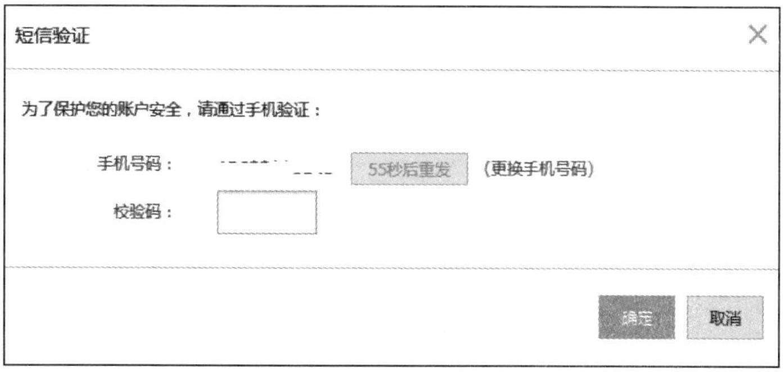

图 17-31　短信验证

短信验证成功后，显示创建成功，并给出了网络的基本信息，说明我们成功创建了专有网络，如图 17-32 所示。

现在我们再回过头来查看虚拟私有云的列表，就会发现多出了一个名为 MyHurricane 的专有网络，说明我们已经创建成功了，如图 17-33 所示。

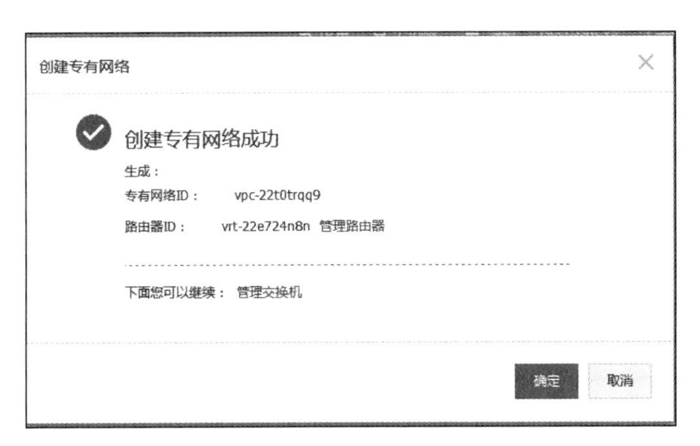

图 17-32　成功创建专有网络

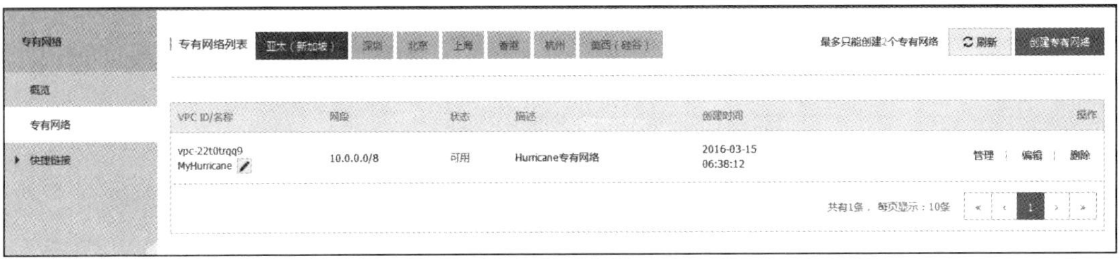

图 17-33　专有网络管理界面

我们现在还可以设置更多的信息，我们可以单击“管理”按钮，进入管理界面，管理 VPC 内部网络，如图 17-34 所示。

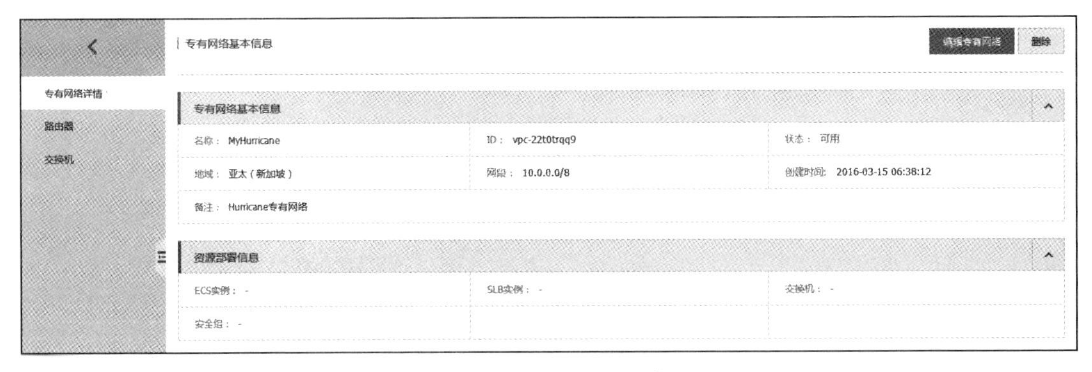

图 17-34　专有网络基本信息

我们还可以为我们的网络配置路由信息。只需要选择左侧导航菜单的“路由器”选项，就会进入路由设置界面。这里我们看到阿里云已经为我们默认创建了一个路由，如图 17-35 所示。

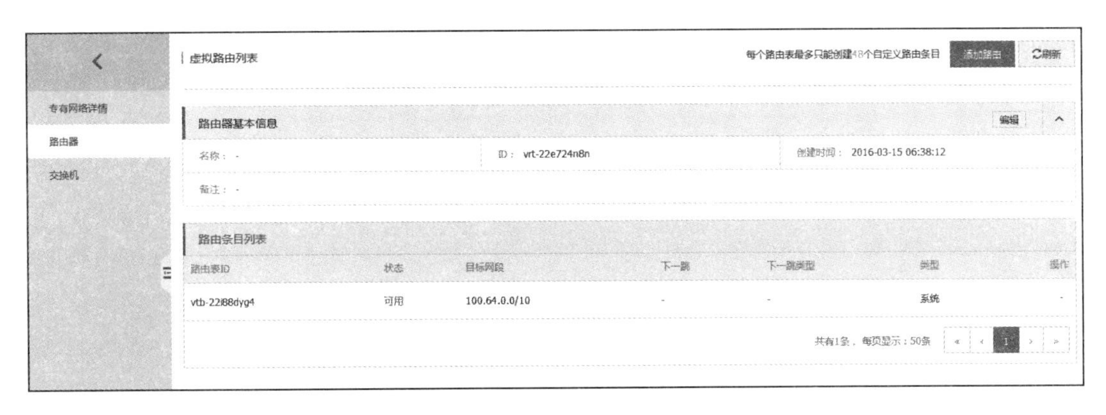

图 17-35 路由器管理界面

17.2.2 管理安全组

完成网络创建之后，我们需要使用安全组来保护我们的网络。现在我们单击左侧边栏的“安全组”按钮，进入查看安全组界面，如图 17-36 所示。

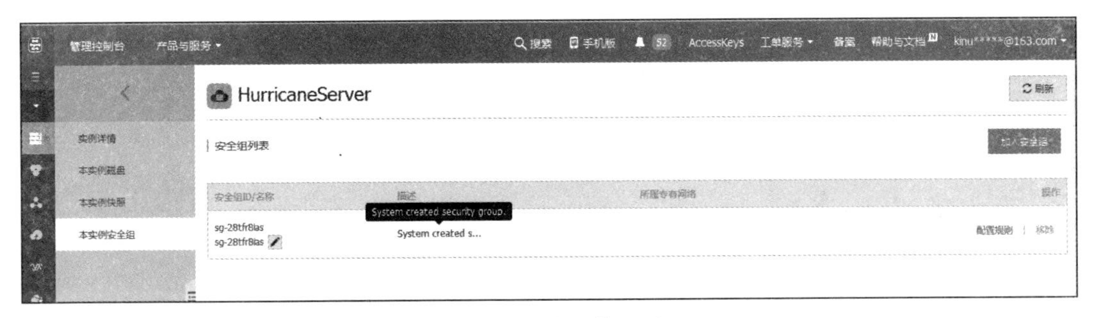

图 17-36 安全组管理界面

我们可以从安全组列表中选择一个安全组，并单击“配置规则”按钮配置该安全组，会进入如图 17-37 所示的界面。

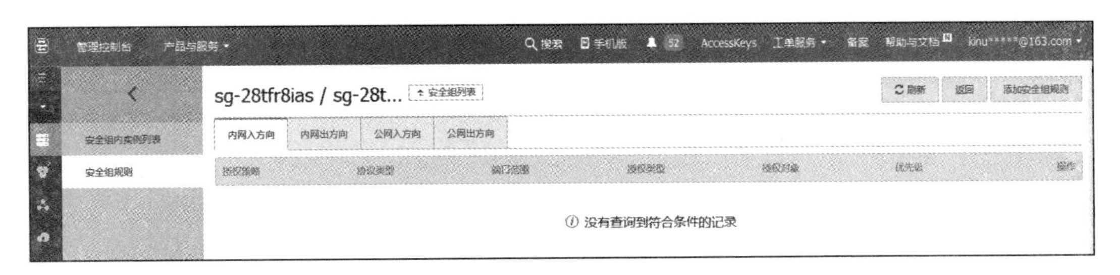

图 17-37 安全组规则界面

接着向安全组规则中添加一个规则。我们需要填写的信息包括网卡类型、规则方向、授权策略、协议类型、端口范围、授权类型、授权对象和优先级。这里我们使用的是默认值。单击“添加”按钮就可以添加一个安全组，如图 17-38 所示。

图 17-38 添加安全组规则

现在我们看一下阿里云为我们提供的公网的默认配置，我们可以看到在默认配置中公网的所有 IP 地址都可以访问我们的任意端口，这个配置是非常危险的，建议用户在实际生产环境中根据自身需求修改这个配置，如图 17-39 所示。

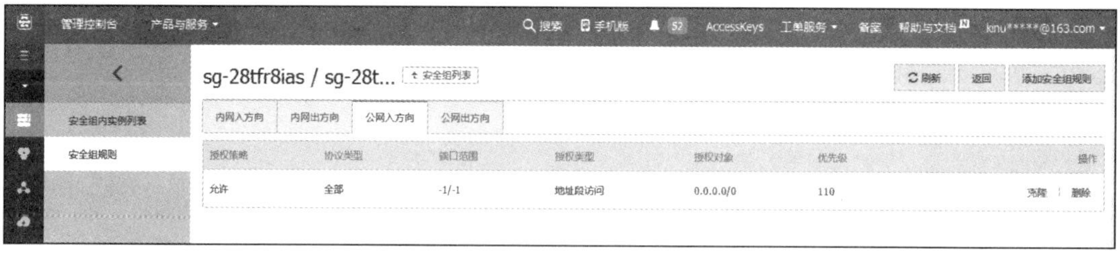

图 17-39 安全组规则界面

17.2.3 创建 ECS

完成虚拟私有云和安全组设置之后，现在我们可以来创建 ECS 实例了。单击左侧边栏的 ECS 按钮，进入 ECS 管理界面。我们单击左侧菜单的实例界面查看所有的 ECS 实例。这里我们没有创建过任何实例，所以列表为空，如图 17-40 所示。

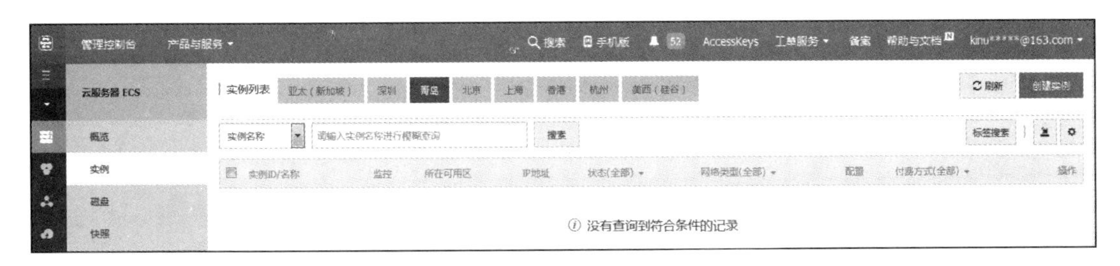

图 17-40　创建 ECS 实例界面

我们现在创建一个测试虚拟机。虚拟机分为两种收费方式，分别是按量付费和包月包年。因为我们现在的测试虚拟机是为了演示使用，因此我们使用按量付费，实际生产中更多会选择包月包年。我们填写一些选项，首先选择“青岛”出口，选择实例系列 1，选择“实例规格”为 1 核 1 GB（简约型 t1，ecs.t1.small），如图 17-41 所示。

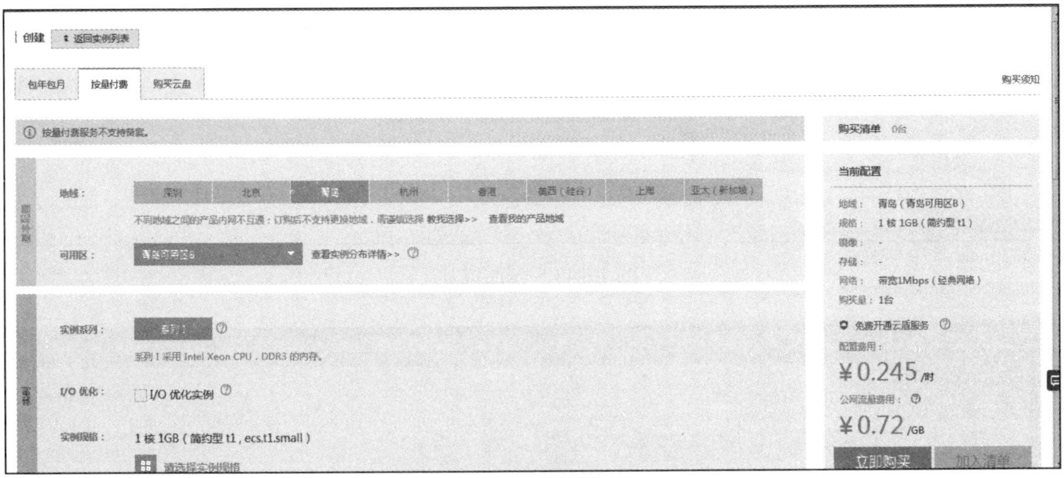

图 17-41　按量付费的配置

现在我们填写剩余选项，我们从公共镜像中选择 Ubuntu 系统，并使用 14.04 的 64 位系统。系统盘我们使用最小的 40 GB，不设置任何数据盘，最后设置密码并填写实例名称即可，这里的实例名称是 HurricaneServer，如图 17-42 所示。

单击“立即购买”按钮，购买该实例，接着就会显示开通成功，如图 17-43 所示。

接着我们就可以进入实例管理页面，查看我们创建的实例了，如图 17-44 所示。

回到一开始的实例界面，我们可以看到创建后的所有 ECS。我们可以看到我们的服务器尚在启动之中，如图 17-45 所示。

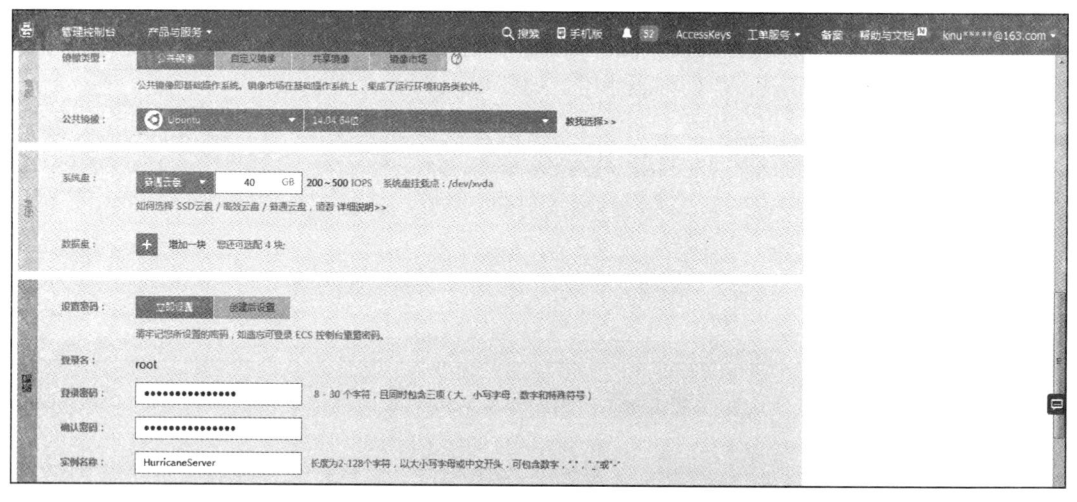

图 17-42 设置剩余其他选项

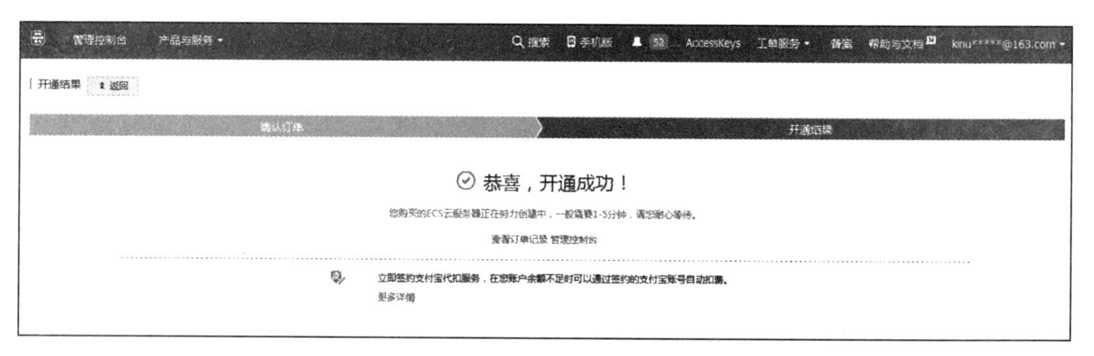

图 17-43 开通成功

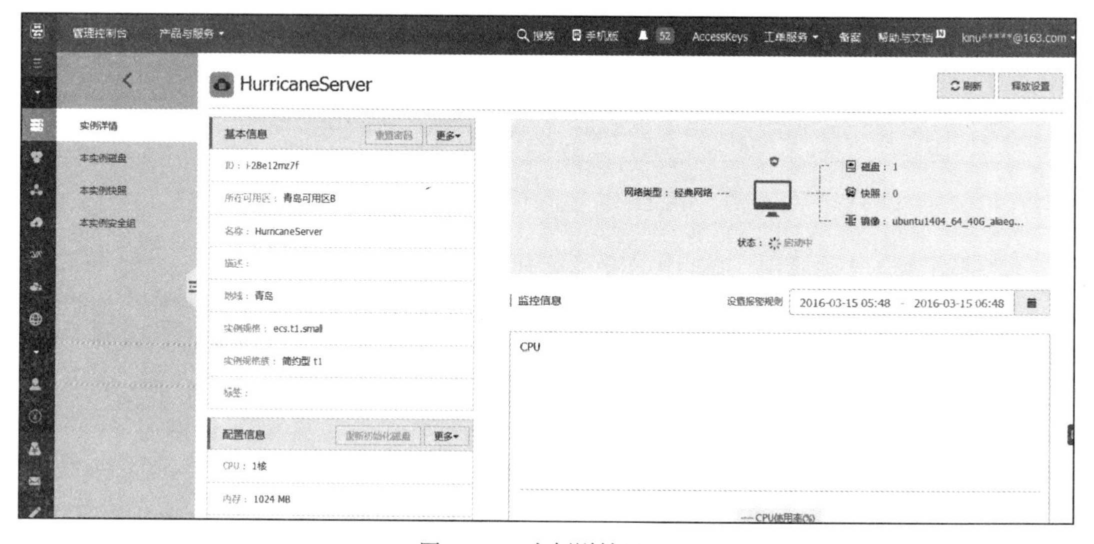

图 17-44 实例详情界面

图 17-45　实例界面显示正在启动中

17.2.4　SSH 登录

现在我们就可以登录了。我们输入远程地址和用户名、端口号，登录 SSH，如图 17-46 所示。

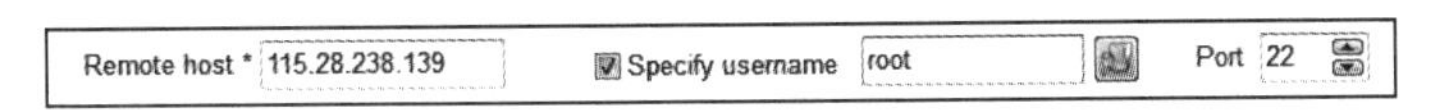

图 17-46　SSH 登录界面

登录成功后我们就可以看到 SSH 控制台，控制台信息如图 17-47 所示。现在我们就可以像操作普通机器一样来操作这台虚拟机了。

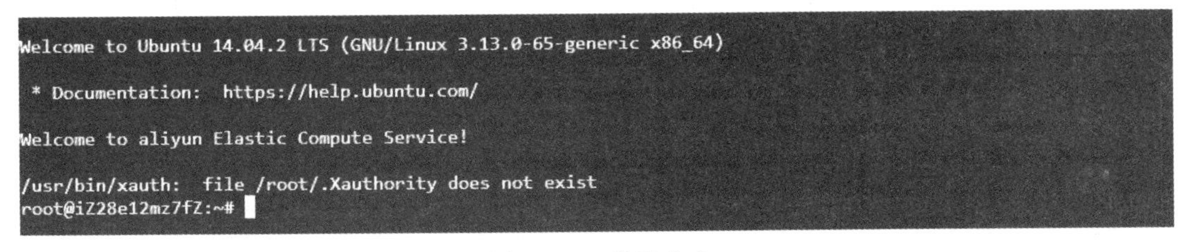

Welcome to Ubuntu 14.04.2 LTS (GNU/Linux 3.13.0-65-generic x86_64)
* Documentation: https://help.ubuntu.com/
Welcome to aliyun Elastic Compute Service!
/usr/bin/xauth: file /root/.Xauthority does not exist
root@iZ28e12mz7fZ:~#

图 17-47　登录成功

17.3　Hurricane 分布式部署与管理

本节我们来讲解 Hurricane 的分布式部署与管理。对于一个分布式系统而言，最令人头痛的恐怕就是部署了。一般来说集群中的所有节点都应该保持配置的同步，同时又需要根据各自节点类型完成不同的任务。那么我们应该如何控制管理集群，并且完成集群自动的同步与部署呢？

现在有许多流行的虚拟化解决方案，如传统的基于虚拟机的 vagrant，又如现在非常流行的 Docker。但是无论是哪种解决方案，都需要依赖于其他的系统来完成部署，归根到底都是重量级的解决方案。

那么我们有什么方法可以从零开始完成分布式的自动部署管理呢？这就是本节要讨论的问题。

17.3.1 分布式部署原理

其实我们徒手搭建分布式部署系统的原理很简单，基本就是以下几步。

1）选择一个在线版本控制仓库（如 git），或者自己在局域网内搭建一个，然后创建代码仓库，将整个 Hurricane 的二进制包连同配置文件一起放进去。

2）为每台机器配置 SSH 自动登录。

3）在 President 机器上手动拉取代码仓库。

4）执行分布式部署脚本，通过 SSH 登录其他节点的机器，并完成代码仓库的克隆操作。

5）最后同样通过 SSH 登录其他节点的机器并执行 Manager 程序。

了解了基本原理后，我们来看看分布式安装配置的全过程。

17.3.2 分布式安装配置

首先我们需要配置 SSH 自动登录。

在 President 机器上执行命令：

```
ssh-keygen -t ras
```

然后连续按 3 次 Enter 键，就会生成公钥和私钥。

接着在每台需要部署的机器上创建 .ssh 目录（如果没有目录），注意目录权限掩码一定要是 700：

```
cd ~
mkdir .ssh
chmod 700 .ssh
```

然后通过某些手段将 President 的公钥文件放置在每个 Manager 节点的 .ssh 目录中，并且执行以下命令，将公钥加入受信任列表中：

```
touch ~/.ssh/authorized_keys
cat ~/.ssh/rsa.pub >> ~/.ssh/authorized_keys
```

接着我们回到 President，就可以免密码登录任意一台 Manager 了。

我们的分布式部署系统使用 JavaScript 编写，而没有选择 C++。这是因为部署的瓶颈更多会出现在 I/O 而非计算上，因此使用 C++ 编写部署服务并没有什么优势。而 Node.js 的优势正在于高性能的 I/O，同时又得益于脚本语言的便捷，让我们可以快速搭建出分布式部署工具。同时使用脚本语言编写的工具在可扩展性和灵活性上远强于 C++，因此我们这里选择了 JavaScript，并使用 Node.js 作为部署的脚本解释器。

现在我们先来看看我们的配置文件。我们将配置文件放在二进制目录的 conf 下。其内容如代码清单 17-1 所示。

代码清单 17-1　配置文件

```
 1 'use strict';
 2
 3 module.exports = {
 4     president: {
 5         host: '127.0.0.1',
 6         port: 8700
 7     },
 8     managers: [{
 9         host: '127.0.0.1',
10         port: 8701
11     }, {
12         host: '127.0.0.1',
13         port: 8702
14     }],
15
16     paths: {
17         logs: 'logs'
18     },
19
20     ssh: {
21         port: 22,
22         user: 'hurricane',
23         env: '${HURRICANE_HOME}'
24     },
25     git : {
26         repository: ''
27     }
28 }
```

这其实是一个 JavaScript 文件，同时也是我们的配置文件。代码第 3 行，我们使用 module.exports 将整个配置文件内容导出。

第 4 行，定义了 President 的配置信息。

第 8 行，定义了所有 Manager 的配置信息。数组中每一个对象都表示一个 Manager 节点。

第 16 行，定义了几个常用路径，目前只有日志路径。这里的路径都是相对于 Hurricane 的主目录而言的。

第 20 行，定义了 SSH 信息，其中 env 是 Hurricane 的主目录。我们假设所有机器上都定义了 HURRICANE_HOME 环境变量，因此我们这里使用环境变量作为值。

第 25 行，定义了 git 仓库的信息，我们的示例使用 git 作为版本控制仓库。

分布式管理脚本 cluster.js 在 Hurricane 发布包的 tools 目录下。我们现在来看一下这个模块是如何实现的。

现在我们来看看安装部署的模块代码，我们先看公共模块，内容如代码清单 17-2 所示。

代码清单 17-2　安装部署脚本

```
 1 'use strict'
 2
 3 let child_process = require('child_process');
 4 let spawn = child_process.spawn;
 5
 6 let config = require('../conf');
 7 let president = config.president;
 8 let managers = config.managers;
 9 let sshConfig = config.ssh;
10 let stdout = process.stdout;
11 let stderr = process.stderr;
12
13 function execute(command, args, callback) {
14     let realCommand = command + ' ' + args.map(arg => '\'' + arg + '\'').join(' ');
15     console.log(realCommand);
16
17     let executor = spawn(command, args);
18
19     executor.stdout.on('data', data => {
20         stdout.write(data.toString());
21     });
22
23     executor.stderr.on('data', data => {
24         stdout.write(data.toString());
25     });
26
27     executor.on('error', error => {
28         if ( callback ) {
29             callback(error);
30         }
31     });
32
33     executor.on('close', () => {
34         if ( callback ) {
35             callback(null);
36         }
37     });
38 }
39
40 class SshClient {
41     constructor(user, host, port) {
42         this._user = user;
43         this._host = host;
44         this._port = port;
45     }
```

```
46
47     execute(command, callback) {
48         execute('ssh',
49             ['${this._user}@${this._host}', '-p', this._port, command], callback);
50     }
51 }
```

第 3 行，我们引入 child_process。该模块可以帮助我们执行外部程序，这是我们部署时必不可少的异步操作。

第 6 行，我们引入配置，配置文件我们放在 Hurricane 的 conf 目录下。

第 13 行，定义了函数 execute，该函数用于执行一个命令，并自动处理标准输入、标准输出和错误。并且能够在任务完成时调用用户指定的回调函数。

第 17 行，调用 spawn 执行命令，其中 args 是命令的参数列表数组。

第 19 行，定义了标准输出的事件处理。

第 23 行，定义了标准错误流的事件处理。

第 27 行，定义了出现无法捕捉的错误时的事件处理。其实就是调用回调函数，将错误信息传递给回调函数。

第 33 行，当程序结束时，我们执行该回调函数，用于在程序完成时执行下一条命令。

第 40 行，我们定义了 SshClient 类。该类负责连接远程 SSH 服务器并执行用户指定的命令。

第 41 行，是构造函数，用户指定的参数有用户名、主机名和端口号。构造函数会记录下这些信息。

第 47 行，定义了 execute 函数，该函数简单地调用全局的 execute 函数，执行 ssh 命令，并传递我们的用户名、主机名和端口号，以连接到远程服务器中。同时命令参数最后一句是我们想要执行的命令，最后一个参数则是回调函数。

现在我们来看借助这些工具完成分布式部署的代码，内容如代码清单 17-3 所示。

代码清单 17-3　部署函数实现

```
 1 function deployConfig(manager) {
 2     let sshClient = new SshClient(sshConfig.user, manager.host, sshConfig.port);
 3     let command = 'cd ${sshConfig.env}/..;git clone ${config.repository}'
 4     sshClient.execute(command, error => {
 5         if ( error ) {
 6             console.error(error);
 7             return;
 8         }
 9     });
10 }
```

第 1 行，定义了 deployConfig 函数，该函数参数是一个 Manager 对象。

第2行，我们初始化一个SSH客户端对象，并指定用户名、目标主机和端口号，这样我们就可以远程登录执行命令了。

第3行，我们生成一条命令。这条命令是执行远程机器上的cd和git命令，先切换到用户指定的目录，然后再使用git拉取代码。

第4行调用sshClient对象的execute方法，执行命令。这里的命令就是cd和gir clone命令。注意这里我们的命令采用分号分隔，这样可以一次性执行多条语句，而不是只有一条。

我们只要执行下面的代码，遍历Manager对象数组，就可以完成部署：

```
managers.forEach(deployConfig);
```

这样一来我们就完成了服务器的部署。

17.3.3 分布式启动

分布式启动代码和分布式部署代码差别不大，唯一区别在于执行的命令。部署使用的是git，而启动则需要直接启动Hurricane的服务器。现在我们来看借助这些工具完成分布式启动的代码，内容如代码清单17-4所示。

代码清单 17-4 启动函数实现

```
 1 function startServer(manager) {
 2      let sshClient = new SshClient(sshConfig.user, manager.host, sshConfig.
   port);
 3      let command = '${sshConfig.env}/bin/manager ${manager.host} ${manager.
        port}'
 4     sshClient.execute(command, error => {
 5         if ( error ) {
 6             console.error(error);
 7             return;
 8         }
 9     });
10 }
```

第1行，定义了startServer函数，该函数参数是一个Manager对象。

第2行，我们初始化一个SSH客户端对象，并指定用户名、目标主机和端口号，这样我们就可以远程登录执行命令了。

第3行，我们生成一条命令。这条命令是执行远程机器上的Manager可执行文件，根据特定的参数（命令行传递）启动Manager服务器。

第4行调用sshClient对象的execute方法，执行命令。注意这里一旦我们启动了远程服务器的Manager服务，对方就会尝试连接到在配置文件中定义的President服务中心，因此一旦启动完服务，就全部依靠Manager和President的网络间通信了。

我们只要执行下面的代码，遍历 Manager 对象数组，就可以完成全部启动：

```
managers.forEach(startServer);
```

这样一来我们就完成了服务器的启动。

17.4　部署分布式实时处理系统

现在我们已经了解了如何编写基本的部署 Hurricane 实时处理系统集群的脚本。现在，我们来使用已经编写好的集群部署脚本部署一套基于 Hurricane 实现的实时处理系统计算拓扑。

首先，我们需要安装一些基本的运行库，这其中包括 Node.js 和 git。执行以下命令在 Linux 上下载并安装 Node.js，笔者编写本书时 Node.js 最新版本是 5.9.1，读者可以自行下载最新版：

```
cd /opt
sudo wget https://nodejs.org/dist/v5.9.1/node-v5.9.1.tar.gz
sudo tar xzf node-v5.9.1.tar.gz
```

这样我们就将 Node.js 下载并安装在了 /opt 目录下，完整路径是 /opt/node-v5.9.1。

接着我们将 node 的可执行文件路径写入用户配置文件中：

```
export PATH="${PATH}:/opt/node-v5.9.1/bin"
```

然后重启 Shell，现在就可以执行 node 进入 node 的 REPL，这样就说明 Node.js 已经安装完成。

接下来我们来安装 git。如果用户和笔者一样使用的是 Ubuntu 或者 Ubuntu 的衍生版，可以直接使用 apt-get 安装 git，只需要执行命令：

```
sudo apt-get install git
```

同时，我们还需要在所有机器上安装 OpenSSH 服务器，以支持其他机器远程登录并执行命令：

```
sudo apt-get install openssh-server
```

接下来我们为每一台计算节点配置免密码登录，以支持 President 登录 Manager 所在的机器进行部署并启动 Manager。我们曾在 17.3.2 节中介绍了免密码登录的方法，请读者参照该流程完成免密码登录配置。

现在我们可以开始进行分布式部署了，假定用户将 Hurricane 二进制包连同配置文件一起放在 https://xxx/yyy/hurricane.git 仓库中。我们将配置文件中的 repository 改为该地址。

现在我们通过 SSH 访问 President 节点，进入读者希望部署 Hurricane 的位置，执行命令：

```
git clone https://xxx/yyy/hurricane.git
```

将仓库完整克隆下来。现在我们已经在 President 中成功部署了 Hurricane。

接下来，我们进入 hurricane 目录，执行命令：

```
node tools/cluster.js deploy-config
```

如果之前读者配置正确，现在 President 节点将会利用 SSH 在 Manager 上自动使用 git 拉取代码到用户配置文件中指定的路径中。

现在我们就成功地在所有节点上部署了 Hurricane 实时处理系统，并组成了计算拓扑。

一旦用户更新了配置文件，只需要将配置文件提交到 git 仓库中，并在 President 节点上执行以下命令：

```
node tools/cluster.js sync-config
```

President 节点就会自动通过 SSH 在其他的 Manager 节点上从 git 仓库同步最新的配置文件，并重新读取配置。这样我们修改分布式系统的配置就变得非常轻松惬意了。

17.5 未来之路

在本章中，我们实现了一套基本的分布式实时处理系统的部署脚本并辅以实战成功部署了计算拓扑。在实际的生产环境中，比较流行的方法是使用 Docker 或者 Mesos 进行分布式节点的部署。但是这部分内容超出了本书讨论的范围，如果读者感兴趣，可以通过以下链接了解更多细节。

1）https://docs.docker.com/。

2）http://mesos.apache.org/documentation/latest/。

我们在本书中，通过 Squared 高级抽象元语实现了基本的高级抽象元语。由于高级抽象元语的覆盖面十分广，因此我们仍然可以对 Squared 高级抽象元语的功能进行进一步扩充，让 Hurricane 实时处理系统拥有功能更加完善的高层次抽象元语，进一步简化构建计算拓扑的工作量。目前，Squared 高级抽象元语的任务分配机制较为单一，尚未优化任务分配的过程。对于部分流操作来说，我们还可以在 Squared 中增添更多的 Function/Filter。另外，我们已经在 Squared 高级抽象元语中实现了可靠消息处理的核心算法，但是还需要对另外一些异常情况进行处理和优化，使得 Hurricane 实时处理系统更加健壮。最后，Squared 高级抽象元语只实现了基于内存的状态存储机制，之后需要进一步增加对 Memcached、Cassandra、MongoDB 等流行的缓存和数据库的支持，也需要进一步丰富状态的存储与获取机制与策略。

本书目前讨论的是基于 TCP 协议的节点通信实现方法。我们曾在第 11 章中为 Meshy 网络库编写了一套 HTTP 工具，我们可以利用更高层的基于 HTTP 的 RESTful API 来实现更多的功能，如节点状态监测、任务启动与关闭、集群参数设置等。Meshy 网络库已经提供了基本的 HTTP 支持，读者可以根据实际需求使用 Meshy 网络库的 HTTP 工具自己构建 RESTful API，完成相关任务。

本书讨论的实时处理架构设计与实现帮助读者深入了解了这个领域的分布式系统的内涵，在本书中讨论的 Hurricane 实时处理系统、Meshy 网络框架、Kake 构建系统都是开源项目（可从 http://github.com/samblg/hurricane 或华章官网 www.hzbook.com 下载），其功能会在未来不断完善和加强。大数据实时处理系统相较于传统的批处理系统在实时性方面拥有着得天独厚的优势，也必将成为未来海量数据处理的趋势之一，拥有着广阔的市场前景。

17.6　本章小结

本章我们讲解了 AWS 的部署过程。首先讲解了如何搭建私有云，然后介绍了配置安全组的过程。接着我们示范创建了 EC2 实例，以运行服务器系统。最后我们演示了如何配置弹性 IP 地址，并远程登录管理。另外我们也演示了 Hurricane 的单机部署方法。

接着我们讲解阿里云的部署过程。同样首先讲解如何搭建私有云，然后介绍在阿里云中管理安全组的过程。接下来我们也创建了 ECS 实例，就和 AWS 中的 EC2 一样。接着我们演示如何配置 IP 并使用 SSH 登录阿里云。

最后一节我们介绍了分布式部署 Hurricane 实时处理系统的原理与方法。首先阐述了分布式部署的原理和基本思路，接着我们使用 JavaScript 开发了分布式部署工具，并引导大家一步步完成这个分布式系统复杂的部署过程。